精进PPT

PPT设计思维、技术与实践

第2版

周庆麟 胡子平 李状训◎编著

内容简介

现代职场中，人人都会制作PPT，但呈现出来的面貌千篇一律。如何才能在众多PPT中脱颖而出呢？很多PPT学习者发现，仅仅掌握一些PPT操作技巧，显然已经无法满足当下PPT学习者的需要，还需要掌握软件操作之外的一些知识，如PPT设计思维、色彩美学等。

本书以PPT 2019版本为基础，打破常规写法，从各领域从业者学习、制作PPT过程中的“痛点”出发，以实际应用需求为标准，既不过多着墨于基础操作方法，又摒弃了那些不实用的高端“炫技”，重点阐述如何用PPT做出好作品，以及如何用PPT解决工作、学习、生活中的实际问题。全书共14章，分为思维、技术、实践3篇，由对PPT想法、意识的探讨，到针对性方法、技巧、资源的梳理，再到不同类型PPT做法的介绍，图文并茂。本书沉淀了笔者制作PPT过程中累积的诸多经验，希望能切实帮助读者提升PPT技能，解决读者的实际问题。

图书在版编目(CIP)数据

精进PPT：PPT设计思维、技术与实践 / 周庆麟，胡子平，李状训编著. —2版. —北京：北京大学出版社，2020.11

ISBN 978-7-301-31808-9

Ⅰ. ①精… Ⅱ. ①周… ②胡… ③李… Ⅲ. ①图形软件 Ⅳ. ①TP391.412

中国版本图书馆CIP数据核字(2020)第209859号

书　　名　精进PPT——PPT设计思维、技术与实践（第2版）
JINGJIN PPT—— PPT SHEJI SIWEI 、JISHU YU SHIJIAN（DI-ER BAN）

著作责任者　周庆麟　胡子平　李状训　编著

责任编辑　张云静　吴秀川

标准书号　ISBN 978-7-301-31808-9

出版发行　北京大学出版社

地　　址　北京市海淀区成府路205号　100871

网　　址　http://www.pup.cn　　新浪微博：@北京大学出版社

电子信箱　pup7@pup.cn

电　　话　邮购部010-62752015　发行部010-62750672　编辑部010-62580653

印 刷 者　三河市北燕印装有限公司

经 销 者　新华书店

787毫米×1092毫米　16开本　25.25印张　573千字

2020年11月第1版　2020年11月第1次印刷

印　　数　1–4000册

定　　价　99.00元

从我教过的众多学生的情况来看，初学者对于PPT的理解往往存在两种显著的偏差：一部分学生认为PPT只是所谓“低端”“不专业”的办公软件，功能简单不值得学习；另一部分学生或许是因为接触过一些出色的PPT作品，认为学习PPT难度很大，不懂代码就做不出好的作品。所以，我给学生上的第一堂PPT课就是“正确认识PPT”。

莫泊桑说过，生活不可能像你想象得那么好，但也不会像你想象得那么糟。我认为对于PPT的认识也是如此，一方面，作为一款办公软件，PPT的功能其实比表面上看起来要强大很多，我们可以用它来辅助演讲、写方案或报告，还可以用它制作视频、设计印刷品等。PPT是个多面手，只要你敢想，很多事情它都可以做到。因此，学好PPT对于学习、工作、生活都非常有益，当然要学好也并非你想得那么简单。

另一方面，PPT终究只是一款办公软件，主要作为辅助演示、写方案或报告的工具，做设计、动画肯定比不上专业的软件，也没有必要去追捧它创作印刷品、动画视频的功能。学习PPT的目的在于学会用PPT把内容表现得更好，解决工作中的实际问题。很多情况下都不需要复杂的动画，更不需要写代码，所以学起来也没有那么困难。

基于这些理解，我在给学生上课或者分享书中的经验时，一直主张从实际出发，针对当下学生、读者制作PPT过程中面对的实际问题和真实“痛点”准备课件、编排章节；主张重视创意、内容本身的表现，崇尚现代简洁风格，拒绝浮夸设计、过度的动画效果等。

本书凝结着我对不同行业、不同类型、不同风格PPT的认识与想法，也提供了非常实用的技巧、操作方法，以及针对性强、即学即用的专题案例，可以说是对4A广告创意工作实践及教学经验的全面总结和整体梳理，希望对广大读者提升PPT实战能力有所帮助。

最后，感谢胡子平老师的策划与写作指导，感谢家人对我创作工作的支持！

为什么领导喜欢同事的年终总结而不喜欢我的？

为什么我的方案总因不够专业而不受客户青睐？

作为非专业设计师的我，怎样用 PPT 做一份精美别致的个人简历？

不想在 PPT 上过多折腾的我，怎样快速做出学生们喜欢的课件？

出身文科、不懂代码的我，怎样用 PPT 完成公司形象视频宣传片的制作？

……

如果你会用 PPT，却苦于制作的作品不美观、不专业，可以读读这本书！

如果你想系统地学习 PPT，却不愿把时间浪费在基础操作上，可以读读这本书！

如果你想提升 PPT 技能，却不愿琢磨那些不实用的技巧，可以读读这本书！

如果你想用 PPT 解决实际问题，掌握务实、有效的方法，可以读读这本书！

心中有想法，手上有技法，应对有方法

学好 PPT，没有你想象得那么简单，也没有你想象得那么难！

本书有哪些特点？

注重实际应用，解决实际问题

本书不是就软件而讲软件，也不是停留在琐碎的操作过程上，而是从做好 PPT 需要解决的问题出发，逐项突破，提供思路、资源和切实有效的办法。

案例类型丰富，覆盖行业广泛

本书中的很多案例都是笔者从过去 PPT 专职设计工作的作品中精选出来的，涉及行业领域广泛，几乎涵盖职场、单位、学校等各种场合的典型 PPT 案例。

讲解严谨细致，带动思路洞开

本书虽以图解为主，但对于重点知识点，仍不惜用大量文字进行了深入、细致的剖析，读者不仅能知其然，还能知其所以然。在介绍某些设计或动画特效的制作方法时，本书从各个角度提供了参考案例，引导读者打开思路。

介绍了大量工具网站、软件、插件

本书介绍了大量工具网站、软件、插件及其使用方法。这些对于收集PPT素材、设计版式、制作动画、提高制作效率等有切实的帮助。

超值赠送

本书免费附赠超值学习资源，读者可用微信扫描下方右侧二维码关注公众号，输入代码“PPT2197”，即可获得下载资源。

- 100个商务办公PPT模板；
- 学好、用好PPT的视频教程；
- 5分钟学会番茄工作法（精华版）；
- 10招精通时间整理术视频教程；
- 《高效人士效率倍增手册》电子书；
- PPT完全自学视频教程。

资源下载

以上内容还可以通过以下步骤来获取学习资源。

	第1步：打开手机微信，点击【发现】→点击【扫一扫】→对准左侧二维码扫描→点击【关注公众号】
	第2步：进入公众账号主页面，点击左下角的键盘图标→在右侧输入“PPT2197”→点击【发送】按钮，即可获取对应学习资料的下载网址及下载密码
	第3步：在电脑中打开浏览器窗口→在地址栏中输入上一步获取的下载网址，并打开网站→根据提示输入上一步获取的下载密码→单击【提取】按钮
	第4步：进入下载页面，单击书名后面的下载按钮，即可将学习资源包下载到电脑中。若提示是【高速下载】或是【普通下载】，选择【普通下载】
	第5步：下载完后，有些资料若是压缩包，通过解压软件（如WinRAR、7-zip等）解压后就可使用了

本书适合哪些人学习？

- 从事咨询、营销策划、广告等工作，经常需要制作幻灯片的公司职员；
- 即将毕业，缺乏实际经验与工作技能的学生；
- 刚入职场，渴望有所作为，得到领导、同事认可的新人；
- 不擅长设计的学校教师，社会培训机构的培训师；
- 广大PPT爱好者，PPT业余玩家。

本书作者

本书由周庆麟、胡子平策划，李状训老师执笔编写。

李状训，策划师、培训师、PPT 教育专家。曾在知名 4A 广告公司从事品牌推广策划工作多年，在创意表现、视觉传达等方面有着深厚的积淀。后转入四川省知名高校，从事中文演讲技巧的教学教研、专业建设，有较丰富的行业经验和一线教学经验。他的课程成为学校选课热门，深受学生喜爱。

最后，感谢广大读者选择本书。由于计算机技术发展非常迅速，书中不足之处在所难免，欢迎广大读者及专家批评指正。

读者信箱：2751801073@qq.com

投稿信箱：pup7@pup.cn

读者 QQ 群：586527675（新精英充电站 -2 群）

上篇　思维——学好 PPT，想法是关键

▶CHAPTER 01　真的决定要好好学一下 PPT 吗？

P001

PPT 的功能是否满足你的需要？
什么样的 PPT 才是好 PPT ？
是什么原因让你下定决心花时间学一款办公软件的？
怎样才能学好 PPT ？

让制作 PPT 成为自己的一项技能，
你准备好了吗？

且慢！
把要求搞清楚，把内容理清楚，
不是特别急的情况下，做 PPT 都应该想清楚了再动手。

这边做，那边改，边写文字边设计，
效率不高还影响心情，痛苦！

中篇 技术——手段硬 效率高

▶CHAPTER 03 让文字更令人有阅读欲

P039

为什么有的人用 PPT 软件也能做出非常有设计感的文字？
为什么有的 PPT 通篇都是文字，美感却不亚于插图 PPT ？
同样是寥寥几行字，为什么别人的 PPT 就是比你的好看？
尽管观点独特，可是为什么没有人愿意看你的文字？

本章会解决你的疑惑，让你的文字看起来更美。

▶CHAPTER 04 用抓眼球的图片抓住观众的心

正如凯文·凯利所说，在信息丰富的世界里，唯一稀缺的就是人类的注意力。
互联网构建起的信息时代，已然改变人们的阅读习惯。
各种内容都在努力迎合这种阅读习惯的变化，以简单、快速、无须耗费大量注意力的方式呈现。

PPT也一样，相较于长篇大论的文字，图片显得更有优势。
会找图、会修图、会用图……
只有先抓住观众的眼球，
才能让其背后所传递的观点真正走进观众的心中。

▶CHAPTER 05 可视化幻灯片的三大利器

信息可视化，是将信息转化为图形、图像呈现，
让长篇累牍的文字更直观、易读。

制作 PPT 时，对于信息量较大的幻灯片，你是否尝试过可视化处理？
例如，将并列关系的内容转化成表格；将对比数据转化成统计图表；将枯燥的文字叙述转化为形状。
……

可视化幻灯片的三大利器：
形状、表格、图表，
你真的会用吗？

对于媒体和动画，新手易产生“秀”“炫技”的心理，
因而，常常是滥用，反而落得拙劣。

恰如王国维的“境界说”，真正达到高明，

对具体技法了然于胸，自不必去“秀”。
高明的做法是专注于言事，将媒体和动画用到恰到好处。
这才是经历了看山是山，看山不是山之后看山还是山的境界。

美，
对于观众有时只是一种看起来舒服的感觉，
说不清，道不明。

然而，对于设计者，
美源自字体，源自图片……源自方方面面对美的构建与思量，
用色与排版，更是成就PPT之美的关键所在。

▶CHAPTER 08 找一个舒服的“姿势”分享 PPT

如何找到演讲的最佳状态，
成功地将 PPT 中的内容分享给观众？

如何解决保存 PPT 时遇到的各种问题，
以恰当的格式发送、分享给他人？

PPT，为分享而生，
你需要学会找一个舒服的“姿势”。

下篇 实践——用正确的方法做事

周末、月末、年末，在机关单位、在职场、在学校，向领导、向上级单位、向客户……时时处处都可能需要总结。

做工作总结时，用PPT图文并茂地呈现，
比拿着几张A4纸干巴巴地读，显得要专业得多。

那么，怎样才能做出更优秀的总结PPT，
从一场总结汇报大会中脱颖而出呢？

▶CHAPTER 10 如何用 PPT 打造形象宣传片

P281

制作宣传片，是城市、组织、企业或品牌展示其形象的一种常用手段，
专业广告公司大多使用 3Dmax、PR、AE 等十分专业的软件制作宣传片。

而对于要求不那么高、宣传成本预算也不多的组织或企业来说，
使用 PPT 软件制作宣传片，或许是最佳的选择。

▶CHAPTER 11 如何把教学课件做得更漂亮？

会用 PPT 软件制作课件，
已成为当下教师职业的一项必备技能。

对于很多教师来说，真正令他们感到困扰的不是制作课件，
而是把课件做漂亮，让学生更容易接受。

做好一份课件，主要精力的确应该放在内容的编写上，
但视觉设计也并非可以不管不顾，
因为，设计拙劣的课件很可能会影响到内容的传递。

▶CHAPTER 12 如何把方案做得更专业？

方案，可以是对某事的看法、想法，
也可以是解决某个问题的建议。

以方案探讨问题，
给人严肃、正式的感觉。

PPT是做方案时最常用的软件之一，
掌握一定的实操方法与技巧，把方案做得更专业，
对于职场人士特别是职场新手非常有帮助。

用 PPT 做简历，有必要吗？
必要或不必要，主要看应聘什么公司、什么岗位，
广告设计、影视动画等注重设计能力的公司可能对 PPT 简历更感兴趣。
允许在网上投递简历的公司，且支持添加稍大一些的附件时，
也可提交一份内容相对更为丰富的 PPT 简历，
一般情况下，简单一页 Word 文档就好，PPT 简历反而显得浮夸。

到底是 Word 简历好还是 PPT 简历好？
HR 喜欢就好！

▶CHAPTER 14 PPT 的若干另类玩法

P357

PPT 不挑人，大多数人都可以轻松上手操作；
PPT 不挑机器，配置要求低，不卡计算机。

PPT 如同光影魔术手，可以简单修图；
PPT 又如同 CorelDRAW，可以排版设计。
PPT 无法替代专业的设计、动画、视频软件，
却实现了对这些领域近乎完美的补充。
别小看了 PPT，它其实是个多面手。

思维——学好 PPT，想法是关键

真的决定要好好学一下 PPT 吗？

PPT 的功能是否满足你的需要？

什么样的 PPT 才是好 PPT？

是什么原因让你下定决心花时间学一款办公软件的？

怎样才能学好 PPT？

让制作 PPT 成为自己的一项技能，你准备好了吗？

1.1 PPT有哪些主要优势？

有这样一种偏见，PPT和Word、Excel一样，不过是基础到不能再基础的办公软件，根本谈不上有什么技术含量，也不值得花大量时间去学。

且不说Word、Excel软件比我们想象的要强大很多，当你发现现实中很多令人惊叹的视频、动画、平面设计作品都是用PPT制作的时，甚至听闻类似“黄太吉用一份PPT商业计划书融资2个亿”这样的故事时，你还会认为PPT没有技术含量吗？

在这个信息爆炸的时代，人们越来越倾向于用轻松的方式获取知识，长篇大论的文档难以引起大众的兴趣，PPT的信息展示方式恰好适应了当前大众的阅读、认知习惯。

品牌发布会、方案沟通会、市场研究报告……在商务活动中，几乎处处可见PPT的身影。会用PPT软件早已成为很多工作的基本要求，学好PPT对于提高你的职场竞争力是非常有帮助的。

1.1.1 更易读

为了便于演示，PPT每页的内容都是经过删减后的重点，是浓缩的精华。加上图片、图表以及音乐、视频辅助，阅读起来更轻松，满足了信息时代人们对于阅读内容的要求，如图1-1所示。

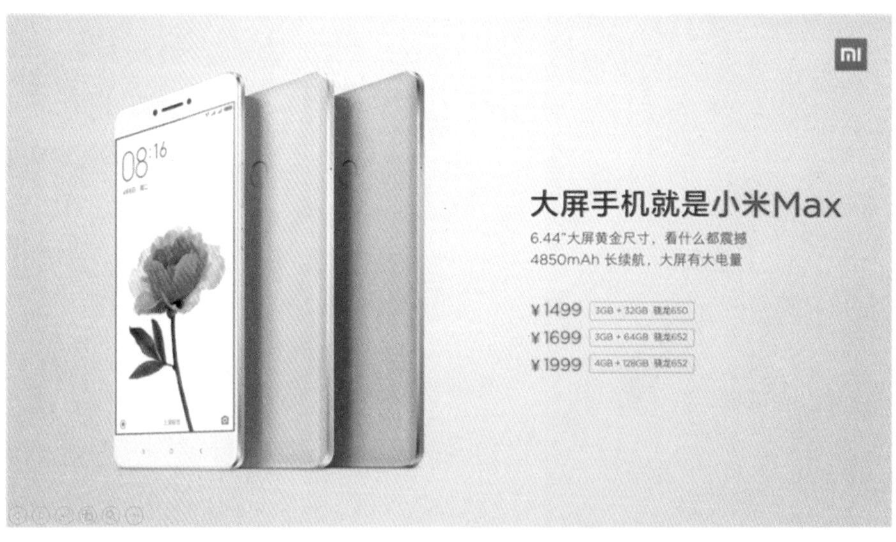

◀图1-1　小米Max手机发布会PPT

1.1.2 更易用

和Photoshop相似，在PPT中插入的文本、图片、图表等都是以图层的形式共存于页面上，选择、移动、编辑、删除等操作比Word要方便一些。在新版的PPT软件中，界面越来越简洁、人性化，内容编辑的可操作空间也越来越强大，不需要花费太多时间即可轻松上手。

1.1.3 超强表现力

在 PPT 中可加入图片、音乐、视频，让内容更丰富多彩，也可用设计得漂亮的版式来表现纯粹的文字，还可设置令人炫目的动画以吸引观众的眼球……PPT 不是画册，不是视频，不是 FLASH 动画，却融合了这些媒介的表现力，被应用于更广泛的行业领域。图 1-2 所示为经典的《惊变》公益 PPT，通过动画深刻表达了保护环境这一主题。

▲图 1-2 《惊变》公益 PPT

1.1.4 更易于分享

在 4 个主要优势中，出众的分享能力或许是 PPT 最大的优势。

互联网时代是一个开放的时代，分享则是这个时代的主旋律。雷军用 PPT 分享小米公司最新款的手机，罗振宇用 PPT 分享他的“罗辑思维”，马云用 PPT 分享他的阿里经验……新产品、新观点、新专业成果等，每一天都有价值在产生，并且迫切地需要与尽可能多的人分享，如图 1-3 所示。

当你或者你的公司需要在这个时代快速分享成果时，PPT 就是最好的工具。正因如此，未来，在持续发展的中国，PPT 在商务办公中的重要作用还将进一步显现。

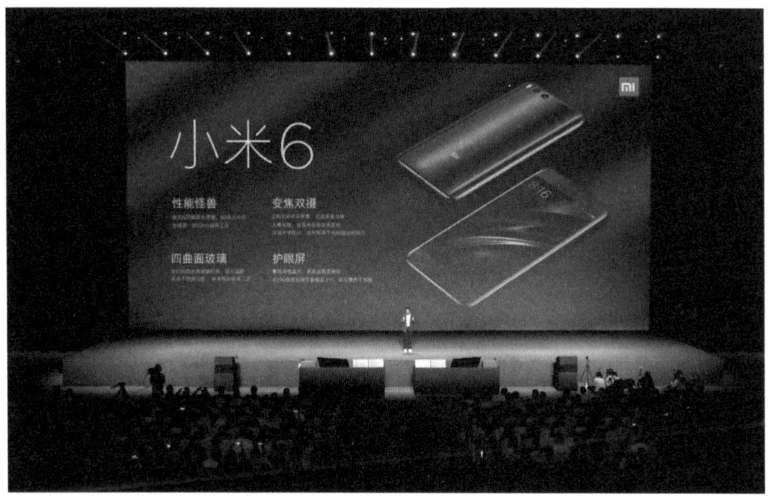

▲图 1-3 小米 6 发布会 PPT

1.2 PPT到底能帮我们做什么？

帮我们说服客户，达成一次商务合作；帮我们吸引学生，完成一节生动易懂的课程；月初时，帮我们做计划汇报；年终时，帮我们做述职汇报；如果我们在找工作，PPT 可以帮我们赢得 HR 的青睐；如果我们在开网店，PPT 可以帮我们做广告……PPT 是软件界的多面手，从工作到生活，很多事情它都能帮我们搞定。

1.2.1 接项目

用 PPT 精心制作一份方案（见图 1-4 和图 1-5），将想法、思路、工作成果有序融合，再加上一点创意，在客户招标会上来一场说服力十足的 SHOW，何愁项目拿不下来？

▲图 1-4　项目竞标案

▲图 1-5　项目比稿案

1.2.2 做培训

习惯了粉笔、黑板授课的感觉，不妨加入一点新鲜元素，别被学生打上“守旧派”的标签。恰当的时候搭配一些图片、音乐、视频等素材，PPT 课件（见图 1-6 和图 1-7）将会让你的课堂变得更生动，知识的讲授变得更简单。

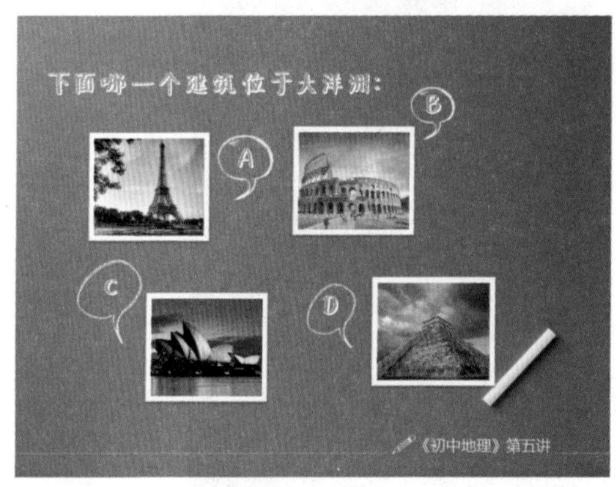

▲图 1-6　地理 PPT 课件

▲图 1-7　会计 PPT 课件

1.2.3 做汇报

做工作计划和工作总结时你还在用 Word 码字吗？你的想法大家都在听吗？你的业绩领导听到了吗？试试 PPT 吧，它会让你的工作汇报不再枯燥、乏味，并在月底、年中、年末的总结会上帮上大忙，如图 1-8 和图 1-9 所示。

▲图 1-8 工作总结 PPT

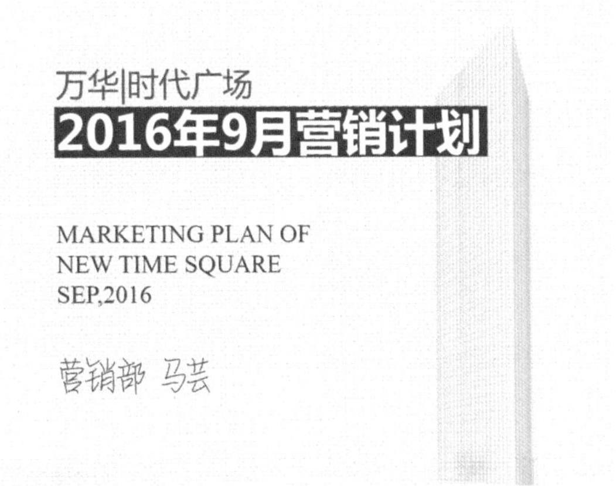

▲图 1-9 营销计划 PPT

1.2.4 做宣传

创业当老板，需要设计名片；网店做推广，需要设计海报，不会 PS、不会 AI、不会 CorelDRAW，不想花钱请人做，怎么办？PPT 帮你搞定！在 PPT 中做平面设计，最终输出成 PDF 文件或导成图片，同样能打印制作。图 1-10、图 1-11 所示的便是用 PPT 设计的名片和海报。

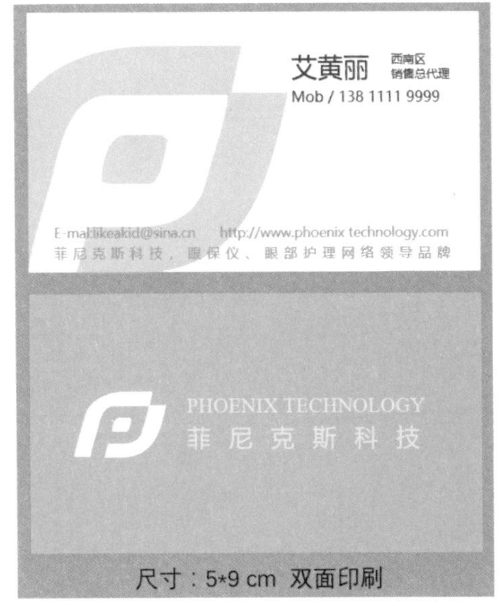

▲图 1-10 名片

▲图 1-11 宣传海报

1.2.5 找工作

找工作时，你的简历还是白纸黑字一张吗？太普通了！如果你会使用 PPT，就可以换一种方式制作简历。比如，做成一份带动画的电子简历，或者将个人能力、经验以及作品精心整理在 PPT 文稿中并打印出来，可以使你在一大群求职者中脱颖而出，让 HR 眼前一亮，为你的求职加分，如图 1-12 和图 1-13 所示。

▲图 1-12　个人简历 PPT 封面页

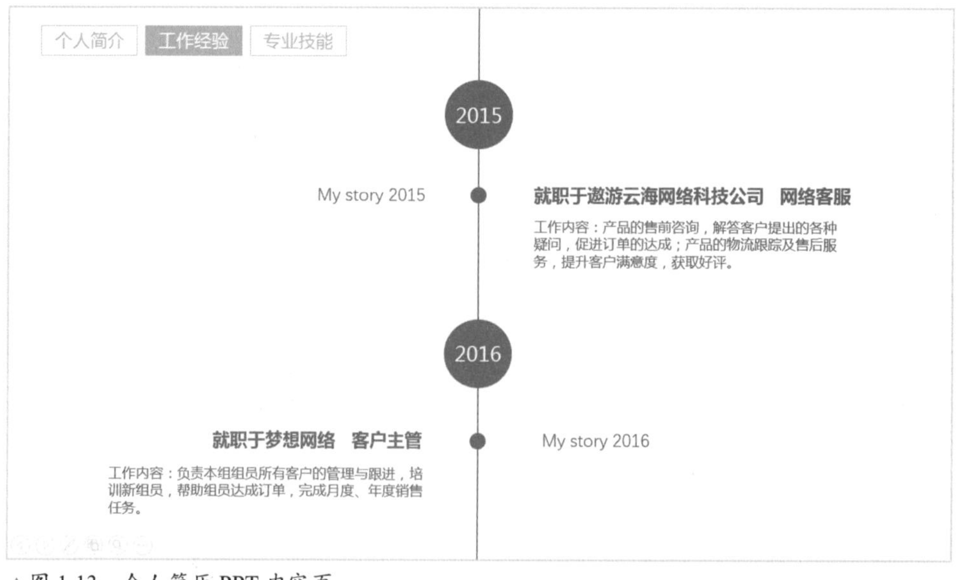

▲图 1-13　个人简历 PPT 内容页

1.3 好的 PPT 需要具备哪些优点？

自说自话、观点平庸、逻辑混乱、文字堆砌、排版随意、色彩花哨、动画莫名其妙……新手做的 PPT 或多或少存在这些问题。学习 PPT 之前，需要对 PPT 的优劣有一个清晰的认识。如果你觉得以上问题都不是问题或根本看不出自己的 PPT 有问题，那么基本可以不用考虑学习 PPT 了。

被大家喜爱的、广受好评的 PPT，往往具有以下一些共性。

1.3.1 站在观众角度思考问题

做一份 PPT，一定是带着目的性的。如果你的 PPT 是用来分享的，无论是屏幕播放还是打印阅读，首先一定要考虑观众的阅读感受。除此之外，你还要考虑 PPT 中的观点、想法、建议是不是针对观众需求提出的，PPT 中的某些文字是否会让观众反感，色彩搭配在观众看来是否方便、清楚……从观众的角度提前考虑这些问题，才能做出让人满意的 PPT。

1.3.2 逻辑要清晰

一般而言，为了让受众更易明白其中的内容，优秀的 PPT 往往会设计一个清晰的逻辑框架，如封面页、结构页、观点页、总结页、导航条等，让内容看起来逻辑性更强。

图 1-14 和图 1-15 所示为节选的两份 PPT。图 1-15 所示的封面页、过渡页、内页、结尾页都进行了不同的设计，内页上方还设置了各部分内容的导航条，与图 1-14 相比显得层次更为清晰，受众阅读起来会更轻松。

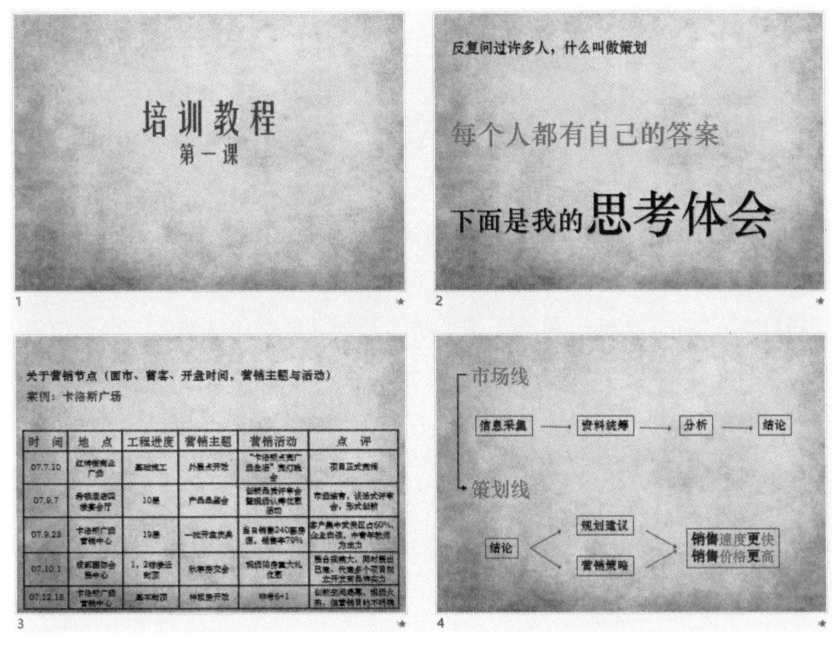

▲图 1-14　PPT 案例展示 1

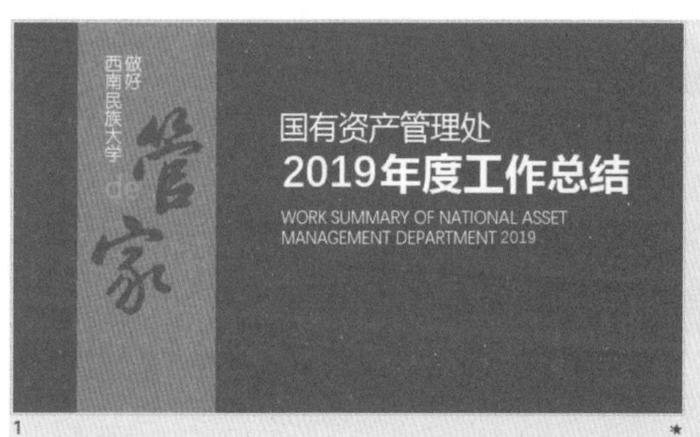

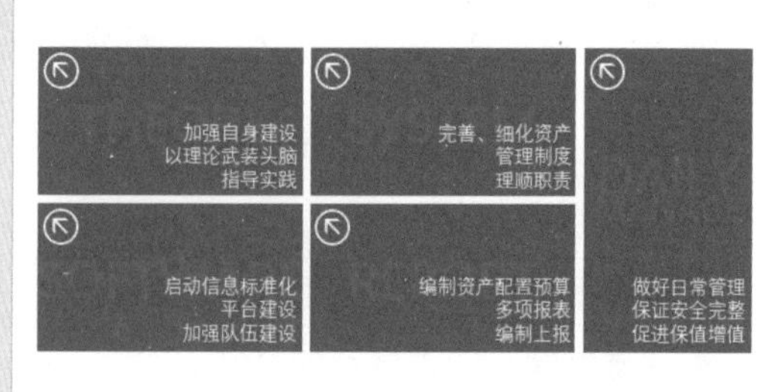

▲ 图 1-15　PPT 案例展示 2

大师点拨 〉 什么是导航条？

导航条是来自网页设计领域的一种说法，就是在网页上方设置链接动作，通过单击导航条上的按钮，即可跳转到相应部分的页面。在 PPT 中，为了让阅读者随时掌握 PPT 中的某页在整个 PPT 内容逻辑中的位置，有些设计者会在内容页设置类似功能的导航条。

1.3.3 内容要简洁

PPT 适合简洁的设计风格。除了用于打印阅读的文稿，优秀的 PPT 无一不是简洁的。每一张幻灯片页的文字都应该是经过提炼后的内容，而不是大量文字的堆砌，更多的补充信息应由讲述者在演讲或做汇报时口头说明。当然，简洁不是简陋，否则会显得单调草率、缺乏诚意。

图 1-16 所示为纯文字内容，且文字非常多，放映后所有文字都显得字号过小，即便有颜色上的区分，受众仍然很难把握重点。相比之下，图 1-17 所示的短短几个字却要有力得多。

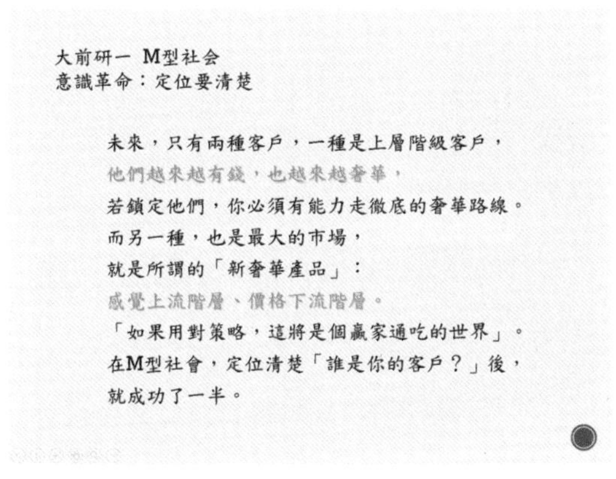

▲ 图 1-16　文字内容多的 PPT

▲ 图 1-17　内容简洁的 PPT

1.3.4 风格要统一

PPT 的风格要统一，保证整体的一致性。从字体的选择、字号的安排，到页面布局，再到色彩搭配等，优秀的 PPT 让人赏心悦目，能快速抓住观众的眼球，更好地传递信息。目前流行的 PPT 设计崇尚简约，应用一些简单的色块组合、一种或两三种色彩搭配，就能达到美观的效果。

图 1-18 和图 1-19 所示为两种风格的 PPT，你觉得哪种风格比较统一，设计感更强？整体来看，图 1-19 明显要优于图 1-18。其实只要对页面内容稍微进行调整，注意图片摆放位置、色彩搭配等，美感就会大大提升。

▲图 1-18　PPT 设计示例 1

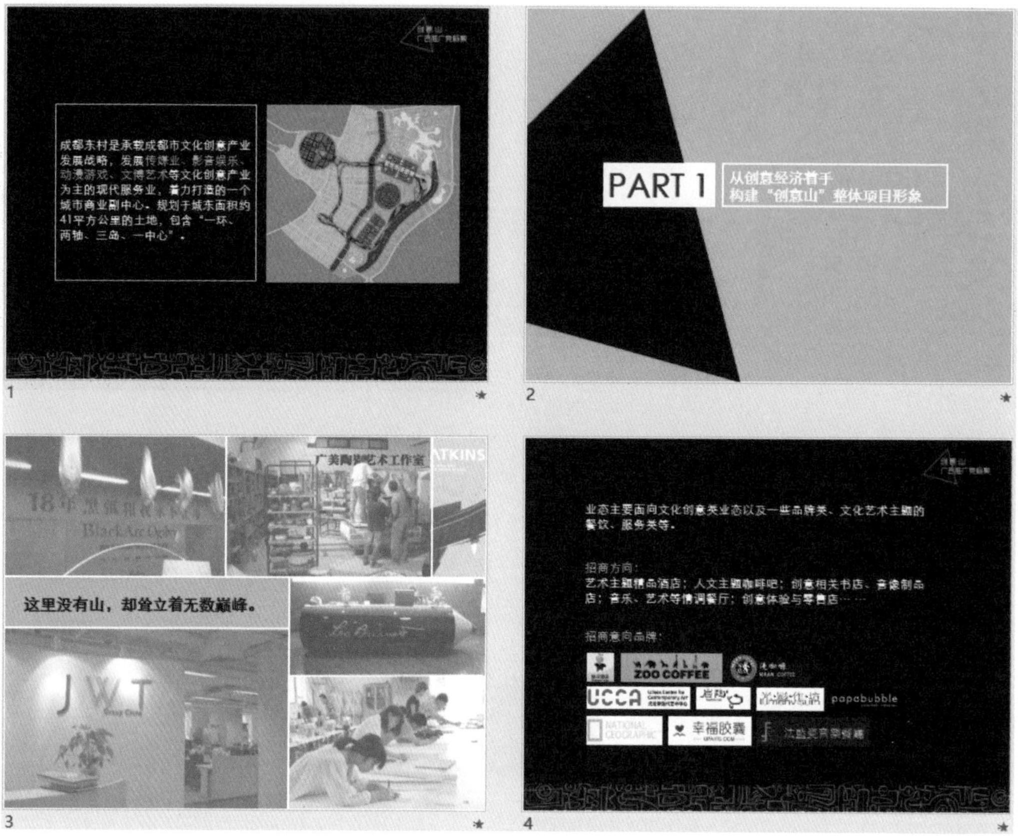

▲图 1-19　PPT 设计示例 1

技能拓展 ＞ 美化 PPT 需要注意的两个“统一”

（1）设计风格统一。整个 PPT 使用的版式、图形元素等需要有一定的规范，包括标题、内容、结尾页的设计，辅助图形的设计等，不能一页一种风格。

（2）色彩风格统一。整个 PPT 尽量采用统一的色彩规范，选择的色彩不宜过多、过乱。总而言之，要想美观，设计必须有所规范。

1.3.5 动画要恰到好处

被复杂的动画效果所震惊，因而对学习 PPT 望而却步的大有人在。其实 PPT 并不是以设计动画效果见长的软件，大多数时候，使用 PPT 并不需要复杂的动画效果。简单的一点动画，让内容有序、自然地呈现就足够了。

图 1-20 所示为年终颁奖晚会的片头动画，这份 PPT 虽然只有 3 页，动画效果却十分复杂，页面上每一个元素都应用了多个动画效果，其主要目的在于展示动画本身。而我们在日常工作、生活

中使用 PPT 主要目的是表达内容，所需要的动画效果更多的是类似于图 1-21 所示的效果，用简单的几个常用动画效果辅助即可。过多的动画反而会在播放时给人眼花缭乱的感觉，从而分散观众的注意力，使注意力过多地集中在动画上，而忽略了幻灯片中的内容，最终达不到传递信息的目的。所以，PPT 中不宜添加太多的动画效果，适当就行。

▶图 1-20
片头动画

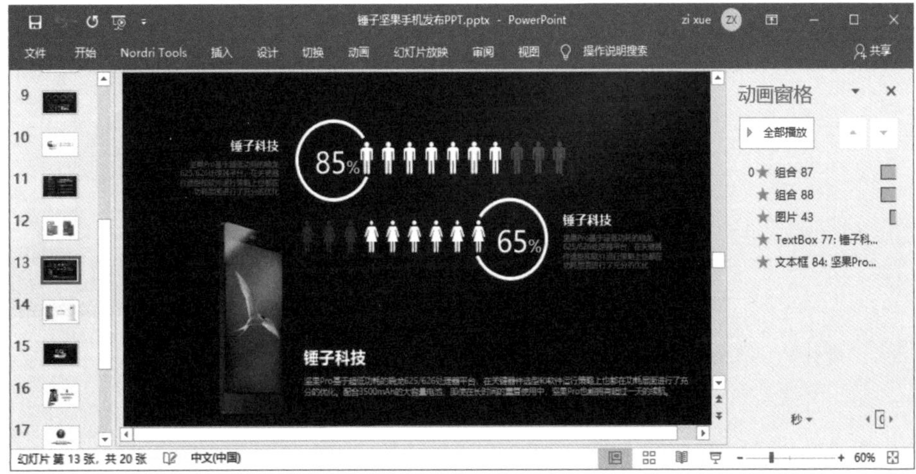

▶图 1-21
日常工作 PPT

1.4 PPT 高手都是这样炼成的

不就是一个办公软件嘛，为什么有的人可以操作得那么好？从 PPT 界的很多“大神”“达人”总结的经验来看，想要进阶成为 PPT 高手，方法主要有以下 5 个要点。

1.4.1 从模仿开始

新手不应对模仿有不齿的心理。从配色到排版，再到动画设计，当你不断模仿那些好的设计（不拘于 PPT）时，能力、技巧、眼界都将不断进阶，如图 1-22 和图 1-23 所示。在模仿的同时，你可以慢慢体会背后的创作逻辑，思考别人为什么这样做，思考自己是否还能在此基础上有所改进等。

▶图 1-22　小牛电动车官网的介绍网页

▶图 1-23　据小牛电动车的介绍网页模仿设计的一页幻灯片

1.4.2 养成积累的习惯

通过浏览设计类专业网站培养美感，从微博关注的 PPT“大神”那里发现新奇技能，从微信朋友圈中学习配图，从无聊时随手翻起的杂志中学习排版，从街头看到的广告牌中学习版式……点滴累积起来，不仅有助于培养你的设计感，也能让你在 PPT 实战中胸有成竹、游刃有余。

图 1-24 所示的花瓣网（huaban.com）是一个收集生活方方面面灵感的网站。简单注册后，在搜索框输入关键词（如 PPT），就能搜索到很多参考案例和相关的有趣内容。这比在百度中进行搜索更有针对性。类似的网站还有很多，比如图 1-25 所示的堆糖网（www.duitang.com）。

▲ 图 1-24　花瓣网

▲ 图 1-25　堆糖网

微博、微信、知乎中活跃着很多 PPT 界的“大神”，如“嘉文钱”“般若黑洞”“Simon_阿文”“邵云蛟”。多关注一些“大神”的微博、微信公众号、知乎专栏，从他们发布的内容中，你能够学到很多有趣、有效的 PPT 知识，迅速提高自己制作 PPT 的水平。

在一些专业 PPT 论坛、PPT 模板网站上，还能够找到很多志同道合的学习者，很多 PPT

难题的解决方案，很多优秀的PPT设计方案，甚至能找到很多精美且免费的PPT模板，比如图1-26所示的锐普PPT论坛（www.rapidbbs.cn）。

除锐普PPT论坛外，还有一些实用的论坛、模板网站，如扑奔网等。

▲图1-26　锐普PPT论坛

▲图1-27　QQ收藏界面

用手机拍下你喜爱的一切，用QQ截图功能收藏网络中对你有用的一切，建立一个用于存储的云盘，分门别类，定时整理，反复回顾，将收集变成生活的一种习惯。

图1-27所示为QQ收藏的界面。QQ收藏支持截图、图片、文字、语音等多种类型文件的收藏。打开QQ即可收藏、查看，还能在手机、计算机同步内容，非常方便。利用QQ收藏可以建立一个PPT灵感库。平时留心收藏，真正做PPT时就不会那么被动了。

1.4.3 需要一点小纠结

纠结，是一种不满足，不满足于差不多，不满足于雷同，进而不断地追求完美。学设计需要有一定的纠结精神，学PPT也一样。微调一下，再微调一下……带着一点纠结和自己较劲，直至作品让自己满意。

1.4.4 像玩游戏一样享受 PPT

PPT 像电脑游戏一样，也能给用户带来操作的快感。在 PPT 中，很多操作能通过键盘来完成。尝试着像记忆游戏快捷键一样，牢记表 1-1 和表 1-2 所示的 PPT 快捷键。接下来每一次做 PPT 都会是一场酣畅淋漓的享受。

表 1-1　编辑状态下 PowerPoint 2019 常用快捷键

快捷键	功能	快捷键	功能
Ctrl+L	文本框 / 表格内文本左对齐	Ctrl+Shift+<	缩小选中文本的字号
Ctrl+E	文本框 / 表格内文本中对齐	Ctrl+Shift+>	放大选中文本的字号
Ctrl+R	文本框 / 表格内文本右对齐	Ctrl+ 光标	向相应光标方向微移
Ctrl+G	将选中元素组合	Alt+ → / ←	选定元素顺 / 逆时针旋转
Ctrl+Shift+G	将选中组合取消组合	Shift+ 光标	选定文本框或形状横 / 纵向变化
Ctrl+ 滚轮	放大 / 缩小编辑窗口	Ctrl+M	新建幻灯片页
Ctrl+Z/Y	撤销 / 恢复操作	Ctrl+N	新建演示文稿
Shift+F3	切换选中英文的大小写	Alt+F10	打开 / 关闭选择窗格
Shift+F9	打开 / 关闭网格线	Alt+F9	打开 / 关闭参考线
F5	从第一页开始放映	Shift+F5	从当前窗口所在页放映
Ctrl+D	复制一个选中的形状	F4	重复上一步操作
Ctrl+F1	打开 / 关闭功能区	F2	选中当前文本框中的所有内容
Ctrl+Shift+C	复制选中元素的属性	Ctrl+Shift+V	粘贴复制的属性至选中元素
Ctrl+C	复制	Ctrl+Alt+V	选择性粘贴

表 1-2　放映状态下 PowerPoint 2019 常用快捷键

快捷键	功能	快捷键	功能
W	切换到纯白色屏幕	B	切换到纯黑色屏幕
S	停止自动播放（再按一次继续）	Esc	立即结束播放
Ctrl+H	隐藏鼠标指针	Ctrl+A	显示鼠标指针
Ctrl+P	鼠标变成画笔	Ctrl+E	鼠标变成橡皮擦
Ctrl+M	绘制的笔迹隐藏 / 显示	数字 +Enter	直接跳转到数字相应页

技能拓展 > 自定义更多快捷键

选择“文件”→“选项”命令，在打开的对话框中选择“快速访问工具栏”选项，然后将自己常用的一些按钮添加在PPT窗口左上方。添加后，只需依次按【Alt】键+数字键（注意：是快速依次按，而不是同时按下），即可快速使用相应的功能按钮。笔者的快速访问工具栏如下，供读者朋友参考。

❶	❷	❸	❹	❺	❻	❼	❽	❾	❿	⓫	⓬	⓭
顶端对齐	底端对齐	左对齐	右对齐	横向居中	纵向居中	置于最顶	置于最底	插入图片	纵向分布	横向分布	水平翻转	垂直翻转

事实上，按下【Alt】键之后，PPT界面中的许多功能按钮上均会出现一些英文字符，有些是单个英文，有些是多个，此时按下相应的键即可实现相应功能。例如，依次按下【Alt】【G】【F】即可打开幻灯片背景设置窗格。

1.4.5 大量的实践

其实生活中很多技能的获得都没有神秘的法门，多练、多用即能成师。学习PPT也一样，如果你的工作需要经常用PPT，尝试认真地面对每一次做PPT的任务，每一次都做全新的排版，做一份更多页面的PPT，很快你就会强大起来。

1.5 为什么要学最新版本的PPT？

很多人习惯了使用老版本，非常抵触新版本，其实，相对于老版本来说，新版本更具优势，因为新版本除了拥有更简洁、易用的操作界面外，还具有很多新功能，可以帮助我们更快更好地制作出优秀的PPT，这是老版本所无法比拟的。

▲图1-28　中文汉仪字库

1.5.1 中文汉仪字库，拓宽了字体选择范围

对于制作PPT来说，操作系统自带的字体都是一些常用且简单的字体，如宋体、微软雅黑、等线、华文中宋等，但这些根本不能满足PPT制作需要。而最新版本的PowerPoint中新增了汉仪字体库中的多款字体，书法感较强（见图1-28），对于设计PPT封面来说，非常实用。

1.5.2 矢量图标，再也不用全网到处找

大家都知道，PPT 中能承载的文字内容有限，为了使观众更好地理解信息，我们在制作 PPT 时往往会借助一些图标来辅助说明文字内容，从而更快更好地展示信息。在老版本中，我们需要先在网上搜索相关的矢量图标，以 PNG 格式进行保存，再将其插入 PPT 中。但要想对矢量图标进行灵活的编辑，就需要借助 PS、AI 等专业的图形软件，大大提高了操作难度。PowerPoint 2019 中加入了在线插入图标功能，并对图标进行了详细的分类，方便我们查找使用，如图 1-29 所示。

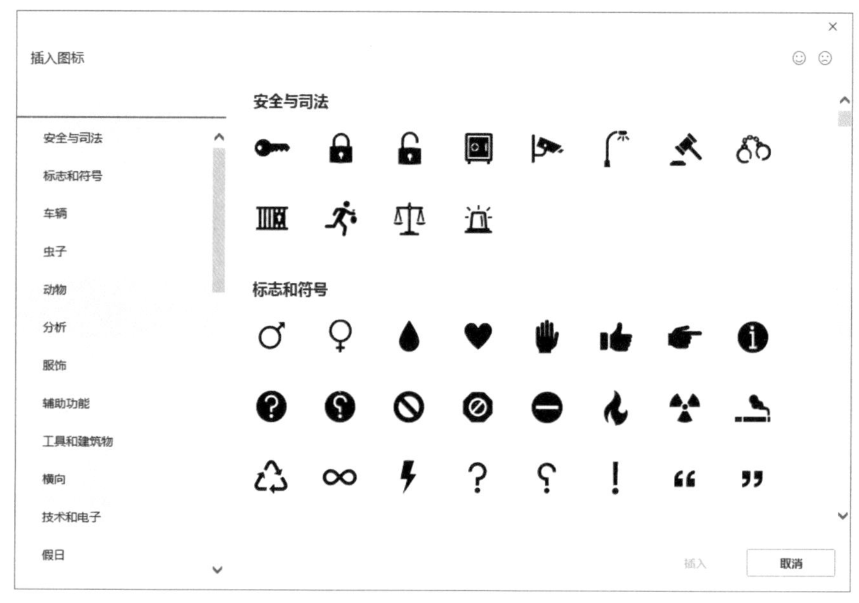

▲ 图 1-29　图标库

另外，对于插入 PPT 中的图标，我们可以将其转换为形状，如图 1-30 所示。取消形状的组合，就可以单独对图标各组成部分进行编辑了，如图 1-31 所示。

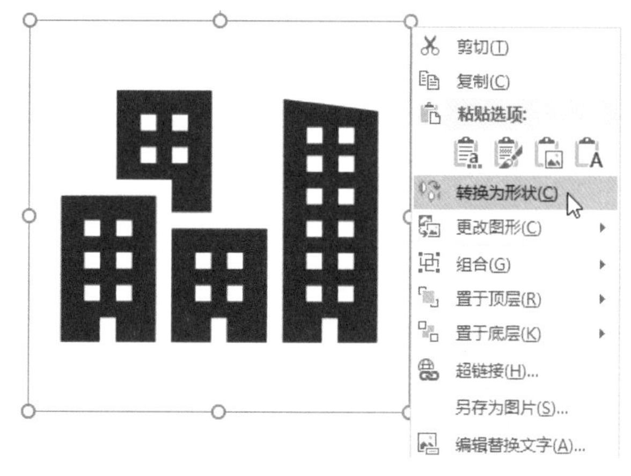

▲ 图 1-30　将图标转换为形状

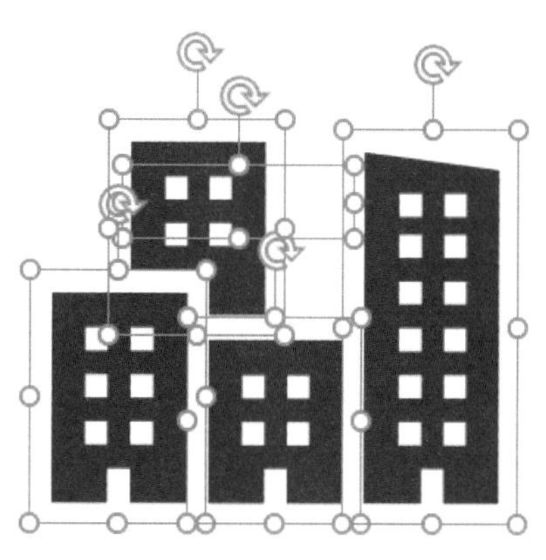

▲ 图 1-31　图标各组成部分

1.5.3 3D 模型，突破了 PPT 极限

3D 模型功能可以说是 PPT 软件的一大突破，我们能够在 PPT 中快速插入 3D 模型。目前 PPT 支持的 3D 格式有 fbx、obj、3mf、ply、stl、glb 等，单击“插入”选项卡“插图”组中的“3D 模型”按钮（见图 1-32），即可将计算机中保存的 3D 模型导入 PPT 中使用。

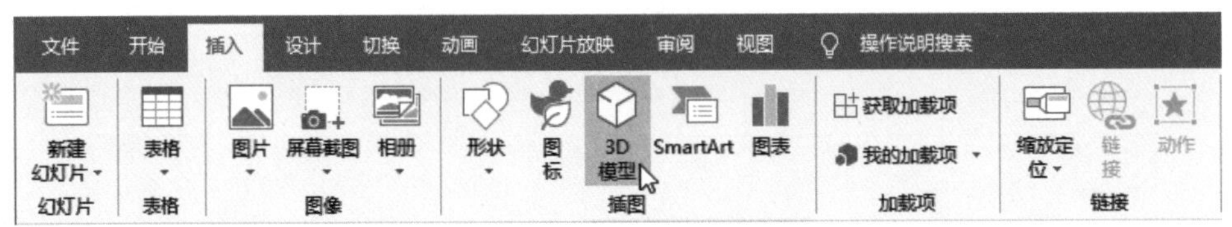

▲ 图 1-32 3D 模型

另外，在 PPT 中插入 3D 模型后，用户可以搭配鼠标拖动，或通过 3D 模型视图来改变 3D 模型的大小与呈现角度，如图 1-33 所示。

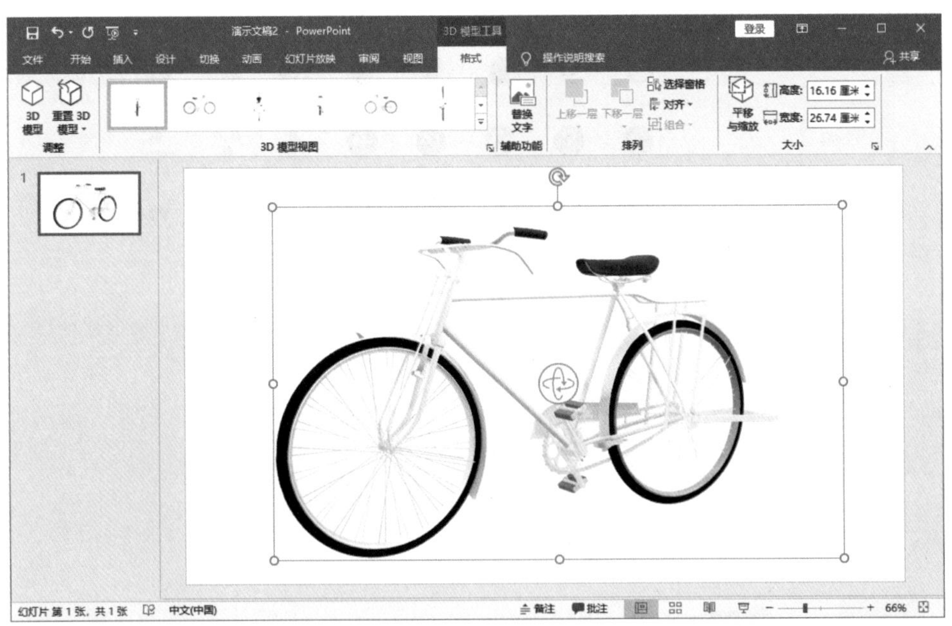

▲ 图 1-33 3D 模型视图

1.5.4 墨迹书写，涂鸦效果更有趣

我们在使用智能手机时，经常会使用照片编辑中的“笔”对照片进行标注，或添加一些有趣的涂鸦效果。PowerPoint 2019 中也加入了墨迹书写功能，用户可以使用多种笔刷在幻灯片中随意书写或涂鸦（见图 1-34），还可以自行调整笔刷的色彩及粗细。另外，对于书写的墨迹，用户还可以将其转换为形状，然后像编辑形状一样对其进行编辑。

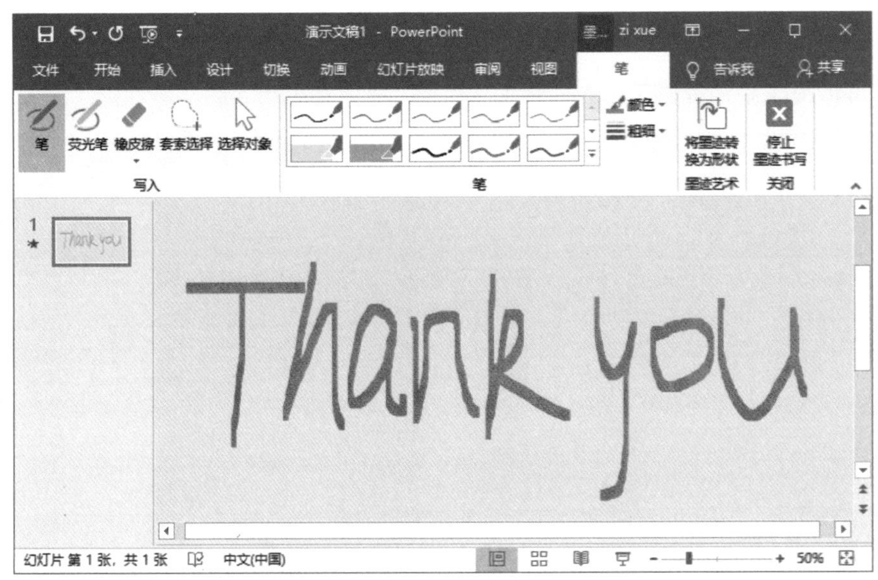

▲ 图 1-34　墨迹书写功能

1.5.5 缩放定位，跨页跳转页面更方便

PowerPoint 2019 提供的缩放定位新功能，能实现幻灯片页面无缝衔接的效果，大大提升了演示的自由度和活动性。缩放定位提供了摘要缩放定位、节缩放定位和幻灯片缩放定位 3 种方式，如图 1-35 所示。

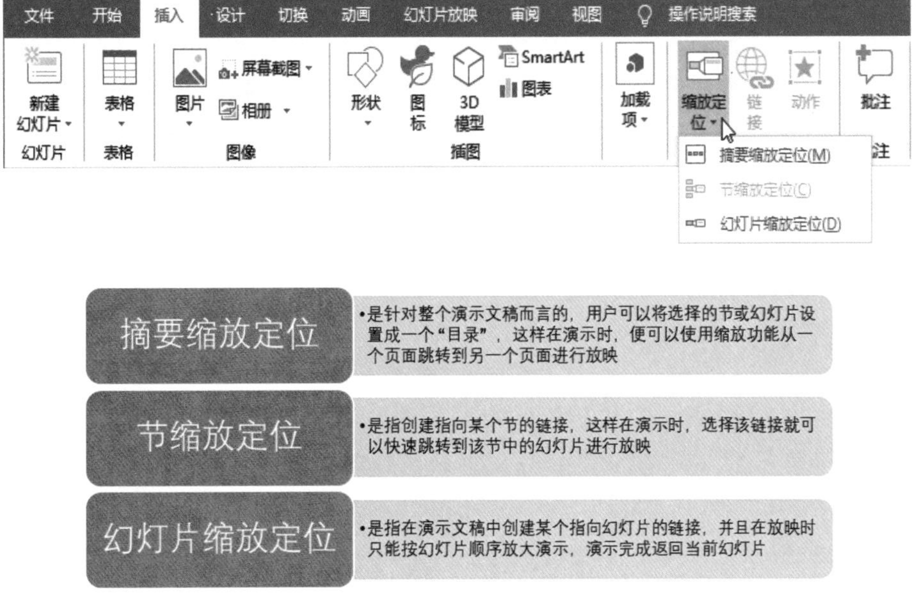

▲ 图 1-35　缩放定位

1.5.6 三维动画，让演示效果更震撼

PowerPoint 2019 中还提供了进入、转盘、摇摆、跳转和退出 5 种三维动画（见图 1-36），这是专为 3D 模型提供的，相对于其他对象的动画来说，三维动画演示效果更加生动、震撼。

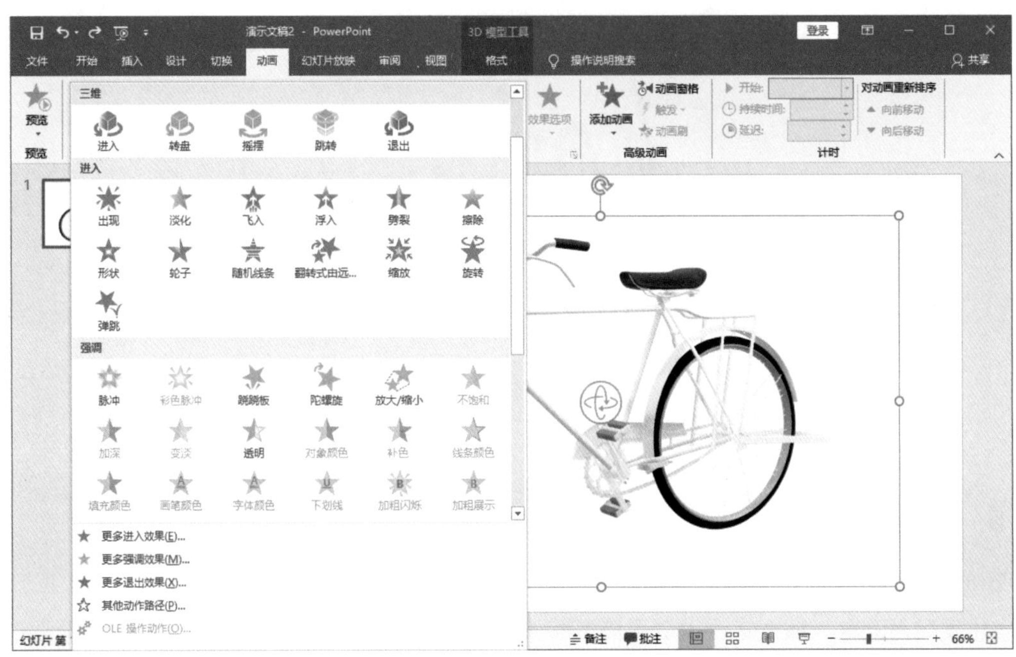

▲ 图 1-36　三维动画

Chapter 02 完成 PPT 最快的方法是别太快

且慢！

把要求搞清楚，把内容理清楚，

不是特别急的情况下，做 PPT 都应该想清楚了再动手。

这边做，那边改，边写文字边设计，

效率不高还影响心情，痛苦！

2.1 你对要求真的清楚了吗？

好的 PPT 不仅能让制作者自己满意，也能让别人满意。通过充分的沟通，摸清楚领导、客户、观众的需求，才能做出一份令大家都满意的 PPT。

2.1.1 PPT 之外，不可不知的事情

很多人一接到制作 PPT 的任务，闷头就做，最后的结果是不停地改、改、改！其实在接到制作 PPT 的任务后，很多 PPT 之外的事情必须要先弄清楚，如 PPT 的观众、放映的场地、放映的时间、屏幕尺寸等，这样制作出来的 PPT 才能符合需求。

观众是谁？

一份 PPT 是否优秀，极大程度上取决于观众是否满意。如果连观众是谁都不确定，怎么可能制作出符合要求的 PPT。所以，在制作 PPT 之前，一定要搞清楚 PPT 的观众，通过分析一些相关问题（见图 2-1）来准确把握观众，这样制作的 PPT 才更具说服力。

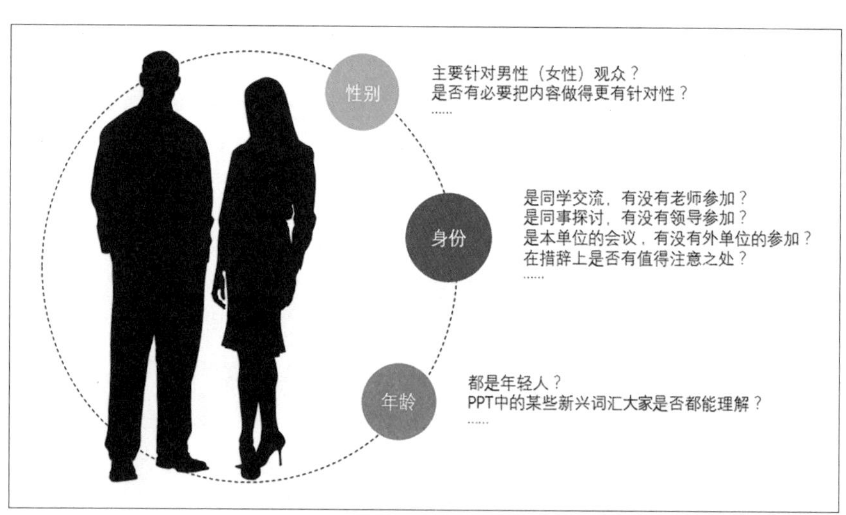

▲ 图 2-1　准确把握观众

在哪里放映？

关于正在设计的 PPT，你是否提前了解过它的放映环境？在确定屏幕尺寸、时长限制等条件之前盲目开始设计，最后很可能要遭遇大返工。关于 PPT 播放的环境，你可能需要了解下面 5 个方面的情况。

（1）硬件，包含播放的硬件和显示的硬件。

播放硬件：播放时是否允许连接自己的计算机播放？若不允许，那么用来播放 PPT 的那台计算机是否支持自己的 PPT 文件格式，能否将自己设计的艺术效果、动画都完整显示？

显示硬件：是用投影仪播放还是用显示屏播放？若是用投影仪播放，是投在白色投影布上还是投在墙面上？这对于 PPT 的配色方案的选择有重要影响。平板电脑、电视、计算机等显示屏显示的颜色一般不会有太大偏差，而投影仪显示时某些色彩可能会变得偏浅，甚至不清楚，投影在带颜色的墙面上时也可能发生变化。

（2）播放场地。播放时是关闭光源还是只能在明亮的室内播放？现场是否支持声音的播放？这对 PPT 背景色彩的选择、多媒体的应用等有直接的影响。在黑暗的环境下播放 PPT，什么样的背景颜色都能令幻灯片的内容比较清楚；而在明亮的环境下，如果用白色、浅色的背景，则有可能导致 PPT 播放效果完全“走样”。黑暗的室内，选用深色的背景、亮色的文字或图片会比较合适，这也是很多科技公司在发布会上播放 PPT 时喜欢用黑色或深色背景的原因，如图 2-2 和图 2-3 所示。

▶图 2-2 苹果发布会常用的灰黑渐变背景

▶图 2-3 魅族 Pro 5 发布会的黑色背景

技能拓展 > 根据投影环境选择幻灯片背景

白天在小会议室开会，PPT需要投影在白色的墙面上时，建议用白色的背景。因为白色的背景投出来会非常亮，投放区域与墙面很容易区分出来，更有气氛一些。最好不要用黑色或灰色的背景，这两种颜色投放出来后只能看到墙面的颜色，文字几乎是打在墙面上的，显得非常奇怪。

（3）屏幕尺寸：屏幕尺寸是4∶3，还是16∶9，抑或是一个非常特殊的比例？新建PPT之后第一件要考虑的事情不是封面怎么做，而是幻灯片页面大小设置为多少。图2-4所示为特殊的幻灯片尺寸。关于幻灯片的尺寸，可以在“幻灯片大小”对话框中，通过“自定义”或直接选择已有尺寸进行设置，如图2-5所示。

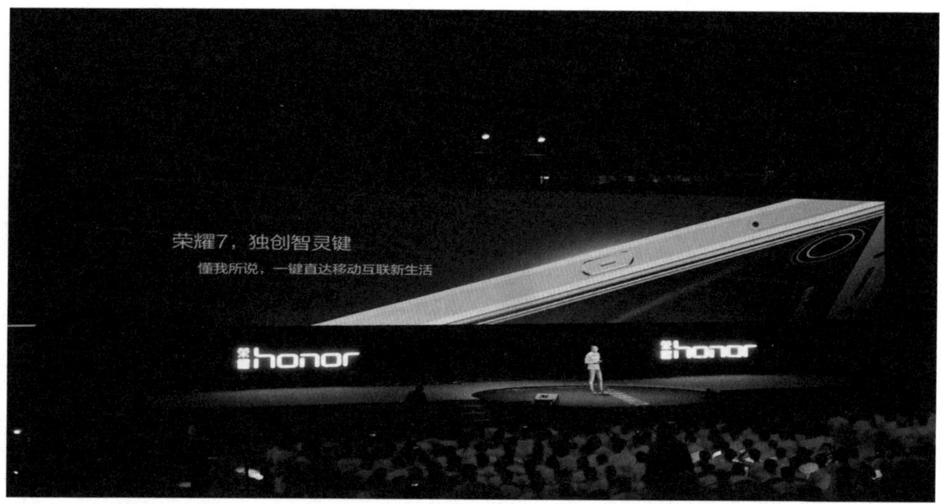

▲图2-4　华为荣耀7发布会PPT

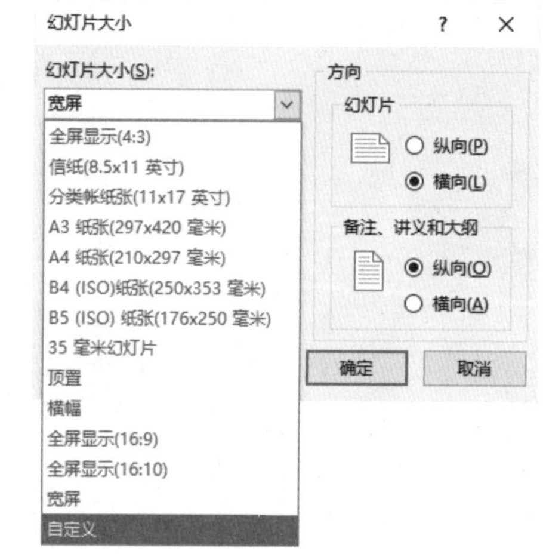

▲图2-5　幻灯片大小设置

大师点拨 ＞ 修改幻灯片尺寸时，“最大化”和“确保合适”是什么意思？

当修改一份 PPT 文件的幻灯片页面尺寸时，会弹出提示对话框，询问选择“最大化”还是“确保合适”。这里的“最大化”是指调整幻灯片页面尺寸后，页面上的图片、文字等对象的大小不发生改变，仍然保持调整页面尺寸之前的设置。而“确保合适”则是指页面上的对象和幻灯片尺寸一起变化：幻灯片尺寸若是缩小，则这些对象也会相应缩小；幻灯片尺寸若是放大，这些对象就相应放大。

（4）演讲者：你制作的 PPT 最终是配合演讲手动播放还是展台自动放映？若配合演讲，那么是由自己讲述还是由领导、同事讲述？这些关系到内容、备注等对象的设计。

（5）时间限制：是 1 分钟视频，还是 10 分钟讲稿？正式演示时，是否有时长限制？到底要做多少页幻灯片合适？只有确定了时间要求，制作 PPT 时心里才有数。

2.1.2 内容的方向性判定

设计 PPT 前，须先规划、撰写好内容。而在准备 PPT 内容之前，则须对其方向有一个大概的认识，避免离题千里，出现方向性失误。该有的内容要有，该作为重点的内容要重点阐述，领导明确要求提及的要点应该有……关于内容的方向，可通过默问如下问题来把握。

方案：是概念性还是务实性？

对于方案 PPT，做之前应确定是做一个初步的概念性的方案，还是做一个需要提出具体操作步骤的务实性的、可执行的方案。对问题的分析需要达到什么样的程度，是否需要涉及可供调配的资源情况……事实上，很多时候可执行的方案都是经过多次提案、沟通碰撞后的结果，而不只是单方面（一个单位或一个机构）、单次思考便可以得到的成果。图 2-6 所示为一个概念性方案，只是对该城市的形象包装提出了一些初步的想法并提交给相关单位参考；图 2-7 所示为一个务实性方案，方案内有详细的执行步骤、人员分工、媒体计划，以及整个推广所需的总费用清单。

▶图 2-6　概念性方案

▲ 图 2-7 务实性方案

汇报：重点在调研成果还是执行策略？

调研活动后的汇报 PPT，有时也需要考虑内容的侧重点，是只涉及调研的成果、阐述现象，还是基于调研成果得出解决策略，图 2-8 所示为一份纯粹的调研成果汇报 PPT。

▲ 图 2-8 调研结果汇报 PPT

课件：哪些内容一笔带过，哪些内容详加论述？

课件 PPT 是备课的工具。准备课件 PPT 的内容时应明确这一课的内容中哪些是学生真正难以理解，需要重点论述的；哪些是所有学生都容易理解，可以一笔带过的，从而控制课件各部分内容的篇幅。图 2-9 所示为 CorelDraw 教学课件，在整节课的 4 个部分中，软件界面不是教学的难点，所以篇幅相对要少一些。

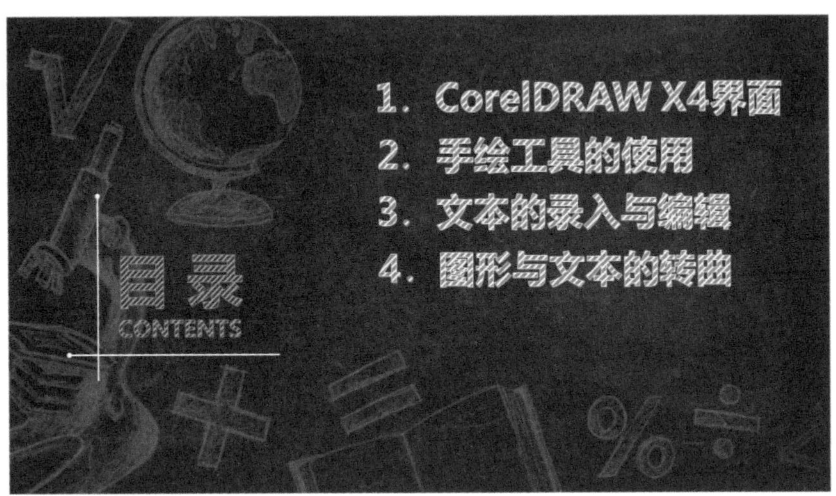

▲ 图 2-9 CorelDraw 教学课件

展示：价值点是什么，兴趣点是什么？

制作品牌或产品展示类 PPT 时，应充分了解本体的核心价值点，同时也需要充分了解观众的兴趣点、关注点，最好在满足兴趣的基础上输出价值，如图 2-10 所示。

▲ 图 2-10 中信地产的品牌价值宣传

2.1.3 设计调性的确定

调性，即一份 PPT 整体呈现出来的风貌——是严肃的还是轻松的？是热烈的还是冷静的？是树立品牌的感觉还是促销产品的感觉？在看到最终作品前，其实领导和客户对于 PPT 的调性可能会有一些模糊的想法，设计 PPT 前应该摸清楚他们的这些想法。此外，设计调性的最终确定还应考虑下面两个问题。

视觉规范是什么？

不同行业有不同的色彩、字体等应用规范，最终会形成专属的视觉识别系统。因而某些设计，人们一看到就能判定其大致属于何种行业。比如，党政机关的设计通常使用红色、白色、黄色的搭配，如图 2-11 所示；环保组织、医疗机构多用绿色，如图 2-12 所示；企业多用蓝色……在设计 PPT 前可能还需要了解自己做的这份 PPT 是否要兼顾行业的视觉规范，运用符合这种视觉规范的色彩搭配。

▲图 2-11　党建类 PPT

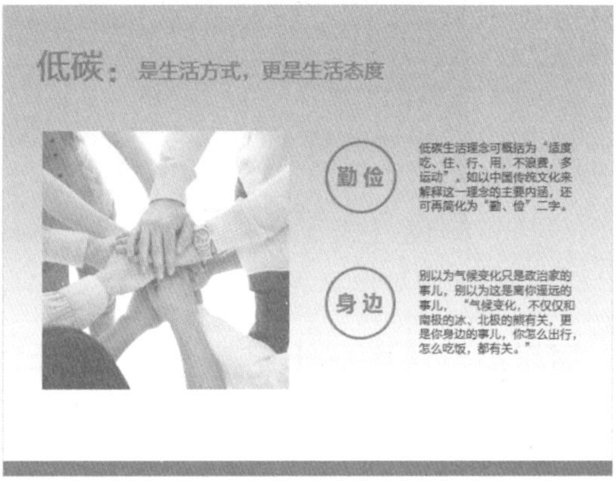

▲图 2-12　环保类 PPT

是否须使用企业模板？

不少企业都有自己专属的 PPT 模板（见图 2-13），甚至规定该企业出品的所有 PPT 作品都应该使用企业自己的模板来设计。若必须使用企业模板，就不必再为 PPT 单独设计模板了。

▶图 2-13　国家电网公司的 PPT 模板

2.2 创意内容实用的思维方法

设计 PPT 的最终目的是辅助演讲、表达内容。有想法、有创意的内容才更能感染、打动观众。

很多时候，我们做 PPT 不是为设计发愁，而是苦于没有好的点子、没有思路，做不出好的内容。其实无论什么样的工作、事情，都不是“闭门造车”就能有想法、出创意的。问题来自生活，办法同样来源于生活，来源于对事实的充分了解，来源于足够丰富的经验累积。因此，真正的好内容必须从实践中发现，在工作中用心积累。

当然，一些好的思维方法也确实能够帮助我们梳理思路，提升我们思考的效率。下面介绍 4 种实用的思维方法。

2.2.1 头脑风暴

头脑风暴法，即团队成员聚在一起，围绕一个问题随意发挥，提出自己的想法。头脑风暴过程中不强制每一位成员必须提出想法，有则发言，没有则不发言，只要有思考的过程即可。想法提出后也不要马上评价是否可行、是否合适，不要对想法的质量进行人为设限。

在相对自由的气氛中尽可能挖掘更多数量的想法（无领导参与，效果往往更佳）。头脑风暴结束后，由决策者从中选择最合适的想法。

个人的思考也可以用头脑风暴法。首先设置一段时间为头脑风暴时间，然后对着一张白纸随意地冥想（有时候对着计算机没办法思考，提起笔来却能思如泉涌），并将每一个想法写在白纸上。同样，不用管每一个想法是否合理，尽可能多地写下所有能想到的想法，待风暴时间结束后再整理这些想法，如图 2-14 所示。

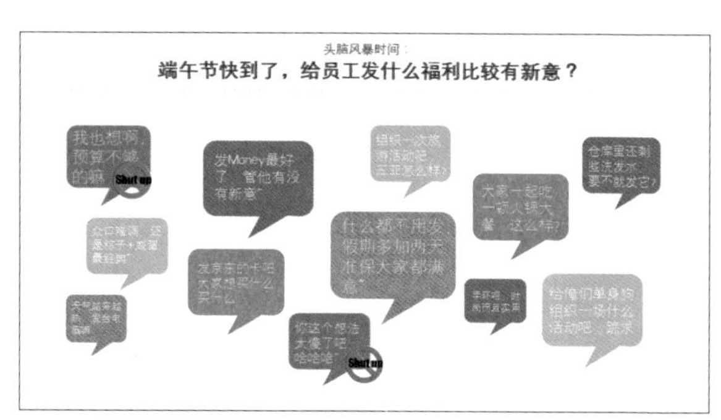

▲图 2-14　头脑风暴时间

2.2.2 逆向思维

逆向思维法，即直接从目标入手，逆向倒推实现各种可能的过程，最终从中找到最合适的方法。

如图 2-15 所示，首先确定最终目标为让“学生不在课堂使用手机”；其次逆向想象如果学生不在课堂上使用手机可能发生的情况（这里有两种可能）：听课更专注、可以坚持一个学期不在课堂上使用手机；最终得到可以在暗恋对象心中留下好印象，以及可以在学期成绩中获得额外加分两种让学生愉快并接受不在课堂使用手机这一规定的较好理由，从中选择最合适的即可。

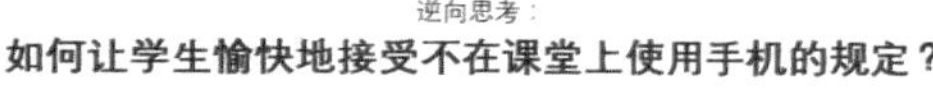

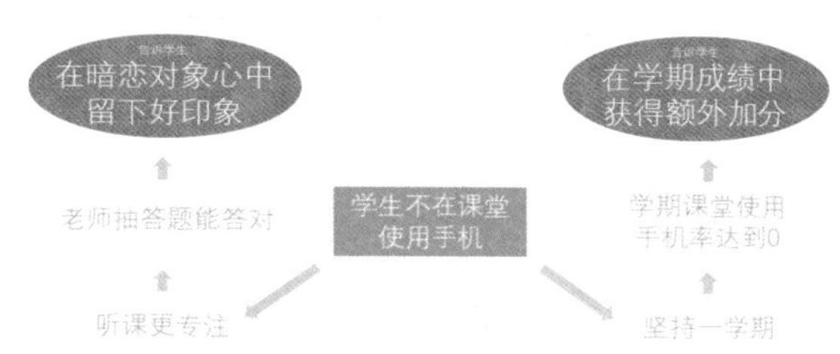

▲图 2-15　逆向思考示例

2.2.3 金字塔原理

金字塔原理是麦肯锡国际管理咨询机构的咨询顾问巴巴拉·明托发明的一种提高写作和思维能力的思维模型。这种思维模型的基本结构为：结论先行，上统领下，归类分组，逻辑递进。先主要后次要，先总结后具体，先框架后细节，先结论后原因，先结果后过程，先论点后论据，最终将凌乱的思维有序组织起来，形成一个如同金字塔般的结构。

在设计 PPT 的内容时，用上述原理来梳理我们的思路、指导我们思考的过程，我们在分析问题时会更加深入，最终形成的 PPT 文案内容逻辑性也会更强。

例如，思考“如何提高微店的访问量”这个问题。解决这一问题可以从两方面着手：一是通过更广泛的宣传，让更大基数的人群看到店铺的链接、店铺名片；二是通过有效宣传提高店铺的链接、店铺名片的点击访问的概率。那么，应该如何实现更广泛的宣传呢？往下我们又可以思考，比如，在自己的朋友圈刷屏、参加微店平台的推广活动、投放各种网络媒体广告等。同理，如何实现有效宣传呢？也可以向下思考，比如，做足够刺激的促销活动，结合时事、创意、话题性强的文案，请懂设计的朋友帮忙设计吸引人的广告画面等，如图 2-16 所示。就这样，我们便可以针对该问题进行相对严谨、深入的思考。在用 PPT 对这一系列思考进行表达时，既可以从上至下，先总后分，也可以从下至上，先分后总，根据具体情况选择更容易理解或更有创意的表达方式即可。

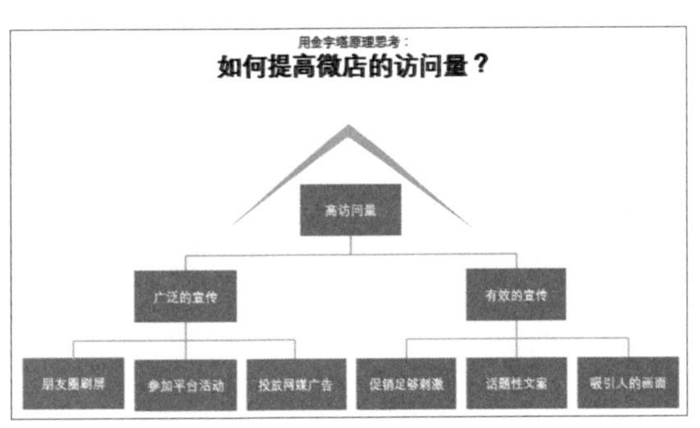

▲图 2-16　如何提高微店的访问量

2.2.4 思维导图

思维导图是通过图文并茂的方式表现各个思考中心的层级关系，建立记忆链接的一种思维工具。

自由发散联想是人类大脑的自然思考方式，每一种进入大脑的资料，不论是感觉、记忆或是想法，包括文字、数字、香气、食物、颜色、意象、节奏等，都可以成为一个思考中心，并向外发散出成千上万个节点，每一个节点代表与中心主题的一个连接，而每一个连接又可以成为另一个中心主题，再向外发散出成千上万个节点，呈现出放射性立体结构。这些节点的连接可以被视为人的记忆，即大脑数据库。

思维导图正是将这种自由发散联想具体化，让思维可视化的工具，它能够帮助我们进行有效思考，激发我们的创造性。

看书时，我们可以用思维导图来做笔记，以加深记忆，如图 2-17 所示；教学时，可以用思维导图来备课；写文章时，可以用思维导图快速勾勒大纲。在职场中，很多企业都会针对如何使用思维导图进行培训，以提升员工的思维能力。

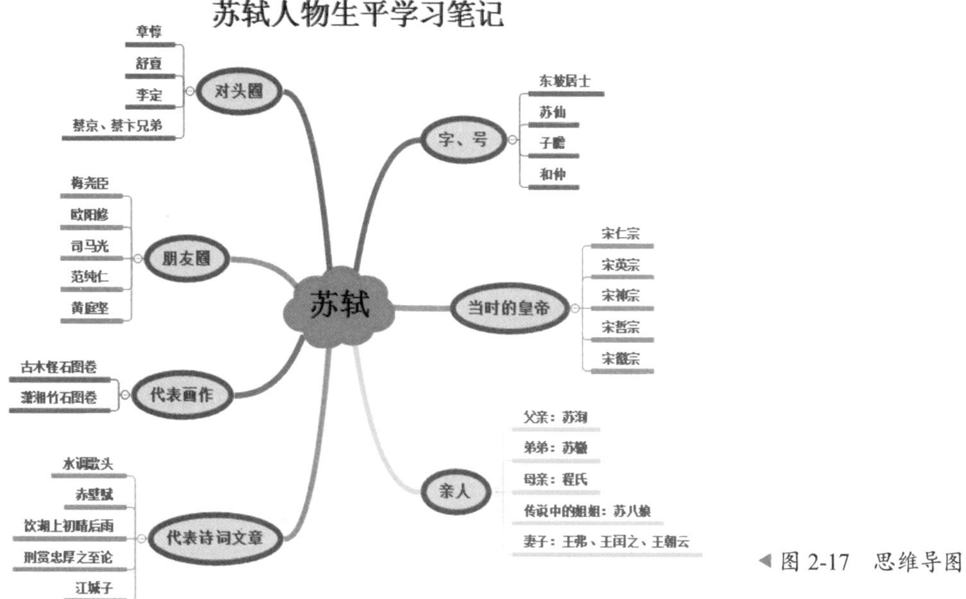

◀图 2-17　思维导图

技能拓展 〉 构思 PPT 文案时的两点心得

（1）对于大多数人而言，做策划方案不必过于强求惊人、奇特的创意，有时候把常规的事情做好，将每一个环节的细节落实到位，或许就是一个好方案。

（2）为了修改、查看更方便，构思文案的阶段可以先在 TXT、Word 中编辑，形成草稿，不建议直接在 PPT 中编辑文字内容。

制作思维导图的软件有很多，如 XMind、MindManager、iMindMap 等，操作界面大同小异。使用软件绘制思维导图会更方便，例如，我们使用思维导图思考“如何做一个文艺风格的 PPT”，大致可以得到如图 2-18 所示的思维导图。

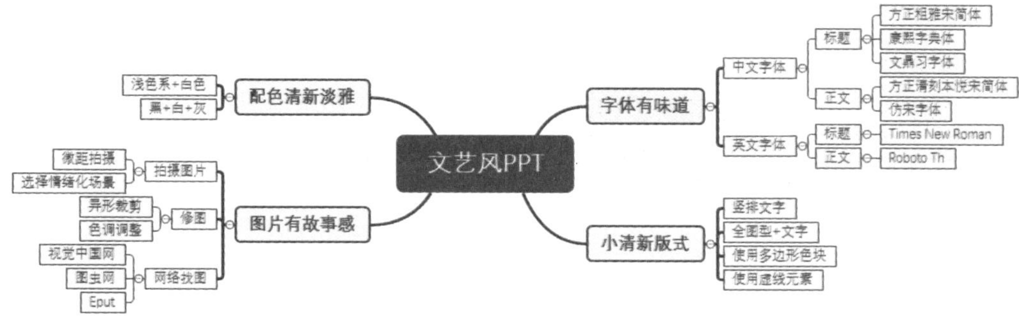

▲图 2-18　制作文艺风格的 PPT 的思维导图

在撰写 PPT 的文案时，能帮助我们更高效地构思出更多创意内容的思维方法还有很多。例如，经济学、管理学大师大前研一，被《金融时报》誉为“日本仅有的一位极为成功的管理学宗师”，他的《思考的技术》是一部专门探讨思考方法与技巧的著作，其中提出了切换思考路径、逻辑打动人心、洞悉本质、非线性思考、让构想大量涌现等思考术，值得一读。

2.3 三种经典的内容组织方式

恰当的内容组织方式能够让 PPT 的内容更容易被理解与接受，且便于演讲者讲述。和写文章一样，把 PPT 各部分内容组织、串联起来的方式不拘一格，下面介绍 3 种经典方式。

2.3.1 事由逻辑

事由逻辑即以所讲述的事情本身的逻辑为线索组织内容。比如，制订市场营销策划方案时，一般先阐述现象，如销售现状、市场情况等，再分析问题，找出营销难点，继而针对问题提出营销对策，最后按照对策提出的一系列可执行的动作进行活动安排，并做好经费预算，如图 2-19 所示。

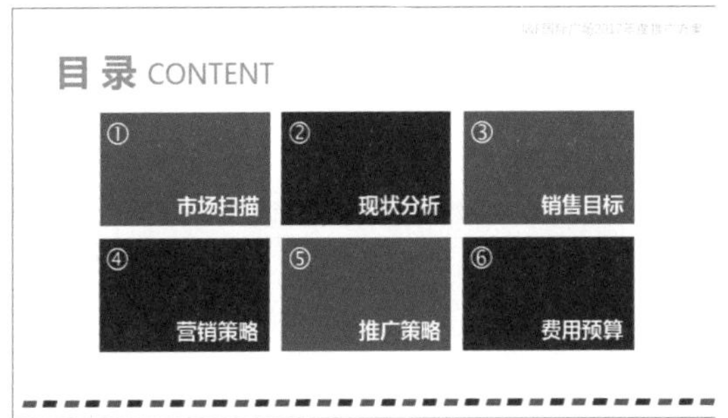

▲图 2-19　事由逻辑组织方式

2.3.2 象征类比

以一个象征性的故事开场，进而将整个 PPT 的内容都包装在这个故事之下。整个 PPT 都在围绕最开始的故事展开，最终又由最初故事的结局导出整个 PPT 的核心观点。相对而言，这种内容组织方式轻松、有趣，又不失说服力，即便是严谨的方案都可采用。比如，卓创广告的《路劲·城市主场营销创意报告》便是结合当时科比退役的网络热点，类比科比的主场精神，将整个方案与科比的成功之道紧密结合起来的，非常有新意，如图 2-20 ~ 图 2-22 所示。

▲图 2-20　《路劲·城市主场营销创意报告》PPT 第 1 页

▲图 2-21 《路劲·城市主场营销创意报告》PPT 第 12 页

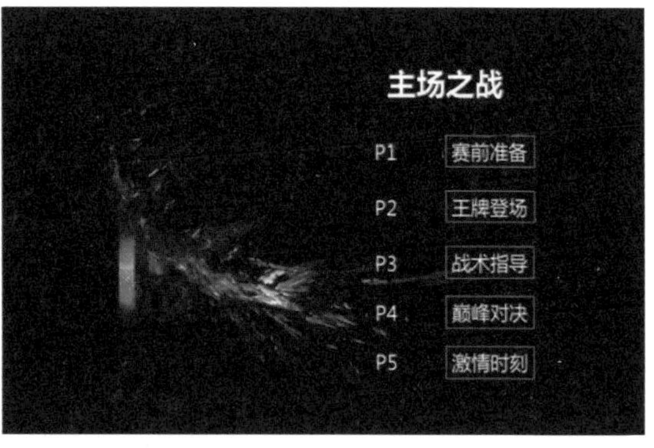

▲图 2-22 《路劲·城市主场营销创意报告》PPT 第 15 页（目录页）

2.3.3 形散而神聚

随心所欲地讲述一些看似零散的点，每一个点的论述看起来没有太大的联系，却都与主题相关。比如，个人的年终工作总结采用这种方式，以关键词或某些勾起回忆的图片，又或者某个同事说过的某句话来贯穿回顾过去的一年，最终，这些零散的点连接起来就构成了个人对过去一年的回顾。比起对工作内容的呆板叙述，这种总结方式简单又不失新意，如图 2-23 和图 2-24 所示。

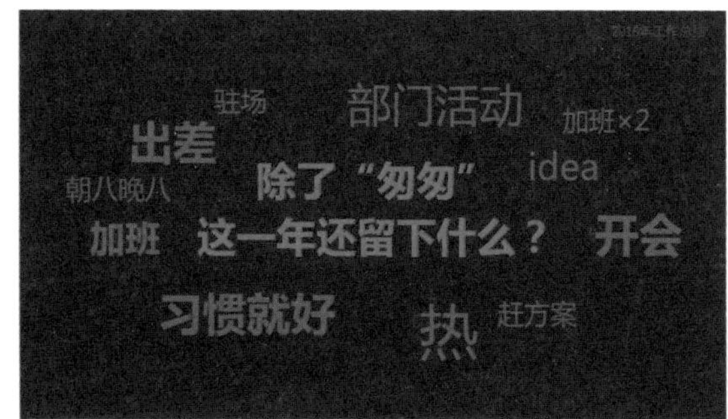

▲图 2-23 《2019 工作总结》PPT 第 1 页

▲图 2-24 《2019 工作总结》PPT 第 2 页

2.4 化繁为简

PPT 以简洁为美，一页 PPT 的内容不宜太多。在准备 PPT 的文字内容时，如何化繁为简？主要应把握“删”“缩”“拆”3 个原则。

2.4.1 删

与该页幻灯片主题无关的内容，删！过渡引申的多余内容，删！可说可不说的内容，删！

“的”字能不要就不要，标点符号可用空格代替，观众都明白的主语可略去……只要不造成阅读歧义、理解偏差，该删就删。如图 2-25 所示的内容，删减之后，标题字号可以更大，正文内容可以更简洁，如图 2-26 所示。

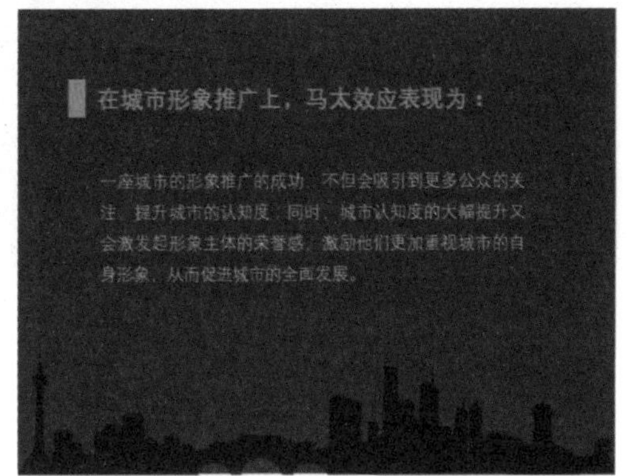

▲图 2-25　删减前

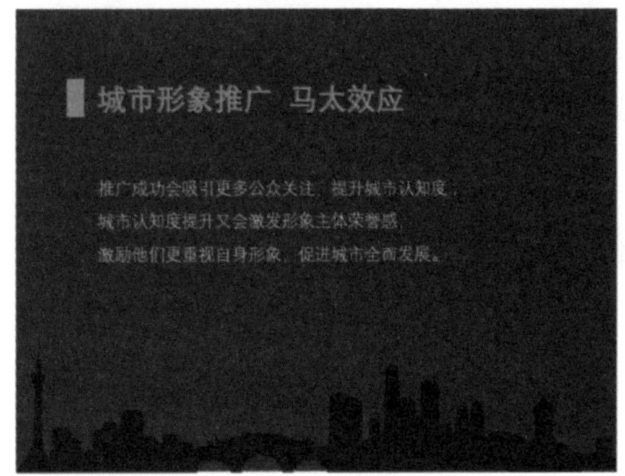

▲图 2-26　删减后

2.4.2 缩

根据文意精练语言，尝试用最少的文字表达原意。某些能够转换为符号的内容，最好以符号形式呈现，如占比情况；某些能够转换为图形的内容，最好以图形形式呈现，如流程介绍。总之，要想方设法缩减页面上的文字。图 2-27 所示的数据转换为图形后，数据重点突出，也没有了文字堆砌的感觉，效果如图 2-28 所示。

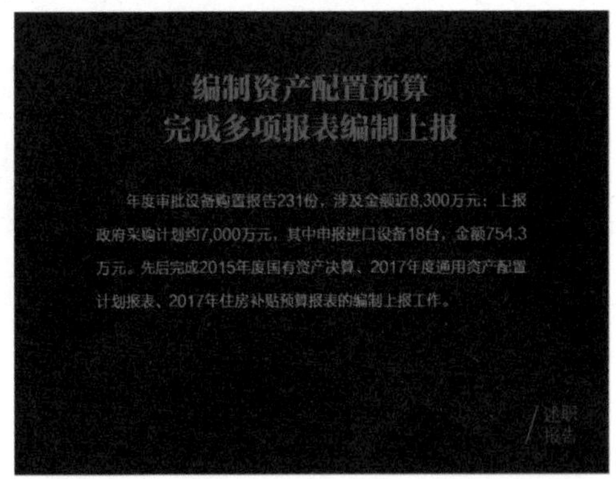

▲图 2-27　缩减前

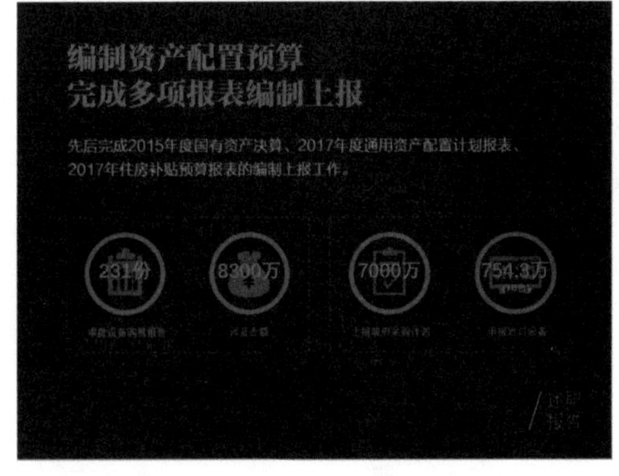

▲图 2-28　缩减后

2.4.3 拆

没有办法删除且不得不讲述的内容，你试过将其拆分在多个幻灯片页面中表达吗？幻灯片页面数量是无限制的，没有必要将所有的内容都堆砌在一个页面上。此外，还可以将一些并不那么重要的内容拆分到该页幻灯片的备注中，在演讲时使用演示者视图，并通过口头表达这部分内容即可。如图 2-29 所示的这页幻灯片，其内容非常多，导致字号较小，不便于观看，且给观众一种严重的压抑感。将其拆分为 4 页，并将案例内容放在备注中，这样页面即可变得清爽、简洁，如图 2-30 ~ 图 2-33 所示。

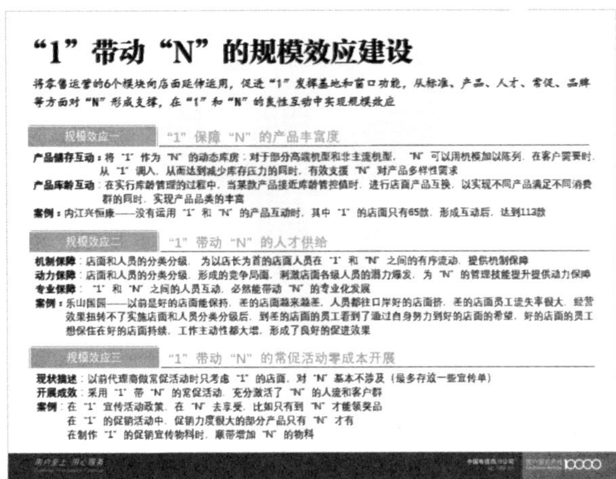

▶图 2-29 拆分前

"1" 带动 "N" 的
规模效应建设

将零售运营的6个模块向店面延伸运用
促进 "1" 发挥基地和窗口功能
从标准、产品、人才、常促、品牌等方面对 "N" 形成支撑
在 "1" 和 "N" 的良性互动中实现规模效应

▲图 2-30 拆分后 1

规模效应1

"1" 保障 "N" 的产品丰富度

产品储存互动：将 "1" 作为 "N" 的动态库房：对于部分高端机型和非主流机型， "N" 可以用机模加以陈列，在客户需要时，从 "1" 调入，从而达到减少库存压力的同时，有效支援 "N" 对产品多样性需求。

产品库龄互动：在实行库龄管理的过程中，当某款产品接近库龄管控值时，进行店面产品互换，以实现不同产品满足不同消费群的同时，实现产品品类的丰富。

▲图 2-31 拆分后 2

规模效应2

1" 带动 "N" 的人才供给

机制保障：店面和人员的分类分级，为以店长为首的店面人员在 "1" 和 "N" 之间的有序流动，提供机制保障

动力保障：店面和人员的分类分级，形成的竞争局面，刺激店面各级人员的潜力爆发，为 "N" 的管理技能提升提供动力保障

专业保障： "1" 和 "N" 之间的人员互动，必然能带动 "N" 的专业化发展

▲图 2-32 拆分后 3

规模效应3

"1" 带动 "N" 的常促活动零成本开展

现状描述：以前代理商做常促活动时只考虑 "1" 的店面，对 "N" 基本不涉及（最多存放一些宣传单）

开展成效：采用 "1" 带 "N" 的常促活动，
充分激活了 "N" 的人流和客户群

▲图 2-33 拆分后 4

神器 1：思维导图好工具——XMind

本章的 2.2.4 节中讲解了思维导图是一种比较实用的思维方法，在制作 PPT 前，用户可以通过思维导图将 PPT 中要表现的内容、布局及要采用的方式等罗列出来，以厘清 PPT 的整个框架。

网上提供了很多制作思维导图的软件，而 XMind 是一款免费的思维导图制作软件，简单易学，对于初学者非常实用。思维导图主要由中心主题、主题、子主题等模块构成，通过这些导图模块可以快速创建需要的思维导图。例如，在 XMind 中创建工作总结汇报 PPT 的框架，具体操作步骤如下。

步骤 01 在计算机中安装并启动 XMind 软件，在编辑区中单击“新建空白图”按钮，如图 2-34 所示。

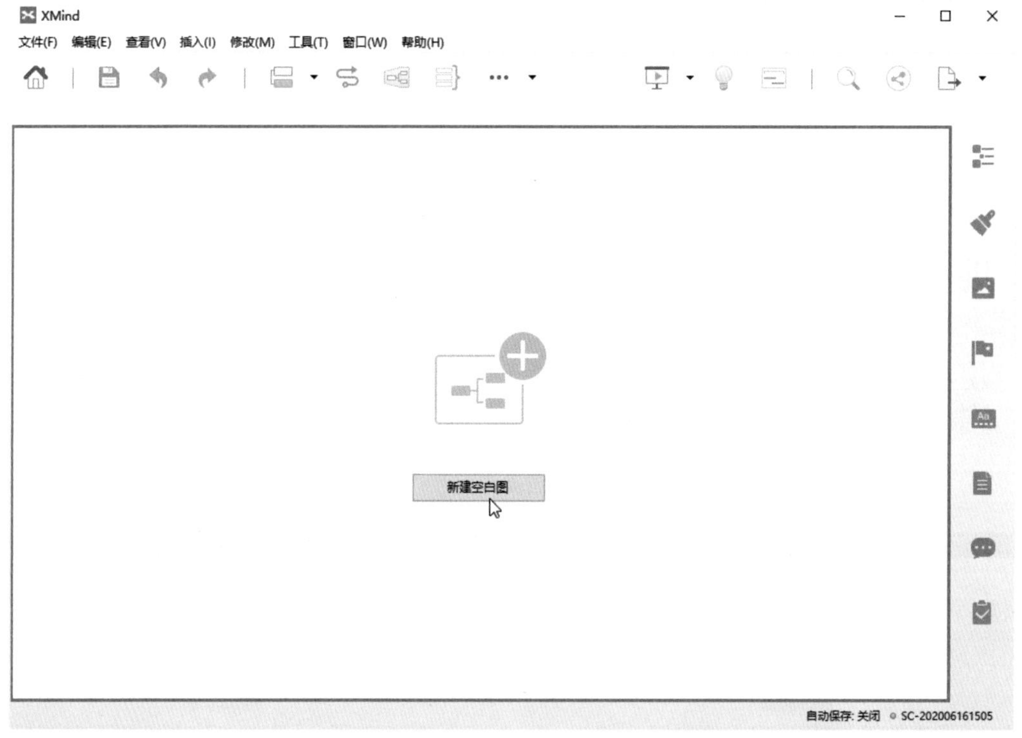

▲ 图 2-34 新建空白图

步骤 02 新建一个空白导图，导图中间会出现中心主题，双击即可输入要创建的导图项目的名称，这里输入“年终工作汇报”。按【Enter】键新建一个分支主题，双击后输入分支主题内容。选择分支主题，然后单击菜单栏中的“主题”按钮，在弹出的下拉列表中选择“主题”命令，如图 2-35 所示。

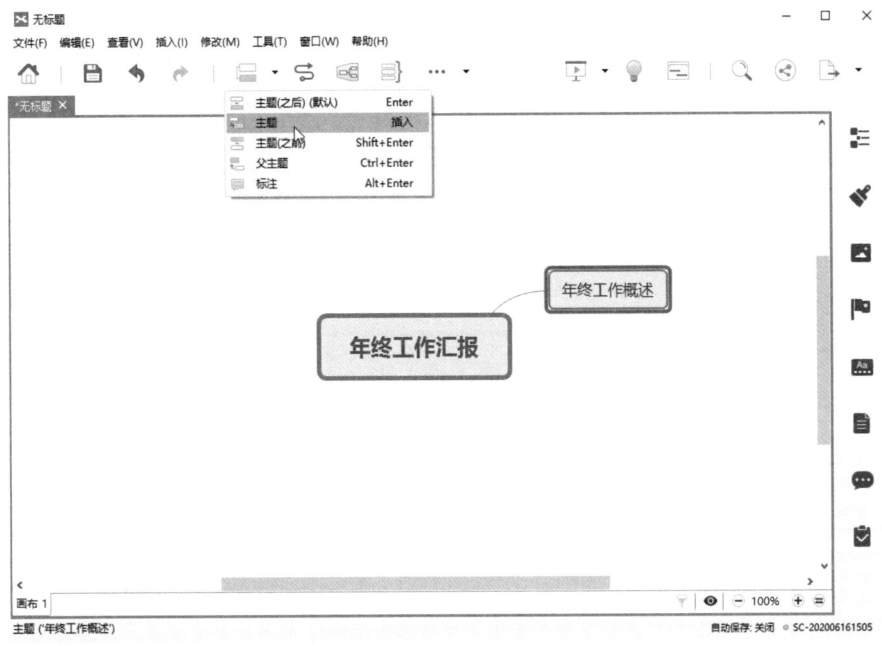

▲ 图 2-35　新建子主题

步骤03 新建一个子主题，双击后输入子主题内容，然后按【Enter】键新建更多子主题，并输入子主题的内容。选择“年终工作概述”分支主题，单击菜单栏中的“主题”按钮，在弹出的下拉列表中选择“主题(之后)（默认）”命令，如图 2-36 所示。

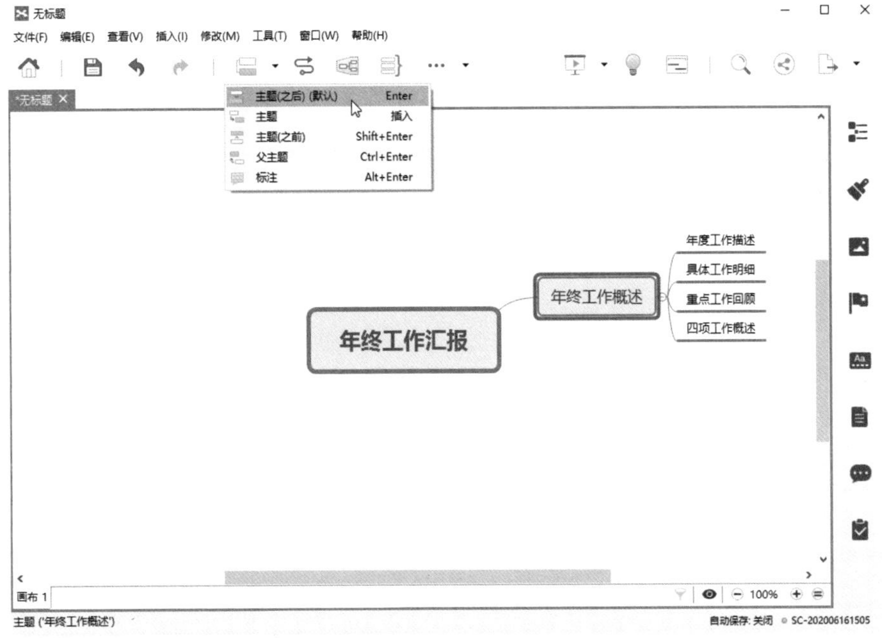

▲ 图 2-36　新建主题

步骤04 在新建的主题中输入内容，然后使用新建子主题和主题的方法完成思维导图的制作，完成后的效果如图 2-37 所示。

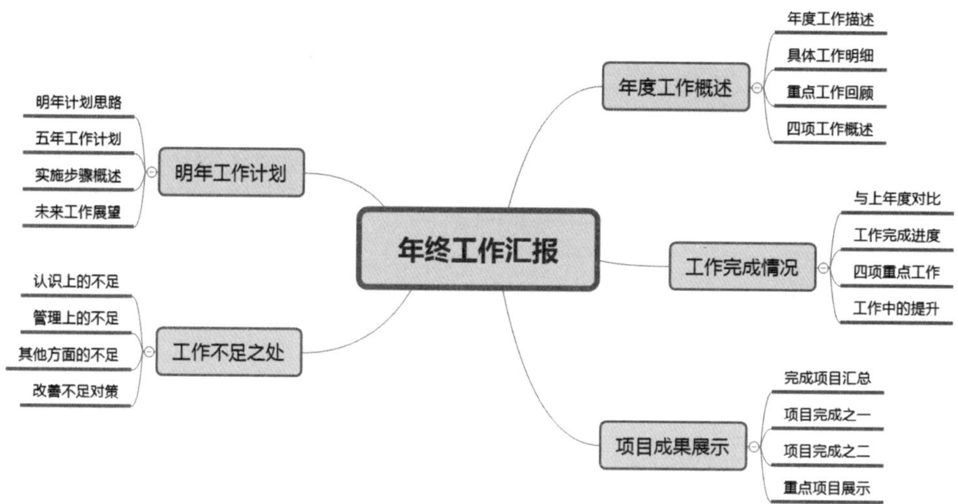

▲ 图 2-37　年终工作汇报思维导图

让文字更令人有阅读欲

为什么有的人用 PPT 软件也能做出非常有设计感的文字？

为什么有的 PPT 通篇都是文字，美感却不亚于插图 PPT？

同样是寥寥几行字，为什么别人的 PPT 就是比你的好看？

尽管观点独特，可是为什么没有人愿意看你的文字？

本章会解决你的疑惑，让你的文字看起来更美。

3.1 字体贵在精而不在多

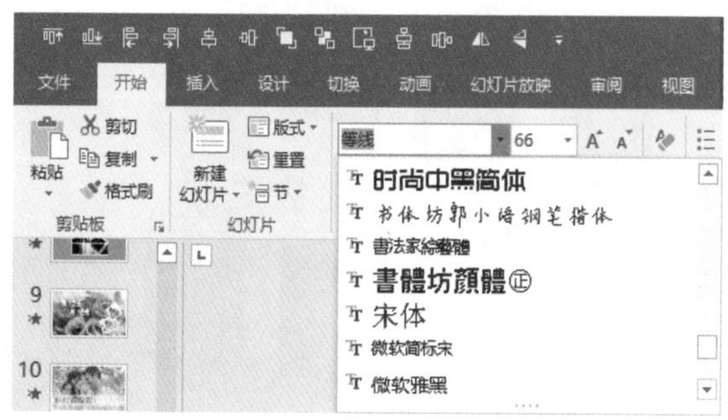

▲图 3-1 “字体”下拉列表

选择不同的字体、应用不同的字体搭配方案，能够让 PPT 呈现出丰富多样的效果。在互联网中可以找到海量的字体，下载安装后，打开 PPT，在字体下拉列表中选择相应的字体（见图 3-1），即可将其应用至当前选中的文字，非常便捷。然而，安装过多的字体会造成软件载入慢、操作卡顿等问题。我们常用的字体并不多，选择和掌握一些优秀字体的用法对于 PPT 设计其实就已足够。

3.1.1 字体选用的两大原则

简洁、极简、扁平化（去掉多余的装饰，让信息本身作为核心凸显出来的设计理念）的风格符合当下大众的审美标准，在手机 UI、网页设计、包装设计等诸多行业设计领域，这类风格很受欢迎。在本就崇尚简洁的 PPT 设计中，这类风格更是一种时尚，如图 3-2 ~ 图 3-4 所示。这样的风格也使 PPT 设计在字体选择上趋于简洁。

▶图 3-2 小米 8 发布会上，整个 PPT 均采用了纤细、简洁的字体

▶图 3-3 魅族 MX4 发布会 PPT，采用了粗壮、简洁的字体

◀图 3-4 任玩堂战略发布会 PPT，几乎只使用了一个字体

1. 选无衬线字体

传统中文印刷中字体可分为衬线字体和无衬线字体两种，这两个概念最早来源于西方国家。衬线字体（serif）是指在字的笔画开始、结束的地方有额外的装饰，而且笔画的粗细会有所不同的一类字体，如宋体、Times New Roman；无衬线字体是指没有这些额外的装饰，而且笔画的粗细基本一致的一类字体，如微软雅黑、Arial，如图 3-5 所示。

宋体 微软雅黑

Times new Roman Arial

▲图 3-5 衬线字体和无衬线字体的区别

传统的印刷设计中，一般认为衬线字体的衬线能够增加读者阅读时对字符的视觉参照，相对于无衬线字体，衬线字体具有更好的可读性，因此正文的字体多选择衬线字体。无衬线字体被认为更轻松、具有艺术感，多用于标题、较短的文字段落、通俗读物中。

然而，在作为投影播放的 PPT 中，无衬线字体由于粗细较为一致、无过细的笔锋、整饬干净，显示效果往往比衬线字体好，尤其是在远距离观看状态下，如图 3-6 所示。因此，在设计 PPT 时，无论是标题还是正文，都应尽量使用无衬线字体。

▲图 3-6 色彩搭配、字号相同的情况下，无衬线字体幻灯片（左）与衬线字体幻灯片（右）的对比

2. 选拓展字体

系统和软件一般会提供一些预置的字体，如 Windows 10 系统自带的微软雅黑字体、Office

2019 自带的等线字体等。由于这些系统、软件使用广泛，字体也比较普遍，因此在做设计时，使用预置的字体往往会显得比较普通，难以让人有眼前一亮的新鲜感。此时我们可以通过网络下载一些独特、美观的字体，这里推荐几种。

（1）方正兰亭黑体：简洁、清晰，比系统自带的黑体的线条更典雅、柔美，是时下非常流行的一款字体，被很多手机系统、软件作为默认字体。适合应用在汇报、教学、娱乐等多种类型的 PPT 中，如图 3-7 所示。

（2）方正粗雅宋简体：有笔锋，能够将汉字的美感展现出来。比系统自带的宋体更粗壮有力，作为标题投影显示效果也不差。适合应用在政府、事业单位、文化类型的 PPT 中，如图 3-8 所示。

方正兰亭黑简体

梦想还是要有的
万一实现了呢…

▲图 3-7　方正兰亭黑体

方正粗雅宋简体

梦想还是要有的
万一实现了呢…

▲图 3-8　方正粗雅宋简体

（3）张海山锐楷体：粗细均匀、简洁，有一种机械打磨出来的严整感，适合应用在科技类、工业类的 PPT 中，如图 3-9 所示。

（4）迷你简特细等线体：比等线 Light 字体更纤细，可以让文字呈现出一种纯粹的线条美感，适合目前流行的极简设计风格的 PPT 使用，如图 3-10 所示。

张海山锐楷体

梦想还是要有的
万一实现了呢…

▲图 3-9　张海山锐楷体

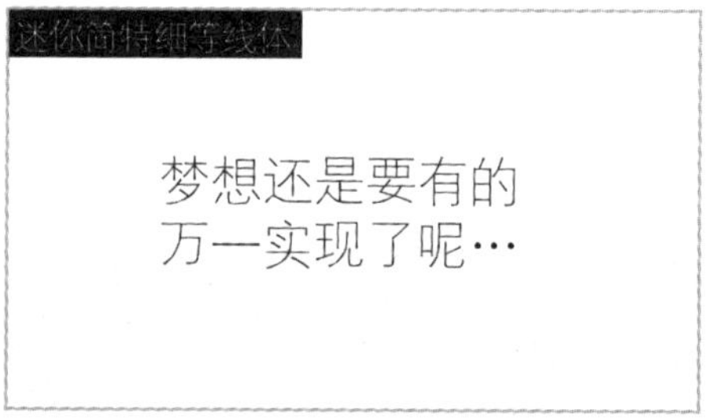

迷你简特细等线体

梦想还是要有的
万一实现了呢…

▲图 3-10　迷你简特细等线体

（5）汉仪综艺体简：综艺类电视节目常常使用的画面配字字体，粗壮、清晰，还有一种连笔的美感，可作为商务汇报、教学等各种类型 PPT 的标题、副标题，效果都非常好，如图 3-11 所示。

（6）方正静蕾简体：方正电子携手徐静蕾打造的一款特别的字体，清秀、简洁、大方的手写感觉，非常适合文艺、轻松、娱乐、非正式场合的 PPT，如图 3-12 所示。

▲图 3-11　汉仪综艺体简

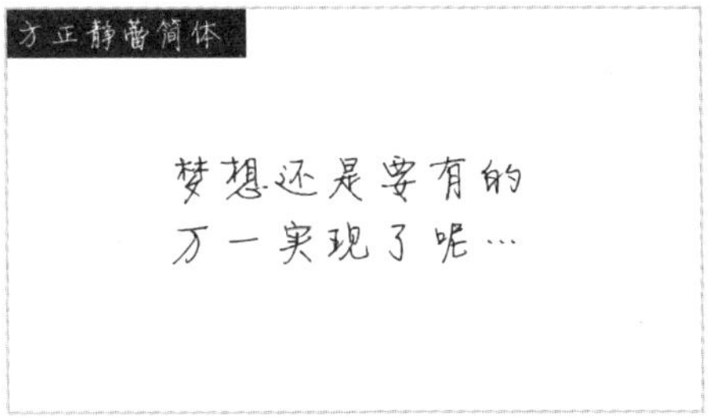

▲图 3-12　方正静蕾简体

（7）文鼎习字体：这款汉字书法类型的字体圆润、遒劲、清晰明了，非常彰显汉字书法的美感。它还能自动生成书写田字格，文化韵味顷刻跃然眼前，适合中国风类型的 PPT 使用，如图 3-13 所示。

（8）禹卫书法行书简体：一款非常好用的行书字体，清秀美观，每一个字都有真实的笔触，且字号大小匀称，多字使用亦无凌乱感，如图 3-14 所示。

▲图 3-13　文鼎习字体

▲图 3-14　禹卫书法行书简体

（9）叶根友刀锋黑草：一款非常有特色的书法字体，适合少量文字使用，使每个字显得错落有致，彰显笔力，非常有气势，如图 3-15 所示。

（10）方正胖娃简体：清晰、醒目且圆润、可爱，配上缤纷的色彩后效果更好，尤其适合针对儿童设计的教学、娱乐型 PPT，如图 3-16 所示。

▲图 3-15　叶根友刀锋黑草

▲图 3-16　方正胖娃简体

除 Arial 和 Times New Roman 外，如果你还需要拓展一些经典耐看、好用的英文字体，推荐安装下面这些字体。

（1）Impact：极为粗壮的一款英文字体，清晰、醒目，数字使用亦具有同样的效果，适合标题或大号的英文装饰文字，如图 3-17 所示。

（2）Roboto Th：纤细如发的一款英文字体，能够展现出纯粹的线条美感，简洁、清晰。和迷你简特细等线体中文字体一样，适用于极简风格类 PPT，如图 3-18 所示。

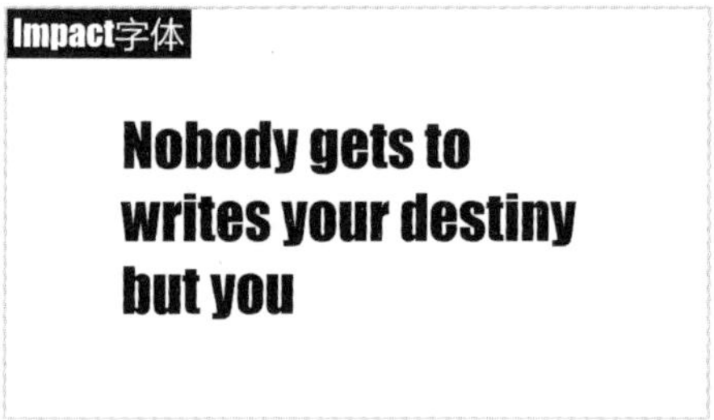

Impact字体

Nobody gets to
writes your destiny
but you

▲图 3-17　Impact 字体

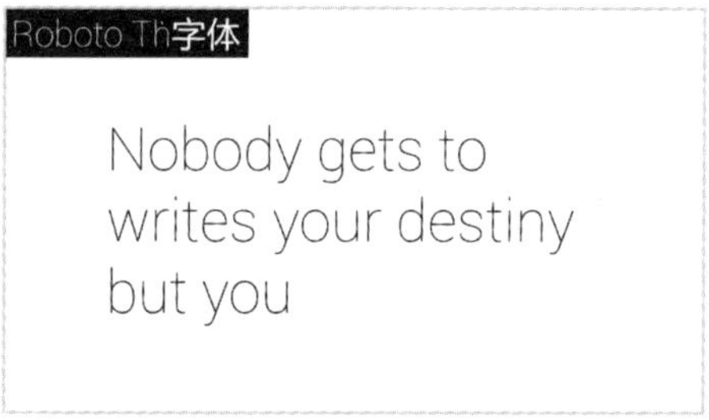

Roboto Th字体

Nobody gets to
writes your destiny
but you

▲图 3-18　Roboto Th 字体

（3）CommercialScript BT：花体英文，具有传统英文书写的连笔感以及美丽的视觉效果，长行、大段的英文使用更佳，可与中文相搭配，作为一种不需要清晰阅读的装饰字，如图 3-19 所示。

（4）Time Normal：一种类似液晶屏幕显示的感觉，适合应用在数字上，能够做倒计时、时间流逝等效果，如图 3-20 所示。

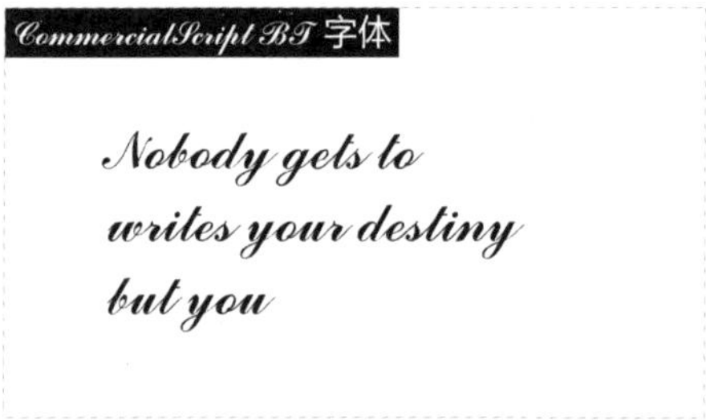

CommercialScript BT 字体

Nobody gets to
writes your destiny
but you

▲图 3-19　CommercialScript BT 字体

TIME NORMAL系列字体

NOBODY GETS TO
WRITES YOUR DESTINY
BUT YOU

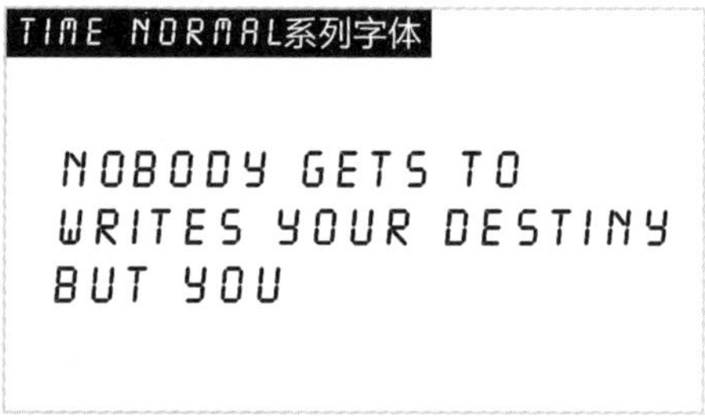

▲图 3-20　Time Normal 字体

技能拓展 > 快速更换幻灯片中的某个字体

在 PPT 中，快速更换某个指定的字体有两种方法：一是单击“开始”选项卡下的“替换”下拉按钮，在下拉列表中选择“替换字体”命令，然后在“替换字体”对话框中进行设置；二是通过“设计”选项卡下的“变体”组中的“字体”选项，进行“自定义字体”设置。

（5）ADAMAS：多边形镂空感觉的英文字体，给人一种独特的视觉效果，适合科技、时尚类型的 PPT 使用。这款字体仅适用于大写英文字母，小写英文字母、中文、数字均不可使用，如图 3-21 所示。

（6）LeviBrush：一款适用于英文的书法字体，其浓重的笔画、真实的笔触，展现出一种强烈的力量感，如图 3-22 所示。

ADAMAS字体

NOBODY GETS TO
WRITES YOUR
DESTINY
BUT YOU

▲图 3-21 ADAMAS 字体

LEVIBRUSH 字体

NOBODY GETS TO
WRITES YOUR DESTINY
BUT YOU

▲图 3-22 LeviBrush 字体

大师点拨 为什么我选择的字体有些文字无法显示出来？

某些中文字体只设计了常用的几千个汉字或特定的某些汉字，当你输入的文字在该字体的字体库中不存在时，它将显示为空白（有时是默认的宋体）。比如，选择 ADAMAS 字体时，若不切换至大写英文字母输入，则输入的文字都显示为空白。

3.1.2 六种经典字体搭配

为了让 PPT 更规范、美观，同一份 PPT 一般选择不超过 3 种字体（标题、正文使用不同的字体）的搭配即可。下面是一些经典的字体搭配方案。

1. 微软雅黑（加粗）+ 微软雅黑（常规）

Windows 系统自带的微软雅黑字体简洁、美观，作为一种无衬线字体，显示效果也非常不错。为了避免 PPT 文件复制到其他电脑中播放时，出现因字体缺失而导致设计“走样”问题，标题采用微软雅黑加粗字体，正文采用微软雅黑常规字体的搭配方案也是不错的选择，如图 3-23 所示。

商务场合的 PPT 常用该方案，另外，在时间比较仓促的情况下，不想在字体上花费心思时，也可采用该方案。

使用该方案需要对字号的美感有较好的把控能力，设计时应在不同的显示比例下多查看、调试，直至合适为止。

▲图 3-23 微软雅黑（加粗）+ 微软雅黑（常规）

2. 方正粗雅宋简体 + 方正兰亭黑简体

这种字体搭配方案清晰、严整、明确，非常适合政府、事业单位公务汇报等较为严肃场合下的 PPT 使用，如图 3-24 所示。

3. 汉仪综艺体简 + 微软雅黑

图 3-25 所示的 PPT 右侧部分的标题采用了汉仪综艺体简，正文采用了微软雅黑字体，既不失严谨，又不过于古板，简洁而清晰。

这种字体搭配适合学术报告、论文、教学课件等类型的 PPT 使用。

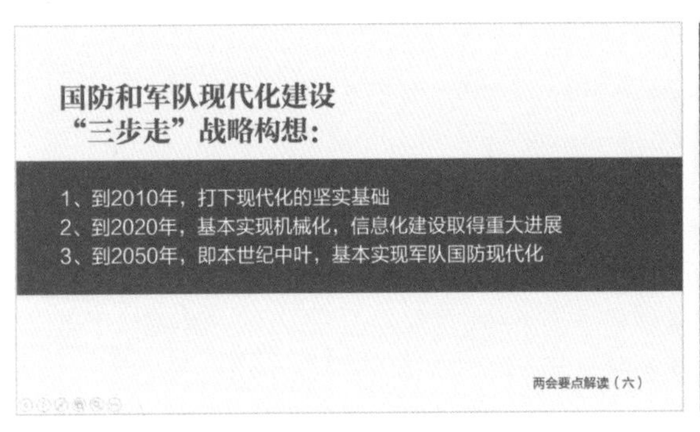

▲图 3-24　方正粗雅宋简体 + 方正兰亭黑简体

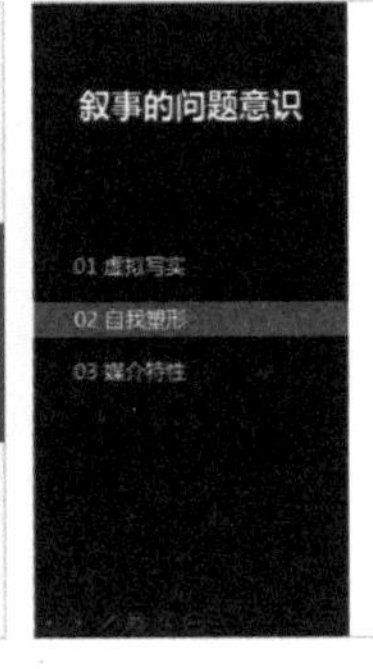

▲图 3-25　汉仪综艺体简 + 微软雅黑

4. 方正兰亭黑体 +Arial

在设计中添加英文，能有效提升整体的时尚感、国际范。在一些中文杂志、平面广告中看到的英文，很多并非是为外国人阅读而设置的，甚至那些英文只是借助在线翻译器翻译的并不准确的英文。这种情况下的英文只是作为一种辅助设计的装饰而已。

PPT 的设计也一样。Arial 是 Windows 系统自带的一款不错的英文字体，它与方正兰亭黑体搭配，能够让 PPT 形成现代商务风格，间接展现公司的实力，如图 3-26 所示。将英文字符的亮度调低一些（或增加透明度），与中文字符形成一定区别，效果会更好。

5. 文鼎习字体 + 方正兰亭黑体

该字体搭配方案适用于中国风类型的 PPT，主次分明，文化韵味强烈。图 3-27 所示为中医企业讲述企业文化的一页 PPT。

▲图 3-26　方正兰亭黑体 +Arial

▲图 3-27　文鼎习字体 + 方正兰亭黑体

6. 方正胖娃简体 + 迷你简特细等线体

该字体搭配方案轻松、有趣，适用于儿童教育、漫画、卡通等轻松场合下的 PPT。图 3-28 所示为儿童节学校组织家庭亲子活动的一页 PPT。

▲图 3-28 方正胖娃简体 + 迷你简特细等线体

如何快速统一整个 PPT 的字体方案呢？PowerPoint 2019 新建 PPT 的默认字体方案为等线字体 + 等线 Light 字体。若要采用别的字体方案，无须一页一页逐个对文本框文字进行设置，通过“设计”选项卡下的“变体”组即可快速设定整个 PPT 的字体方案。具体操作如下。

步骤 01 单击“变体”组中的“其他”按钮，选择“字体”→“自定义字体”命令（见图 3-29），打开“新建主题字体”对话框。

步骤 02 在该对话框中设置相应的中英文标题字体、正文字体，然后单击“保存”按钮即可，如图 3-30 所示。

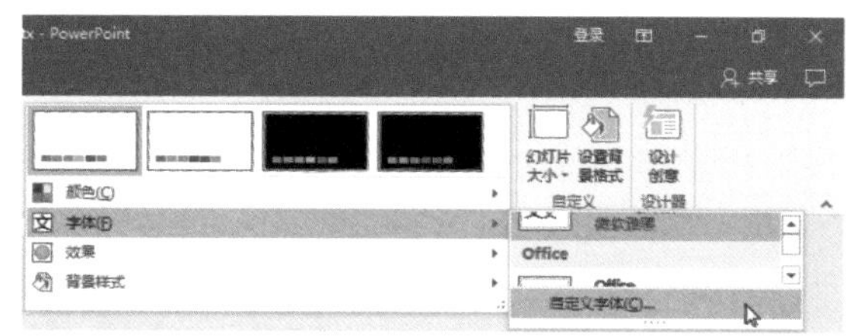

▲图 3-29 选择命令

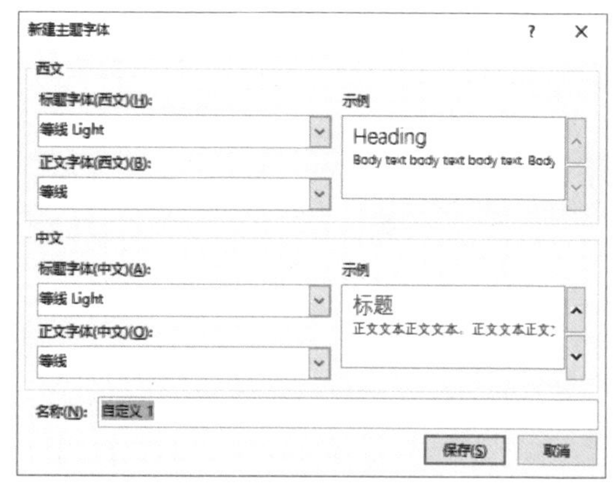

▶图 3-30 自定义字体

完成设置后，输入的文字或复制粘贴的无格式的文字都将自动应用刚刚设置的正文字体方案。

3.1.3 防止字体丢失的 5 种方法

用自己的字体搭配方案设计的 PPT，到别人的计算机上投影播放，很有可能因为字体缺失变得面目全非。因为他人计算机上若没有安装你 PPT 中所采用的字体，则文字就会按他人计算机上的默认字体显示。解决这个问题有以下 5 种方法。

1. 将字体嵌入 PPT 文件

将字体嵌入 PPT 文件中，即让该 PPT 文件自带字体，即便在缺失字体的计算机中播放也不受影响。PowerPoint 软件默认的设置中，字体不会嵌入 PPT 文件，若需要嵌入，则需要手动设置。

设置方法：选择“文件”→“选项”命令，打开“PowerPoint 选项”对话框，在左侧选择“保存”选项，在右侧选中“将字体嵌入文件”复选框，并选中“仅嵌入演示文稿中使用的字符”或“嵌入所有字符”单选按钮，单击“确定”按钮即可，如图3-31所示。

PPT中使用到的某些特定字体，并不适用该方法，保存时可能会弹出“连同字体保存”对话框，提示“某些字体无法随演示文稿一起保存”，如图3-32所示。此时须用其他方法来确保PPT在其他计算机上播放时不发生字体改变。

▲图3-31　嵌入字体设置

▲图3-32　无法保存字体

大师点拨 ＞ 两种嵌入方式有什么区别？

“仅嵌入演示文稿中使用的字符”是指只将该字体的字体库中被你的PPT使用的那部分文字嵌入PPT中，这种方式相对而言不会让PPT文件过大；而“嵌入所有字符”是指将该字体的字体库中所有的文字都嵌入PPT中，使用这种方式后，在别的计算机上编辑修改PPT比较方便，但是会让PPT文件变得十分庞大，容易造成计算机卡顿、死机。

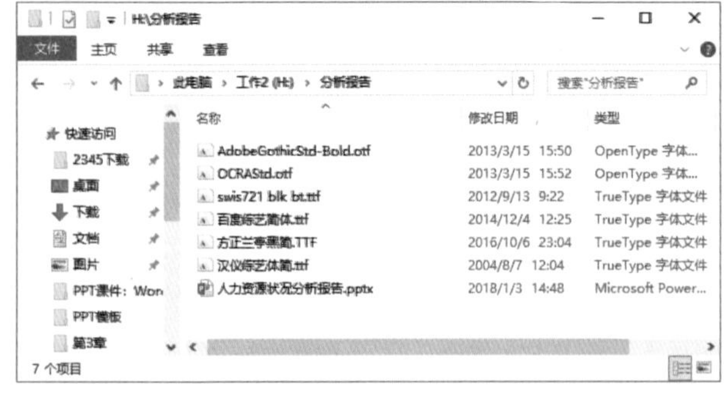

▲图3-33　复制PPT所用字体

2. 将字体文件随文件复制

将PPT中应用的所有字体随PPT文件一起复制到别人的计算机中，如图3-33所示。如果出现字体缺失问题，则将字体安装至该计算机中，然后重新打开PPT文件即可。如果认为在字体库中找字体、复制字体不烦琐，这是解决字体缺失问题最为简单、直接的办法。

3. 保存为PDF文件

若你的PPT文件已确定不需要修改，且观看时无须动画效果，那么可直接将PPT文件保存为

PDF 文件，PDF 文件在观看时不受字体影响。

将 PPT 文件保存为 PDF 文件的具体方法：选择“文件”→“导出”命令，在窗口右侧单击“创建 PDF/XPS”按钮，如图 3-34 所示。弹出“发布为 PDF 或 XPS”对话框，对保存位置进行设置，然后单击“发布”按钮即可，如图 3-35 所示。

▲图 3-34 导出为 PDF

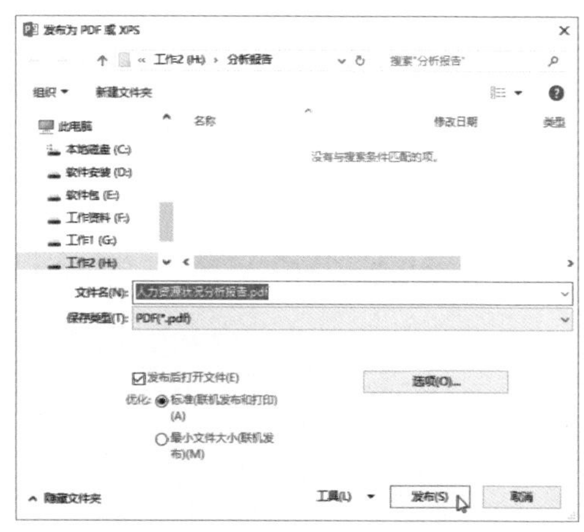

▲图 3-35 开始发布

大师点拨 〉 如何缩短 PPT 文件自动保存的时间间隔？

默认情况下，PPT 每隔 10 分钟会自动保存一次，自动保存时，PPT 将无法操作。如果觉得 10 分钟保存一次过于频繁，可选择“文件”→“选项”命令，打开“PowerPoint 选项”对话框，选择“保存”选项，在“保存自动恢复信息时间间隔”数值框中重新设置自动保存间隔时间即可；如果有按【Ctrl+S】组合键保存的良好习惯，不需要软件自动保存，也可取消选中“保存自动恢复信息时间间隔”复选框，取消自动保存。

4. 转换成 PNG 图片

如果 PPT 中应用的系统外的字体不多，比如，只是封面标题应用了文鼎习字体，其他内容全部采用了微软雅黑字体，此时可以利用“选择性粘贴”的方法，将文本转换为图片，这样就能解决出现文鼎习字体缺失的问题。但转换为图片后，不能对文字进行修改。具体操作方法如下。

步骤01 选择应用文鼎习字体的文字，按【Ctrl+C】组合键复制。

步骤02 按【Ctrl+Alt+V】组合键，打开“选择性粘贴”对话框，在“作为”列表框中选择图片的粘贴方式，如选择“图片（PNG）”（见图 3-36），单击“确定”按钮即可将文字转换成无底色的 PNG 图片。将原来的文字删除（或隐藏），调整 PNG 图片至原文字位置即可，如图 3-37 所示。

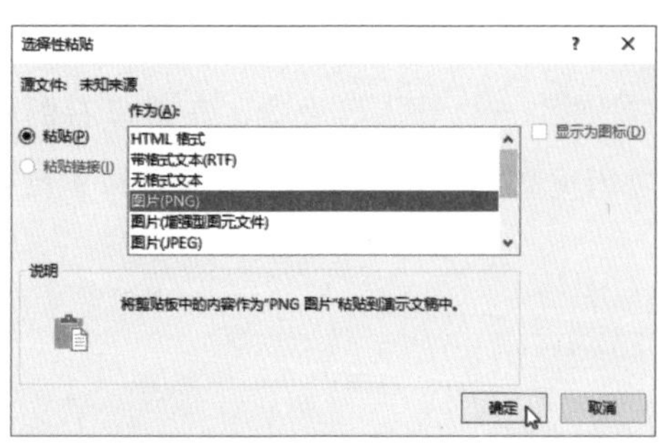

▲图 3-36　选择性粘贴

▲图 3-37　PNG 图片的效果

5. 转换成形状

转换成 PNG 图片后，始终不如原来的矢量文字清晰，怎么办？在可能缺失字体的文字不多的情况下，我们还可以选择“合并形状”命令，将文字转换成形状。这样既能保证文字不出现字体缺失问题，同时仍然具有矢量图形的清晰度。这种方式类似于 CorelDRAW 软件中的转曲操作。

步骤01 在当前 PPT 页中插入任意一个形状，先选中要转换的标题文字所在的占位符，再选中绘制的形状。选择“格式”→“插入形状”→“合并形状”命令，在弹出的下拉列表中选择“剪除”命令，如图 3-38 所示。

步骤02 标题文字转换成了矢量形状。变成形状后的文字虽然和PNG图片一样，不能再改变文字内容，但可以改变填色、边框色，如图 3-39 所示。

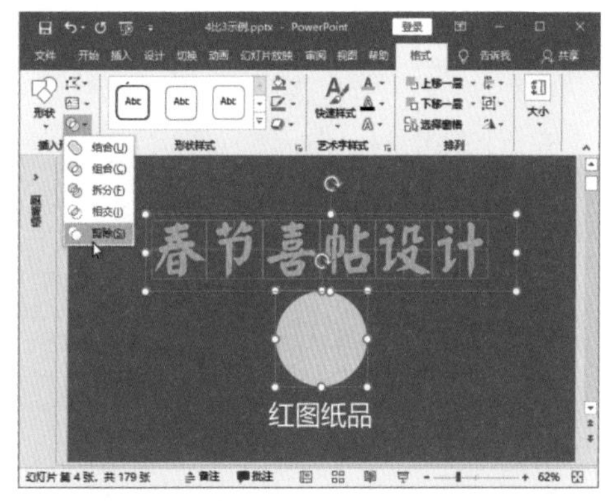

▲图 3-38　剪除形状

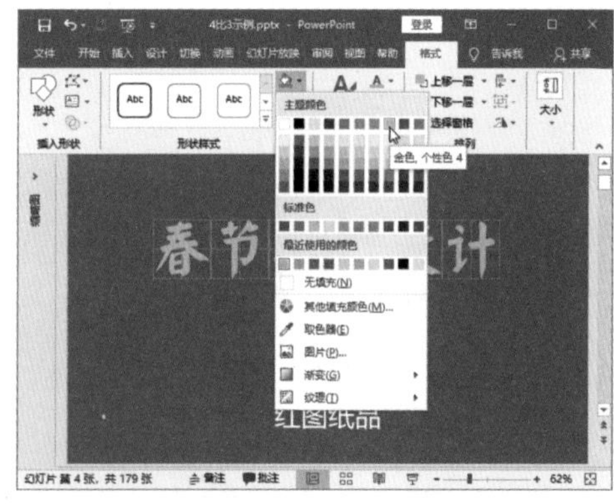

▲图 3-39　改变颜色

3.1.4 好字体哪里找

用系统、软件自带的字体虽然正式，但并没有什么特色，为了使 PPT 中的文字更具表现力，可以通过互联网获取更多好字体。在网上获取字体的途径比较多，主要可以通过以下 3 种方式来获取一些不一样的好字体。

1. 通过字体资源网站获取

通过百度搜索“字体”，就会出现很多关于字体的专业网站。这些网站上集合了方正、汉仪、华康等字库公司出品的中文、英文、艺术字、手写字等丰富的字体，如图 3-40 所示的求字体网。

求字体网首页下方分门别类地列出了许多中、英文字体库名，单击名称即可预览该字体库下不同字体的样式，若有喜欢的字体，直接单击“下载”按钮即可将该字体下载到计算机中。如果你要找特定的字体，则直接在搜索框中输入字体名称，搜索下载即可，如图 3-41 所示。

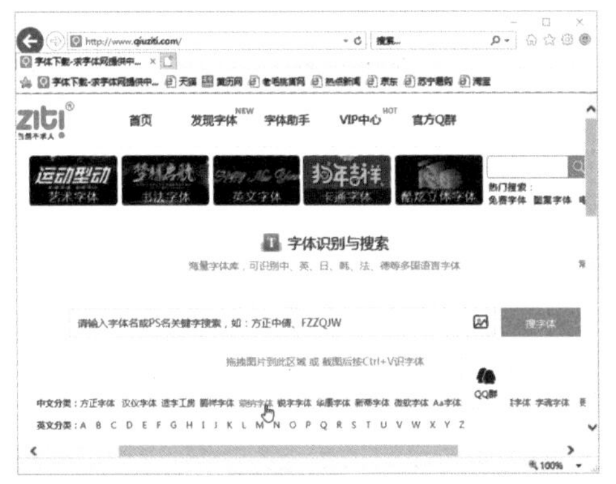

▲ 图 3-40　求字体网

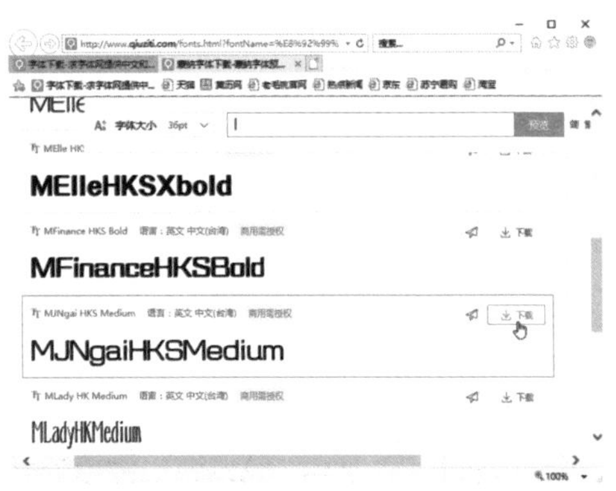

▲ 图 3-41　分类字体

在上班路上看到户外广告上有一款很好看的字体，自己非常喜欢，却不知道字体名称，此时该如何在网上找？这个问题，找字体网也能帮你解决，具体方法如下。

步骤01 用手机将喜欢的字体拍下来（若是在计算机、手机上看到的，截图即可），尽量将文字部分拍大。

步骤02 将图片导入计算机中，打开识字体网，然后在页面上方上传图片，如图 3-42 所示。

▲ 图 3-42　上传图片

步骤03 网站将自动识别图上文字的一些零散的文字零件，根据提示填写对应的部分（为了识别更准确，应尽量多填写），如图 3-43 所示。

步骤04 单击“开始识别”按钮，网站就会给出该字体的名称及下载方式，如图 3-44 所示。

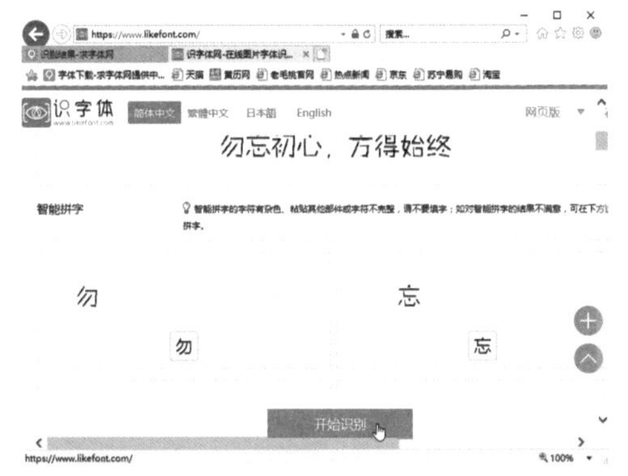

▲ 图 3-43　填写对应部分

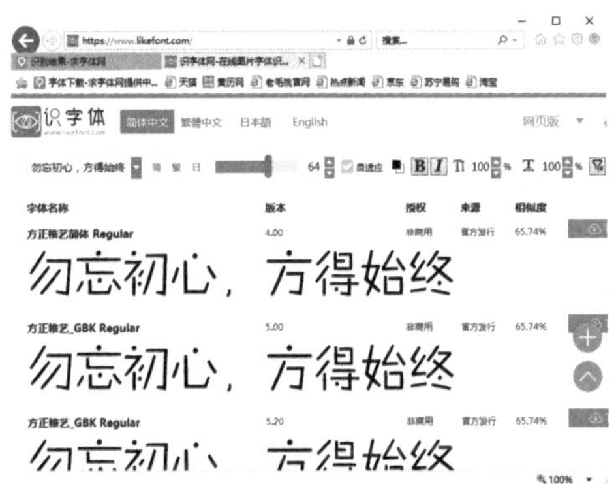

▲ 图 3-44　开始搜索

▲ 图 3-45　摘自站酷网

需要注意的是，一些由设计师专门设计的标题类文字不存在于体库中，所以也就无法识别，如图 3-45 所示。

2. 直接从字体公司网站获取

在专业的字体设计公司网站中，我们可以获得该公司最新的设计作品。造字工房就是国内一家不错的字体设计公司，该公司网站上有很多有趣的字体，如彩圆体、超凡体等，如图 3-46 所示。造字工房的字体均可供个人（非商用）免费下载（下载前须关注其微信公众号以获取下载码）。

从网络上下载好字体文件后，有以下两种安装方法可供选择。

（1）双击字体文件，在弹出的界面中继续单击“安装”按钮，即可将字体安装至系统，如图 3-47 所示。

▲ 图 3-46　造字工房网站字体示例

▲ 图 3-47　安装字体

（2）在系统盘（一般为 C 盘）的 Windows 文件夹里找到 Fonts 文件夹，打开并将要安装的字体文件复制粘贴到该文件夹内即可完成安装，一次性安装多种字体时这种方式非常方便，如图 3-48 所示。

▶图 3-48　Fonts 文件夹

3. 用字体管家下载、管理字体

安装一款工具软件——字体管家，能够方便地管理电脑中的字体，也能一键将网络中的字体下载安装到电脑中，如图 3-49 所示。

▶图 3-49 字体管家

大师点拨 ＞ 有些字体上标注的“非商用”是什么意思？

和音乐、电影等一样，字体也是专业设计公司的劳动成果，通过互联网下载使用字体时需要注意版权问题。某些字体公司（如造字工房）提供的免费字体，会在字体说明书中标注“非商用”。个人、企业内部使用这类字体是没有问题的。但若商用或发布（如使用其字体进行商业广告设计服务活动，或设计软件时内嵌使用其字体等）则属于侵权行为，可能会遭到起诉，这一点需要注意。某些字体需要购买才能下载使用，但即便是购买之后仍然要注意其是否限制用于商业。

3.2 文字也要有“亮点”

在设计 PPT 时，出于吸引观众注意、增强气势等目的，某些标题或重点文字有时需要设计特别的字体效果，如艺术字、书法字、填充效果字等。这类效果一般无法直接通过字体获得，而需要对其进行针对性的设计。

3.2.1 恰到好处才能“艺术”

PowerPoint 2019 中自带多种艺术字效果，在计算机中安装的字体基础上可以做出丰富的文字效果。预置的艺术字效果一共有 20 种，如图 3-50 所示。

▲图 3-50　预置艺术字效果

选择了预制的艺术字效果后，还可通过“格式”选项卡下的“艺术字样式”组来调试自己喜欢的颜色、效果。单击该组右下角的按钮，打开“设置形状格式”窗格，可进行更为精细的设置。发挥你的想象，恰当利用这些效果，能够为整个 PPT 增色不少。

阴影字：阴影效果分为外部阴影、内部阴影及透视阴影，并有多种不同的阴影偏移方式。图 3-51 中的“观”字应用的是右下偏移阴影，“岭”字应用的是左上偏移阴影。

映像字：映像效果有紧密映像、半映像、全映像等多种变体效果。使用映像效果能够产生倒影的感觉，在以水为背景的 PPT 中使用较多，如图 3-52 所示。

▲图 3-51　阴影字

▲图 3-52　映像字

发光字：使用发光效果时，应当注意发光颜色与整体场景的契合，不可选择与背景过于冲突的发光色。同时，发光大小和透明度也应该适度，不推荐直接应用软件预置的发光效果。如图 3-53 所示的“夜未央”和“night”即应用了发光效果。

三维字：三维格式包含顶部棱台、底部棱台、深度、曲面图、材质、光源参数；三维旋转则可使用预制的平行、透视、倾斜旋转，也能手动精确调节 X、Y、Z 三轴的角度。通过调节三维格式、三维旋转两个效果的各项参数，使用 PPT 也能够简单、快速地做出类似专业设计软件设计的立体字效果，如图 3-54 所示。

▲图 3-53　发光字

▲图 3-54　三维字

转换字： 转换效果位于“格式”选项卡“文本效果”下拉列表中的最后一项，包含“跟随路径”效果和各种“弯曲”效果。使用转换效果能将原本规规矩矩的文字排得更为灵活，适用于教学、轻松娱乐等类型的 PPT，如图 3-55 所示。

▲图 3-55　转换字

新手由于缺乏对整体风格的把握能力，因此应该注意谨慎使用艺术字。滥用艺术效果，将多种艺术效果生硬叠加很容易破坏 PPT 的美感，使设计显得非常不专业。

技能拓展 >　设置半透明文字效果

使用半透明效果可以弱化次要文字，以突出主要文字。半透明文字效果的设置需要通过“设置形状格式”窗格来完成。打开该窗格除了使用前文所述的方法之外，还可通过选中需要设置透明效果的文字，右击，选择快捷菜单中的“设置文字效果格式”命令来打开。

3.2.2 要大气，当然选择毛笔字

豪放的毛笔书法字笔力遒劲，气魄宏大，极具张力。设计中使用毛笔书法字，能够有效增强（不局限于中国风）气势和设计感，如图 3-56 ~ 图 3-58 所示。

▲图 3-56　摘自小米 4c 发布会 PPT

在 PPT 中怎样设计这样的字？如果你会写毛笔字且有扫描仪，或者你会使用 PS 软件且会使用笔刷工具，设计毛笔书法字当然不是问题。如果都不会，也没有扫描仪，则可以使用下面两种方法。

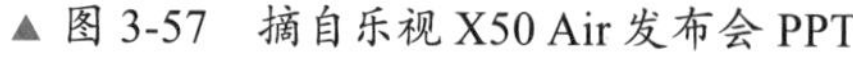
▲ 图 3-57　摘自乐视 X50 Air 发布会 PPT

▲ 图 3-58　摘自魅蓝新品发布会

1. 书法迷网站在线生成

在线生成毛笔书法字的网站很多，书法迷网就是其中之一。利用书法迷网制作 PPT 毛笔书法字的具体方法如下。

步骤01 在书法迷网站上方输入要生成书法的文字，并设置字体、字号、颜色等参数。设置完成后，单击“书法生成”按钮，预览窗格中即可生成书法效果，如图 3-59 所示。

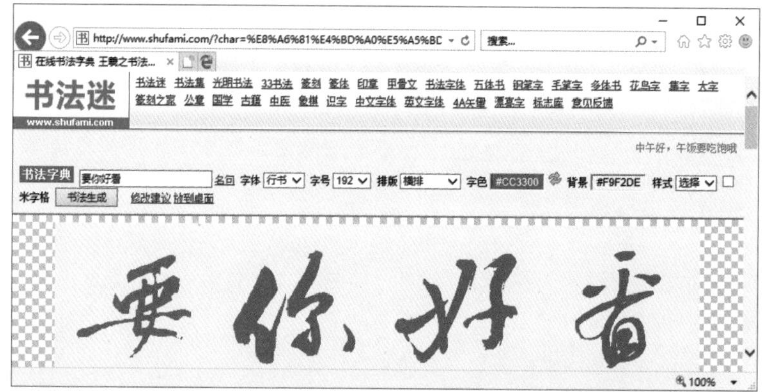

▲ 图 3-59　生成书法字

步骤02 将鼠标指针移至书法字预览窗格，调试选择该字的不同写法（不同书法家或同一书法家不同时刻书写的同一个字），直至满意，如图 3-60 所示。

步骤03 单击“保存整体图片”按钮，然后根据需要选择生成的图片类型，这里建议生成“矢量 SVG”图片，如图 3-61 所示。

▲ 图 3-60　选择书法家

▲ 图 3-61　保存书法字

步骤 04 这一步需要借助 Illustrator 软件或 CorelDRAW 软件（若没有安装这些软件，则在上一步中选择直接生成“透明 PNG”），将矢量文件转换成 PowerPoint 支持的 wmf 或 emf 文件，这里以 Illustrator 软件为例。将刚刚保存的 SVG 文件拖入 Illustrator 软件中，然后选中图片并导出 emf 格式图片，如图 3-62 和图 3-63 所示。

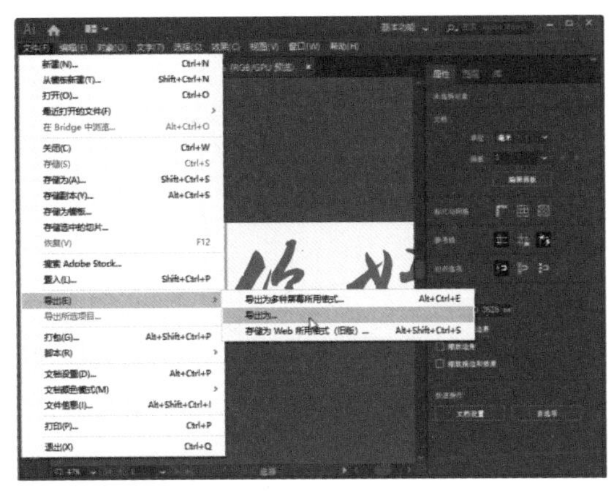

▲ 图 3-62 导出文件

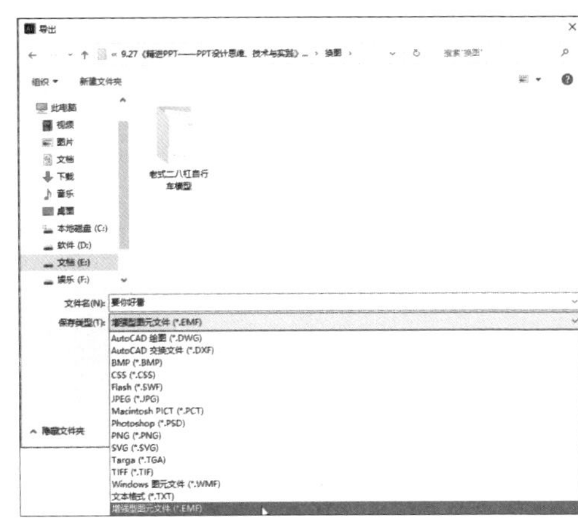

▲ 图 3-63 选择保存类型

步骤 05 将导出的 emf 文件复制粘贴至 PPT 中，并右击图片，在快捷菜单中选择“组合”→“取消组合”命令，如图 3-64 所示。这样书法字图片就变成了 Microsoft office 图形对象（形状）。

此时我们可以将背景删除，在 PPT 中自由调节各书法字的大小、颜色，甚至可以调整字的笔画，直至达到令自己满意的效果，如图 3-65 所示。

▲ 图 3-64 取消组合

▲ 图 3-65 编辑书法字

2. Ougishi 软件手写生成

Ougishi（在百度网站搜索“Ougishi”即可找到软件下载地址）是一款非常有趣的毛笔字生成器软件，使用它能够将手绘的任意文字模拟成书法字。下面以将“奇”字模拟成书法字为例进行介绍。

步骤 01 在书写窗口中拖动鼠标，写出“奇”字，如图 3-66 所示。

步骤02 在窗口右侧拖动滑块，调节相应的书法效果，直至满意，如图 3-67 所示。

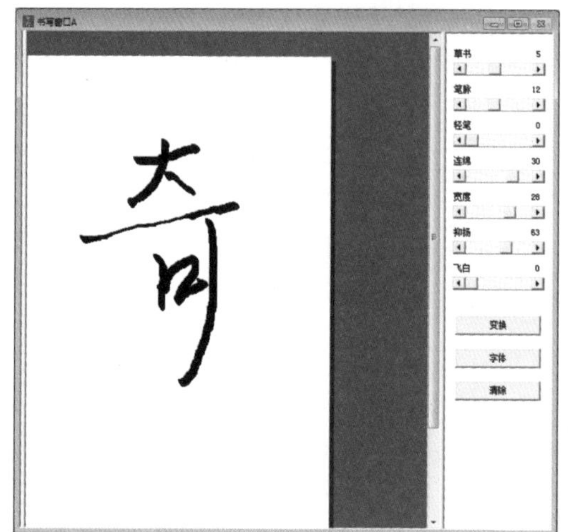

▲ 图 3-66　书写文字

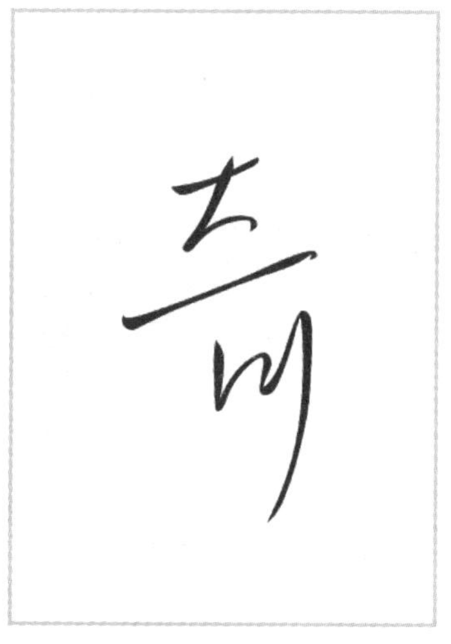

▲ 图 3-67　调整文字效果

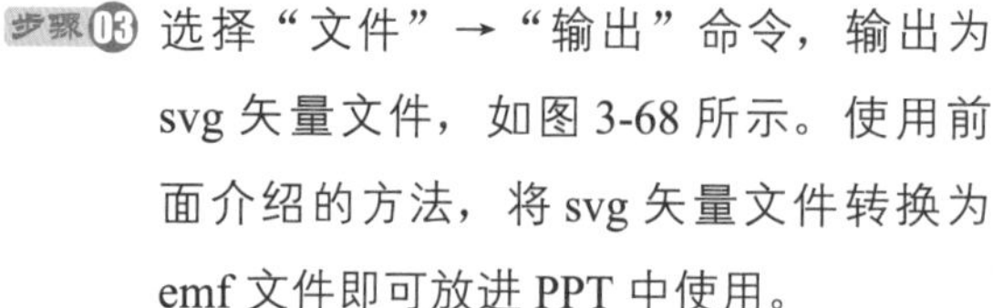

步骤03 选择“文件”→“输出”命令，输出为 svg 矢量文件，如图 3-68 所示。使用前面介绍的方法，将 svg 矢量文件转换为 emf 文件即可放进 PPT 中使用。

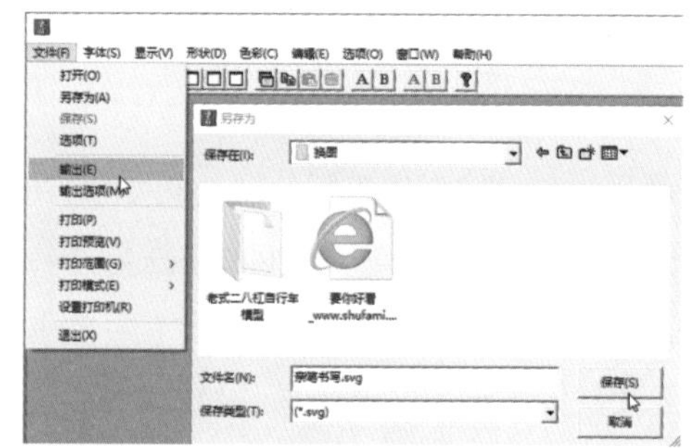

▲ 图 3-68　保存毛笔字

3.2.3 发挥想象力，填充无限可能

填充效果字即在文字中填充材质或图片，使原本的文字呈现出一种类似图片的独特设计感。这种效果很常见，如图 3-69 和图 3-70 所示。

▲ 图 3-69　填充文字效果示例 1

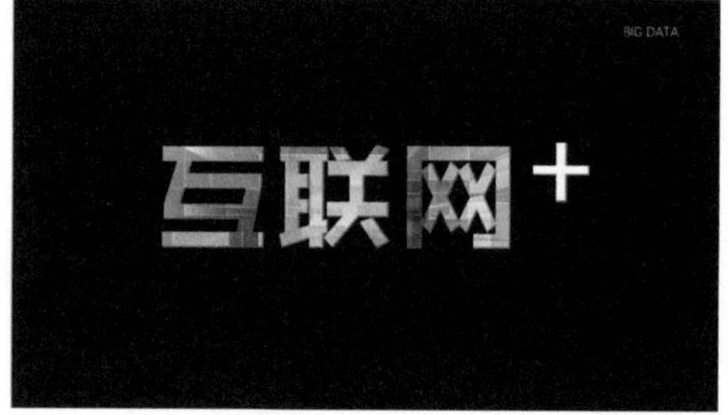

▲ 图 3-70　填充文字效果示例 2

设置填充效果字的步骤如下。

步骤01 选择 PPT 中的文本，选择“格式”选项卡下“艺术字样式”组中的“文本填充”命令，在弹出的下拉列表中选择“图片”命令，如图 3-71 所示。

步骤02 在打开的“插入图片”对话框中选择“来自文件”命令，再在打开的“插入图片”对话框中选择填充的图片，单击“插入”按钮即可，如图 3-72 所示。

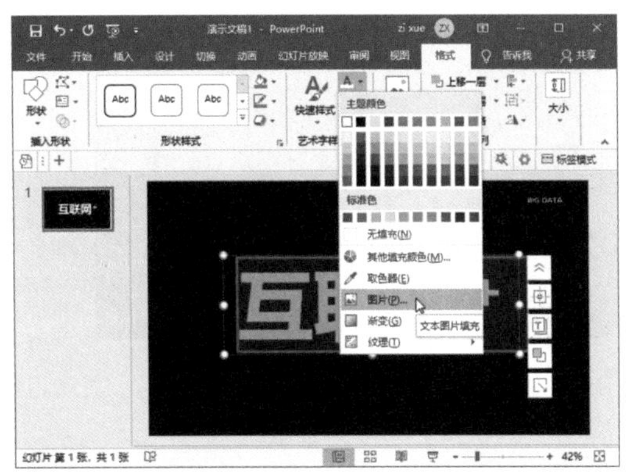

▲ 图 3-71 图片填充

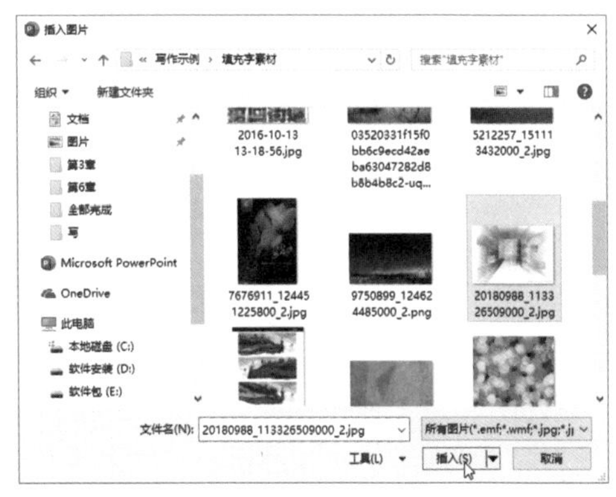

▲ 图 3-72 选择填充图片

技能拓展 > 使用文字轮廓解决边界问题

设置文字填充效果后，有时会出现文字边界与背景（特别是图片背景）不能很好融合或者文字显示不清晰的问题。此时我们可以再次设置文字效果格式，添加文本边框。文本边框的色彩和粗细可根据实际效果选择、不断调试，直至满意。

选择合适的图片，发挥你的创造力，使用填充文字提升 PPT 的设计感。如图 3-73 ~ 图 3-79 所示。

▲图 3-73 草坪字（填充之后，增加了文本边框以及投影效果）

▲图 3-74 缤纷字（填充之后，对文本框轮廓色应用了渐变填充，渐变色吸取自填充图片）

▲图 3-75 金属字（填充之后，应用了黑色文本边框和发光效果）

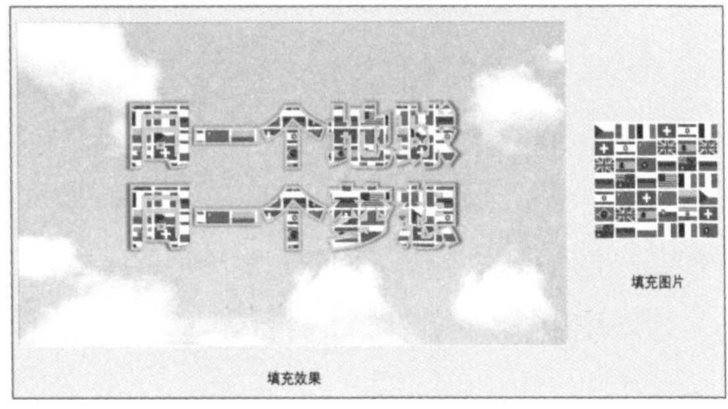

▲图 3-76 国旗字（逐字填充之后，应用了蓝色文本边框和阴影效果）

▲图 3-77　炫彩字

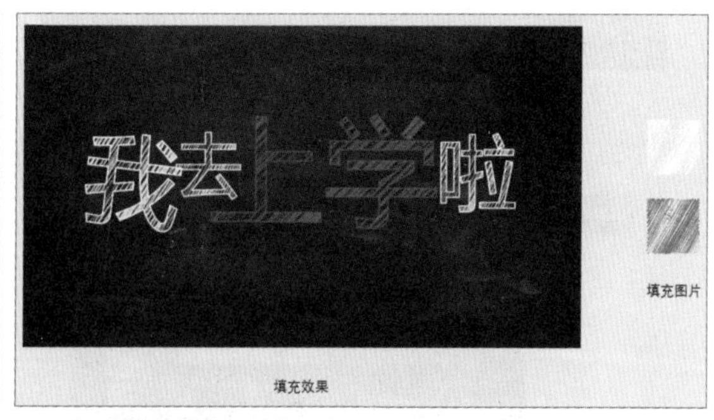

▲图 3-78　粉笔字（逐字填充）

▲图 3-79　花纹字（适合底纹类图片，填充后将图片平铺为纹理，添加了粗线边框）

▲图 3-80　选自魅族 MX4 发布会 PPT

哪里可以找到优质的填充图片？这里推荐 BANNER 设计欣赏网站，该网站上集合了非常多优质的网站 Banner 背景图片，用来填充 PPT 文字效果非常不错。

3.2.4　修修剪剪，字体大不同

在前文讲解解决字体丢失问题的方法时提到将文字转换为形状的方法，使用该方法将文字转换为形状后，还可以继续使用“合并形状”工具对转化为形状的文字进行各种编辑，从而在 PPT 中编辑出各种特色文字，如图 3-80 所示。

图 3-80 所示的“度”“展”“性”转换为形状后，各截去一部分，然后添加了倾斜角度相同的渐变色线条。制作这种截角文字的具体操作方法如下。

步骤 01　插入三个文本框并输入文字，再插入三个形状，选择一个文本框和形状，选择“合并形状”→“剪除”命令，即可将文字转换为形状，使用相同的方法继续将其他两个文字转换为形状，如图 3-81 所示。

步骤 02　插入用来切割文字的矩形（倾斜角度为 30°）并复制 2 个，将矩形调整至合适的位置（遮盖需要减除的部分），如图 3-82 所示。

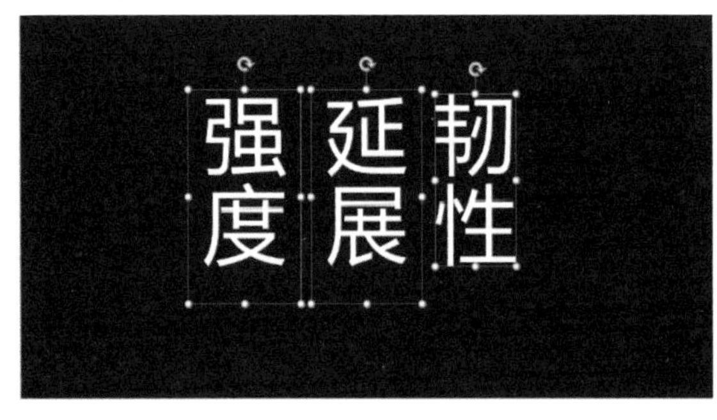

▲ 图 3-81 将文字转换为形状

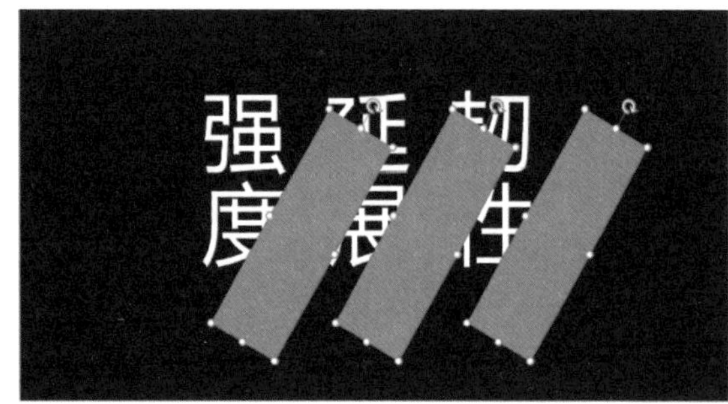

▲ 图 3-82 添加切割文字的矩形

步骤03 先选择文字形状，再选择遮盖在其上的相应矩形，切换至“格式”选项卡，选择“合并形状”→“剪除”命令，截去文字形状被矩形遮盖的部分，如图 3-83 所示。同理，再重复两次该操作，即可完成三组文字的截角。

步骤04 插入一根直线，设置其为渐变填充（位置 0% 和 100% 透明度均为 100%，位置 25% 和 75% 透明度均为 35%，位置 50% 透明度 0%），倾斜角度为 30°，按两次【Ctrl+D】组合键再生成两条一模一样的直线，并将三根直线移动至文字形状的截角边缘，如图 3-84 所示。这样截角文字就做好了。

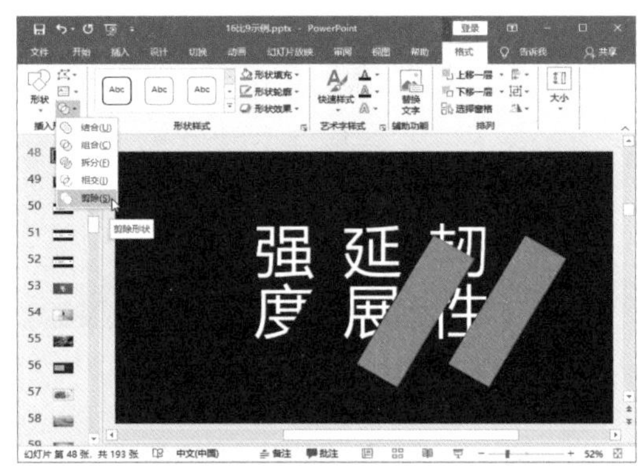

▲ 图 3-83 剪除形状

▲ 图 3-84 渐变填充

和填充效果字一样，发挥你的想象力，使用形状修字法还可以做出很多特色文字，举例如下。

阴阳字：一种文字被截成两个部分的效果。将文字转换为形状后，复制一份，再以同样的两个矩形分别遮盖其中一个形状的上半部分，和另一个形状的下半部分，分别进行“剪除”“相交”操作，将文字形状裁剪为上、下两部分。最后给两部分填充不同的颜色即可，如图 3-85 所示。

▲ 图 3-85 阴阳字

除了使用矩形，还可以使用半圆形、波浪形、梯形等作为遮盖形状，让阴阳字的分隔方式变得更丰富多样，如图 3-86 ~ 图 3-88 所示。

冰火两重天
阴阳字效果

▲图 3-86　使用圆弧形制作的阴阳字

冰火两重天
阴阳字效果

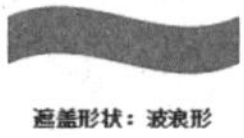

▲图 3-87　使用波浪形制作的阴阳字

冰火两重天
阴阳字效果

▲图 3-88　使用梯形制作的阴阳字（采用逐字剪除方式）

赋形字：赋予文字某个形状后的效果。图 3-89 所示为赋予“吉祥如意”四个字圆形的效果。将文字转换为形状后，插入圆形，遮挡文字中央主要部分，然后选中文字和圆形，执行“相交”操作即可制作。

拉伸字：将文字转换为形状后，进入“编辑顶点”状态（具体方法详见后文相关章节），根据原字体、文字意境适当调整部分笔画的节点，使文字呈现出一种独特的效果。如图 3-90 所示，“一”“天”“冲”字的笔画在原汉仪菱心体基础上进行了拉伸调整（调整后应用了艺术字效果）。

▲图 3-89　赋形字

▲图 3-90　拉伸字

划痕字：使用特定的形状对文字进行局部“剪除”，使原文字呈现如同遭受抓划般的效果。如图 3-91 所示的“金刚狼”三个字，蓝色的色块作为划痕与文字执行了“剪除”操作，图 3-92 所示为最终效果。

▲图 3-91　划痕字

▶图 3-92　划痕字效果

3.3 段落美化四字诀

制作 PPT 难免会遇到某一页上有大段文字的情况，为了阅读起来轻松、看起来美观，排版时应注意“齐”“分”“疏”“散”。

3.3.1 “齐”

“齐”是指选择合适的对齐方式。在 PPT 中，段落主要有“左对齐”“右对齐”“居中对齐”“两端对齐”“分散对齐”5 种对齐方式。一般情况下，同一页面中应当保持对齐方式的统一。具体到每一段落内部的对齐方式，还应根据整个页面的图、文、形状等混排情况选择，最终目的是使段落既符合逻辑又美观，如图 3-93 ~ 图 3-95 所示。

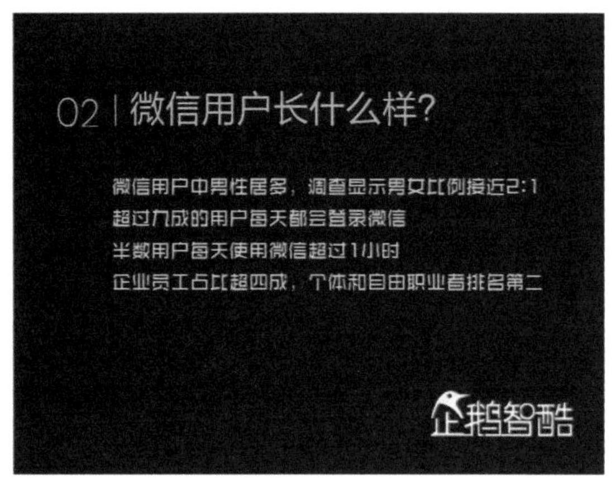

▲ 图 3-93　左对齐

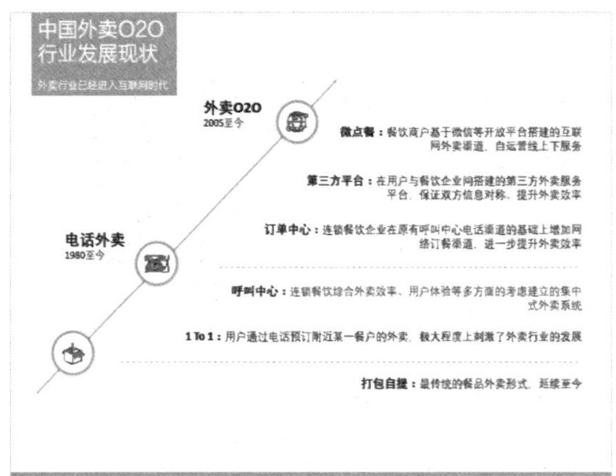

▲ 图 3-94　右对齐

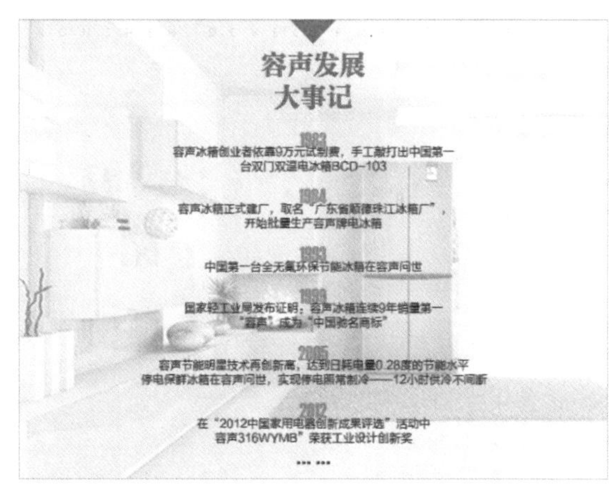

▲ 图 3-95　居中对齐

技能拓展 〉 竖排文字的对齐方式

在“段落”工具组中，通过“文字方向”命令可以设定文字“横排”“竖排”“按指定角度旋转排列”“堆积排列”。竖排文字时，左对齐即顶端对齐，右对齐即底端对齐，居中对齐即纵向居中对齐。设计中国风 PPT 时，常用竖排文字。

两端对齐的效果和左对齐类似，只是当各行字数不相等时，两端对齐会强制将段落各行（除最后一行）右侧对齐，以使段落看起来更美观，如图 3-96 所示。

分散对齐则是包含最后一行在内，让段落每一行的两端都对齐，如图 3-97 所示。这种对齐方式应用于表格中时，能够强制让一列数字个数不均的数据两端对齐，达到美观的效果。

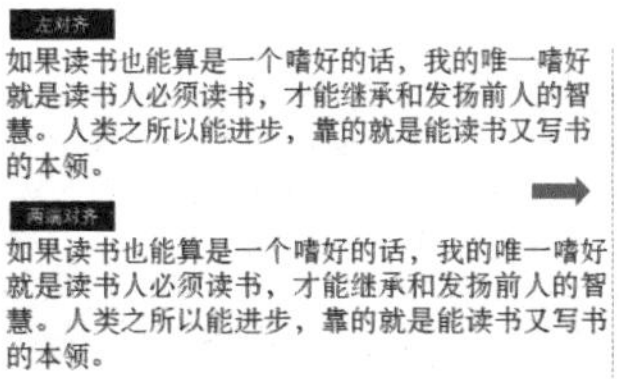

左对齐
如果读书也能算是一个嗜好的话，我的唯一嗜好就是读书人必须读书，才能继承和发扬前人的智慧。人类之所以能进步，靠的就是能读书又写书的本领。
两端对齐
如果读书也能算是一个嗜好的话，我的唯一嗜好就是读书人必须读书，才能继承和发扬前人的智慧。人类之所以能进步，靠的就是能读书又写书的本领。

▲ 图 3-96　左对齐和两端对齐的区别

左对齐
如果读书也能算是一个嗜好的话，我的唯一嗜好就是读书人必须读书，才能继承和发扬前人的智慧。人类之所以能进步，靠的就是能读书又写书的本领。
分散对齐
如果读书也能算是一个嗜好的话，我的唯一嗜好就是读书人必须读书，才能继承和发扬前人的智慧。人类之所以能进步，靠的就是能读书又写书的本领。

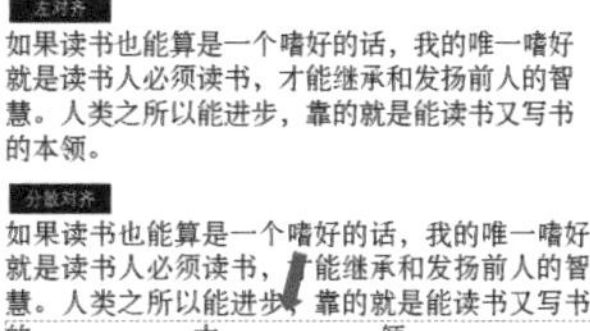

▲ 图 3-97　左对齐和分散对齐的区别

3.3.2 “分”

“分”是指厘清内容的逻辑，将内容分解开来表现，将各段落分开，同一含义下的内容聚拢，以便观众理解。在 PowerPoint 中，并列关系的内容可以用项目符号来自动分解，先后关系的内容可以用编号来自动分解。

通过“项目符号和编号”对话框，可以自由设置项目符号的样式（可以是系统字库内的符号，也可以是硬盘或网络中的某张图片），以及起始编号、编号颜色，如图 3-98 ~ 图 3-100 所示。

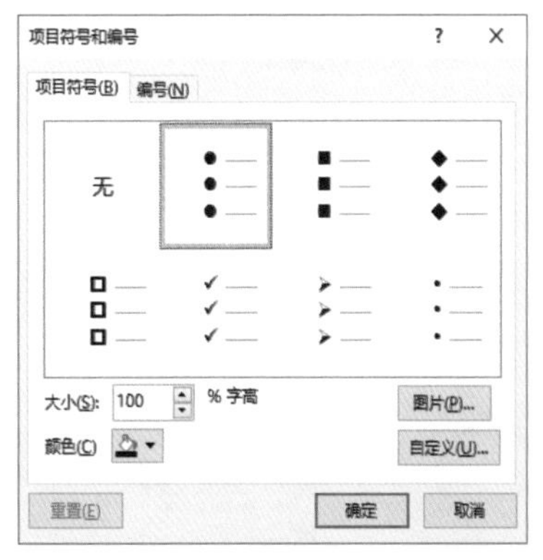

项目符号和编号
项目符号(B)
编号(N)
无
大小(S): 100 % 字高
图片(P)...
颜色(C)
自定义(U)...
重置(E)
确定
取消

▲ 图 3-98　项目符号样式

储燃分离循环 恒温热水源源不断

▲ 图 3-99　并列关系

承德市形象推广
战略整合规划
CHENGDE
CHINA

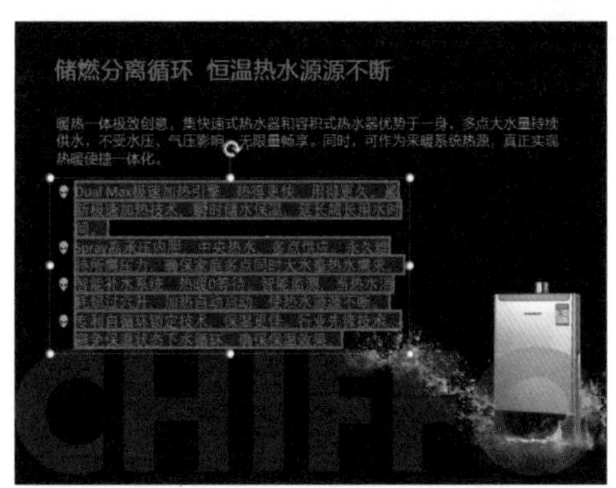

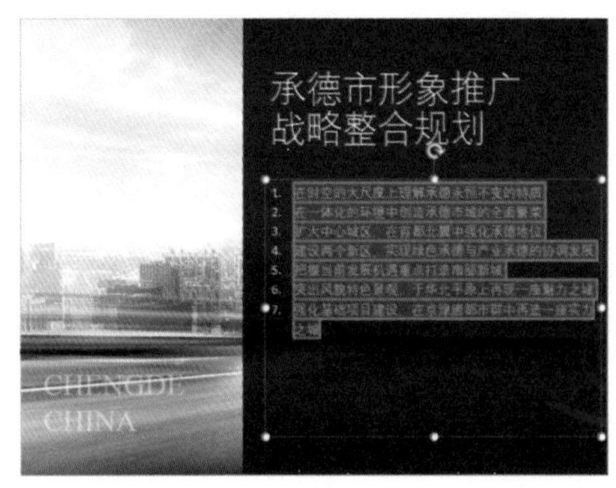

▲ 图 3-100　先后关系

对于已设定项目符号和编号的段落文本，使用“段落”组中的降低 / 提高列表级别按钮，能够轻松地调整段落之间的层次关系，如图 3-101 所示。

文字方向
对齐文本
转换为 SmartArt
段落

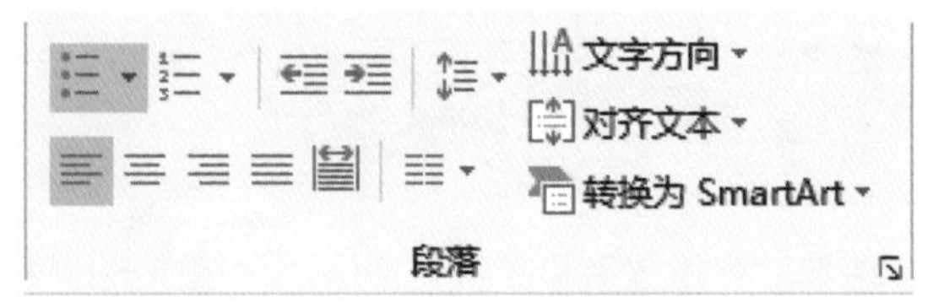

▲ 图 3-101

3.3.3 “疏”

“疏”是指疏阔段落行距，制造合适的留白，避免文字密密麻麻地堆积带来的压迫感。PowerPoint 中有单倍行距、固定值行距、1.5 倍行距、2 倍行距、多倍行距 5 种行距设置方式，段落默认行距为单倍行距。

若需要改变行距，可通过“段落”组中的“行距”命令或“段落”对话框进行设置，如图 3-102 所示。

单倍行距：行间距为所使用文字大小的 1 倍，如图 3-103 所示。

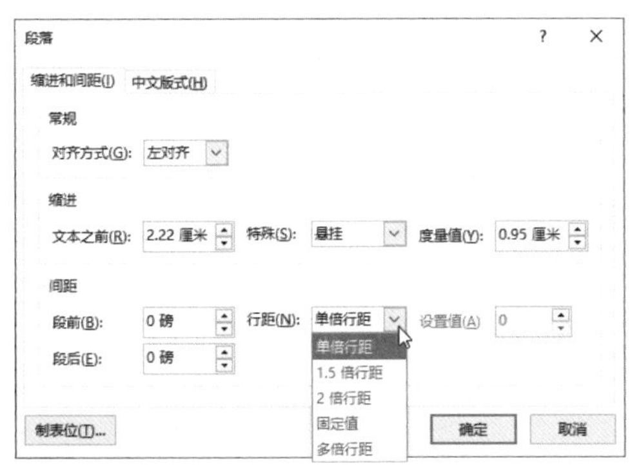

▲ 图 3-102 设置行距

▲ 图 3-103 单倍行距

固定值行距：设置行间距为某个固定的值，如 25 磅，如图 3-104 所示。这种行距不会因为字号的改变而改变。因此，原本设置合适的行距，若将字号进行了调整，行距的磅值也需要重新设置。

1.5 倍行距：行间距为所使用文字大小的 1.5 倍，如图 3-105 所示。

▲ 图 3-104 固定值行距

▲ 图 3-105 1.5 倍行距

2 倍行距：行间距为所使用文字大小的 2 倍，如图 3-106 所示。

多倍行距：自行设置行间距为所使用文字大小的倍数，图 3-107 所示为 3 倍行距。多倍行距支持 1.3、2.2 这样的非整数倍值。

▲ 图 3-106　2 倍行距

▲ 图 3-107　多倍行距（3 倍）

大师点拨 ＞ 什么样的行距更好？

同一种字体的情况下，不同行距的视觉效果不同。一般来说，单倍行距略显拥挤，会给阅读带来困难。在文字较少的情况下，建议采用 1.2~1.5 倍行距，显得更加疏阔，阅读起来更轻松。

3.3.4 “散”

“散”是指将原来的段落打散，在尊重内容逻辑的基础上，跳出 Word 的思维套路，以设计的思维对各个段落进行更为自由的排版。

如图 3-108 所示的正文内容即 Word 思维下的段落版式。将一个文本框内的三段文字打散成三个文本框后，我们可以对这页 PPT 进行如图 3-109 ~ 图 3-111 这样的设计，视觉效果就完全不一样了。

卡片式：每一段的小标题独立列示，如同卡片的标签，一眼扫过只有寥寥数语，不会在一开始就带给观众过大的阅读负担，如图 3-109 所示。

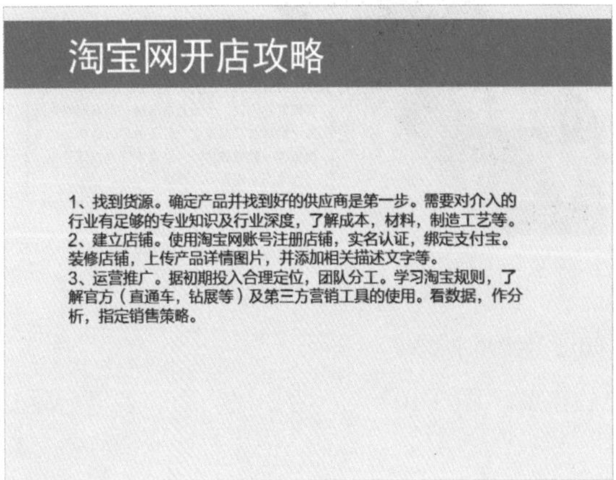

淘宝网开店攻略

1、找到货源。确定产品并找到好的供应商是第一步。需要对介入的行业有足够的专业知识及行业深度，了解成本，材料，制造工艺等。
2、建立店铺。使用淘宝网账号注册店铺，实名认证，绑定支付宝。装修店铺，上传产品详情图片，并添加相关描述文字等。
3、运营推广。据初期投入合理定位，团队分工。学习淘宝规则，了解官方（直通车，钻展等）及第三方营销工具的使用。看数据，作分析，指定销售策略。

▲ 图 3-108　原文本段落效果

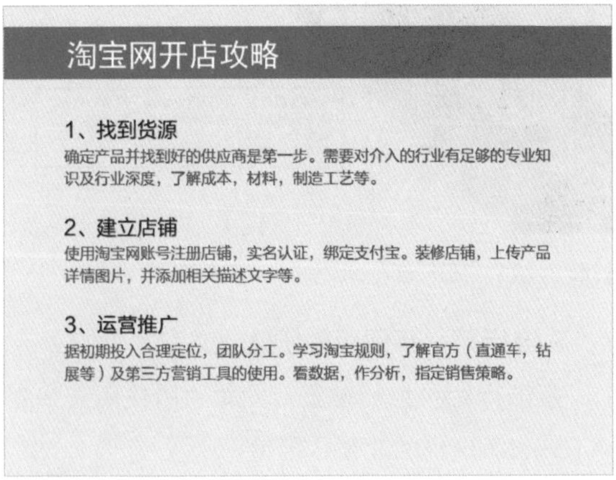

淘宝网开店攻略

1、找到货源
确定产品并找到好的供应商是第一步。需要对介入的行业有足够的专业知识及行业深度，了解成本，材料，制造工艺等。

2、建立店铺
使用淘宝网账号注册店铺，实名认证，绑定支付宝。装修店铺，上传产品详情图片，并添加相关描述文字等。

3、运营推广
据初期投入合理定位，团队分工。学习淘宝规则，了解官方（直通车，钻展等）及第三方营销工具的使用。看数据，作分析，指定销售策略。

▲ 图 3-109　卡片式

交叉式：将各段内容交叉错位排布，打破从左到右的固化阅读方式，使每一段内容都清晰、独立，给观众一种新鲜感，如图 3-110 所示。

切块式：改变常规的横向排版方式，将每一段内容切割成块状，形成纵向阅读的视觉效果，并提升了每一个小标题的阅读优先级别，如图 3-111 所示。

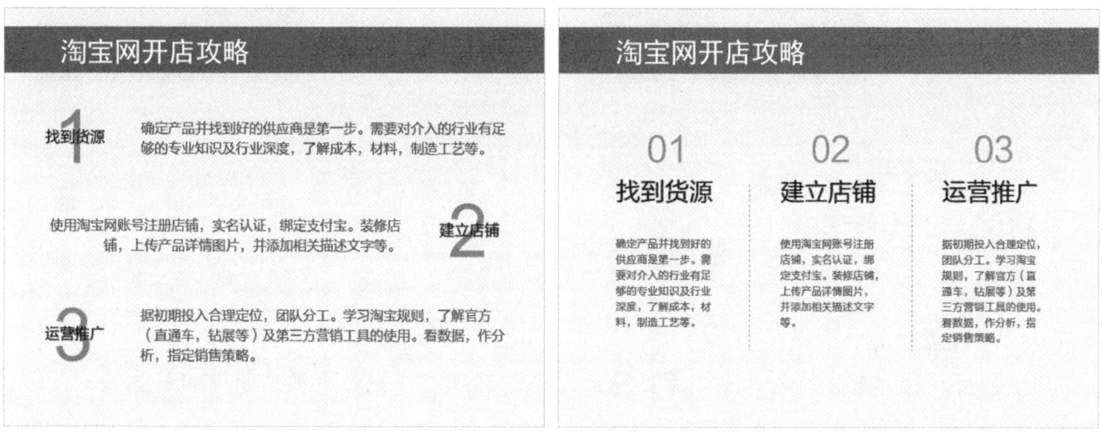

▲ 图 3-110　交叉式　　▲ 图 3-111　切块式

技能拓展 〉 字号不是越大越好

有的人说“PPT 是用来瞟的，不是用来读的”，PPT 中的文字字号应尽量大一些。但是字号并不是越大越好，过大的字号会破坏整体的美感。多大字号合适应根据重点突出的原则来决定。重点内容的突出往往是通过对比、衬托来实现的，如图 3-110 所示的小标题与细文。小标题字号并不比细文字号大多少，但通过对字号的细微变化、色彩的明弱衬托，小标题在整个页面中依然非常突出。

3.4 让标题更吸睛的 5 个关键词

幻灯片的标题能够减小观众的阅读压力，制作幻灯片时应尽量避免将文字相对较多的正文直接呈现在观众眼前，要让观众一眼便可知悉本页幻灯片大致要讲些什么。一般情况下，每页幻灯片都应有一个标题。图 3-112 和图 3-113 所示为同一张幻灯片有标题时和没有标题时的对比，相信大多数人会更喜欢图 3-113 所示的效果。

一份优秀的 PPT 中自然不乏精彩的标题。在撰写 PPT 的文案时，单纯对内容进行概括容易显得平淡，如果把每一页 PPT 都看成一则广告，那么标题就是广告语。为了让这一页幻灯片看起来更有阅读冲击力，我们可以像写广告文案一样，根据实际情况适当用一些手法来调整标题。

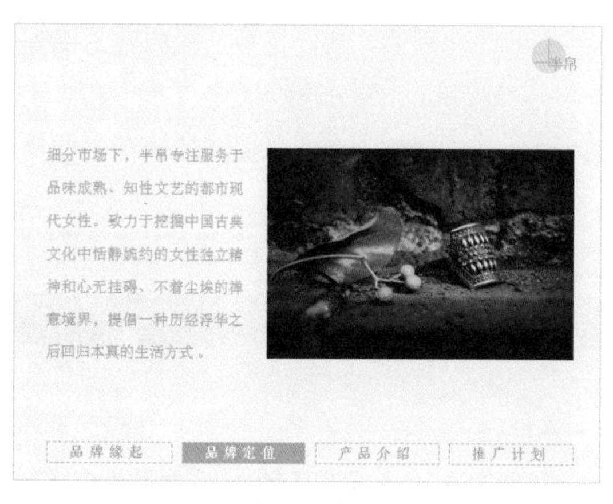

▲ 图 3-112　无标题的幻灯片

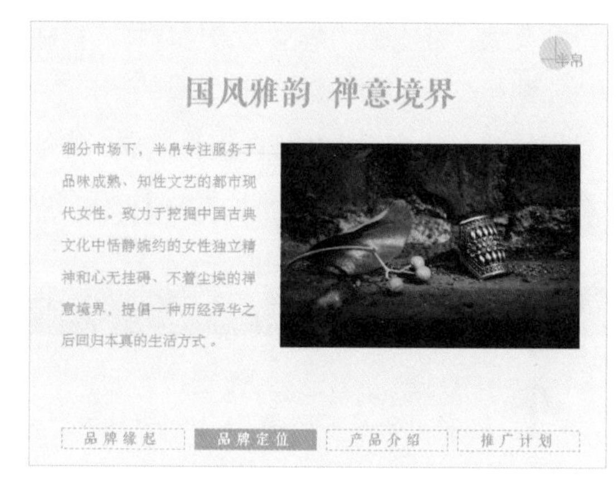

▲ 图 3-113　有标题的幻灯片

3.4.1 简短

简短的标题阅读起来轻松、有力度。通过概括、提炼，找到对原意最简单的表达方式，是让幻灯片标题更有视觉冲击力的直接而有效的方法。如图 3-114 所示的摘自小米 5 发布会的这页幻灯片，用“快得有点狠”作为标题，表达了下面所列的小米 5 配置上的各个优势。“快”指运行之快、网络之快等，“狠”字巧妙表达了快的程度。

又如图 3-115 所示的一加手机的品牌广告，标题仅“不将就”三个字，表达了企业理念、产品定位、目标客群的精神主张等，简洁、有力。

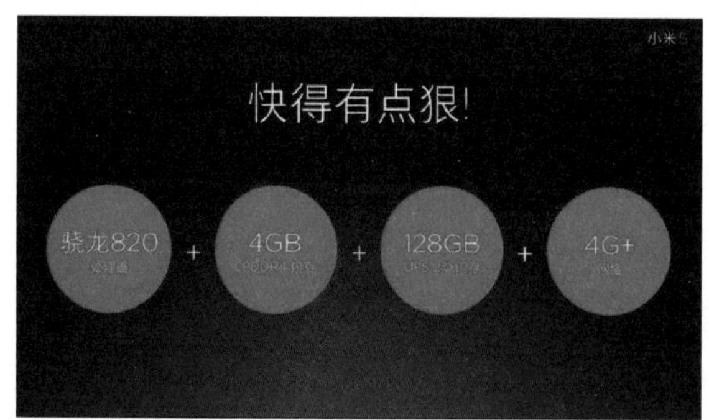

▲ 图 3-114　小米发布会的幻灯片

▲ 图 3-115　一加手机的广告

3.4.2 有内涵

某些特殊情况下，可以通过化用成语、词语、俗语、流行语，或玩文字游戏的方式重新包装原本要表达的含义，让标题变得含义更丰富、更耐人寻味。如图 3-116 所示的华为 MateBook 的广告，巧妙地化用“本该如此”，表现了华为将平板、笔记本合二为一这一独特性，以及对用户需求的颠覆性等内涵。

又如图 3-117 所示的一加手机 3 的广告标题——“强劲，才带劲”，前后重复两个“劲”字，以字面上的文字游戏巧妙表达了该手机的硬件性能与可操作性、可玩性等内涵。

▲ 图 3-116　华为 MateBook 广告

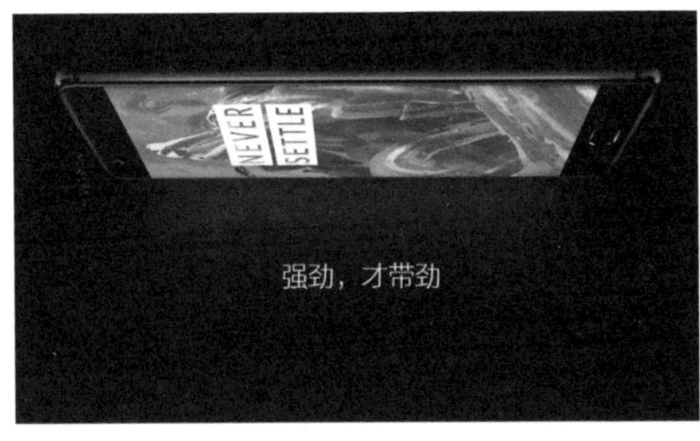

▲ 图 3-117　一加手机广告

有时候字数较多的长标题通过输出价值主张、情感关怀，其打动人心的力度并不一定比短标题弱，如图 3-118 所示。

▶图 3-118　长标题

3.4.3 专业

在标题中突出强调某些数值或使用某些专业词汇，展现强烈的专业感，是产品推介类 PPT 提升标题吸引力的一种技巧。

如图 3-119 和图 3-120 所示，标题中的“10 分钟”和“10000:1”，让人感觉专业、可靠。

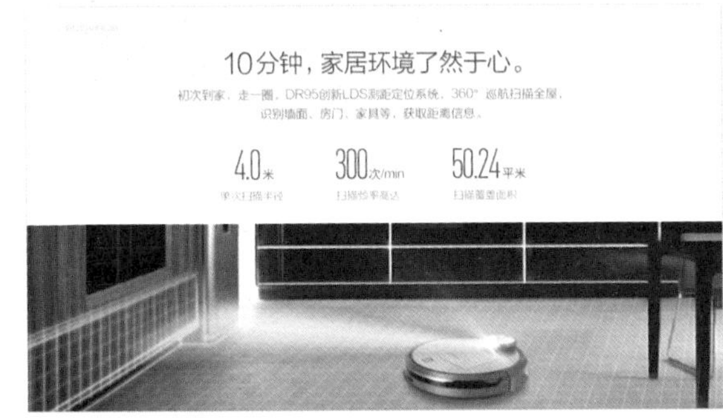

▲ 图 3-119　科沃斯扫地机器人的广告

▲ 图 3-120　极米投影电视的广告

3.4.4 有趣

大多数观众都喜欢看有趣的东西，而厌恶老生常谈、照本宣科等。将原本平淡的标题朝着趣味性的方向调整，或许能勾起观众的兴趣。比如，在标题中制造对比、设置矛盾点，不按常规说话，出乎常人意料，给人以新鲜、趣味感，如图 3-121 和图 3-122 所示。

▲ 图 3-121 耐克品牌的广告

▲ 图 3-122 车来了 App 的广告

3.4.5 神秘

揭秘的过程通常能引起人们的浓厚兴趣，因此，网络中的很多广告链接都是以揭秘式的文案来获取点击率的，某些 PPT 的标题也可以借鉴这种手法。将标题写成一句精彩的摘要，言而未尽，制造神秘感，从而吸引观众注意，如图 3-123 所示。

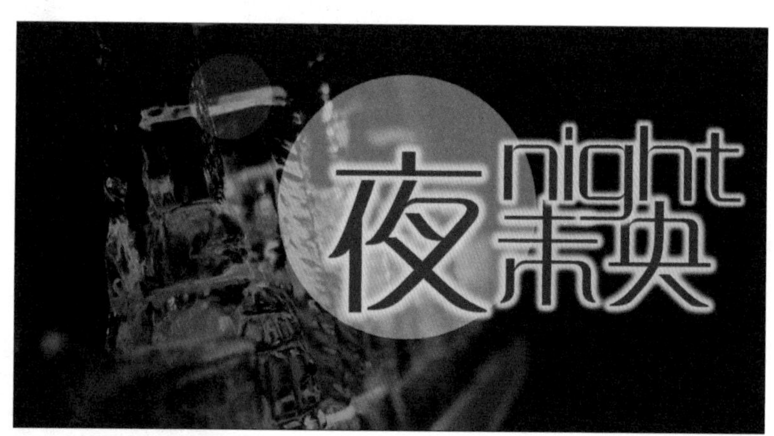

▶ 图 3-123 标题神秘

写幻灯片的标题时可以借鉴广告文案的创作方法，尝试切换思路来写。关于广告文案创作技巧方面的经典教材很多，如《一个广告人的自白》《文案发烧》等国外广告大师的作品。国内的相关书籍推荐阅读《那些让文案绝望的文案》，该书由广告文案界大师小马宋编写，有趣、有料。阅读一些文案写作书籍对于 PPT 标题和正文内容的写作都非常有帮助。

神器 2：文字云制作好工具——Wordart

所谓的文字云是指将文字堆砌拼合成各种形状（不仅仅是云朵形）的一种特殊文字排列效果。由于视觉效果独特，文字云受到很多人的喜爱，如图 3-124 所示。

我们在 PPT 中能够直接制作文字云，大致方法是先将图形置于底层，再随意添加各种角度、错落放置的文字，最后将溢出图形边界的部分删除或裁剪掉即可。

不过，这样操作起来比较麻烦，效果也不一定很好。不如借助一些制作文字云的专业工具网站，在网站中制作好文字云图片后，再将其插入 PPT 中使用。

▲图 3-124　文字云

Wordart 就是一个非常不错的文字云制作工具网站。该网站制作的文字云效果丰富且支持中文字符，用户可轻松做出各种效果的文字云。

利用 Wordart 制作如图 3-125 所示的文字云，可按如下步骤操作。

步骤 01 打开网站后，单击“CREATE NOW”按钮，开始创建文字云，如图 3-125 所示。

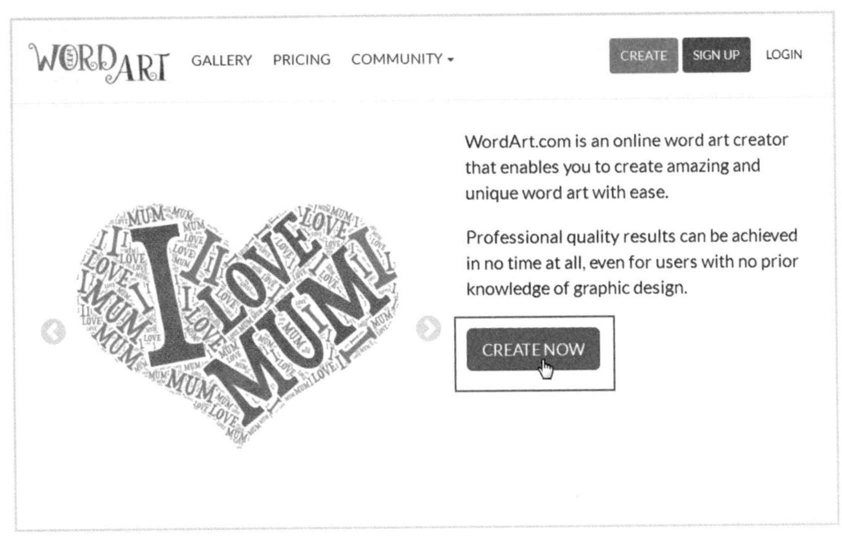

▲图 3-125　开始创建文字云

步骤 02 转到云文字制作页面，页面左侧为云文字的设置区，右侧为云文字效果预览区。虽然是全英文网页，但是各种操作选项非常好理解，如图 3-126 所示。

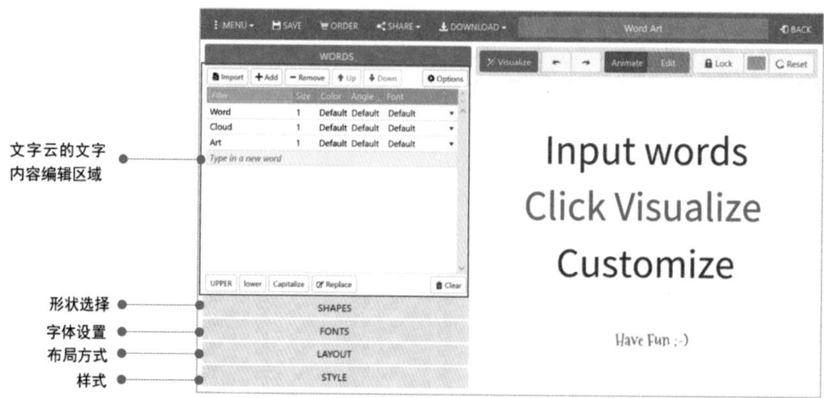

▲ 图 3-126　文字云制作页面

步骤03 单击“Import words”按钮，在“Import words from”对话框中的文本框中输入文字内容，如图 3-127 所示。

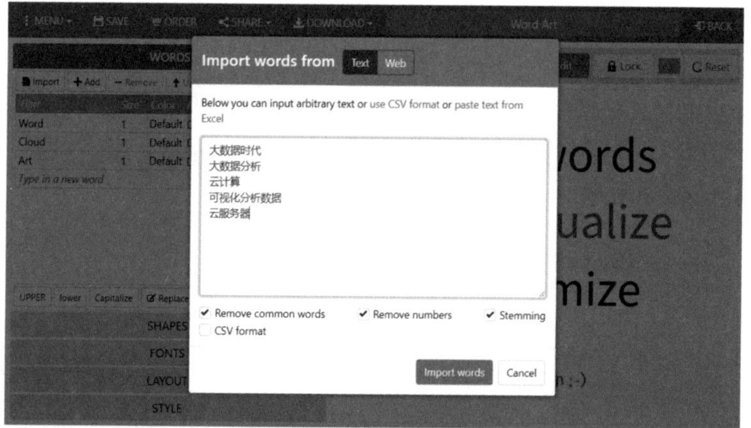

▶ 图 3-127　添加文字云内容

步骤04 切换到“Shapes”选项卡，选择一种文字云形状。这里选择苹果形，如图 3-128 所示。若列表中没有自己想要的形状，也可单击“Add image”按钮，从硬盘中添加一个形状。

▶ 图 3-128　选择文字云形状

步骤05 切换到“Fonts”选项卡，选择一种字体。由于这里是用中文文字来制作文字云，列表中没有符合要求的中文字体，因此单击“Add font”按钮从硬盘中添加一种中文字体并选中，如图 3-129 所示。

▲ 图 3-129　选择字体

步骤06 切换到“Layout”选项卡，选择一种文字布局方式，如图 3-130 所示。

▲ 图 3-130　选择文字云布局方式

步骤07 切换到“STYLE”选项卡，调节文字的颜色搭配，如图 3-131 所示。在该选项卡中选中“Use shape colors”即应用之前选择的文字云形状的配色，取消选中即可自行设定文字云的色彩组合，可单色也可多色。在“Background color”中可以将文字云图片的底色去除，将其变成无底色的图片。

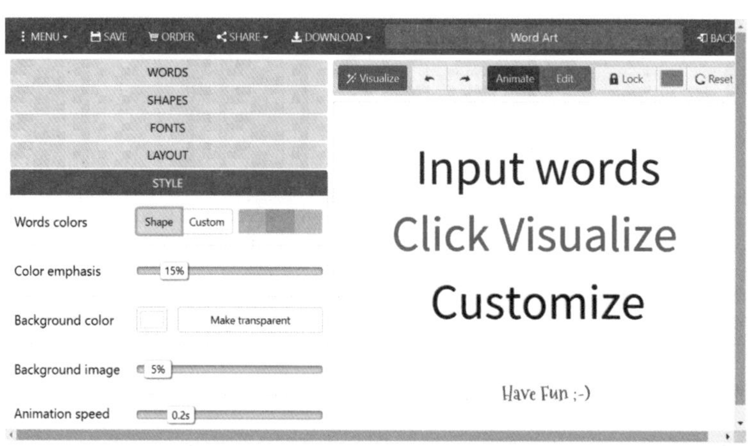

▲ 图 3-131　设置配色

步骤08 单击右侧的“Visualize”按钮，即可生成文字云效果预览。选择“DOWNLOAD”选项卡，可将制作好的文字云以指定格式（部分导出类型需注册、登录账号，甚至成为付费会员后方可选择，在PPT中选择最普通的PNG图片类型就可以满足需求了）导出，如图3-132所示。

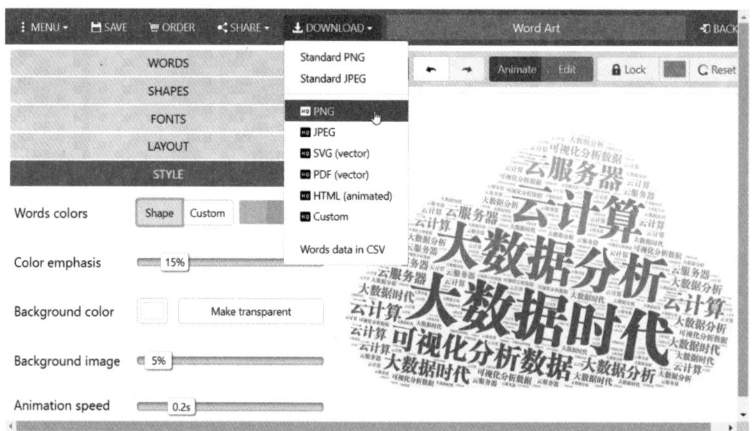

▲ 图 3-132　导出文字云

Chapter 04

用抓眼球的图片抓住观众的心

正如凯文·凯利所说，在信息丰富的世界里，唯一稀缺的就是人类的注意力。

互联网构建起的信息时代，已然改变人们的阅读习惯。

各种内容都在努力迎合这种阅读习惯的变化，以简单、快速、无须耗费大量注意力的方式呈现。

PPT 也一样，相较于长篇大论的文字，图片显得更有优势。

会找图、会修图、会用图……

只有先抓住观众的眼球，

才能让其背后所传递的观点真正走进观众的心中。

4.1 找图也是一种能力

除了拍摄的图片、公司产品的效果图等，有时还需要从网络中获取一些图片资源。对于PPT设计而言，会找图片也是一种能力的体现。高手往往能既快速又准确地找到高质量的配图，图4-1所示为铁锤砸碎老电视的有趣配图。

▲图4-1　乐视X50_air发布会PPT

4.1.1 PPT支持哪些格式的图片

JPG、PNG格式是指图片的文件拓展名为.jpg、.png。新手或许还不知道，除了常用的JPG格式外，PNG、GIF、EMF等格式的图片都可以在PowerPoint 2019中使用。不同格式的图片有不同的特点，用法也不尽相同，找图时要注意图片的格式问题。

1. JPG/JPEG图片

JPG/JPEG图片是基于联合图像专家组（Joint Photographic Expert Group）高效率压缩标准的一种24位图片。JPG/JPEG图片是最常见的一种图片格式，相机或手机拍摄的照片、网络下载的大多数图片都是JPG或JPEG格式。其优点在于压缩率高，文件小，节省硬盘空间。插入到PPT中后不容易使文件变得太大，不会给软件的运行造成负担。但由于进行了高效率压缩，超出其像素尺寸使用，图片会变得模糊或者出现马赛克，且JPG/JPEG图片始终带有底色，如图4-2所示。在Photoshop等图片处理软件中若将去掉底色的图片导出成JPG/JPEG格式，它将自动添加白色

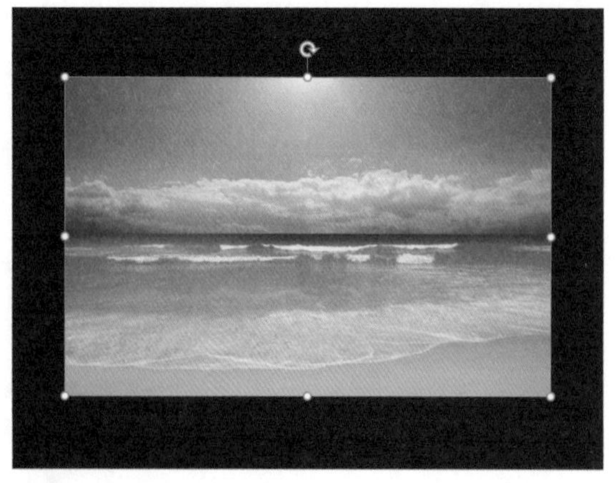

▲图4-2　PPT中的JPG图片

背景色。若要去除底色，还要在 PPT 中进行额外的操作。

选择一张图片并右击，在弹出的快捷菜单中选择“属性”命令，打开 JPG 图片文件的属性对话框。切换至“详细信息”选项卡，我们可以看到图片的宽度、高度的像素尺寸，如图 4-3 所示。若要将一张 JPG 图片插入 PPT 后以全图形方式显示而不变模糊，图片尺寸应与 PPT 页面尺寸一致或大于页面尺寸。非全图形使用时图片的宽度、高度设置应与图片本身像素尺寸一致或小于其像素尺寸。

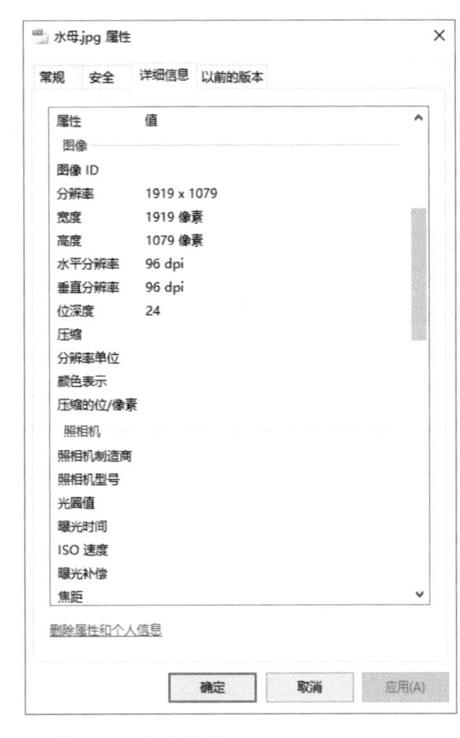

▲ 图 4-3　图片属性

很多人在网上找图时，都会遇到这种情况：找到一张好图，可惜像素低，用在 PPT 中尺寸太小，但又非常想用这张图片，此时可通过一款叫作 PhotoZoom 的软件（搜索其名称即可找到下载站点），在不失真的情况下，将原图的像素强制放大，如图 4-4 所示。将图片导入软件后在左侧设置新的图片尺寸及调整方式，右侧预览窗格可以显示调整图片尺寸后的效果。尝试不同的调整方式，直至满足你的需要。

▲ 图 4-4　PhotoZoom 界面

大师点拨 > 为什么高精度的图片插入PPT后，再导出就变小了？

为了加快软件的运行，减少出现播放卡顿现象，PPT会对插入的大图片自动进行一定比例的压缩。

当我们在制作大尺寸屏幕使用的PPT（如在影院巨幕厅播放的PPT），且电脑处理器配置较好的情况下，为了保证PPT放映出来的图片和原图一样清晰，可以在“PowerPoint”选项对话框中的“高级”选项卡中选中“不压缩文件中的图像”复选框，这样PPT就不会压缩插入的图片（仅针对当前编辑的PPT，之后新建的PPT不受影响）。

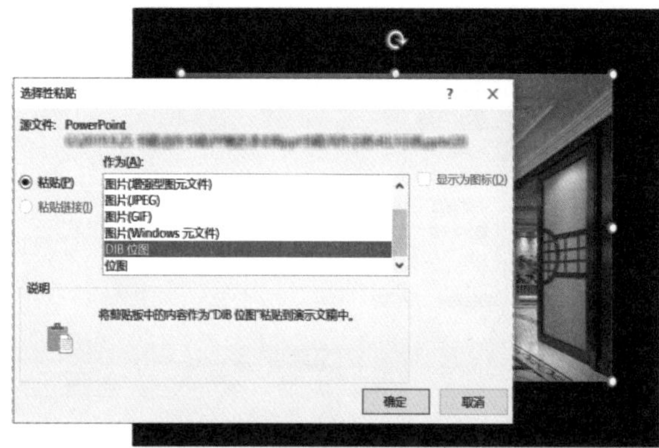

▲图4-5　PPT中的BMP图片

2. BMP图片

BMP图片是Windows操作系统中的标准图像文件格式，可以分成两类：设备相关位图（DDB）和设备无关位图（DIB）。在PPT中选择性粘贴图片时，在对话框中便可以看到DIB两种位图，即BMP格式，如图4-5所示。

3. PNG图片

PNG图片即可移植网络图形（Portable Network Graphic Format），是一种无损高压缩比的图像，优点是在保证图片清晰、逼真的前提下，文件比JPG、BMP图小。更重要的是，它支持透明效果。当PPT中需要一些无背景的人物、物品、小图标等图片时，便可选择PNG格式。如图4-6所示的PPT中的单车小图标，便是无背景色PNG图片。

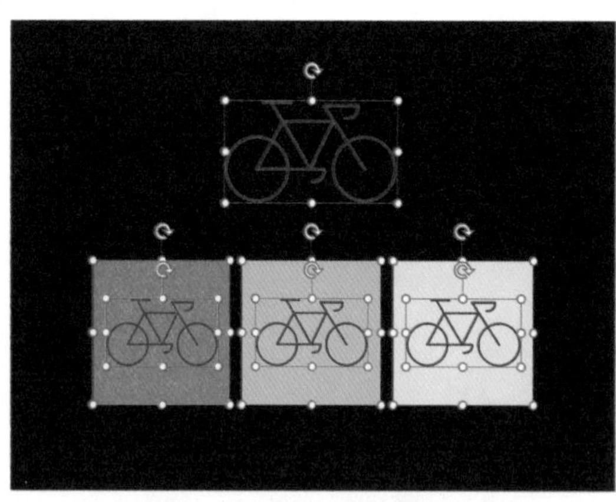

▲图4-6　PPT中的PNG图片

4. GIF图片

GIF图片是一种无损压缩的图像互换格式（Graphics Interchange Format），它和PNG图片一样，支持透明效果。作为图片，其最大的特点是，既可以是静态的，也可以是如同视频一样有短暂动画效果的动态图片。将动态GIF图片插入PPT后，在编辑状态下，GIF图片显示为其中某一帧的画面，只有在播放状态下，GIF图片才会显示其动画效果，如图4-7所示。

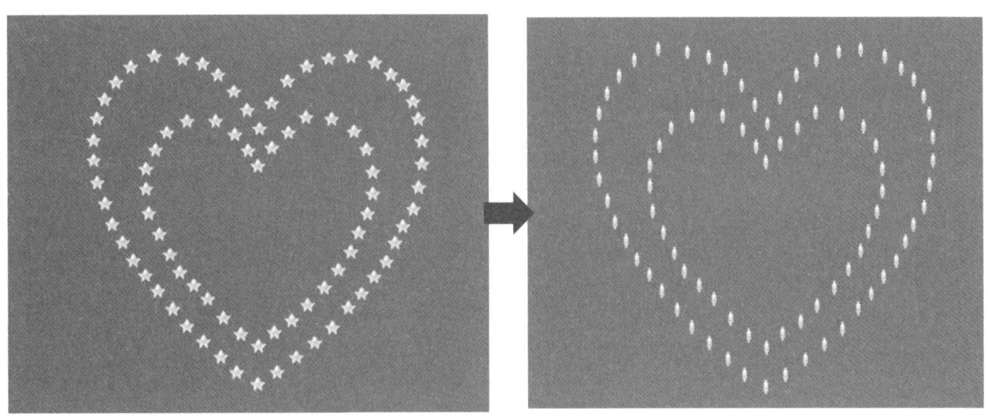

▲ 图 4-7 PPT 中的 GIF 图片

技能拓展 > GIF 图片编辑、制作工具推荐

有时候应用 GIF 图片来提升 PPT 的动感也是不错的方法。编辑制作 GIF 图片的专业软件推荐 Ulead GIF Animator。使用这款软件能够编辑已有的 GIF 图片，也能自己制作 GIF 图片。例如，将两张有细微差别的图片作为两帧在软件中合成一张 GIF 图片，这种差别会成为一种动画效果。或者将连续的视频截图导入软件并合成 GIF 图片，连续的动画会让这些图片形成短视频的效果。

5. WMF/EMF 图片

WMF/EMF 图片即图元文件，是微软公司定义的一种 Windows 平台下的图形文件格式。增强型 Windows 元文件（Enhanced MetaFile，EMF）是原始 Windows 图元文件（Wireless Multicast Forwarding，WMF）格式的 32 位版本。

PPT 中的“剪贴画”即 WMF/EMF 图片，这类图片是矢量文件，随意拉大也不会出现锯齿或模糊，用户可以像编辑形状一样编辑 WMF/EMF 图片的节点、更换其颜色。通过 Adobe Illustrator、CorelDRAW 这些专业设计软件设计的矢量文件便可导出为 WMF/EMF 文件，插入 PPT 继续以矢量图的形式使用。

同理，通过 PPT 编辑的形状图形也可以另存为 WMF/EMF 文件，导入 Adobe Illustrator 或 CorelDRAW 继续编辑。

如图 4-8 所示，PPT 左侧为 EMF 格式的多地形背景，右图为 WMF 格式的公司 LOGO。

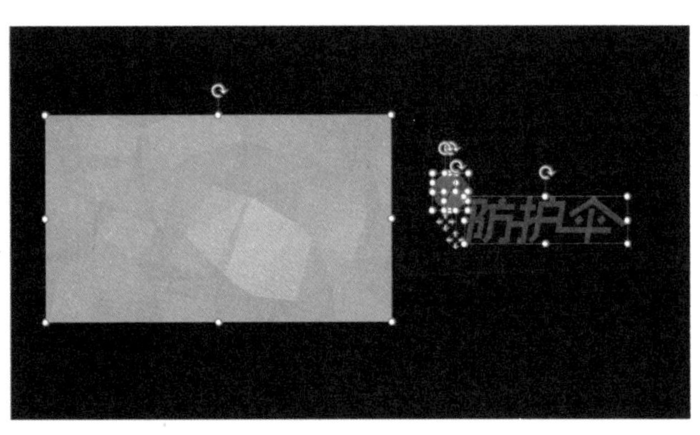

▲ 图 4-8 PPT 中的 WMF/EMF 图片

4.1.2 PPT 中坚决不能用的 5 种图片

图片是 PPT 中最重要的元素之一，图片的好坏将直接影响 PPT 整体效果的好坏。虽然网络中的图片很多，但不是所有的图片都能在 PPT 中使用的，所以在选择图片时一定要慎重。

1. 莫名其妙图

这是 PPT 初学者常犯的错误之一——基于自己个人的喜好添加一些与主题毫无关联或联系不大的配图，如图 4-9 和图 4-10 所示的图片，与 PPT 中的文字毫无关系。可有可无的图片不如不用，自己都不理解的图片再美也不能随意使用。

▲ 图 4-9　图与文字毫无关联 1

▲ 图 4-10　图与文字毫无关联 2

2. 水印图

从网上找的图片有的会带有水印（遮盖在图片上的文字或图形），水印会遮挡图片本身的内容，若直接将带水印的图片插入 PPT 中，不仅会影响视觉效果，也会给人一种凌乱、盗图的坏印象，如图 4-11 和图 4-12 所示。

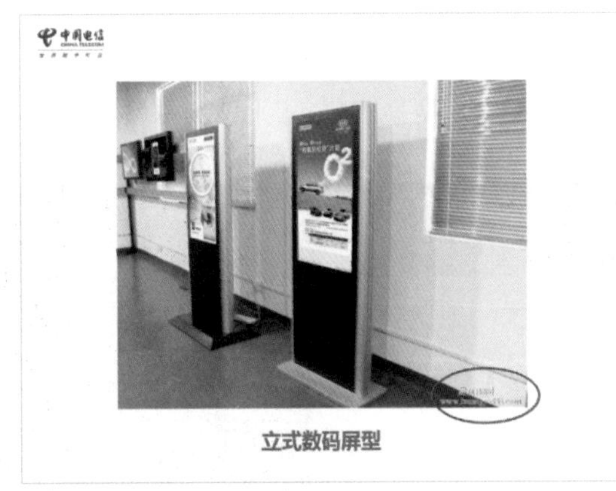

▲ 图 4-11　水印较小，不影响主体内容

▲ 图 4-12　水印面积较大，影响主体内容

3. 模糊图

像素过低、模糊不清的图，不仅无法达到想要的效果，还会带给观众一种劣质的印象。因此，

除非有特定目的，否则 PPT 应尽量使用清晰的图片。如图 4-13 和图 4-14 所示的两页 PPT，你觉得哪一页更让你有阅读的欲望呢？我想大多数人会选图 4-13 吧。

▲ 图 4-13　图片清晰

▲ 图 4-14　图片模糊

4. 变形图

扭曲变形的图片乍一看似乎没什么问题，其实比例已经失真，放在 PPT 中会给人一种不严谨、低劣的感觉。如图 4-15 所示，停车场图片明显拉伸变形。

另外，我们在 PPT 中调节图片的大小时，非等比例缩放（只改变图片的长度或只改变图片的宽度）也会导致原本正常的图片扭曲变形。

5. 侵权图

互联网是一个共享开放的空间，在网上下载东西我们都习惯了拿来即用，很少去想是否会侵犯他人的著作权、肖像权等。内部分享、学习型的 PPT 倒也没什么问题，但是商业类的 PPT，找图时则必须谨慎。有版权声明的图片以及图片上的内容有可能侵犯肖像权的图片都不宜轻易使用。如图 4-16 所示的这页 PPT 配图，很有可能侵犯了图中人物的肖像权，已付费购买或已征得相关权利人同意的图片除外。

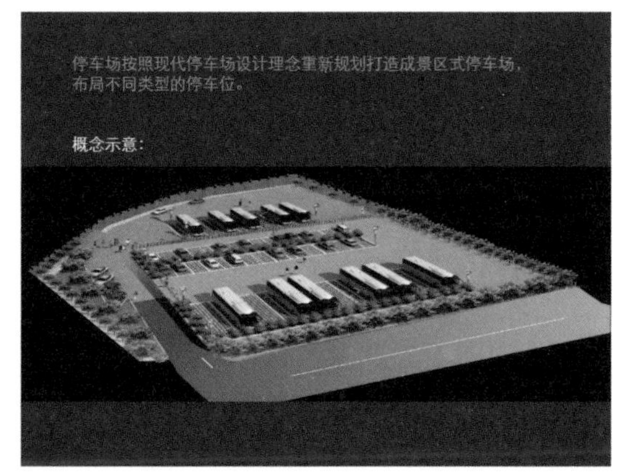

▲ 图 4-15　变形图

▲ 图 4-16　侵权图（图片来自全景网，仅作示意）

4.1.3 找图时常用的 4 种方式

从网上找图时，新手一般会在百度中搜索，然而这种搜图方式很难找到独特、高质量的图片，且效率很低，因为百度图片通常像素较低，或很难满足我们的需要。很多时候我们可以感觉到，平时在网上屡见不鲜的图片，真正要用时，找起来却非常困难。如何才能又快又好地找到适合在 PPT 中使用的配图呢？主要有下面 4 种方法。

1. 通过搜索引擎搜图

找图时，除了百度，还有很多搜索引擎可以使用。比如，微软的必应搜索、搜狗素材搜索等。在百度中没找到合适的图，不妨换一个搜索引擎试试。

图 4-17 所示为在必应搜索引擎中输入关键词“热气球”后搜索出来的图片。通过必应图片搜索素材不仅可以筛选搜索结果中图片的尺寸、颜色、类型，还可以搜索版式、人物、日期、版权情况。

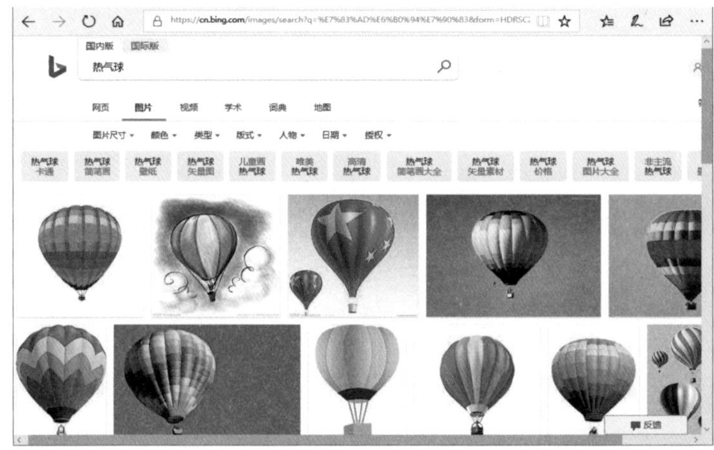

◀图 4-17　热气球图片 1

图 4-18 所示为在搜狗搜索引擎中输入关键词“热气球”后搜索出来的图片，用户可以根据图片的尺寸、颜色和类型进行筛选。

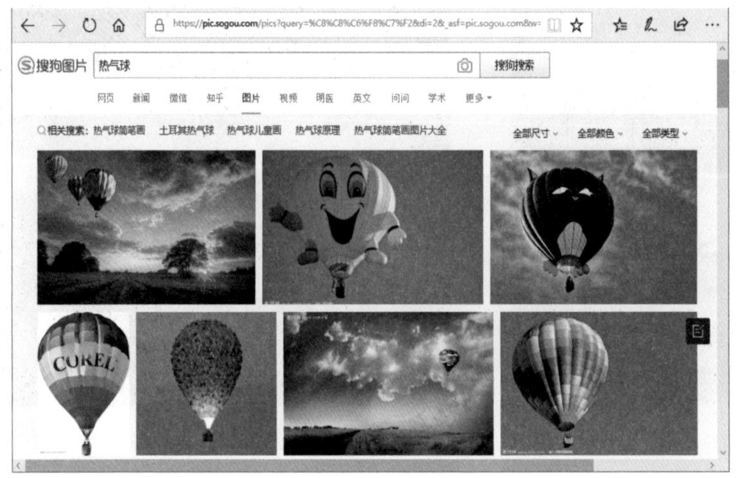

◀图 4-18　热气球图片 2

使用搜索引擎时，善用关键词才能提升搜图的准确性。

对于抽象性的需求，可以多联想具象化的事物作为关键词搜索。比如，找“开心”的图片，我们可尝试使用“笑脸”“生日派对”“获胜”等关键词搜索。

对于具象性的需求，可以联想抽象性的词汇作为关键词搜索。比如，找“站在山顶俯瞰”的图片，我们可以尝试使用“攀登”“山高人为峰”“登峰”“成功”等关键词搜索。

总而言之，在搜索一个 / 类关键词找不到准确的图片时，可以尝试换个角度，联想更多词语进行反复搜索，如图 4-19 和图 4-20 所示。

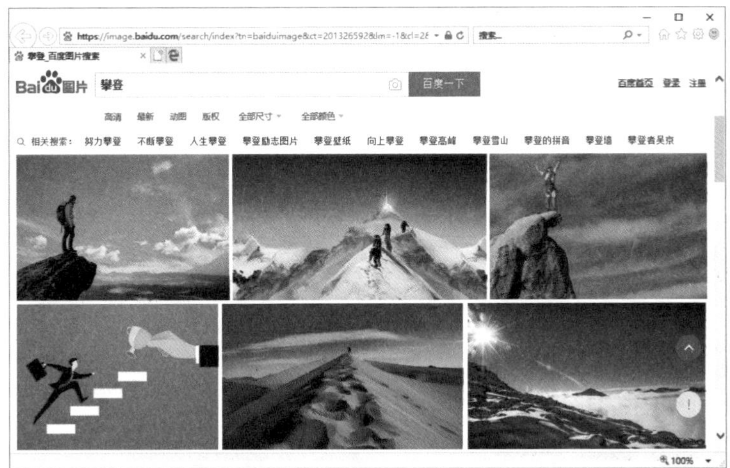

▶图 4-19　百度图片搜索关键词“攀登”的结果

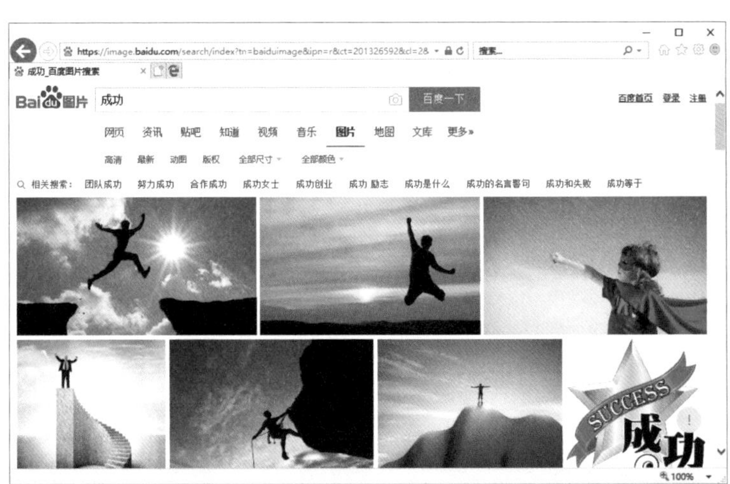

▶图 4-20　百度图片搜索关键词“成功”的结果

如果搜索中文关键词怎么都找不到合适的图片，可以尝试将中文关键词翻译成英文再进行搜索，或许就会“柳暗花明又一村”。比如，找展现“友情”的图片，可以使用“friendship”进行搜索，如图 4-21 和图 4-22 所示。

◀图 4-21　必应图片搜索关键词“友情”的结果

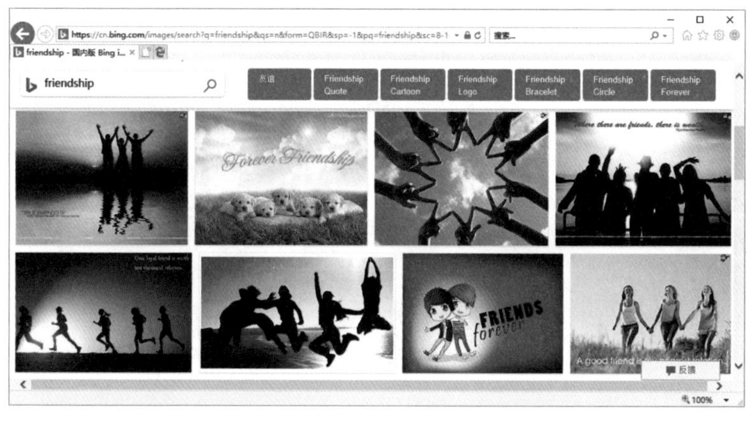

◀图 4-22　必应图片搜索关键词“friendship”的结果

此外，百度图片、360 图片搜索都有以图搜图的功能。通过硬盘上已有的某张图片找类似图片，或通过硬盘中的一张带水印的、小尺寸的图片找无水印的、大尺寸的图片等，都可以使用以图搜图的方式来找图。360 图片搜索中以图搜图的具体方法如下。

步骤01 单击 360 图片搜索引擎右侧的按钮（见图 4-23），打开 360 识图窗口。

步骤02 单击“上传图片”按钮（见图 4-24），导入硬盘中的图片。自动上传完成后，搜索引擎将很快列出搜索到的相似图片，如图 4-25 所示。此时还可以筛选搜索结果中的图片的尺寸。

▲图 4-23　360 识图按钮

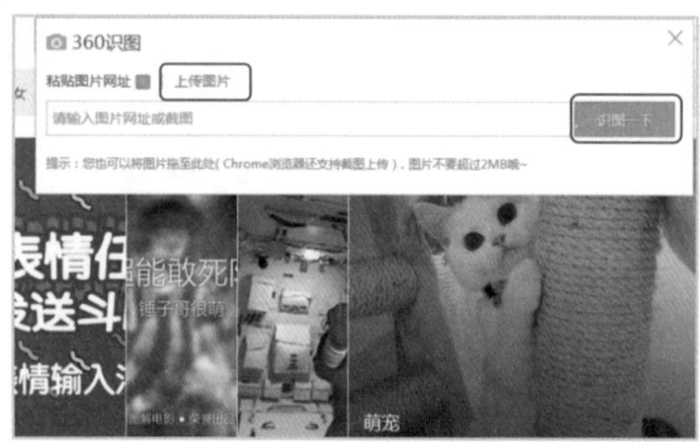

▲图 4-24　上传图片

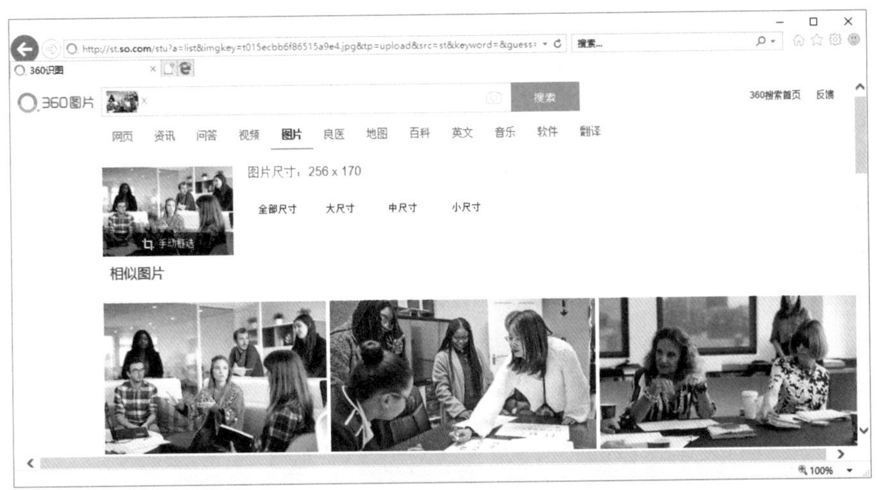

▲ 图 4-25　以图搜图的结果

2. 免费或付费的专业图库网站

网上有以图片素材经营为主题的付费图片网站，也有分享互利的免费图片素材网站；有高清 JPG 图库网站，也有矢量图片或小图标等特殊类型图片的图库网站……在专业的图库网站找图、搜图，比起在百度等搜索引擎中直接搜索更为准确。在你的浏览器收藏夹中添加下列图库网站，基本就能满足你日常做 PPT 的图片需求了。

全景网：中国最大的图片分享网站，从图片分类便可以看出其图片素材涵盖的领域非常广泛。图 4-26 所示为类全景网中搜索关键词“长椅”的结果。

▲ 图 4-26　全景网搜索关键词“长椅”的结果

使用多个关键词组合的方式搜索，一般很快能搜索到想要的图片。但作为付费的图片库网站，每一张图片都注明了不同尺寸、不同用途的价格，意味着下载使用需要支付相应的费用。不过注册后可以下载精度不高的小样图，小样图放在非商用的 PPT 中也勉强够用。

视觉中国：和全景网类似的正版图片网站，使用同样的关键词，在这个网站上可以搜索到很多高质量的创意型图片（见图 4-27），使用这些图片能够有效提升你 PPT 的档次。同样，注册后可以下载无水印的小样图。

▲ 图 4-27　视觉中国网搜索关键词“长椅”的结果

pixabay：一个完全免费的正版图片分享网站（见图 4-28），包含了高清图片、矢量图、插画等多种类型的图片资源，注册后即可免费下载高清大图。该网站中的大多数图片即便是用于商业活动也可任意使用，无须注明出处。

▲ 图 4-28　pixabay 搜索关键词“长椅”的结果

邑石网：付费的版权图片网站（见图 4-29），注册后同样可下载小样图。当你需要矢量图、成套的插画图片时，可以到这个网站寻找。

▲ 图 4-29 邑石网“插画”类下搜索关键词“长椅”的结果

IcoMoon App：无须注册即可使用其免费小图标的素材网站。该网站有大量的成套小图标，用户可选择自己想要的图标，并根据需要调节其尺寸、设置其颜色（仅支持单色），生成透明 PNG 或 SVG 矢量图片，这对制作扁平化风格的 PPT 时非常有帮助。尽管该网站为全英文网站，但并不影响使用。从该网站下载一枚蓝色的游泳圈小图标的具体方法如下。

步骤 01 单击网站右上方的“IcoMoon App”按钮，如图 4-30 所示，跳转到小图标选择页面。

步骤 02 选择“IcoMoon-Free”选项，展开该项下的所有图标。找到游泳圈图标后，单击选中图标（被选中的图标背景由灰色变成白色），如图 4-31 所示。若要下载多个图标，则选中多个图标，再次单击选中的图标即可取消选择。

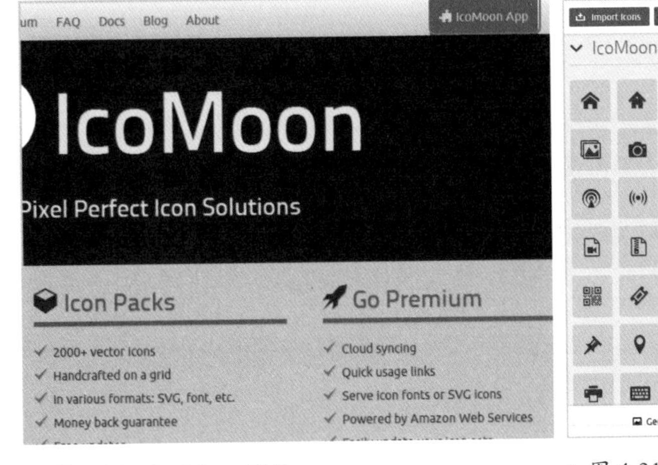

▲ 图 4-30 IcoMoon 网站

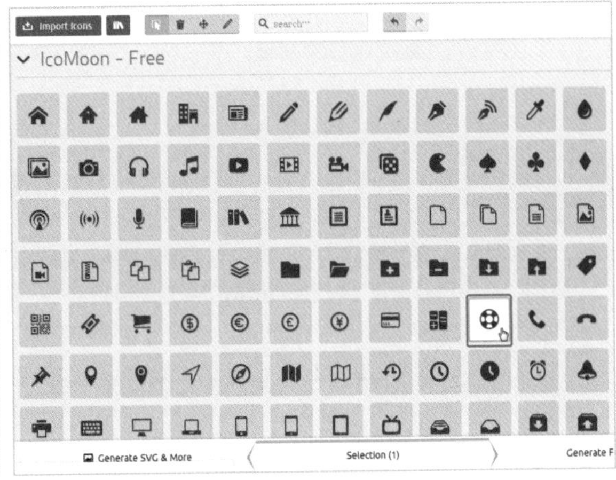

▲ 图 4-31 选择图标

步骤 03 单击网页下方的“Generate SVG&More”（生成 SVG 图片和其他类型文件）链接，如图 4-32 所示，网页跳转至图标生成选项设置页面。

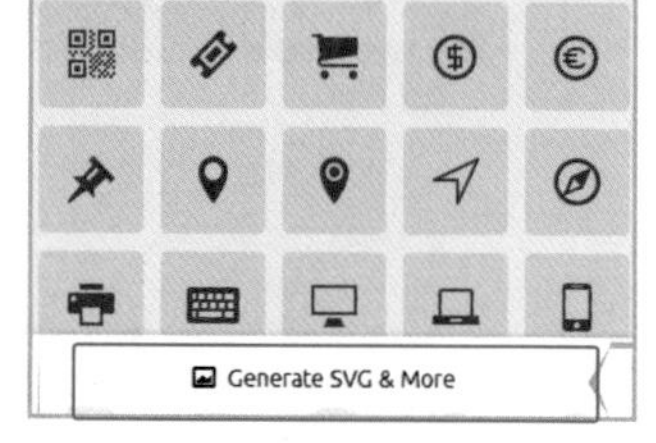

▲图 4-32　单击链接

步骤 04 单击上方的“Preferences”（偏好设置）按钮，打开偏好设置窗格。选中“Override size”（图标面积）复选框，并在其数值框中输入尺寸，输入的数字为 2 的次方数，如 1024（2^{10}），数字越大，生成的 PNG 图片尺寸越大。在“Color”（颜色）中输入 HTML 色值，设置生成的 PNG 图标的颜色，这里输入 2f73f8（天蓝色），如图 4-33 所示。全部设置完成后，单击窗格外任意区域，退出设置状态，再单击页面下方的“Download”按钮，将图片下载至计算机硬盘中。

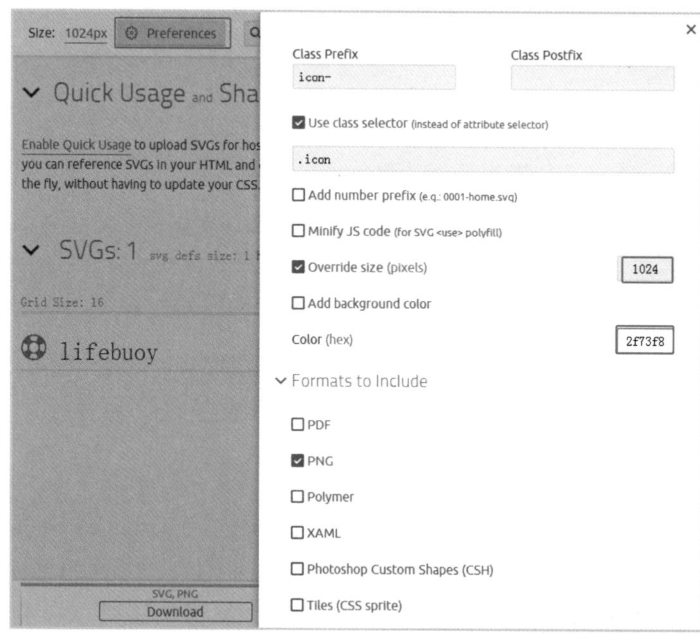

◀图 4-33　偏好设置

大师点拨 ＞ 如何知道某个颜色的 HTML 色值？

获取某个颜色的 HTML 色值的方法推荐下面两种。

方法一：通过百度搜索 HTML 颜色代码表，在代码表中可以查看各个色彩不同明度的 HTML 颜色代码。如果需要某张图片上的某个颜色，则将图片与代码表进行比对，从而找出相应的颜色代码。

方案二：下载 HTML 拾色器工具软件，如 ColorSPY，将软件切换至 HTML 取色模式，在想要的某个颜色上单击，软件上就会显示该颜色的 HTML 色值。

下载到计算机中的是一个压缩文件，解压之后我们可以在一个名为 PNG 的文件夹中找到我们要的游泳圈图标。若之前选择的是多个图标文件，它们都将保存于这个 PNG 文件夹中。

此外，还可以在名为 SVG 的文件夹（见图 4-34）中找到图标所对应的矢量文件（拓展名为 .svg）。将这个 SVG 文件导入 CorelDRAW 软件，再导出为 emf 或 wmf 图片，插入 PPT 中使用时便可以随意修改颜色、缩放大小，图片也不会模糊或出现马赛克。

名称	修改日期	类型
demo-files	2019/6/10 9:54	文件夹
PNG	2019/6/10 9:54	文件夹
SVG	2019/6/10 9:54	文件夹
demo.html	2019/6/10 9:54	360 Chrome HT...
demo-external-svg.html	2019/6/10 9:54	360 Chrome HT...
Read Me.txt	2019/6/10 9:54	文本文档
selection.json	2019/6/10 9:54	JSON 文件
style.css	2019/6/10 9:54	层叠样式表文档
svgxuse.js	2019/6/10 9:54	JScript Script 文件
symbol-defs.svg	2019/6/10 9:54	SVG 文档

▲ 图 4-34　PNG 和 SVG 文件夹

在选择图标类型时，默认只有 IcoMoon-Free 一项，其实 IcoMoon 的图标远不止这一类。单击“Add Icons From Library（从图标库添加更多图标）链接，如图 4-35 所示，转到 Library 页面。在这个页面上我们可以添加更多类型的图标。图标种类下方显示“Purchase”的，则需要购买才能添加使用；下方显示“Add”的，则均可免费添加使用，如图 4-36 所示。

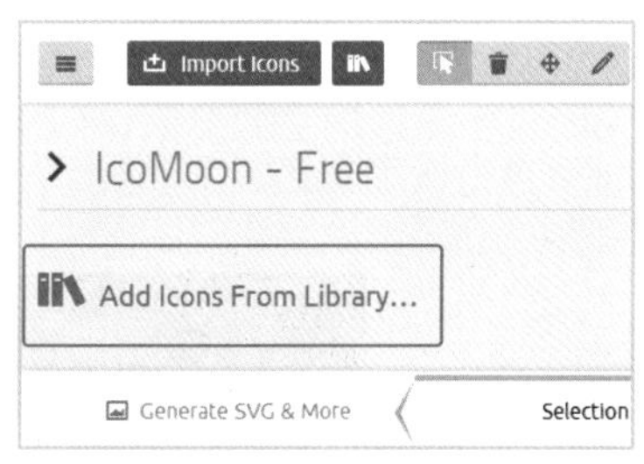

▲图 4-35　从图标库添加更多图标

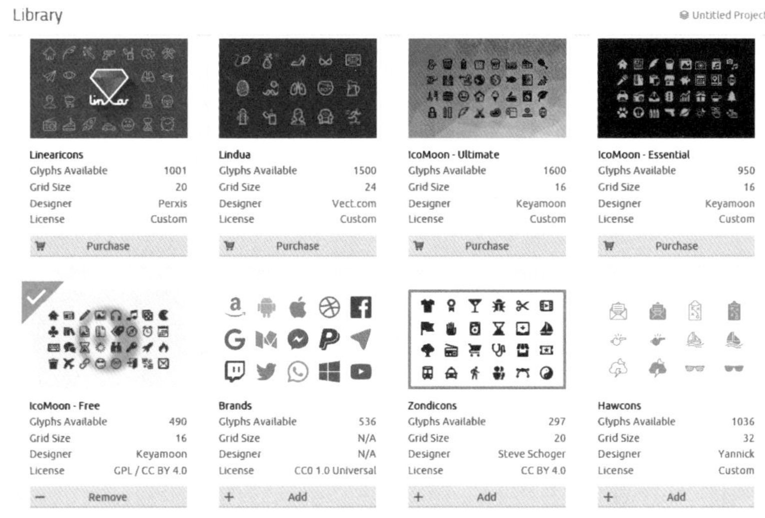

▲ 图 4-36　Library 页面

Easyicon：免费小图标素材网站，图标资源非常丰富（不局限于单色、扁平化风格），如图 4-37 所示。可以进行关键字搜索，中文关键字将自动翻译成英文后再进行搜索，无须注册即可下载 PNG 图片。

▲ 图 4-37　Easyicon 网站的图标

阿里巴巴矢量图标库：图标多且非常好用的一个图标素材网站（见图 4-38），是做扁平化风格 PPT 的好帮手。既支持搜索，也支持分类查看，包含海量的单色、多彩图标，使用新浪微博账号登录后即可自由设定图标颜色、图标大小，免费下载 PNG 格式的图标在 PPT 中使用。

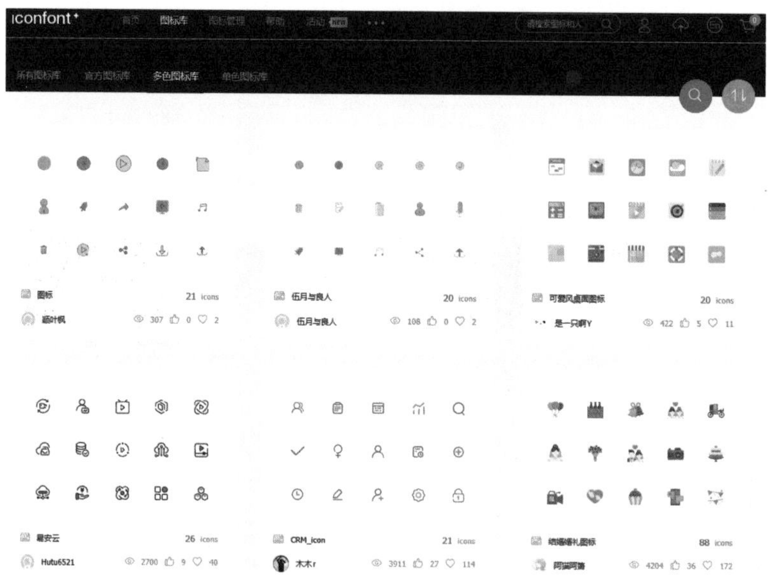

▲ 图 4-38　阿里巴巴矢量图标库

3. 摄影爱好者的图片分享网站

从以摄影爱好、摄影交流为主题的网站上也能收获一些好图片。

图虫网：这里有海量的高清摄影图片，精美程度令人惊叹，用户可预览大图，并可以截图的方式使用在非商业用途的 PPT 上，如图 4-39 所示。

▲ 图 4-39　图虫网

7MX：高质量的摄影图片分享网站，如图 4-40 所示。

▲ 图 4-40　7MX 网站

4. 包罗万象的设计素材网站

设计素材类综合网站涵盖平面设计、网页设计、UI 设计、视频制作等多种设计门类的素材，是寻找 PPT 插图的好去处。

昵图网：几乎所有设计师都要登录的素材网站，注册后只需要少量充值即可获得共享分。此外，用户也可以通过分享素材的方式赚取共享分。有了共享分就可免费下载海量的共享素材资源了，当然也包括高清图片。

不过，昵图网将素材分成共享图、原创交易图、商业用图三类，如图 4-41 所示。很多真正高质量的图片素材已不支持使用共享分下载，而是需要单独付费购买。建议“非人民币玩家”在筛选资源时直接选择共享图，在接受使用共享分下载的共享图类下搜索，免得浪费时间。

▲ 图 4-41　昵图网素材分类

懒人图库：和昵图网相似的设计素材网站，资源也许不如昵图网丰富，但是该网站上的素材全部不限版权，可免费下载使用，如图 4-42 所示。

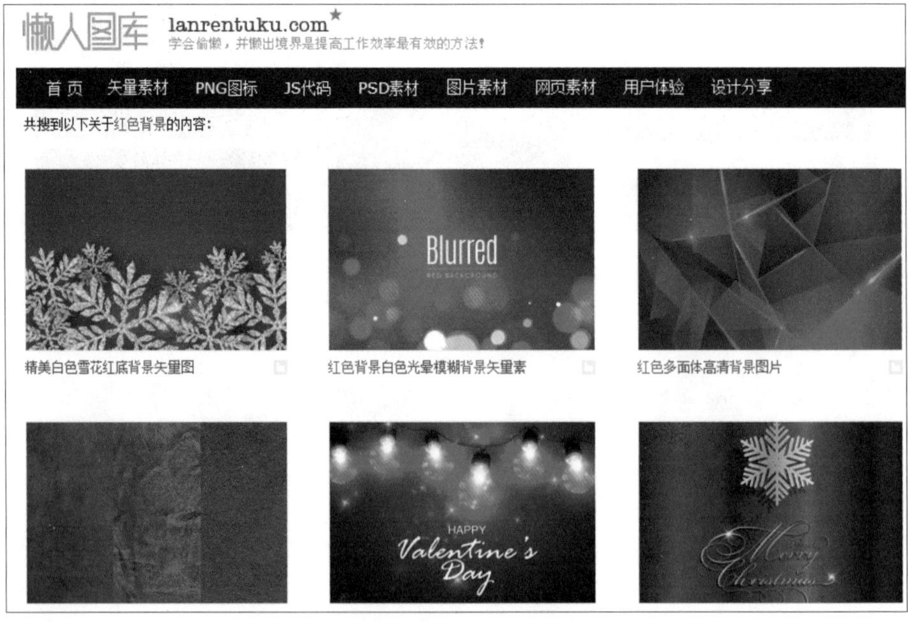

▲ 图 4-42　懒人图库搜索关键词“红色背景”的结果界面

4.2 PPT 也能修图

为了让图片更加满足需要，可能还需要对其进行一些修整。从改变图片大小、旋转图片方向、裁剪图片等基础的修图操作，到添加艺术效果、抠除图片背景等相对复杂的修图操作，都可以直接在 PPT 中完成。

4.2.1 调整图片位置、大小和方向

选中图片后，按住鼠标左键拖动即可随意改变图片的位置。按住【Shift】键的同时拖动图片，可将图片垂直或水平移动，如图 4-43 所示。若按住【Ctrl】键的同时拖动图片，可将当前图片复制至指定位置，如图 4-44 所示。

▲ 图 4-43 按住【Shift】键移动图片

▲ 图 4-44 按住【Ctrl】键复制图片

技能拓展 > 通过键盘上的方向键调整图片位置

选中图片后，在键盘上按【→】键，图片将向右移动；按【←】键，图片将向左移动；按【↑】键，图片将向上移动；按【↓】键，图片将向下移动；按方向键的同时按住【Ctrl】键，图片将微移。

选中图片时，图片四周将出现 8 个点。这些点便是图片大小的控制点，如图 4-45 所示。按住鼠标左键拖动这些节点就可以随意改变图片的大小；拖动节点的同时按住【Ctrl】键，图片将对称缩放，如图 4-46 所示；拖动节点的同时按住【Shift】键，图片将等比例缩放，如图 4-47 所示。

▲ 图 4-45 图片控制点

▲ 图 4-46　对称缩放

▲ 图 4-47　等比例缩放

图片上方还有一个旋转控制点，拖动这个控制点可随意旋转图片的方向。选中图片后，按【Alt+ ←】组合键可以让图片按照每次向左旋转 15° 的方式改变方向，如图 4-48 所示；按【Alt+ →】组合键可以让图片按照每次向右旋转 15° 的方式改变方向，如图 4-49 所示。PPT 内容来源于锤子坚果手机发布会 PPT。

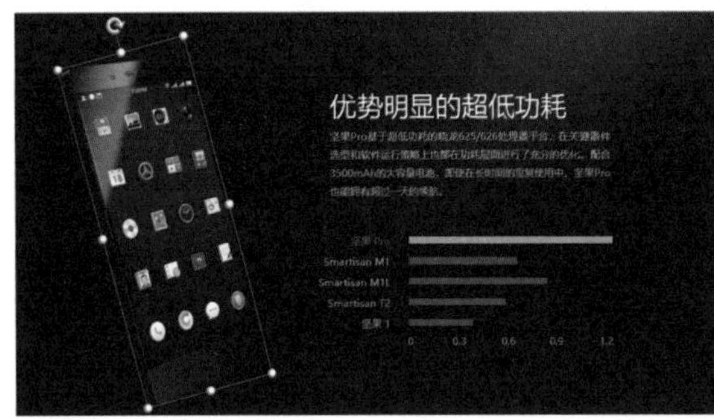

▲ 图 4-48　向左旋转 15°

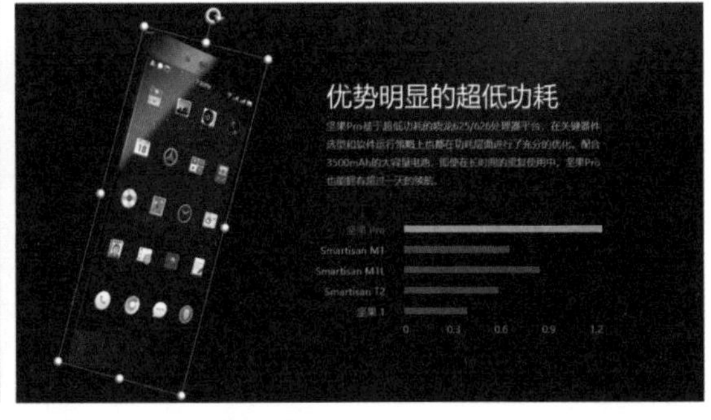

▲ 图 4-49　拖向右旋转 15°

右击图片，在弹出的快捷菜单中选择“大小和位置”命令，打开“设置图片格式”窗格，如图 4-50 所示。在该任务窗格中可以设置图片的水平和垂直位置、高度、宽度、旋转角度等，可以更精确地调整图片位置、大小和方向。

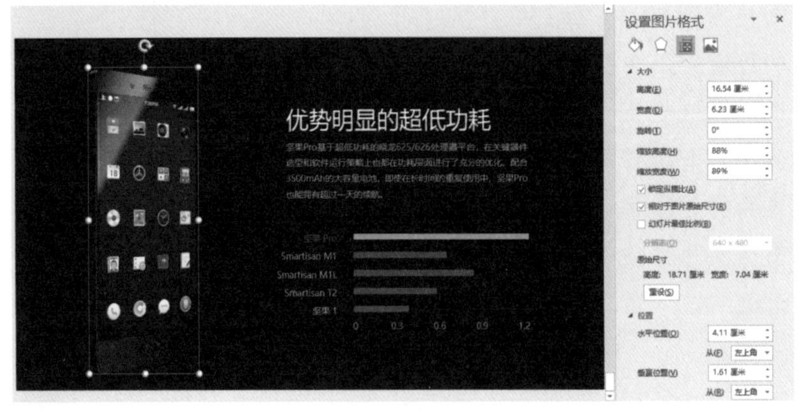

◀ 图 4-50　“设置图片格式”任务窗格

4.2.2 裁剪图片

为了让图片展示的重点更突出，或让图片更便于排版（多张图片达到尺寸的统一），我们有时需要对图片进行裁剪。选中图片后，单击“图片工具 格式”选项卡中的“裁剪”按钮，该图片就进入了裁剪状态，图片的四边及四个角都出现了裁剪图片的控制点，如图 4-51 所示。将鼠标指针置于控制点上，按住鼠标左键拖动控制点即可裁剪图片。和调整图片大小一样，拖动控制点的同时按住【Ctrl】键或【Shift】键可对称或等比例裁剪图片。

▶图 4-51 裁剪控制点

裁剪图片后，还可再次单击“裁剪”按钮，返回图片裁剪状态，可以看到原图分成了被裁剪区域和保留区域两个部分，被裁剪部分显示为半透明的灰色，如图 4-52 所示。此时还可以操作原图的 8 个大小控制点及其旋转控制点，因此，仍然可以对原图进行移动、缩放、旋转操作，以调整保留区域。

▶图 4-52 裁剪图片

除了这种基础的裁剪图片的方式外，利用“裁剪”按钮下拉菜单我们还可以选择裁剪为形状、按比例裁剪两种方式。裁剪为形状即将图片的外形变成某个形状；按比例裁剪包含 1∶1（方形）、2∶3（纵向）、3∶2（横向）等多种比例，能够将图片裁剪为指定比例的图片。无论是裁剪为形状还是按比例裁剪，裁剪之后都可以再次单击“裁剪”按钮，返回图片裁剪状态，调整保留区域的图片状态。图4-53所示为裁剪为菱形的图片，图4-54所示为按16∶9的比例裁剪的图片。灵活地使用图片裁剪功能，能让PPT的排版更有设计感。

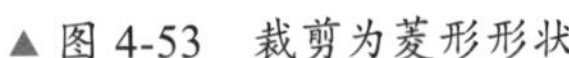

▲图4-53　裁剪为菱形形状

▲图4-54　按比例裁剪

技能拓展 > 巧用形状“相交”裁剪图片

选中图片后，再选中遮盖在图片上的形状，如图4-55所示。切换至“绘图工具 格式”选项卡，选择“插入形状”组中的“合并形状”命令，在弹出的下拉列表中选择“相交”命令，即可将图片被形状遮盖的部分裁剪出来，如图4-56所示。

▲图4-55　按顺序选择对象

▲图4-56　裁剪后的效果

使用这种方式时可以预先编辑形状，如绘制等比例的圆形、等比例的心形，预制形状中没有的图形等（使用将图片裁剪为形状的方式时，裁剪之后还需要调整才能裁剪成等比例的形状），指定原图需要保留的位置（调整形状覆盖图片的区域即可），且裁剪之后仍然可以单击“裁剪”按钮，返回裁剪状态，改变图片保留区域的状态。

4.2.3 一键特效

边框、阴影、映像、发光、柔化边缘、棱台、三维旋转……和艺术字相似，有时候图片也需要添加一些特殊效果，以提升其表现力。

边框：一种简单的特效，当背景色与图片本身的颜色过于接近时，添加适当粗细的边框可以让图片从背景当中突显出来，看起来更醒目一些，如图 4-57 所示。

阴影：为图片添加阴影效果，如“外部”阴影（偏移为“中”），能够让图片产生浮在幻灯片页面上的视觉效果，如图 4-58 所示。

扁平化、极简风格的 PPT 不建议使用阴影效果。

▲ 图 4-57　为图片添加边框

▲ 图 4-58　阴影效果

映像：映像效果模拟的是水面倒影的视觉效果，展示产品或物品的图片稍微添加一点映像效果，能够让产品或物品本身看起来有一种精致感，如图 4-59 所示。

发光：深色背景下为图片适当添加一点浅色发光效果，能够起到聚焦视线的作用，如图 4-60 所示的人物。

▲ 图 4-59　映像效果

▲ 图 4-60　发光效果

柔化边缘：某些背景下使用柔化边缘效果能够让图片与背景的结合更加自然。在黑色背景下使用力度较大（磅值高）的柔化边缘，可轻松做出暗角 LOMO 风格的图片，如图 4-61 所示。

棱台：简单的一些设置即可让图片具有凹凸的立体感，如图 4-62 所示的装裱在金属画框中的油画图片，该效果便是通过为油画图片添加金色边框，再使用棱台效果来实现的。

▲ 图 4-61　柔化边缘效果

▲ 图 4-62　棱台效果

三维旋转：可让原本平面化的图片具有三维立体的既视感，令人耳目一新，如图 4-63 所示。

图片的样式即组合应用调整图片大小、方向，裁剪图片、添加效果等操作后实现的图片风格。选中图片后，单击样式一键应用，能够减少很多操作。PowerPoint 2019 中预制的图片样式有 28 种，常用的如图 4-64 所示的幻灯片中的图片“便签”样式（应用了旋转、白色边框、棱台效果），适合校园风、青春系、怀旧情怀等轻松、非严肃场合下的 PPT 使用。

▲ 图 4-63　三维旋转

▲ 图 4-64　“便签”样式

4.2.4 统一多张图片的色调

当一页幻灯片中配有多张图片时，由于图片明度、色彩饱和度差别很大，即使经过排版，整页幻灯片还是会显得凌乱不堪。此时，我们可以选择图片“格式”选项卡的“调整”组中的“颜色”命令，对所有图片重新着色，从而将所有图片统一为同一色系，如图 4-65 ~ 图 4-68 所示。

▲ 图 4-65　重新着色前 1（比较花哨）

▲ 图 4-66　重新着色后 1

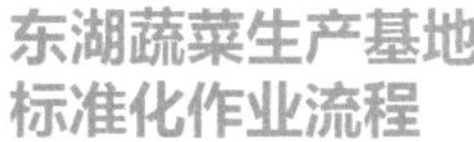

▲ 图 4-67 重新着色前 2

▲ 图 4-68 重新着色后 2

同理，对于分处不同幻灯片页面但逻辑上具有并列关系的多张配图，也可以采用重新着色的方式来增强这些幻灯片页面的系列感。

如图 4-69 ~ 图 4-72 所示的 4 页幻灯片，重新着色前色调不一。

▲ 图 4-69　着色前页面 1

▲ 图 4-70　着色前页面 2

▲ 图 4-71　着色前页面 3

▲ 图 4-72　着色前页面 4

重新着色（蓝色）后的效果如图 4-73 ~ 图 4-76 所示。

▲ 图 4-73 着色后页面 1

▲ 图 4-74 着色后页面 2

▲ 图 4-75　着色后页面 3

▲ 图 4-76　着色后页面 4

技能拓展 ＞　以形状为遮罩改变图片色调

除了可以使用重新着色的方法外，用户还可以利用形状色块来改变图片的色调。在图片上方添加与图片同等大小的形状色块，并将色块设置一定的透明度。这样，形状色块就形成了遮罩效果，图片透过色块显示出来时，色调也就随之产生了变化。

大师点拨 > 如何快速为多张图片重新着色？

多张图片位于同一幻灯片页面时，仅需选中这些图片，然后按给一张图片重新着色的方式执行即可完成多张图片的重新着色。若多张图片位于不同幻灯片页面，则先对一张图片执行重新着色操作，按【Ctrl+Shift+C】组合键复制该图片的属性，然后依次选择其他图片，按【Ctrl+Shift+V】组合键粘贴属性即可；或给一张图片重新着色后，依次选中其他图片，按【F4】键重复执行重新着色操作。

4.2.5 让图片焕发艺术魅力

在 PPT 中设置图片格式时，有一个类似 Photoshop 滤镜的功能可供使用，即“艺术效果”。添加“艺术效果”，只需要一些简单的操作，即可让效果一般的图片形成各种独特的艺术画风格，如图 4-77 所示。

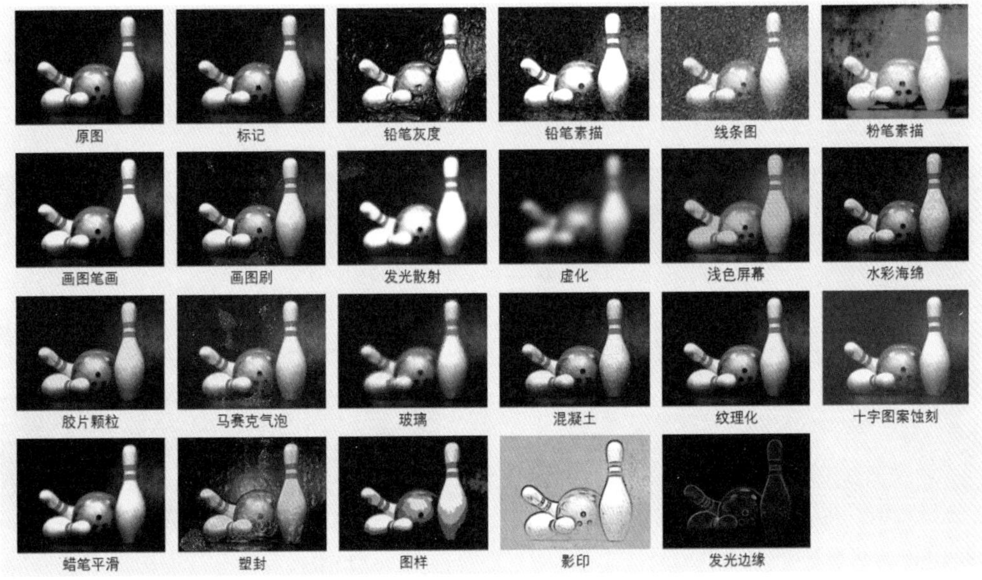

▲ 图 4-77　图片艺术效果

不同的图片适合的艺术效果也不同，因此，添加艺术效果时，应多尝试、对比。除了某些特定的行业，日常的 PPT 中并不常使用艺术效果。在 PPT 提供的 22 种艺术效果中，主要推荐下面 3 种较常用的艺术效果。

1. 图样

图样效果能够令图片呈现出水彩画的感觉，制作中国风类型的 PPT 时使用该效果常有奇效，如图 4-78 和图 4-79 所示。

▲ 图 4-78　原图

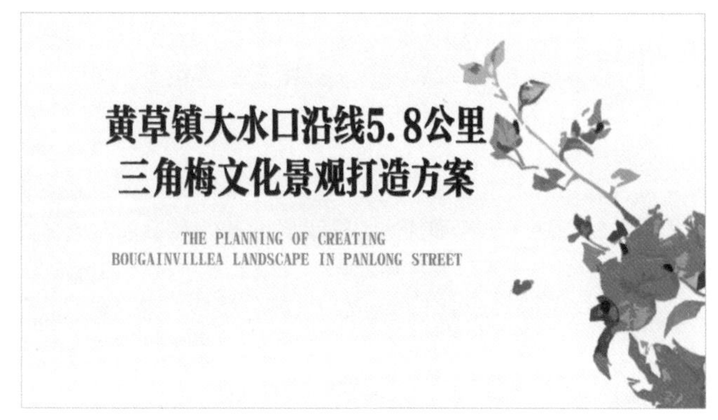

▲ 图 4-79　为原图设置图样艺术效果后的幻灯片页面

2. 虚化

虚化即模糊，在全图型 PPT 中，为了突出幻灯片上的文字内容或图片上的局部画面，用户可以使用虚化效果，让背景弱化。如图 4-80 所示，作为幻灯片背景的水果图片色彩缤纷艳丽，对其使用虚化效果后，观众的视觉重点更容易集中在矩形及其内容上。在图 4-81 所示的幻灯片中，通过复制、裁剪的方式，对底部的图片进行虚化，令图片中心的蜜蜂看起来更清晰、突出。

▲ 图 4-80 虚化背景

▲ 图 4-81 虚化局部

大师点拨 > 如何让一张图片以渐变的方式虚化？

在不使用 Photoshop、光影魔术手等专业图片处理软件的情况下，有没有办法让图片以渐变的方式从周围到中心逐渐清晰？有，借助柔化边缘效果便可轻松实现。首先将两张图片重叠在一起，上面的图为清晰的原图，下面的图为设置了虚化效果的图，接下来为上面的图设置较强的柔化边缘效果即可。

一个场景由清晰到渐渐模糊，使文字淡出，设置这样的动画效果非常简单。首先将同一张图片复制成两份，然后将两张图片重叠在一张幻灯片页面上。下面一层的图片为原图，为上面一层的图片设置虚化效果并添加缓慢淡出的动画效果，最后设置文字淡出的动画效果，如图 4-82 所示。

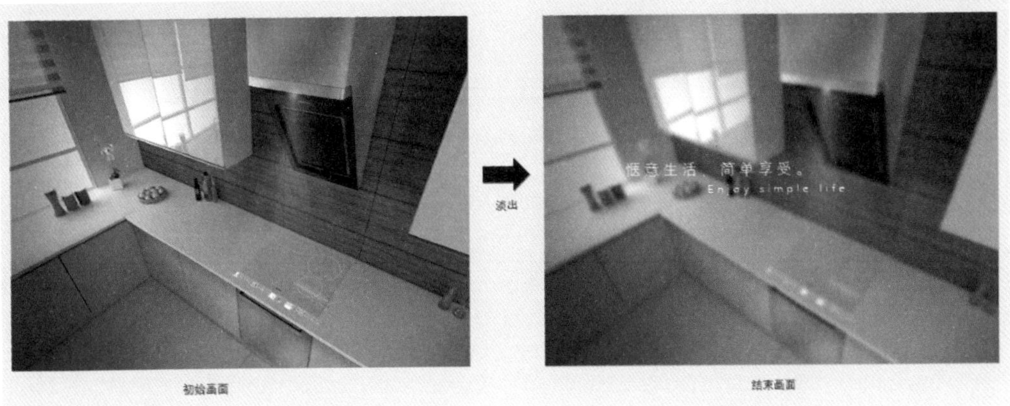

▲ 图 4-82 文字淡出动画效果

3. 发光边缘

借助发光边缘效果，可以将图片转变成单一色彩的线条画，如图 4-83 所示。将图 4-83 中的埃菲尔铁塔原图变成线条画的具体方法如下。

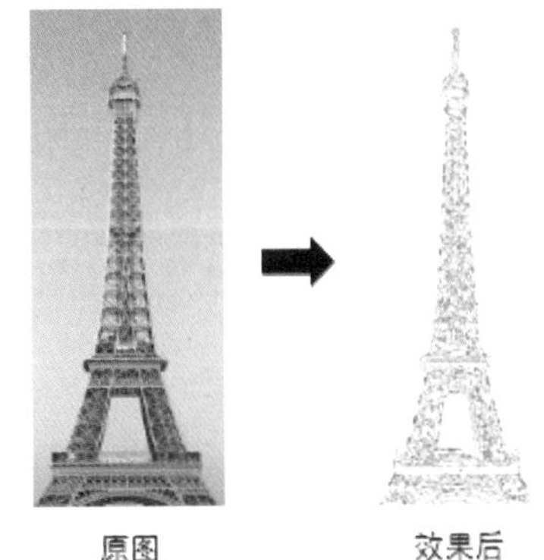

▲ 图 4-83 借图片效果

步骤01 选中图片后，在如图 4-84 所示的“图片校正”选项组中将图片的清晰度、对比度均调整为 100%。

步骤02 将图片重新着色为黑白 75%，如图 4-85 所示。

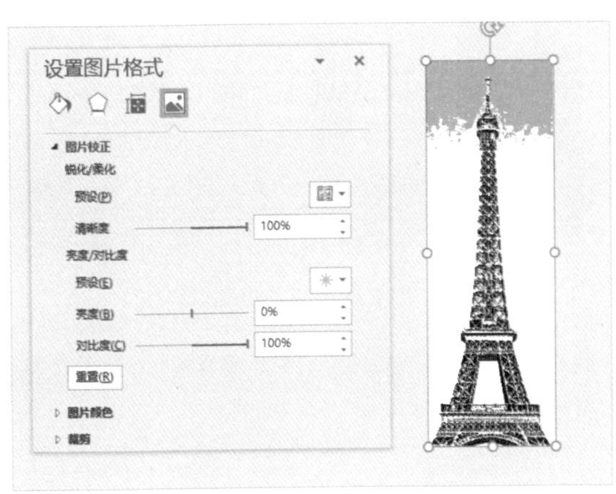

▲ 图 4-84 更正图片

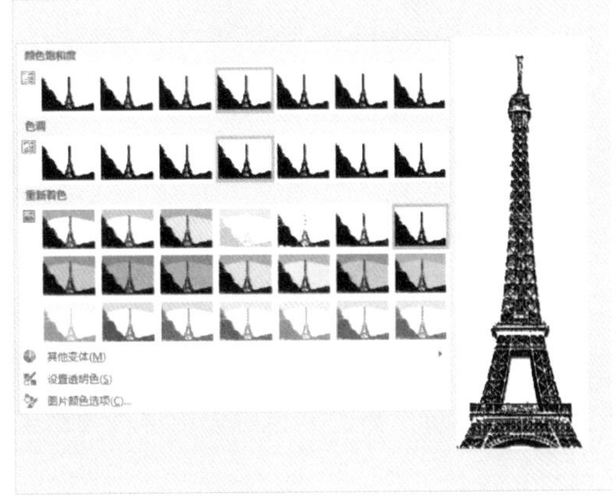

▲ 图 4-85 为图片着色

步骤03 为图片应用发光边缘艺术效果，让原黑色部分反白，如图 4-86 所示。

步骤04 设置透明色，然后在图片黑色的背景上单击即可去掉黑色背景，线条画初步完成，如图 4-87 所示。

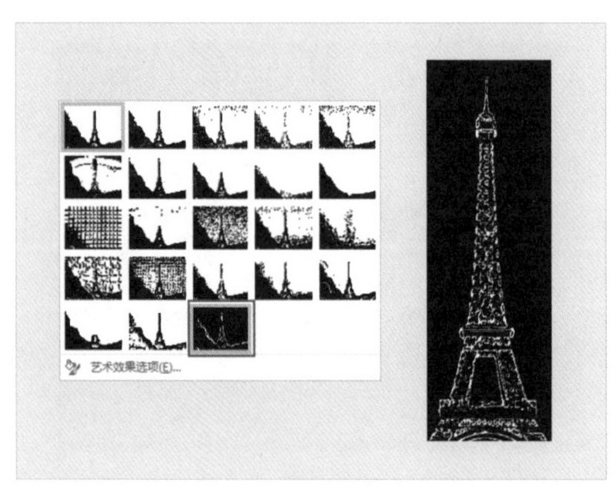

▲ 图 4-86　应用图片艺术效果

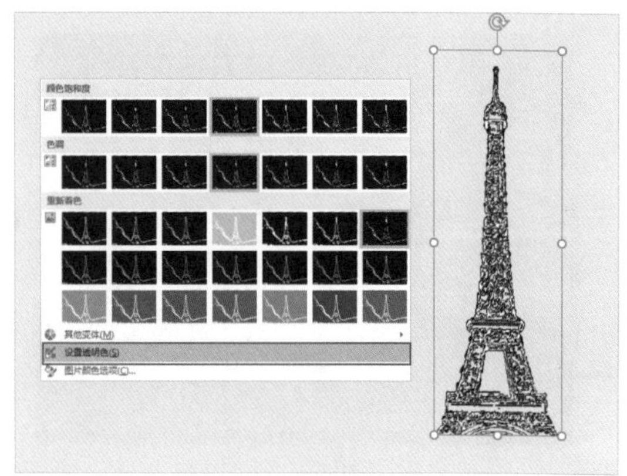

▲ 图 4-87　设置图片背景为透明色

步骤05 按【Ctrl+X】组合键，将图片剪切，再按【Ctrl+Alt+V】组合键打开“选择性粘贴”对话框，将图片转换为 PNG 图片，亮度设置为 100%，如图 4-88 所示。这样，一张无底色的线条画就做好了。

此时我们可以根据需要为线条画添加背景色，也可以为其重新着色，效果如图 4-89 所示。

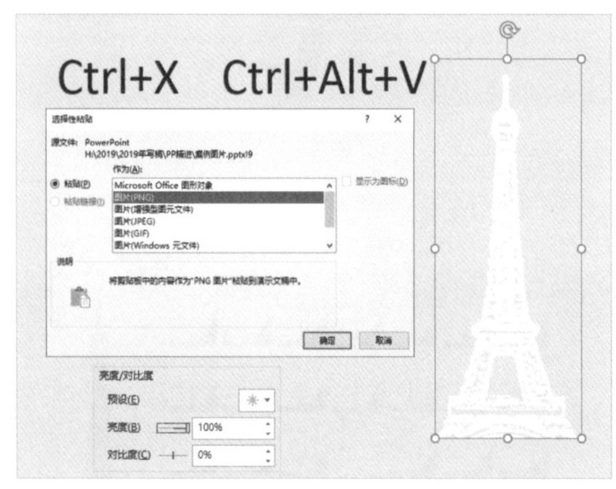

▲ 图 4-88　选择性粘贴图片

▲ 图 4-89　图片重新着色后的效果

只要是背景不特别复杂的图片，都可以用这样的方法将其变成线条画。当扁平化、手绘风格的 PPT 需要小图标素材时，也可以用这种方式来做，如图 4-90 所示。

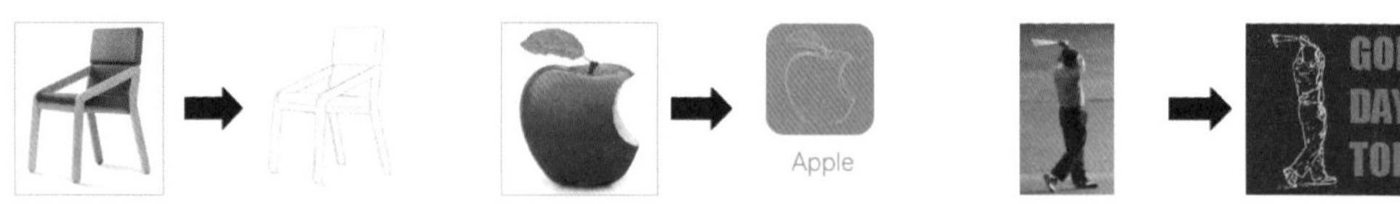

▲ 图 4-90　制作小图标素材

4.2.6 抠除图片背景

Photoshop 有抠图的功能，能将图片 除，只保留用户需要的部分，其实在 PPT 中也能进行抠图。PPT 中的抠图即“删除背景”，些背景相对简单的图片可以直接在 PPT 中选择“删除背景”命令来抠图。

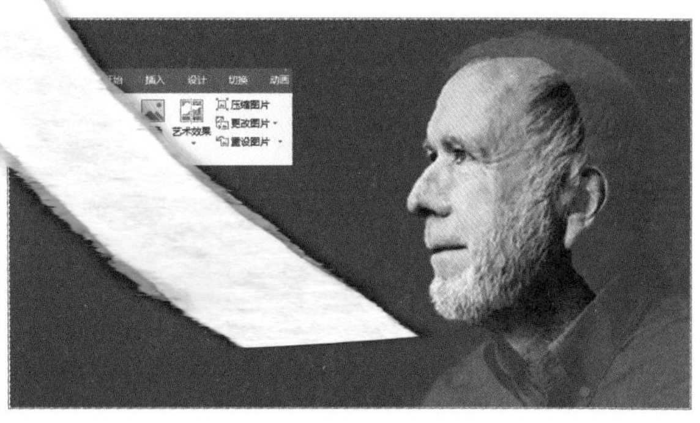

▲图 4-91 查看要删除的区域

步骤 01 选中图片后，选择“图片工具 格式”选项卡中的“删除背景”命令（见图 4-91），进入抠图状态。在该状态下，被紫色覆盖的区域为要删除的区域，其他区域为保留区域。

步骤 02 利用“背景消除”选项卡中的“标记要保留的区域”和“标记要删除的区域”两个按钮，在图片上进行勾画，使人物轮廓从紫色覆盖中露出，让所有背景区域（黑色部分）被紫色所覆盖，如图 4-92 所示。

步骤 03 勾画完成后，单击图片外任意区域，即可退出抠图状态，抠图就完成了。如图 4-93 所示，人像的黑色背景被去除了，配色排版更方便了。

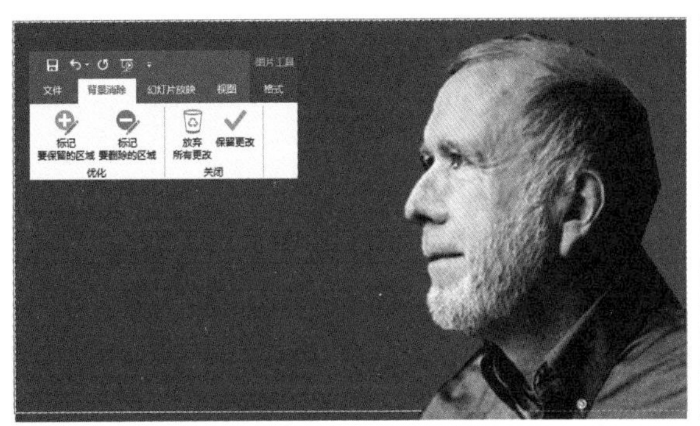

▲ 图 4-92 勾画要删除的区域

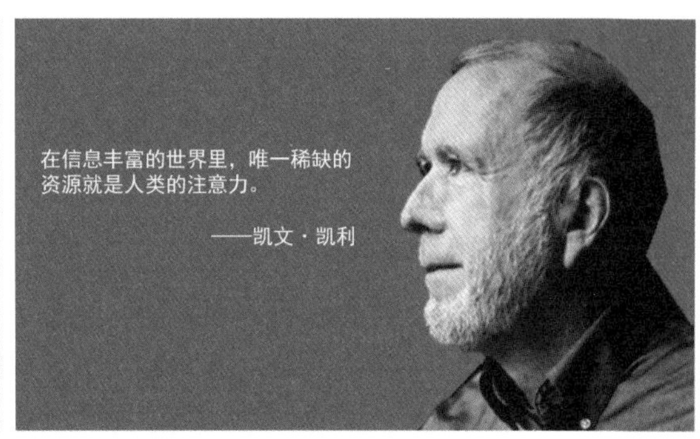

在信息丰富的世界里，唯一稀缺的
资源就是人类的注意力。
——凯文·凯利

▲ 图 4-93 删除图片背景后的效果

技能拓展 > 使用“设置透明色”抠图

在制作线条画的内容中提到过，调整图片颜色时有一个“设置透明色”选项，选择该选项后，单击图片中某个颜色，该颜色即可变透明。因此，背景色和保留区域的颜色差别很大、对比很明显时，我们还可以通过将背景色设置为透明色的方式来抠图。不过，当背景色与保留区域的颜色相近，或保留区域内有大片区域颜色与背景色一致时，这种方式就不能达到需要的效果了。

PPT 中“删除背景”的抠图效果毕竟不如 Photoshop 专业，即便非常仔细地设置保留区域，也难免抠得不够精细。此时，我们可以通过添加边框，以剪纸风格来掩盖细节上的缺陷，即围绕保留

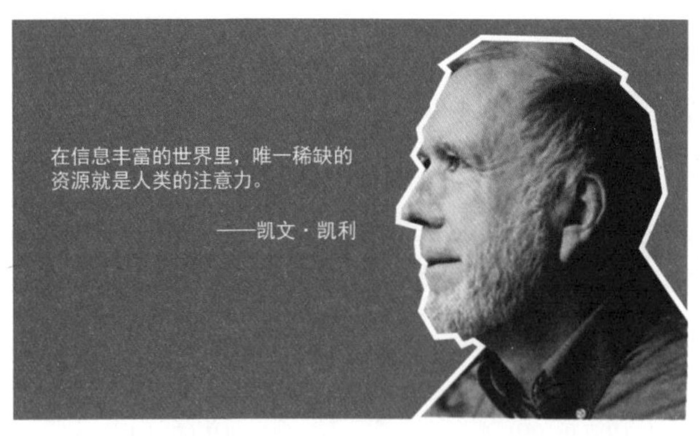

▲图 4-94 为图片添加边框

区域添加任意多边形，取消多边形的填充色，在“形状”下拉菜单中选择“任意多边形：形状”命令，拖动鼠标围绕图片保留区域绘制一个任意多边形，然后双击鼠标，退出绘制，取消多边形的填充色，设置多边形的边框色及粗细程度即可，效果如图 4-94 所示。

在对细节要求非常高的场合中，建议还是在 Photoshop 中完成抠图，导出 PNG 图片，然后再将图片放在 PPT 中使用。

4.3 图片要么不用，用则用好

图片素材准备完毕后，接下来就是如何用图的问题了。PPT 高手会找图，更会用图，他们会让每一张图片以最佳的方式呈现，从而发挥图片应有的作用。

4.3.1 无目的，不上图

在 PPT 中使用的图片应该都是带有某种目的性的，以个人喜好随意添加图片不仅不会增加 PPT 的含金量，还会让 PPT 的质量大打折扣。纵观优秀的 PPT，主要在下面 4 种情况中使用图片。

1. 展示

以图片的形式展示作品、工作成果、产品及团队成员等，并进行辅助说明。有时候任何文字描述都不及一张图片直观、真实。如图 4-95 和图 4-96 所示中的两页 PPT，同样的内容，配有效果图的这页 PPT 能让观众直接体会到法式风情、巴洛克建筑的特点，从而在观众心中留下更为直观的印象。展示产品和设计作品时，一般会到将 PPT 的背景设置为黑色或灰色，以衬托图片本身。

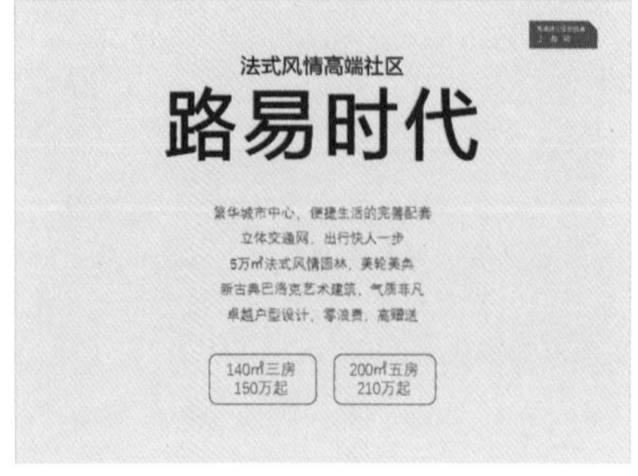

▲ 图 4-95 配图前

▲ 图 4-96 配图后

2. 解释

某些概念用语言描述会显得有些苍白，让人摸不着头脑。如果配上图片，观众边看边听就能很好理解这些概念了。图 4-97 所示为小米公司解释小米 MIX 手机的悬臂压电陶瓷导声到底是什么的一页幻灯片，添加这样一组图片，普通观众也能基本理解这些略显专业的技术知识。

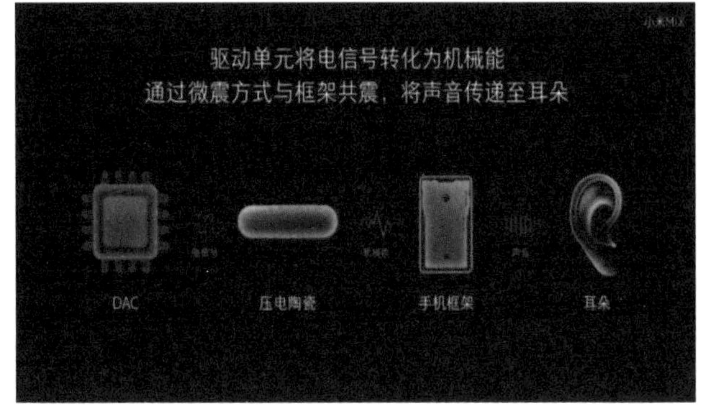

▲图 4-97　选自小米 MIX 发布会 PPT

3. 渲染

为了增强文字的感染力，有时需要添加图片来营造意境。在这种情况下，图片往往会以覆盖整个页面的全图方式出现。如图 4-98 所示的这页幻灯片，东江湖的实景美图让广告语更富感染力。

▲图 4-98　利用图片增强文字的感染力

4. 增强设计感

将小图标、花纹图片等使用得好，能够增强 PPT 的设计感。如图 4-99 所示的这页 PPT 中的 4 个图标图片，让目录的排版具有了扁平化风格的设计感。

▲图 4-99　图标图片

4.3.2 好图要大用

将图片拉大或稍微裁剪后，令其占据整页幻灯片，或图片为主、文字为辅，这种全图型的幻灯片页面比起以小图排版的幻灯片页面冲击力更强，视觉效果更震撼，也更能吸引观众的注意力。

图片是整页幻灯片的重点，图片中的细节需要让观众清楚地看到，图片本身精美程度较高，图片本身非常适合大图排版，该幻灯片页面需要达到渲染气氛的目的……在这些情况下，都建议选择全图型排版，如图 4-100 和图 4-101 所示。一般而言，选择全图型排版，图片本身应该非常精美且冲击力要强，否则即便用全图型排版，效果也不一定会好。

◀图 4-100　采用全图型，与文字进行左右排版

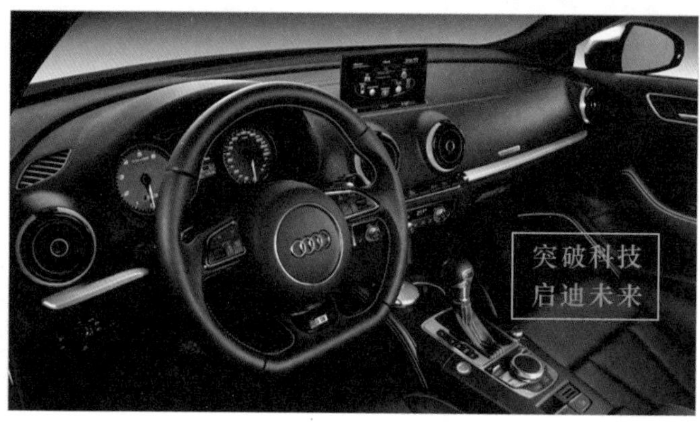

◀图 4-101　该图片需要呈现给观众的细节非常多，适合全图型排版

在全图型排版的幻灯片中，图上的文字如何处理才能既醒目又不破坏整体的和谐，这是非常考验 PPT 设计者排版功力的地方。

巧妙利用图片本身的“留白区域”，在图片上没有内容或没有主要内容的区域排文字，如图 4-102 和图 4-103 所示。

▲图 4-102　在蓝色天空部分排文字

▲图 4-103　文字排在非图片重点的窗外部分

技能拓展 〉 图片上的文字色彩选择

文字直接排在图片上时，为了让文字从图片中凸显出来，文字的颜色不宜与放置文字的图片背景颜色过于接近。用取色器吸取图片上的深色或浅色并应用于文字（图片背景为浅色，则用深色；图片背景为深色，则用浅色），这样既能使文字颜色与放置文字的图片区域颜色形成对比，达到突出文字的目的，也不会因为用了某个过于突出的颜色，而破坏了整个页面色彩体系的协调。

根据图片本身的视觉焦点构图。当使用有人物的图片做全图型幻灯片时，还应根据人物的视线方向进行文字排版，这样能够制造一些趣味性，让画面显得更协调，如图 4-105 所示的效果就比图 4-104 所示的效果要好。

▲ 图 4-104　文字不在人物视线方向上

▲ 图 4-105　文字在视线方向上

图片上不止一个人物且这些人物都在往同一个方向看的情况下，文字应排在所有人（或多数人）视线的焦点上，如图 4-106 所示。

▲ 图 4-106　文字在所有人视线的焦点上

利用形状衬托文字。在文字下方添加形状，使其成为色块，从而将文字衬托出来，这种方式也能增强全图型幻灯片的设计感。

如图 4-107 所示，直接在文本框下方添加整块矩形色块，色块颜色与背景形成差异（如图中的白色），文字颜色既可以取与被遮盖部分相近的颜色（如这里选择的黄色，偏重于色块的色调与画面色调的和谐），也可以取强烈的对比色（如图上屋顶的黑色，偏重于突出文字）。

当幻灯片中仅有几个字时，可以在每个字下面添加色块来突出文字，如图 4-108 所示。

▲ 图 4-107　文字色块与背景形成差异

▲ 图 4-108　为每个文字添加单独的色块

当幻灯片中有大段文字时，可以用更大的色块遮盖图片上重要性稍次的部分，然后将文字排版在色块上，如图 4-109 所示。也可以将大段文字放在半透明色块上，形成左右版式，但左右不一定要等分对称，如图 4-110 所示。

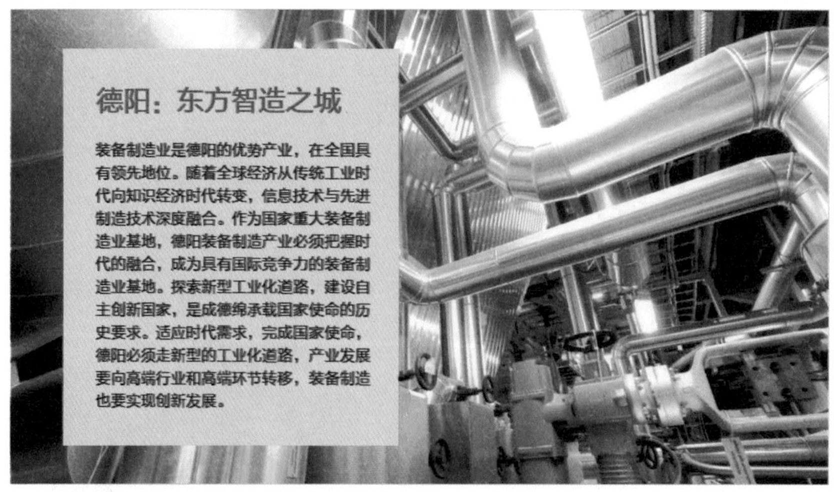

▲ 图 4-109　在色块上添加文字

▲ 图 4-110 在半透明色块上放置文字

另外，还可以添加从透明到不透明的渐变色色块蒙版，在蒙版上对大段文字进行排版，这样就可以遮住图片中不重要的内容，突出图片中最重要的部分，如图 4-111 所示。

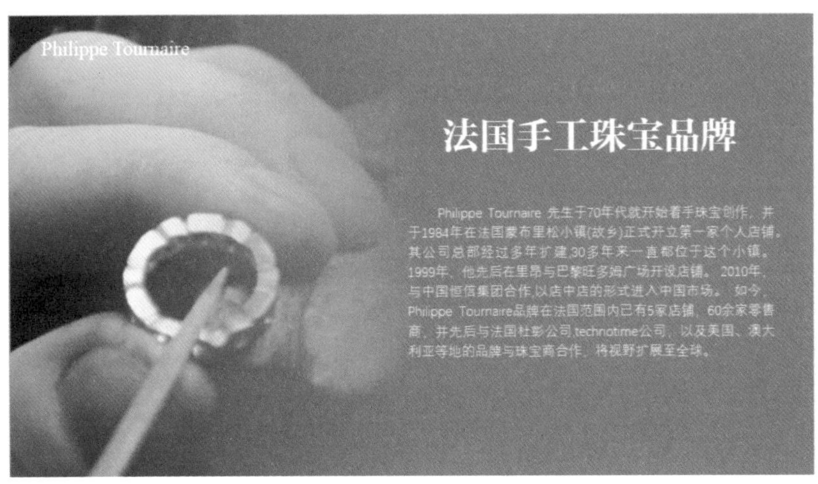

▲ 图 4-111 在渐变色色块蒙版上添加文字

4.3.3 图多不能乱

当一页幻灯片中有多张图片时，最忌图片排版随意、凌乱。通过裁剪、对齐，让这些图片以同样的尺寸整齐地排列，页面会显得干净、清爽，观众看起来会更轻松。

图 4-112 所示为经典九宫格排版方式，所有图片都是同样的大小，也可将其中一些图片替换为色块，做一些改变。

图 4-113 所示的幻灯片中，图片被裁剪为了同样大小的圆形并整齐排列。针对不同内容，也可将其图片裁剪为其他各种形状，如六边形。

▲ 图 4-112　九宫格排版

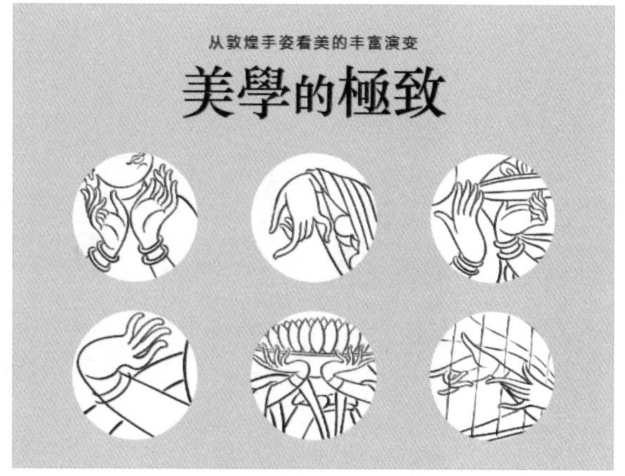

▲ 图 4-113　借助形状排版

技能拓展 > 使用表格布局九宫格图片版式

对于九宫格类型的图片排版方式，我们还可以借助表格，使排版方式更灵活、整齐。首先，在幻灯片中插入一个与当前幻灯片尺寸一样的表格，并通过合并、拆分单元格，调整单元格大小等操作，将单元格数量调整到与待插入的图片数量一致。其次，将图片插入幻灯片中，根据即将被放入图片的单元格的大小，将该图片裁剪成与单元格大小一致（无须完全一致）。最后，将图片逐一复制到剪贴板上，然后以填充剪贴板图案的方式，逐一填充单元格，这样就将图片布局在了表格中。此时我们还可以通过设定表格线条颜色的方式，让图与图之间形成间隙（若无须线条间隔，则将表格线条颜色设置为与背景色相同即可），如图 4-114 所示。

◀ 图 4-114　将图片排版在表格中

有时图片有主次、轻重等方面的不同，可以在确保页面规整的前提下，打破常规、均衡的结构，单独将某些图片放大进行排版。

图 4-115 所示为经典的一大多小结构，大图更能表现三角梅景观的整体效果，小图表现的是三角梅花的细节。

图 4-116 所示为大小不一结构，表现空间较大的用大图，表现空间较小的用小图，看似形散，实则整饬。

▲ 图 4-115 一大多小结构

▲ 图 4-116 大小不一结构

图 4-117 所示为全图加小图结构，将捷豹 C-X17 整体的图片以覆盖整个幻灯片页的全图方式展现，并利用该图的非主要区域排列汽车细节的小图片。

▲ 图 4-117 全图 + 小图结构

某些内容我们还可以巧借形状，将图片排得更有造型。

图 4-118 所示为在电影胶片的形状上排 LOGO 图片，图片多的时候还可以让这些图片沿直线路径移动，以展示所有图片。

图 4-119 所示为图片沿着斜向上的方向呈阶梯形排版，图片大小不一，呈现出更具真实感的透视效果。

▲ 图 4-118　在电影胶片上排版图片

▲ 图 4-119　呈阶梯形排版图片

图 4-120 所示为以圆弧形排版图片。以“相交”的方法将图片裁剪到圆弧上，这种排版方式在正式场合或轻松的场合均可使用。

◀ 图 4-120　以圆弧形排版图片

当一页幻灯片中的图片非常多时，还可以参考照片墙的排版方式，将图片排出更多花样。

图 4-121 所示为心形排版，每一张图可等大，也可大小不一，给人以亲密、温馨的感觉。

图 4-122 所示为文字形排版。有时可将图片排成有象征意义的字母，如这里的 H3，代表汉文 3 班。

▲ 图 4-121　心形排版图片

▲ 图 4-122　文字形排版

4.3.4 一张图当 N 张用

当幻灯片中仅有一张图片时，为了增强页面的表现力，通过多次对图片进行裁剪、重新着色等，也能呈现出多张图片的设计感。

图 4-123 所示为将猫咪图用平行四边形截成各自独立又相互关联的 4 张图，既表现了局部的美，又不失整体的“萌”感。

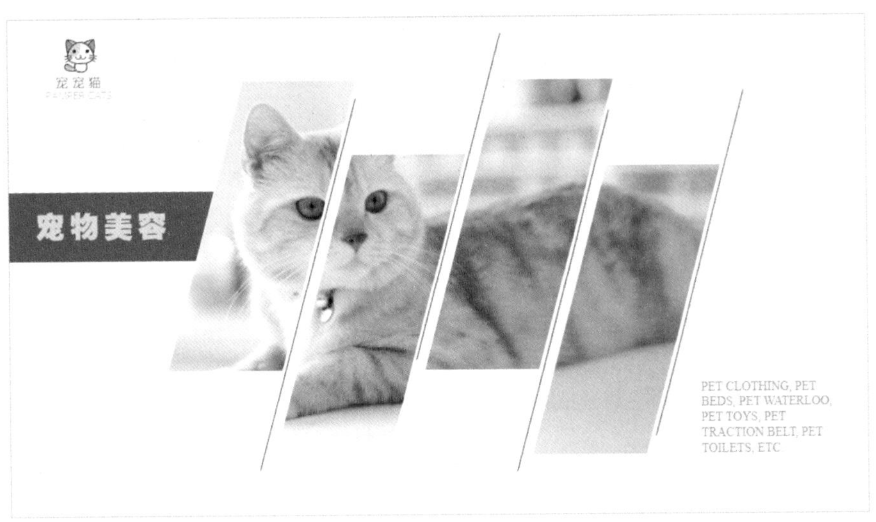

▲ 图 4-123　将图片载入形状中

图 4-124 所示为从一张完整的图片中截取多张并列关系的局部图片并共同排版。

▲ 图 4-124　截取图片不同的部分进行排版

图 4-125 所示为将一张图片复制多份，选择不同的色调分别对图片重新着色后排版。

▶图 4-125　用不同色调的同一张图片排版

4.3.5 利用 SmartArt 排图

如果你不擅长排版，那就用 SmartArt 图形吧。SmartArt 本身预制了各种形状、图片排版方式，你只需要将形状全部或部分替换，填充为图片，即可轻松将图片排出丰富多样的版式，如图 4-126～图 4-129 所示。

▶图 4-126　竖图版式

▶图 4-127　蜂巢形版式

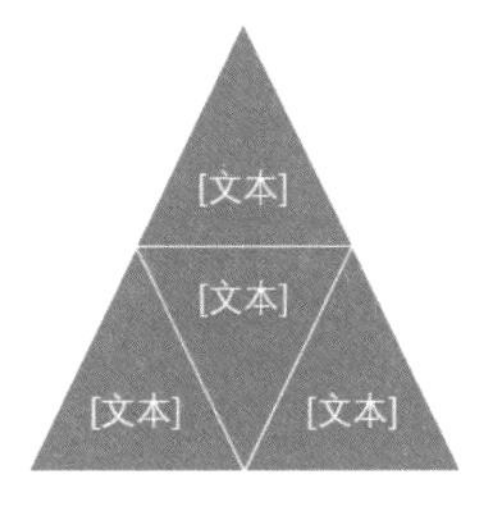

SmartArt图形

插入图片后的效果

▲ 图 4-128 金字塔形版式（填充后对图片进行了重新着色）

SmartArt图形

插入图片后的效果

▲ 图 4-129 瓦片式版式（部分填充图片，部分填充颜色）

神器 3：拼图好工具——CollageIt Pro

对于 PPT 基本功比较扎实的人来说，在 PPT 中将多张图片拼成图片墙难度并不高，只是操作烦琐，比较耗费时间而已。为了提升效率，我们可以直接使用第三方软件来完成这个操作过程。CollageIt Pro 便是一个不错的选择，特别是在拼合大量图片的情况下，操作更是方便。下面讲解一下用 CollageIt Pro 拼图的操作过程。

步骤01 启动软件后，会自动弹出对话框，提示选择一种拼图模板，如图 4-130 所示。

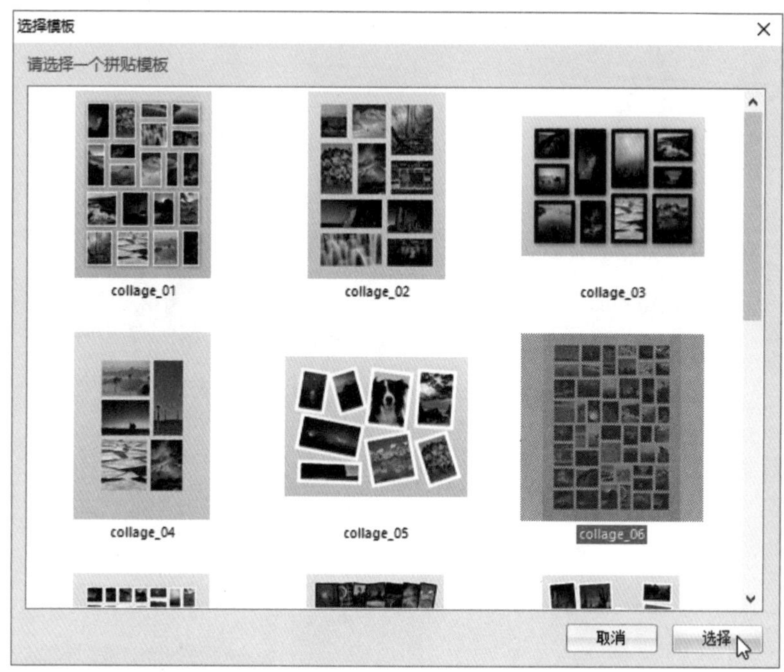

▲ 图 4-130　拼图模板

步骤02 选择模板后，进入软件主界面，将所有图片拖入“照片列表”区。这些照片将自动按选定的模板完成拼合，如图 4-131 所示。我们可以在软件中继续对照片墙的尺寸、背景、照片间隙、照片位置、照片裁剪区域等进行调整、设置。

▲ 图 4-131　图片拼图

步骤03 调整完成后，单击“输出”按钮，即可将照片墙以图片形式保存在硬盘中。此时便可以将保存的图片插入幻灯片中使用了，如图 4-132 所示。

▲ 图 4-132 PPT 效果

神器 4：去水印好工具——Inpaint

找到的图片素材有水印，又不会使用软件修图，此时该怎么办？不用愁，使用 Inpaint 就可以轻松去除水印。Inpaint 是一款强大且使用方便的图片去水印软件，用户只需选中水印区域，软件便会自动计算、擦除，使图片看起来没有水印痕迹。操作步骤如下。

步骤01 安装 Inpaint 软件后，打开有水印的图片，使用移除区功能在水印上画上红色的痕迹，单击“参考区”按钮，软件便会自动选择需要参考的区域，如图 4-133 所示。

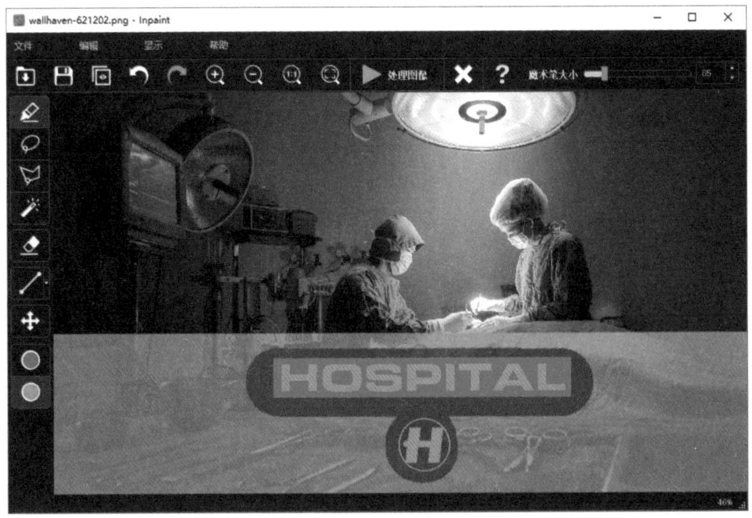

▲ 图 4-133 选择水印和参考区域

步骤02 单击界面上方的“处理图像”按钮，即可完成消除图片水印的操作，效果如图 4-134 所示。

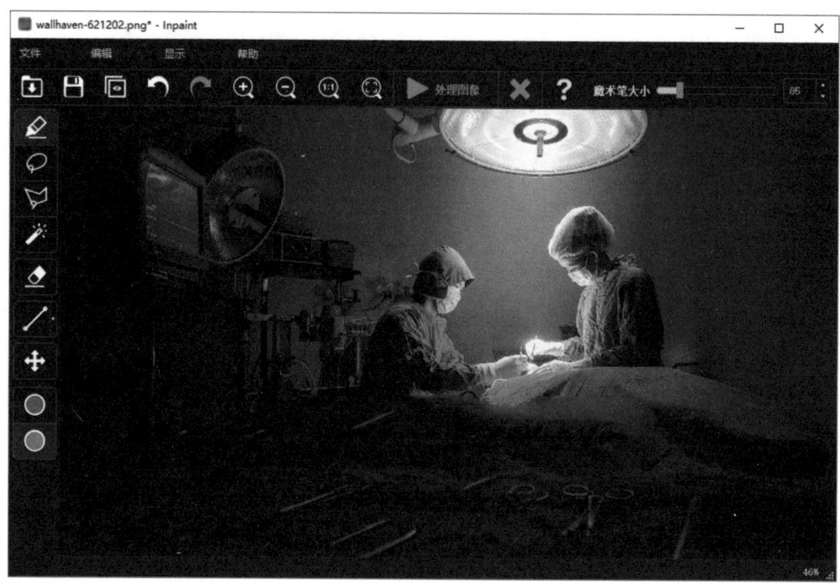

▲ 图 4-134　去除水印的效果

Chapter 05 可视化幻灯片的三大利器

信息可视化，是将信息转化为图形、图像呈现，

让长篇累牍的文字更直观、易读。

制作 PPT 时，对于信息量较大的幻灯片，你是否尝试过可视化处理？

例如，将并列关系的内容转化成表格；将对比数据转化成统计图表；将枯燥的文字叙述转化为形状。

……

可视化幻灯片的三大利器：

形状、表格、图表，

你真的会用吗？

5.1 令人惊叹的形状

形状是幻灯片页面中一种特殊的元素，可修剪、可变形，可绘图、可装饰……其可操作性和实用性都非常大，在幻灯片可视化设计中更是不可或缺。

5.1.1 形状的用法

刚接触PPT时，对形状的认识，很多人可能都停留在作为“一个普通的页面元素”直接使用上，即只是用形状的外形来表达特定的内容。比如，用一个椭圆形来表达地球运行的轨道，用一个对话气泡来呈现某人说的话等，如图5-1和图5-2所示。其实，除了直接用其形，形状还有很多的用法。

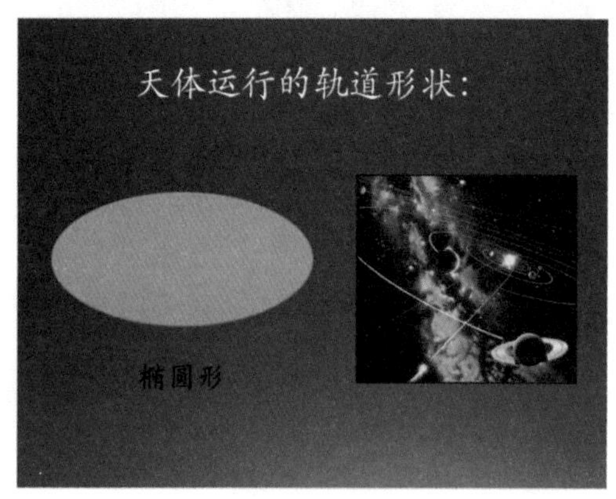

▲ 图5-1 天体运行的轨道形状

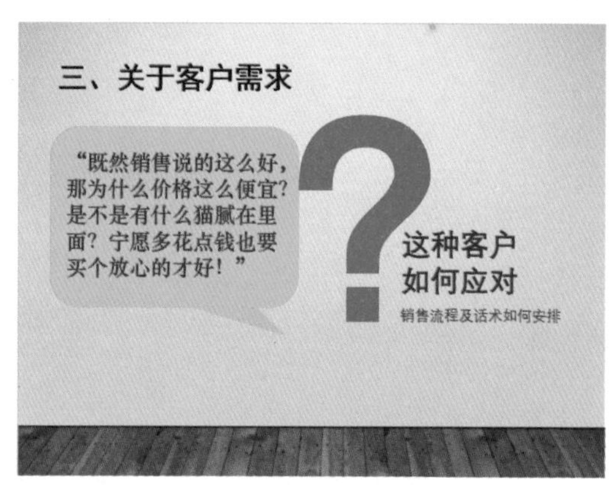

▲ 图5-2 对话气泡

1. 作为色块，衬托文字

将形状作为色块，置于重要文字内容的下层，能够起到衬托的作用，从而突出文字内容。如图5-3所示，添加一个圆形，将“24h”衬托得更加突出。又如图5-4所示，在文字的小标题下层添加对角圆角形，使小标题从大篇的内文中凸显出来。

▲ 图5-3 用圆形衬托文字

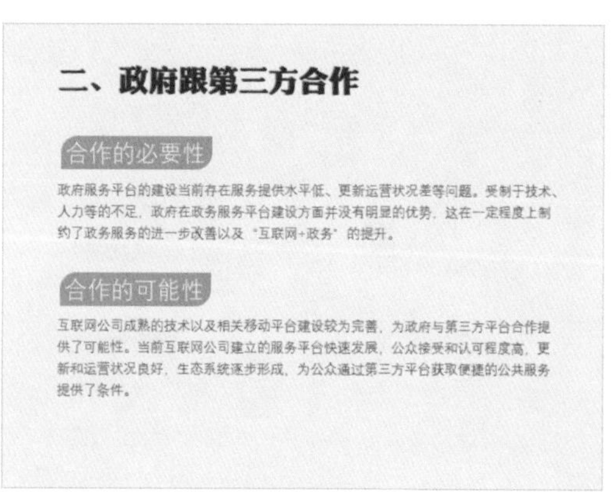

▲ 图5-4 用对角圆角形衬托文字

当文字置于图上时，很可能因为图片本身比较复杂，而影响观众对文字的阅读。此时，可以在文字与图片之间添加一个形状将其作为色块，将文字从图片上衬托出来，如图 5-5 所示。

▶图 5-5 使用色块衬托标题

2. 作为蒙版，弱化背景

在全图型幻灯片中，既不愿让文字内容受图片影响，又不希望图片被形状完全遮挡，此时便可以利用带有一定透明度（在“设置形状格式”窗格中设置）的形状作为图片蒙版（类似 Photoshop 中的图层蒙版）来解决这一问题。如图 5-6 所示，文字直接添加在图片上，由于图片本身比较复杂，阅读有些不便。如图 5-7 所示的幻灯片，在文字与图片之间添加了一个透明度为 5% 的形状，既让文字便于阅读，又没有完全遮挡底层的图片，同时还形成了一种不错的设计感。

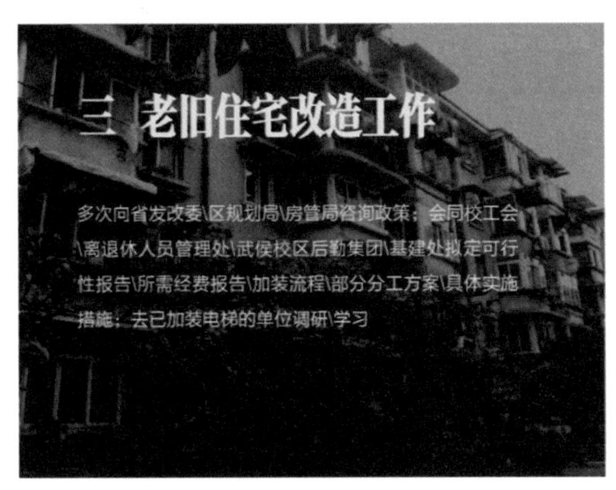

▲ 图 5-6 添加蒙版前的效果

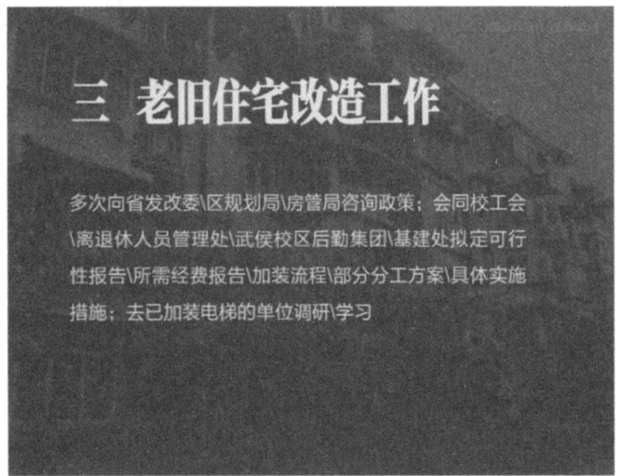

▲ 图 5-7 添加蒙版后的效果

作为蒙版的形状还可以设置为渐变填充。渐变的形状中，部分区域设置较高的透明度，部分区域设置较低的透明度，使形状形成一种半遮半掩的效果。这种形状在各式各样的背景图片上排版，都能实现灵活处理。如图 5-8 所示，图片与文字之间添加了渐变色形状蒙版，该形状蒙版左下角透明度高，用于突出城市；右上角透明度低，用于衬托文字。

▶图 5-8 渐变填充蒙版的效果

同理，我们还可以使用局部镂空的形状（通过“合并形状”→“剪除”命令），使背景图的局部透过形状的镂空部分显示出来，而其他部分则被形状遮盖。这样能够起到弱化干扰、突出图片重点位置的作用，如图 5-9 所示

▶图 5-9 突出重点，弱化背景

3. 作为装饰，辅助设计

为了增强页面的设计感，以合适的形状作为装饰也能取得不错的效果。如图 5-10 所示的幻灯片，纯粹的文字内容显得有些单调枯燥，而图 5-11 所示的幻灯片页面下方添加了两个形状（填充色须符合整个 PPT 的色彩规范），效果立刻就不一样了。

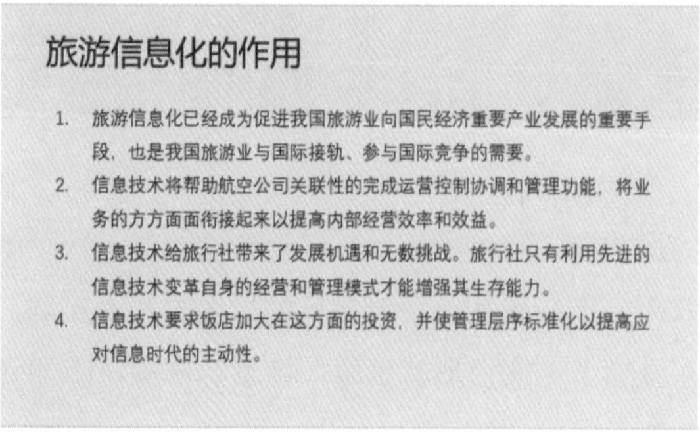

旅游信息化的作用

1. 旅游信息化已经成为促进我国旅游业向国民经济重要产业发展的重要手段，也是我国旅游业与国际接轨、参与国际竞争的需要。
2. 信息技术将帮助航空公司关联性的完成运营控制协调和管理功能，将业务的方方面面衔接起来以提高内部经营效率和效益。
3. 信息技术给旅行社带来了发展机遇和无数挑战。旅行社只有利用先进的信息技术变革自身的经营和管理模式才能增强其生存能力。
4. 信息技术要求饭店加大在这方面的投资，并使管理层序标准化以提高应对信息时代的主动性。

▲图 5-10 纯文字的效果

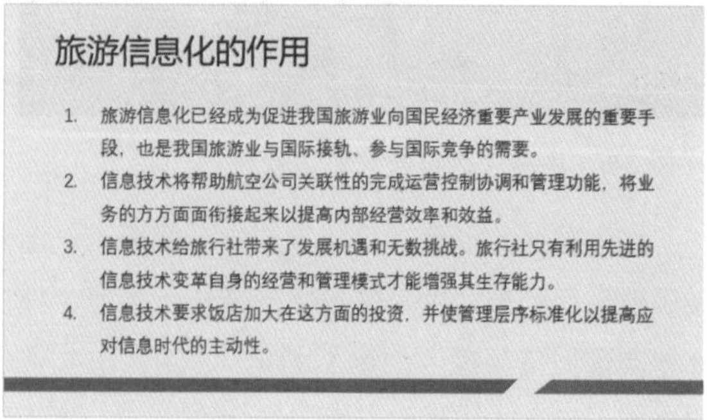

旅游信息化的作用

1. 旅游信息化已经成为促进我国旅游业向国民经济重要产业发展的重要手段，也是我国旅游业与国际接轨、参与国际竞争的需要。
2. 信息技术将帮助航空公司关联性的完成运营控制协调和管理功能，将业务的方方面面衔接起来以提高内部经营效率和效益。
3. 信息技术给旅行社带来了发展机遇和无数挑战。旅行社只有利用先进的信息技术变革自身的经营和管理模式才能增强其生存能力。
4. 信息技术要求饭店加大在这方面的投资，并使管理层序标准化以提高应对信息时代的主动性。

▲图 5-11 添加形状装饰后的效果

在页面下方添加长条矩形是简单、常见的一种做法。当然，也可以添加其他形状，如图 5-13 所示，页面中添加了一个特殊的梯形，明显比图 5-12 所示的页面更有设计感。

▲ 图 5-12　添加梯形前的效果

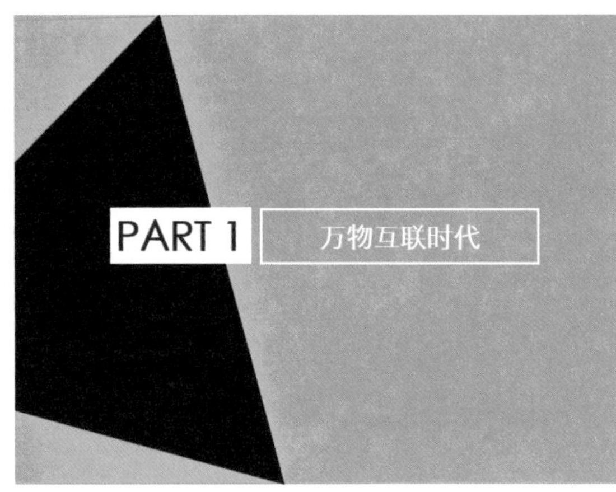

▲ 图 5-13　添加梯形后的效果

当同一页面中有多张图片、多个图标时，可以通过添加统一的形状来辅助排版。如图 5-14 所示，各个合作伙伴的 LOGO 造型各异，虽然有意排成九宫格，但依然达不到整洁的视觉效果。而图 5-15 所示的页面中，将每个 LOGO 分别置于一个圆角矩形中，通过矩形实现了 LOGO 的整齐化。

▲ 图 5-14　添加圆角矩形前的效果

▲ 图 5-15　添加圆角矩形后的效果

4. 作为素材，矢量鼠绘

在 PPT 中，形状是矢量的图形，通过设置边框、自定义色彩等可为其添加效果。右击后在快捷键菜单中选择“另存为”命令，可将形状导为 JPG/PNG 等常见格式的图片，也可导为不受尺寸变化影响的 WMF/EMF 矢量格式的图片。因此，只要能灵活运用各种形状，使用 PPT 也能绘出令人惊叹的矢量格式的电子绘画作品，甚至是印刷作品。图 5-16 所示为锐普 PPT 网友绘制的卡通机器猫；图 5-17 所示为 PPT 达人“不说话的溜溜球”耗时两天鼠绘的“言叶之庭”，其中有不下 3000 个形状。

▶图 5-16　卡通机器猫

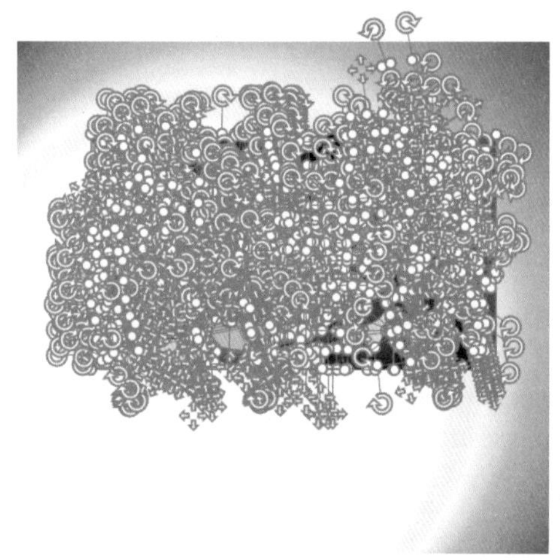

▲图 5-17　言叶之庭

5. 作为工具，裁剪转化

在介绍字体的章节中，我们提到过借助“剪除”命令将字体转换为形状，在介绍图片的章节中，又提到利用形状灵活裁剪图片。在这两种用法中，形状作为一种工具，作用也不容小觑。

5.1.2 不做这两件事，不算懂形状

知道如何插入形状，知道按住【Shift】键可以插入等比例的形状，知道如何设置形状填充色、轮廓色……你就认为对形状已经很了解了，实际上还远远不够。唯有极致，方能成就高手。掌握形状，叩开成为高手的大门，需先做好下面这两件事。

1. 记住所有的形状快捷键

使用快捷键来操作，能够加快绘制、编辑形状的速度，也能给你带来使用形状的乐趣。在 PPT 所有的快捷键中，关于形状的快捷键有很多，如表 5-1 所示。

表 5-1　与形状相关的快捷键

快速打开形状选取面板	Alt → H → S → H
快速打开形状填充色选择面板	Alt → J → D → S → F
快速打开形状轮廓色选择面板	Alt → J → D → S → O
快速打开设置形状格式窗格	Alt → H → O
快速复制一个相同形状	Ctrl+D
快速调节窗口比例，放大 / 缩小查看形状细节	Ctrl+ 滚轮
快速组合形状	Ctrl+G
按 15° 一次，顺 / 逆时针旋转形状	Alt+ → / ←
进入形状内文字的编辑状态	F2
复制形状的属性 / 将复制的属性粘贴至选中的形状	Shift+Ctrl+C/V

2. 把每一个形状都画一遍

掌握形状的用法不能停留在常用的几个形状上，应对软件预制的所有形状都一清二楚。尝试把 PPT 软件自带的 173 个形状都画一遍，查看在分别设置填充色和轮廓色后各个形状的效果。调整形状的变形控制点（黄色），观察其发生的变化……做到心中一清二楚，使用时才能得心应手。

这里整理了一些新手容易忽略的点。

插入横、竖文本框不一定非得在“插入”选项卡下完成，还可以直接在“基本形状”中选择绘制，如图 5-18 所示。

气泡形可通过泪滴形变形得到，如图 5-19 所示。

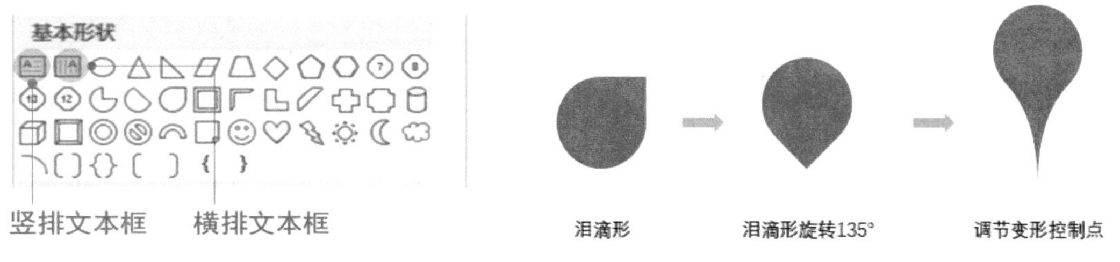

▲ 图 5-18　在“基本形状”中的文本框　　▲ 图 5-19　泪滴形变形成气泡形

笑脸图形可以通过变形控制点调成苦瓜脸，如图 5-20 所示。

弧形线条填充之后可以变成扇形，通过调整变形控制点还可进一步将其调整成各种度数的饼形，如图 5-21 所示。

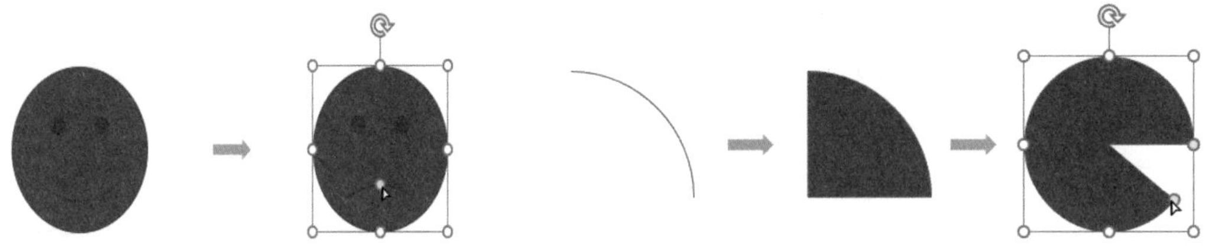

▲ 图 5-20　笑脸图形变成了苦瓜脸　　▲ 图 5-21　弧形线条的变化

绘制任意多边形时，按住【Shift】键可以绘制规则线段（角度为 45° 的倍数，如水平、垂直、45° 倾斜线段）；按住鼠标右键进行拖动，可以绘制自由曲线轮廓的形状，如图 5-22 所示。

插入形状时，在要绘制的形状上右击，选择“锁定绘图模式”命令，如图 5-23 所示，即可进入绘图模式状态（鼠标指针变为十字形时可以连续插入多个选定的形状）。待绘图完成后，按【Esc】键，即可退出绘图模式。

▲ 图 5-22　绘制自由曲线轮廓的形状

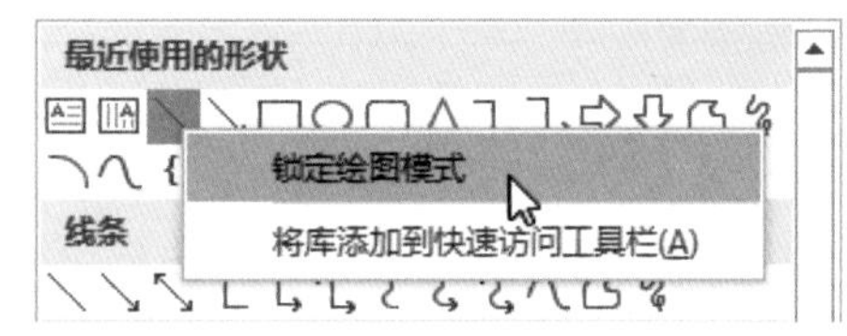

▲ 图 5-23　锁定绘图模式

5.1.3 创造预制形状之外的形状

PPT 预制的形状里没有你要的形状时怎么办？本书第 1 章介绍的合并形状命令（旧版中称之为“形状的布尔运算”）也许能解决你的问题。软件预制的形状有限，但想象力无限。通过一次或多次合并形状操作，利用现有的软件预制形状就能创造出你想要的形状。

一次合并形状操作不局限于两个形状，也可以是三个、多个形状。按住【Shift】键依次选择形状，然后选择相应的合并形状工具，即可对所选形状执行合并操作。

1. 联合

联合即将先选择的形状与随后选择的形状合并在一起，成为一个形状（非一个临时性的“组合”）。形状无相交部分时，联合前与联合后无太大变化，只是设置填充色、轮廓色时，两个或多个形状可以一次性设置，如图 5-24 所示。

▲ 图 5-24　形状联合

2. 组合

此处所说的组合与选中形状后按【Ctrl+G】组合键所形成的临时性组合意义不同，这里是将两个形状合并在一起，使其成为一个形状。与“联合”不同的是，有相交部分的两个形状组合后将剪除两个形状的相交部分，无相交部分的两个形状组合后与联合相同，如图 5-25 所示。

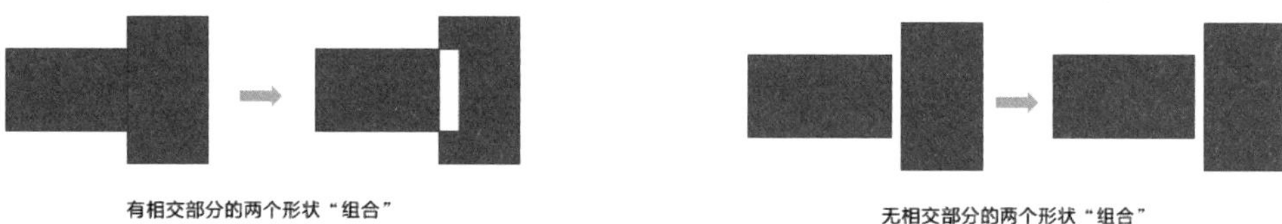

▲ 图 5-25 形状组合

技能拓展 〉 文字、图片也能使用“合并形状”

在 PPT 中，不仅仅是形状可以执行合并形状操作，文字、图片也能使用合并形状操作。文字与文字、文字与图片、文字与形状、图片与图片、图片与形状都可以执行合并形状操作，只是执行合并形状操作之后的结果不一定与形状执行合并形状之后的结果相同。文字执行任何一种合并形状操作之后都将转化为形状。

3. 拆分

将有重叠部分的两个形状分解成 A、B 两个形状重叠的部分。A 形状剪除重叠部分之后的部分，B 形状剪除重叠之后的部分，如图 5-26 所示。无相交部分的两形状不存在“拆分”操作。

4. 相交

将有重叠部分的两个形状的非相交部分去除，如图 5-27 所示。无相交部分的两个形状不存在“相交”操作。

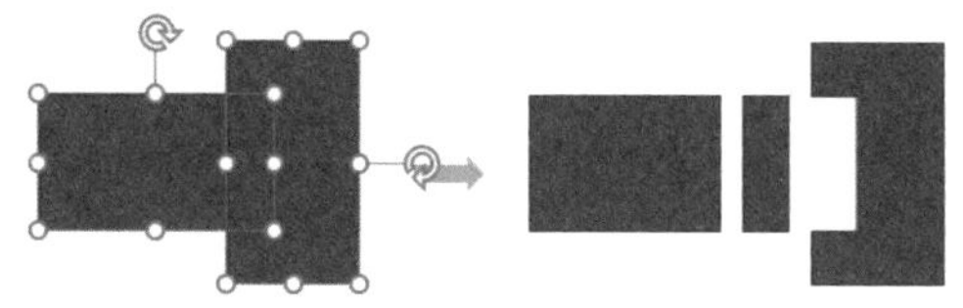

▲ 图 5-26 有相交部分的两个形状“拆分”

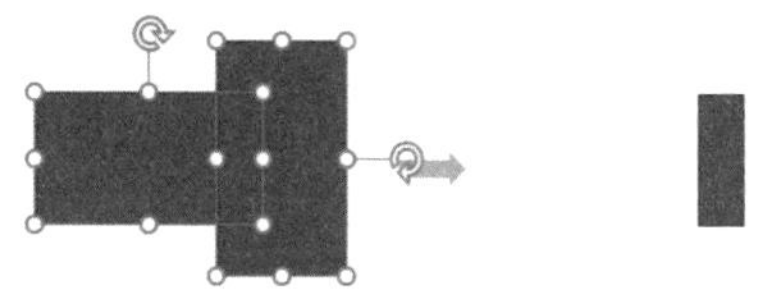

▲ 图 5-27 有相交部分的两个形状“拆分”

5. 剪除

“剪除”即用后选择的形状去“剪”其与先选择的形状相交的部分，操作时须注意选择形状的顺序，选择的顺序不同，得到的结果可能就不同。有相交部分的两个或多个形状执行“剪除”操作后，去除形状的重叠部分以及后选择的形状自身，无相交部分的两个或多个形状执行“剪除”操作后，将保留首先选择的形状，去除所有后选择的形状，如图 5-28 所示。

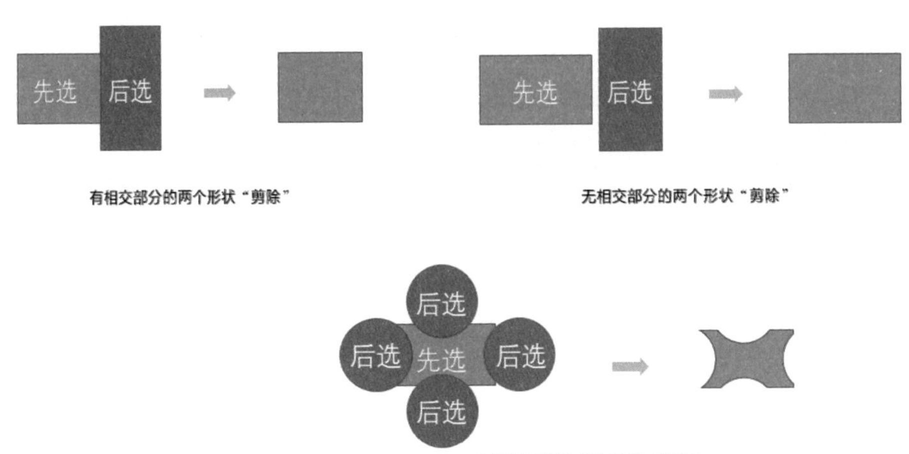

▲图 5-28　形状剪除

6. 使用“合并形状”创造安卓机器人形状

步骤01 添加一根“弧形”线条并按前述方法设置填充色，调节其变形控制点使之成为一个半圆形。在半圆形上添加一个小圆形，并再复制一个，然后将它们调整至合适位置。选择半圆形，再选择两个小圆形，接着执行“剪除”操作，安卓机器人的头部和眼球就基本画出来了，如图 5-29 所示。

步骤02 添加一个圆角矩形，向右旋转 90°，并通过变形控制点将圆角矩形调节为圆边长条。复制 3 根稍大些和 2 根稍小些的圆边长条作为安卓机器人的手脚和天线，如图 5-30 所示。

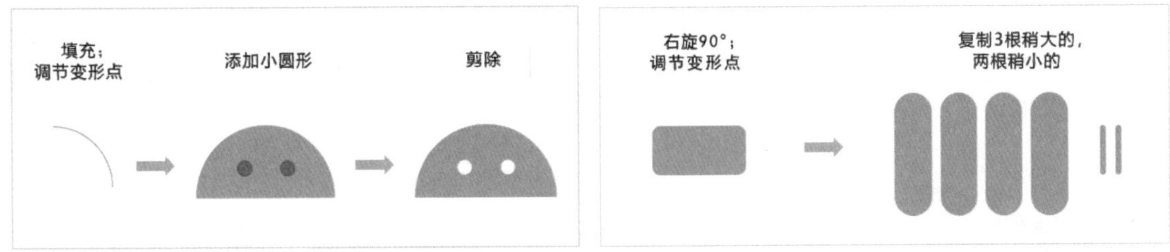

▲ 图 5-29　剪除形状　　▲ 图 5-30　绘制手脚和天线

步骤03 添加一个稍方的圆角矩形，再添加一个矩形遮盖住圆角矩形的上半部分位置。选择圆角矩形，再选择矩形，接着执行“剪除”操作，这样就得到了安卓机器人的身体，如图 5-31 所示。

步骤04 将两根稍小的圆边长条分别按顺、逆时针旋转 30°，然后将其调整至安卓机器人头部形状的合适位置，接着执行“联合”操作。这样，一个带天线的安卓机器人头部就做好了，如图 5-32 所示。

▲ 图 5-31 绘制身体　　▲ 图 5-32 调整天线

步骤05 将 4 根圆边长条调整至安卓机器人身体的合适位置，充当机器人的手和脚，接着执行“联合”操作。这样，一个带手脚的安卓机器人身体就做好了，如图 5-33 所示。

步骤06 将做好的安卓机器人的头部和身体调整在一起，执行“联合”操作，一个完整的安卓机器人形状就做好了，如图 5-34 所示。

▲ 图 5-33 调整手和脚　　▲ 图 5-34 组合机器人

在绘制安卓机器人的过程中，只用到了弧形线条、圆形、圆角矩形和矩形四种形状，以及“合并形状”中的“剪除”“联合”两种操作。其实很多复杂的形状也可以像绘制这个安卓机器人形状一样，通过一些简单的预制形状合并出来，并没有想象的那么难！

5.1.4 深度“变形”，先辨清三大概念

在新版的 PPT 软件中，除了调节形状上的变形控制点来使某个形状发生特定的形变外，还可以通过“编辑顶点”使形状产生更为精细的形变。不过，要学会使用稍微复杂一些的“编辑顶点”功能，首先必须辨清有关“编辑顶点”的三大概念。

1. 三种类型的顶点

在形状上右击鼠标，选择“编辑顶点”命令即可进入顶点编辑状态。进入该状态后，单击任意一个控制点（小黑点）都会出现两个控制杆，调整控制杆末端的白色方块（我们称之为“句柄”），可以使形状的形态发生相应的弯曲变化。PPT 中有三种类型的顶点，右击小黑点，快捷菜单中勾选的类型便是当前顶点的类型。如图 5-35 所示，菜单中

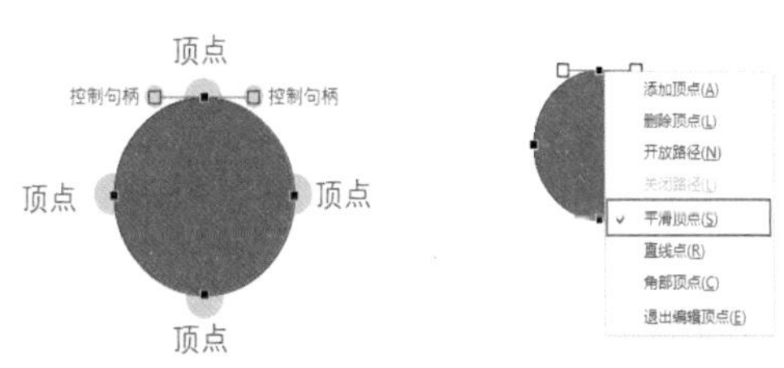

▲图 5-35 确定顶点类型

勾选“平滑顶点”，说明这一顶点为平滑顶点。

形状顶点共有三类：角部顶点、平滑顶点、直线点，三类顶点可自行设置、互相转换。不同类型的顶点在调整时会发生不同方式的改变。了解三种顶点各自的特征，可以让我们在编辑顶点时更好地操作。

角部顶点：调整一个控制句柄时，另一个控制杆不会发生改变的一种顶点。在 PPT 软件预制的形状中，有的图形默认只有一个角部顶点，如圆形；有的默认有多个角部顶点，如三角形有三个角部顶点，如图 5-36 所示。

平滑顶点：调整一个控制句柄时，另一个控制句柄位移的方向及其控制杆的长度与当前调整的控制句柄及控制杆同时发生对称变化，如图 5-37 所示。因此，如果我们需要让两个句柄同时发生改变，则可以先右击，然后在快捷菜单中将当前顶点设置为平滑顶点。

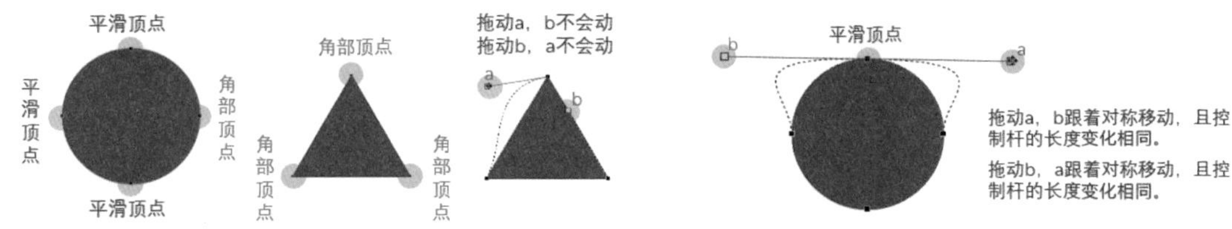

▲ 图 5-36　角部顶点

▲ 图 5-37　平滑顶点

直线点：调整一个控制句柄时，另一个控制句柄位移的方向与该控制句柄发生对称改变，而控制杆的长度不发生改变。例如，环形箭头上方的一个顶点默认便是直线点（非等比例绘制情况下），如图 5-38 所示。

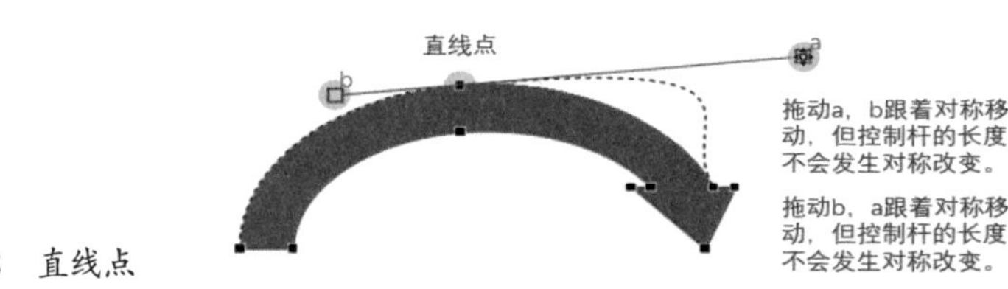

▶图 5-38　直线点

技能拓展 〉　【Ctrl】【Shift】【Alt】键在编辑顶点状态下的作用

【Ctrl】键：按住【Ctrl】键不放，在顶点上单击，可快速删除该顶点，在线段上单击可快速添加一个顶点。在角部顶点、平滑顶点上按住【Ctrl】键调整某个控制句柄，可将该顶点转化为直线点并使之发生与直顶点一样的变化。

【Shift】键：在角部顶点、直线点上按住【Shift】键调整某个控制句柄，可将该顶点转化为平滑顶点，并使之发生与平滑顶点一样的变化。

【Alt】键：在平滑顶点、直线点上按住【Alt】键调整某个控制句柄，可将该顶点转化为角部顶点，并使之发生与角部顶点一样的变化。

总而言之，三个键恰好可以让形状的顶点在直线点、平滑顶点、角部顶点三种顶点类型之间转换，而【Ctrl】键还多了一个快速添加、删除顶点的作用。

2. 抻直弓形与曲线段

抻直弓形：当线段为曲线段时，在该线段上右击，在快捷菜单中选择“抻直弓形”命令，可快速将该曲线段变成直线段，如图 5-39 所示。

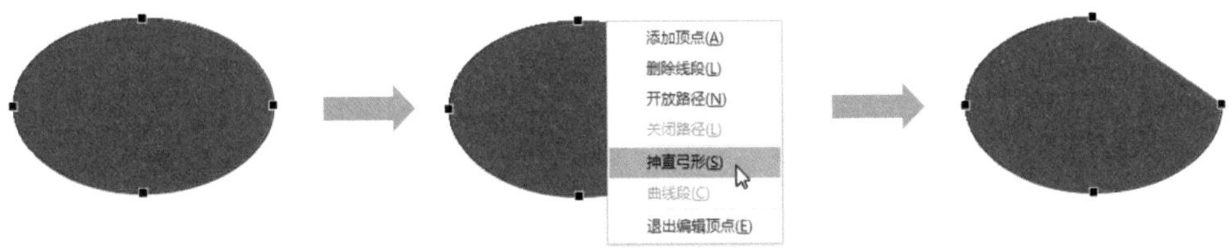

▲ 图 5-39 抻直弓形

曲线段：与抻直弓形相反，在线段为直线段的状态下，选择“曲线段”命令可快速将该直线段变成曲线段，如图 5-40 所示。

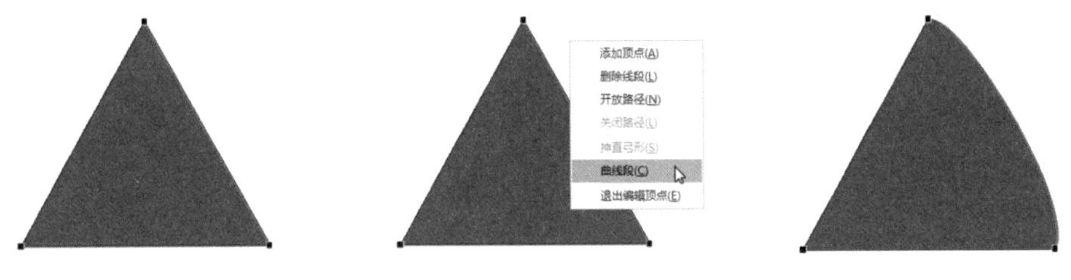

▲ 图 5-40 曲线段

3. 关闭路径与开放路径

闭合路径：形状的轮廓线条形成封闭状态，填充色填充在其封闭空间中，如图 5-41 所示。

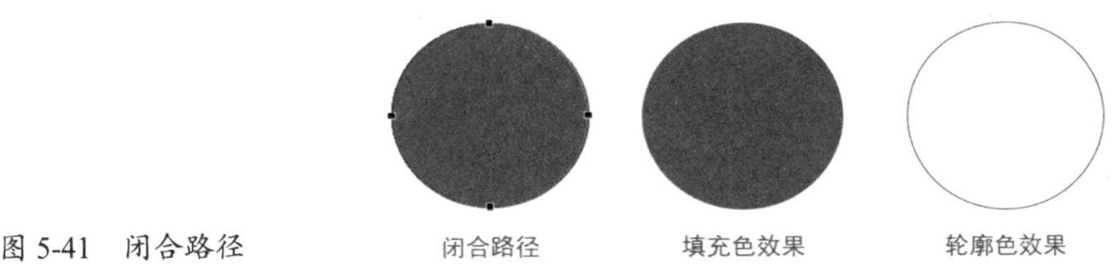

▶ 图 5-41 闭合路径

开放路径：形状的轮廓线条处于首尾不相接、形状不封闭的状态，如默认的弧线、曲线等。开放路径下，填充色填充在开放路径首尾两个顶点连接起来的封闭空间中，如图 5-42 所示。

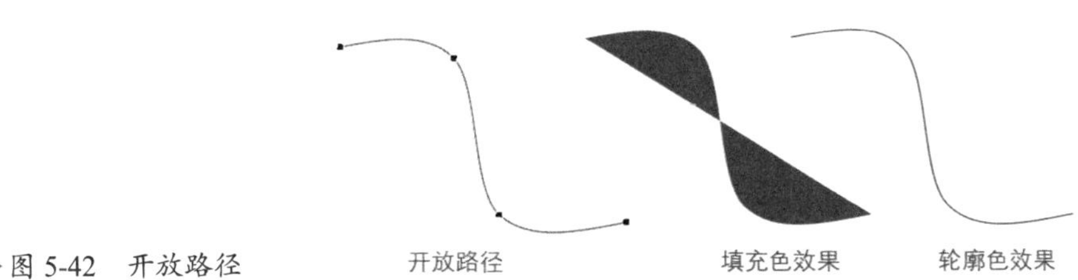

▶ 图 5-42 开放路径

若要将默认为关闭路径的形状转换为开放路径的形状，只需在路径中要开放位置的顶点上右击，然后选择“开放路径”命令即可，如图 5-43 所示。而若要将默认为开放路径的形状转换为闭合路径的形状，则在路径上的任意位置右击，在快捷菜单中选择“关闭路径”命令，即可将两个开放顶点自动以直线连接起来，形成闭合路径，如图 5-44 所示。

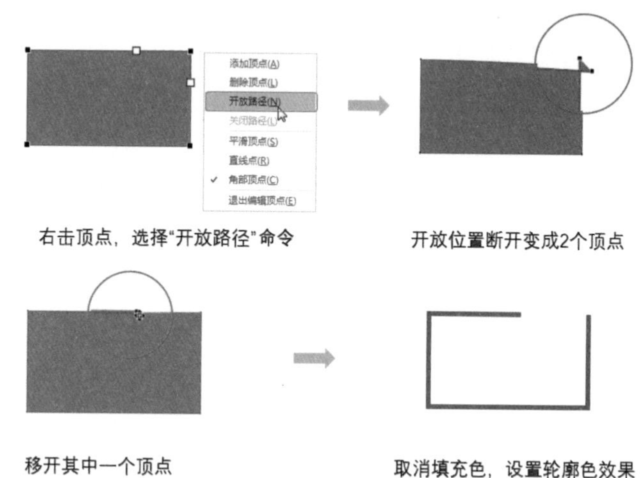

▶图 5-43　关闭路径转换为开放路径

开放路径不能进行形状剪除、联合、组合等操作。必须将形状转化为闭合路径才能进行相关操作。

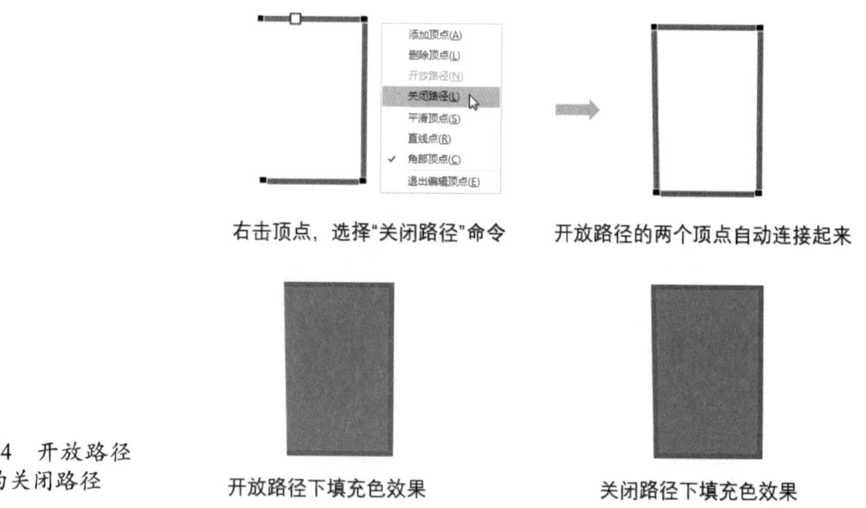

▶图 5-44　开放路径转换为关闭路径

4. 编辑顶点绘制苹果图标形状

步骤 01 在幻灯片正中间插入一个圆形（画椭圆时按住【Shift】键），大小随意（本例中添加的圆形直径为 7cm），右击圆形，选择“编辑顶点”命令进入形状顶点编辑状态，如图 5-45 所示。

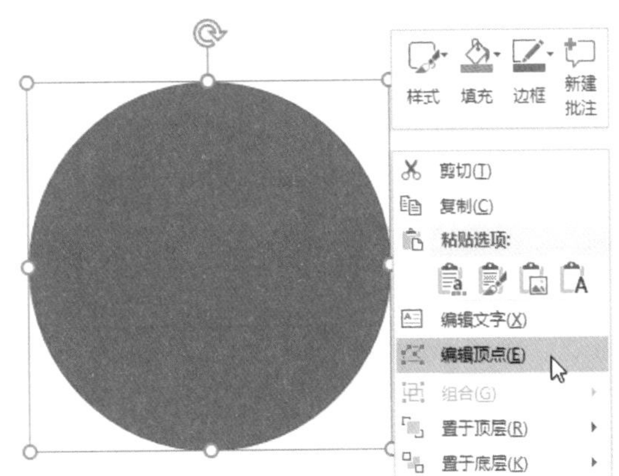

▶图 5-45 进入顶点编辑状态

步骤02 为画图方便，按【Alt+F9】组合键开启页面参考线，并按住【Ctrl】键（将鼠标指针置于中心参考线上，按住【Ctrl】键同时拖动鼠标即可新建一条参考线）添加如图 5-46 所示的一些参考线（除原本的中心参考线外，横向添加 4 条，其中 2 条刚好穿过圆形的上、下两个顶点，另外 2 条与这 2 条稍微间隔一定距离，上面 2 条参考线的间距与下面 2 条参考线的间距必须一致。再添加纵向的 2 条参考线，与纵向的中心参考线间隔相同的距离即可，本例中参考线值为 1.8）。

步骤03 在圆形的路径与新增的 2 条纵向参考线交接的位置添加 4 个顶点（按住【Ctrl】键单击路径即可），如图 5-47 所示。

步骤04 将刚添加的 4 个顶点分别拖动到最上面和最下面一条横向参考线与新增的 2 条纵向参考线相交的位置，如图 5-48 所示。

步骤05 删除当前路径两边上的两个顶点（右击或按住【Ctrl】键单击），如图 5-49 所示。

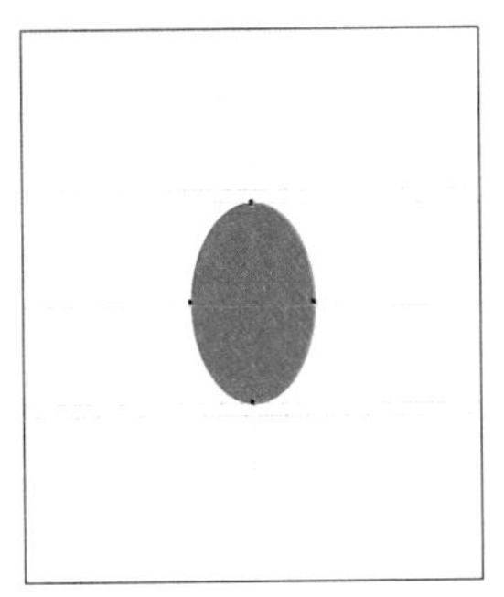

▲图 5-46 增加参考线

▲图 5-47 添加顶点

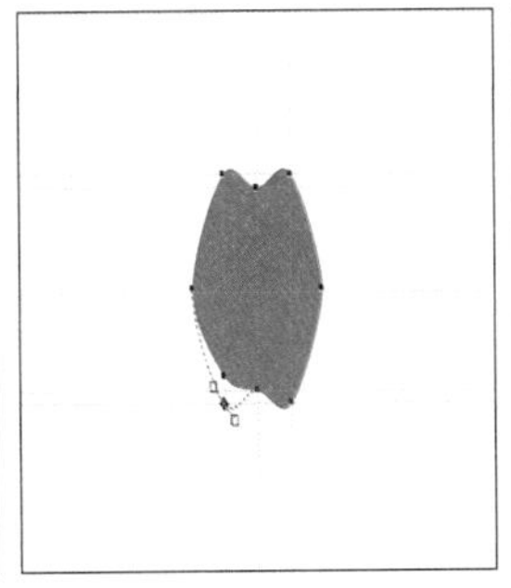

▲图 5-48 拖动顶点

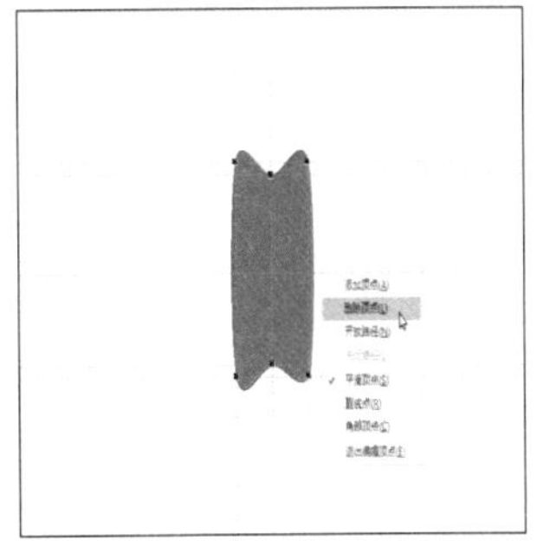

▲图 5-49 删除顶点

步骤06 检查或设置当前路径的 6 个顶点，确保纵向中心参考线穿过的两个顶点为平滑顶点，另外 2 条纵向参考线穿过的顶点为角部顶点，进而利用顶点的特征，调节控制句柄，使形状变为如图 5-50 所示的圆滑路径。

步骤07 添加一个稍小的圆形（本例中添加的直径为 4.7cm 的圆形）并将其放置在如图 5-51 所示的

位置上（参照苹果公司标志）。选择变形后的图形，再选择小圆形，然后执行“剪除”操作。

步骤08 经过上述操作，苹果标志的主体部分也就做好了，如图 5-52 所示。

步骤09 添加一个任意大小的正方形，然后进入顶点编辑状态（见图 5-53），将左上角和右下角的顶点删除。

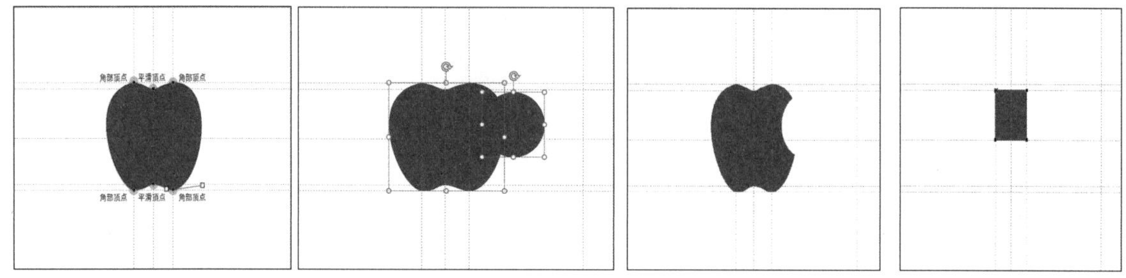

▲ 图 5-50 调整顶点类型 ▲ 图 5-51 绘制小圆 ▲ 图 5-52 形状剪除后的效果 ▲ 图 5-53 正方形

步骤10 调节剩下两个顶点的控制句柄，参照苹果标志上部分的形态，使形状发生形变，如图 5-54 所示。

步骤11 参照苹果标志，将刚做好的苹果标志的上半部分与之前做好的主体部分放在一起，并将大小、位置调整合适。选中两个形状，执行“联合”操作，将两个部分结合成一体，如图 5-55 所示。

步骤12 苹果标志做好后，我们可以更换形状的填充色、轮廓色等，如图 5-56 所示。

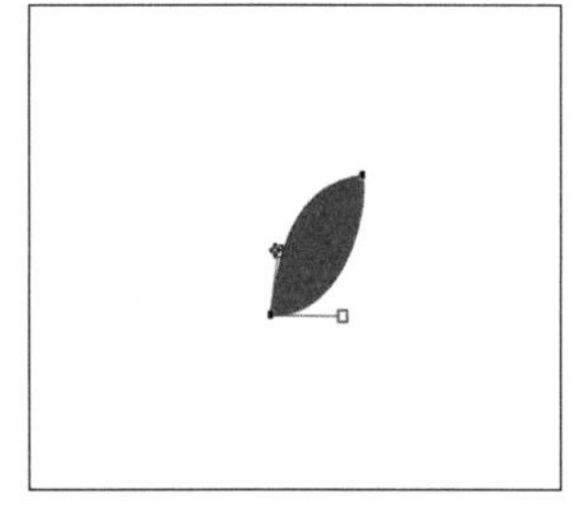

▲ 图 5-54 编辑顶点

▲ 图 5-55 联合形状

▲ 图 5-56 填充形状

在整个绘制过程中，最为关键的是控制句柄的调节。这里在添加顶点时，用到了参考线，调节控制句柄时同样可以结合参考线来使顶点的左、右或上、下两个句柄的位移更准确。

如想把两个控制句柄移动到相同、相对、垂直、45°、135°等特殊位置，结合参考线来调节会方便很多。新手在学习编辑顶点时，可以采用临摹（即照着现成的一些图形绘制形状）的方法，慢慢体会两个控制句柄在不同位置时形状发生的形变，逐步积累才能实现自我创造形状。

5.1.5 填充让形状变得更有趣

纯色填充是形状最基本的填充方式，但很多时候，纯色填充效果并不能让我们满意，这时可考虑渐变填充和图片填充，让形状变得更与众不同。虽然还可以使用 PPT 中提供的纹理样式填充形状，但一般不常用，因为纹理效果并不是特别好。

1. 渐变填充

渐变填充是使用最多的形状填充方式之一，它可以让形状的颜色更加丰富，也可以让形状更加立体。在渐变填充中，影响形状渐变填充效果最主要的因素包括渐变类型、渐变角度和渐变光圈。

渐变类型：包括线性渐变、射线渐变、矩形渐变和路径渐变 4 种，如图 5-57 所示。

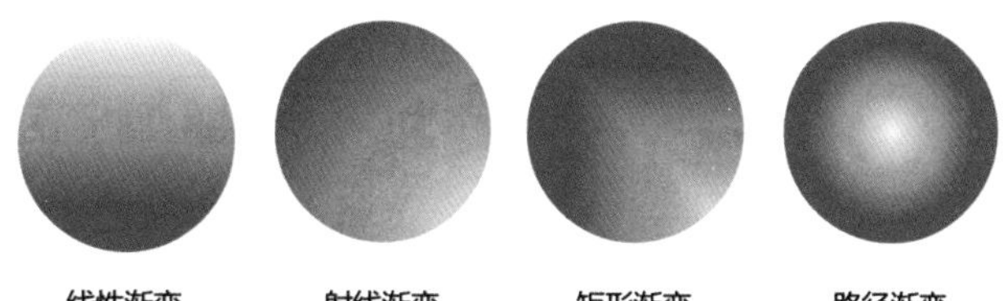

▶图 5-57　渐变类型

渐变角度：即渐变的方向，图 5-58 所示为在线性渐变下，不同渐变角度所产生的渐变效果。在 PPT 中，对形状进行渐变填充时，渐变角度只能设置为 0°~359.9°。

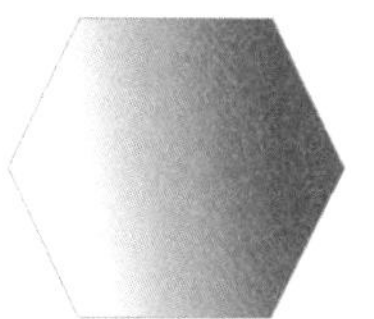

▶图 5-58　渐变角度

渐变光圈：渐变光圈控制着渐变效果的颜色、位置、透明度和亮度等。图 5-59 所示为在相同渐变类型、相同渐变角度、不同渐变光圈下，渐变填充太阳形状的效果。

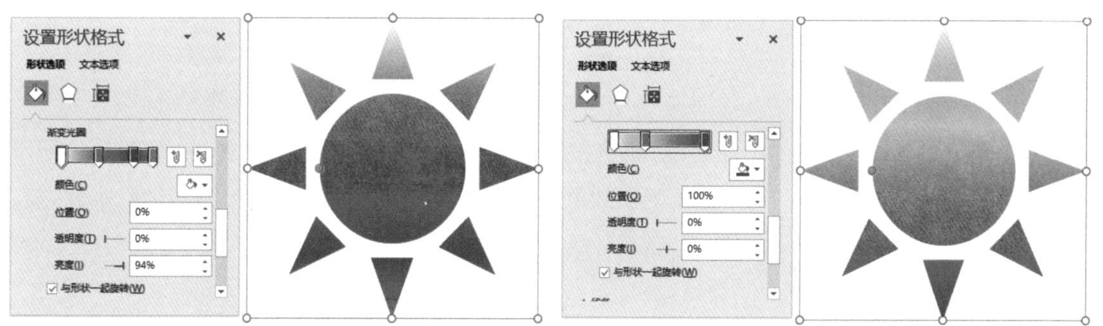

▲图 5-59　渐变光圈

使用渐变填充方式制作一个具有立体效果的按钮，具体操作步骤如下。

步骤 01 按住【Shift】键绘制一个直径为 9.53cm 的正圆，右击鼠标，在弹出的快捷菜单中选择“设置形状格式”命令，打开“设置形状格式”窗格，在“填充与线条”界面中的“填充”选项组中选中“渐变填充”单选按钮，然后将渐变类型设置为“线性”，渐变角度设置为“90°”，如图 5-60 所示。

步骤02 在“渐变光圈”中保留两个光圈，删除多余的光圈，对保留的两个光圈的位置、透明度和亮度等分别进行设置，在“线条”选项组中选中“无线条”单选按钮，取消正圆的轮廓，如图 5-61 所示。

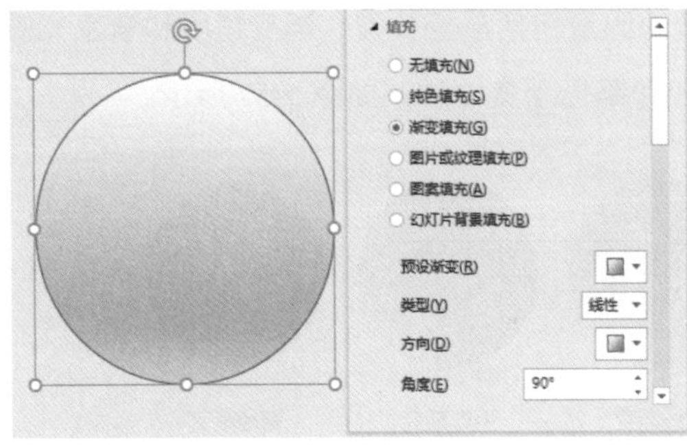

▲图 5-60 设置渐变填充

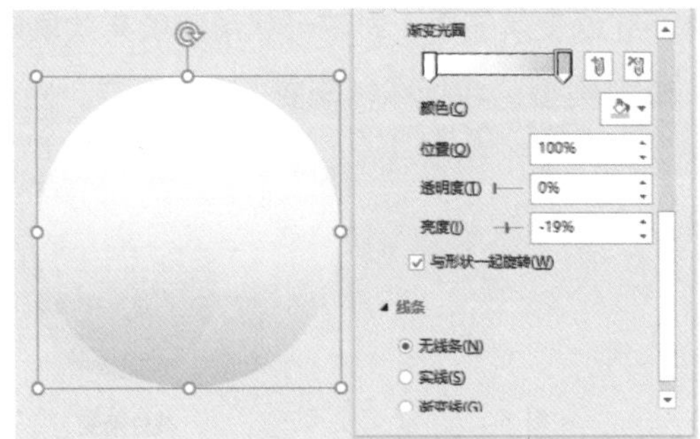

▲图 5-61 设置渐变光圈和轮廓

步骤03 切换到“效果”界面，对阴影效果的颜色、透明度、大小、模糊度、角度和距离进行设置，如图 5-62 所示。

步骤04 在正圆上绘制一个小正圆，并在“设置形状格式”窗格中对渐变填充效果进行设置，如图 5-63 所示。

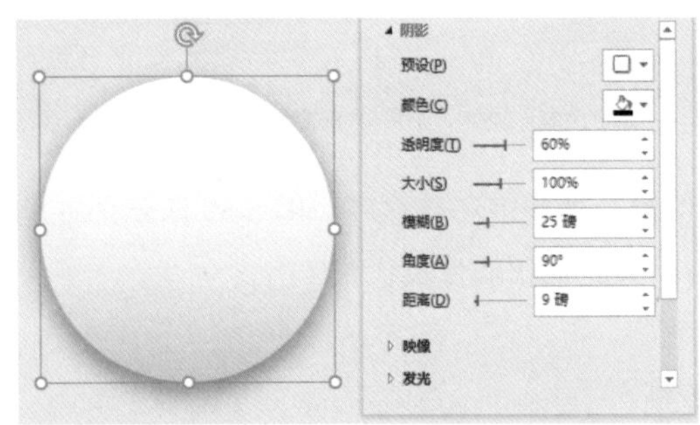

▲图 5-62 设置正圆的阴影效果

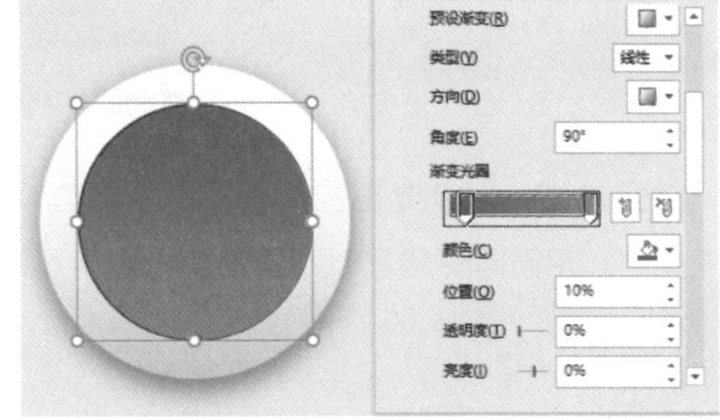

▲图 5-63 设置渐变填充效果

步骤05 在“线条”选项组中选中“渐变线”单选按钮，然后设置形状轮廓的渐变效果，如图 5-64 所示。

步骤06 切换到“效果”界面，对小正圆阴影效果的颜色、透明度、模糊度、角度和距离进行设置，如图 5-65 所示。至此，立体按钮的制作完成。

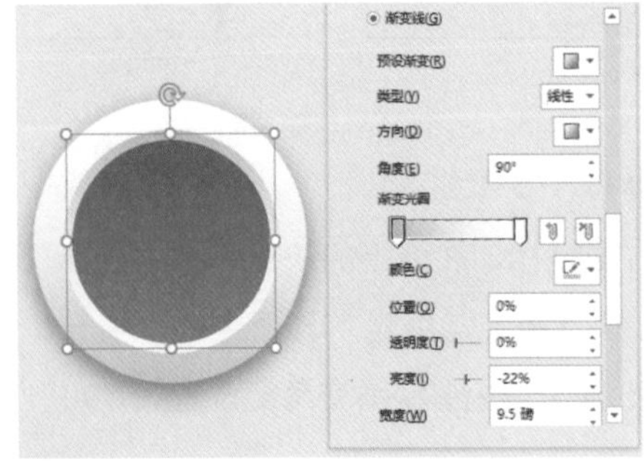

▲图 5-64 渐变填充轮廓

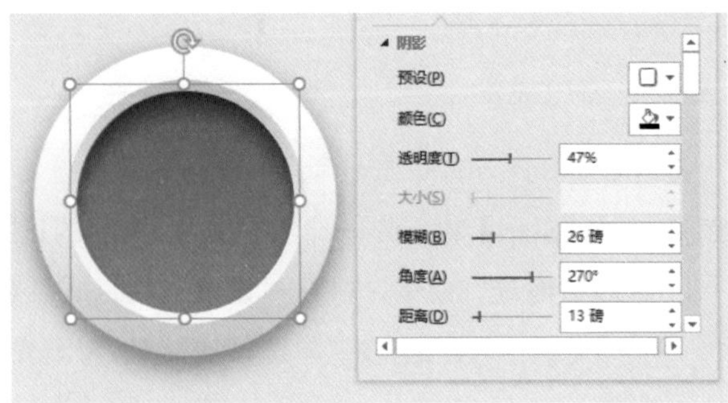

▲图 5-65 设置阴影效果

2. 图片填充

使用图片除了可以填充文字外，还可以填充形状，让制作的形状别具特色。特别是在制作 PPT 封面和内容页中含有并列或递进关系的多个要点时。图 5-66 所示为用图片填充形状制作的 PPT 封面；图 5-67 所示为在内容页中使用图片填充形状的效果。

▶图 5-66　PPT 封面

▶图 5-67　PPT 内容页

在 PPT 2019 中，选中需要进行图片填充的形状，在“格式”选项卡“形状样式”组中的“形状填充”下拉列表中选择“图片”命令，打开“插入图片”对话框。该对话框中提供了来自文件、联机图片和自图标 3 种图片获取方式，如图 5-68 所示。

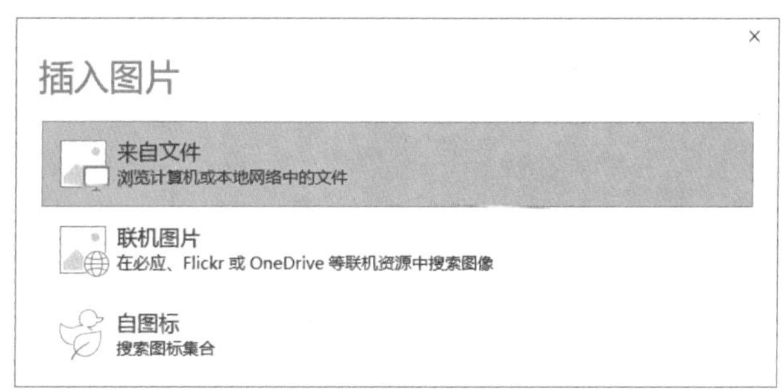

▶图 5-68　图片获取方式

在填充形状时，一般不使用图标进行填充，因为PPT中提供的图标都是矢量的，就算将图标调整到和形状一样大，看起来也不统一、不美观。所以，在PPT同一位置使用形状和图标时，基本上都是将图标置于形状上，如图5-69所示。

▶图5-69　图标与形状的使用

5.2 被忽视的表格

作为非专业表格处理软件中的表格，PPT中表格的作用常被忽视。什么情况下你会想到插入一张表格呢？按时间顺序罗列各个时间阶段的活动安排时，汇报年度内各种开支项目预算安排时，展示一周的课程计划时……让那些成组的信息以条理清晰的方式呈现，表格在幻灯片信息的可视化转换中的作用不容忽视，如图5-70和图5-71所示。此外，第4章中提到过，利用表格布局图片也是非常不错的。

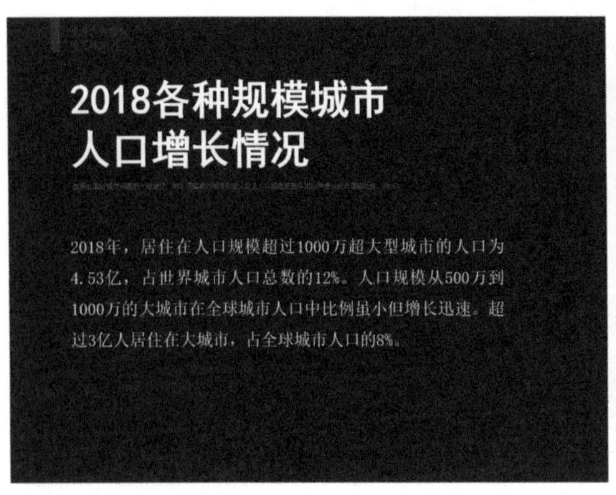

▲图5-70　正文内容转化为表格前

城市类型	规模	2018人口数量	在世界人口中的占比
超大城市	超过1000万	4.53亿	12%
大城市	500万到1000万	超过3亿	8%

▲图5-71　正文内容转化为表格后

5.2.1 在 PPT 中快速插入表格的 3 种方法

选择合适的方法，插入符合要求的表格的同时，要减少后续可能产生的进一步编辑操作。在 PPT 中插入表格，不建议采用绘制表格的方式（操作过多），我们推荐以下 3 种方法。

1. 插入 8 行 10 列以内的表格

插入表格前须先根据内容情况预估表格需要的行数、列数。若是 8 行 10 列以内的表格，可直接单击“插入”选项卡“表格”组中的“表格”按钮，在下拉列表中拖动选择需要插入的表格的行数和列数，如图 5-72 所示。

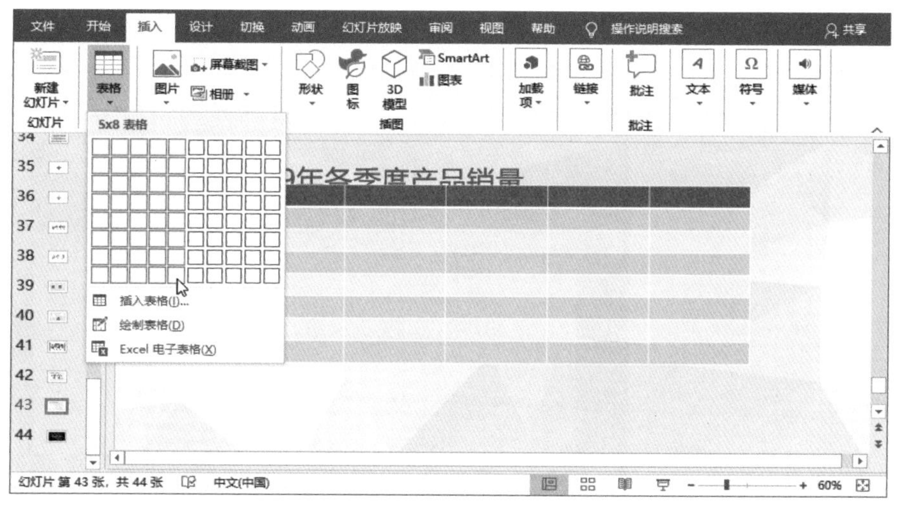

▲ 图 5-72　选择表格的行数和列数

大师点拨 〉 带一条或两条斜线的表头怎么画？

很多表格的表头中会有一条或两条斜线，指示头行、头列及表中内容分别是什么。在 PPT 的表格中，带一条斜线的表头可直接通过对表头单元格添加“斜下框线”的方式绘制。而带两条斜线的表头，可通过添加“直线”形状（与表格框线磅值、颜色一致）的方式手动设置。无论是带一条斜线还是两条斜线的表头单元格，其中的文字都需要通过添加文本框的方式手动添加在合适的位置。

2. 自行设定表格的行数和列数

当需要的表格超过 8 行 10 列时，可打开“插入表格”对话框，在其中输入具体的行数、列数。例如，插入一张 12 行 3 列的演出活动安排表，可按如下步骤操作。

步骤 01 由于表格的行数无法在表格绘制区直接绘制，因此必须在“表格”下拉列表中选择“插入表格”命令，打开“插入表格”对话框，输入行数值 12，列数值 3，然后单击“确定”按钮，如图 5-73 所示。

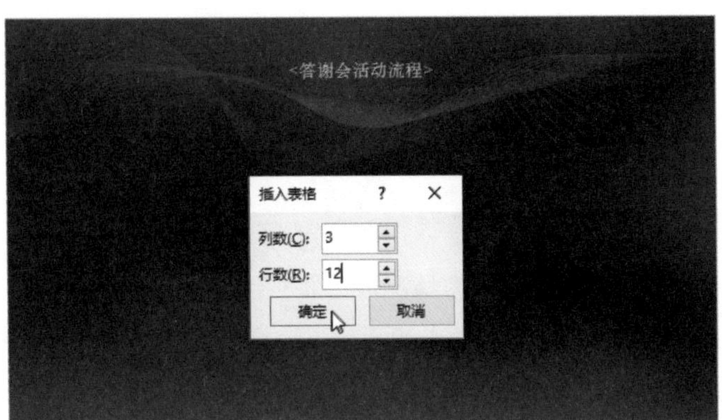

▶图 5-73　通过对话框插入表格

步骤02 在当前幻灯片中插入了一张 12 行 3 列的表格，在表格中输入需要的数据，并根据需要对表格进行编辑。最后完成的计划表格如图 5-74 所示。

<答谢会活动流程>

顺序	时间	内容
1	14：30-15：30	礼仪迎宾、嘉宾签到，LED循环播放宣传视频
2	15：30-15：35	领导入场就坐
3	15：35-15：40	开场秀：鼓舞+川剧变脸
4	15：40-15：45	主持人致开幕词，介绍嘉宾
5	15：50-15：55	嘉宾1讲话
6	15：55-16：00	嘉宾2讲话
7	16：00-16：05	主持人串词
8	16：05-16：20	节目表演：中国红走秀
9	16：20-16：25	主持人串词
10	16：25-16：40	节目表演：中华墨舞
11	16：40-17：30	晚宴伴餐-女子民乐演奏

▶图 5-74　表格效果

3. 从 Word/Excel 中复制插入

如果是 Word/Excel 中已有的表格，或只需要稍作修改的表格，将其直接复制到幻灯片页面中进行编辑即可。若觉得在 Word/Excel 中编辑表格比较方便，也可以在这两个软件中将表格编辑好之后再复制到幻灯片中使用，如图 5-75 和图 5-76 所示。

直接人工预算

预算指标	一季度	二季度	三季度	四季度	全年合计
预计产量（万件）	62.20	72.30	75.30	76.20	286.00
单位产品工时（小时）	0.50	0.50	0.50	0.50	0.50
生产总工时（万小时）	31.10	36.15	37.65	38.10	143.00
单位小时工资（元）	15.00	15.00	15.00	15.00	15.00
直接人工成本（万元）	466.50	542.25	564.75	571.50	2,145.00

▶图 5-75　Excel 中的表格

>>> 直接人工预算

预算指标	一季度	二季度	三季度	四季度	全年合计
预算产量（万件）	62.20	72.30	75.30	76.20	286.00
单位产品工时（小时）	0.50	0.50	0.50	0.50	0.50
生产总工时（万小时）	31.10	36.15	37.65	38.10	143.00
单位小时工资（元）	15.00	15.00	15.00	15.00	15.00
直接人工成本（万元）	466.50	542.25	564.75	571.50	2,145.00

▶图 5-76 复制到幻灯片中的效果

大师点拨 > 为什么表格从 Excel 复制到幻灯片中，格式全变了？

从 Excel 中复制表格再粘贴到幻灯片中，默认的粘贴方式为“使用目标样式”，即表格粘贴到幻灯片中后自动套用幻灯片所使用的主题、色彩搭配。要保持 Excel 中设置好的格式（背景颜色、边框颜色、字体、字号等），粘贴时可在“开始”选项卡“粘贴”按钮下选择以“保留源格式”方式粘贴。其他几个粘贴选项中，“嵌入”是以 Excel 工作表对象的方式粘贴，即粘贴之后仍然保留 Excel 的编辑功能，双击表格将自动在 Excel 中打开该表格；“图片”是指将表格转换为增强型图元文件图片粘贴在幻灯片中；“只保留文本”则是指只粘贴表格的文字内容到幻灯片中。

5.2.2 编辑表格前先看懂 5 种鼠标指针形态

在表格的不同位置上，鼠标指针会变成不同的形态。看懂 5 种鼠标指针形态，再结合表格的“设计”“布局”选项卡中的一系列命令（见图 5-77 和图 5-78），即可轻松按照自己的需要编辑表格，比如，合并单元格、调整表格线条样式、改变表格色彩等。

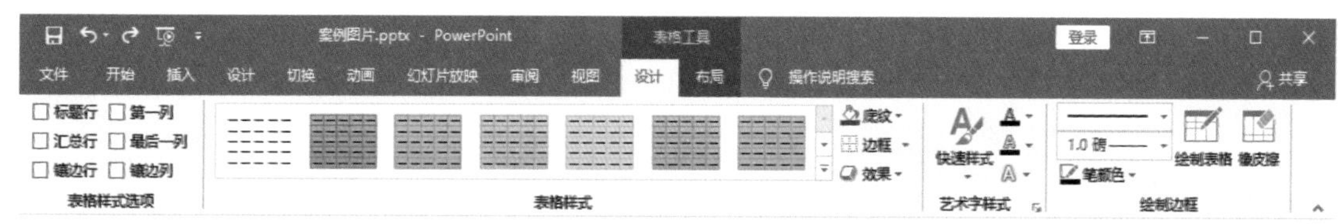

▲图 5-77 “设计”选型卡

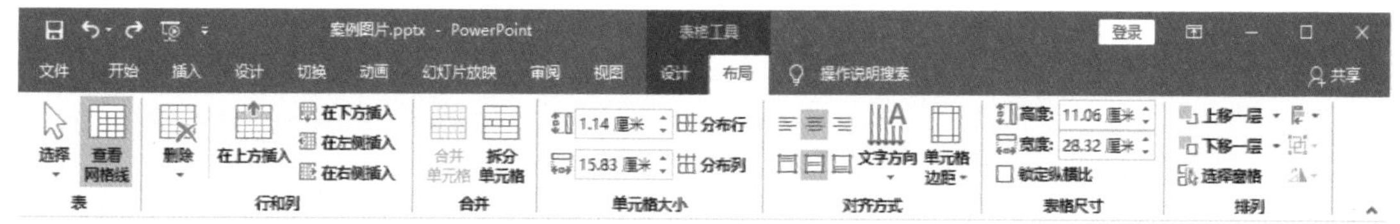

▲图 5-78 “布局”选型卡

1. 移动形态

选中幻灯片中的表格后，把鼠标指针移动到四边时，鼠标指针变成四个箭头形状的样式（✥），此时按住鼠标左键不放，拖动鼠标可以移动表格，改变表格在幻灯片中的位置，如图 5-79 所示。

购买套餐	开通成长值	每日成长值	非会员成长下降值
年卡	500点		
连续包月	30点/月	8点/天	会员服务过期后，成长值每日下降5点，直至成长值为0
季卡、半年卡、月卡	无		

▲图 5-79　移动形态

2. 选择表格中某一单元格形态

将鼠标指针移动到表格中某一单元格左下角时，鼠标指针将变成斜向右上方的箭头形态（➚），单击即可选中该单元格，然后继续按住鼠标左键并拖动，可选中横、纵向相邻的某些单元格，如图 5-80 所示。选中某个单元格后，按住【Shift】键再选中不邻近的某个单元格，可以选中这两个单元格之间的单元格区域。

爱奇艺VIP会员成长体系

VIP成长值

成长值=每日成长值+开通成长值+任务成长值 - 非会员成长下降值

购买套餐	开通成长值	每日成长值	非会员成长下降值
年卡	500点		
连续包月	30点/月	8点/天	会员服务过期后，成长值每日下降5点，直至成长值为0
季卡、半年卡、月卡	无		

注：每次开通年卡一次性赠送500点成长值，每年最多赠送3次。
连续包月用户每月扣费成功一次性赠送30点成长值。

▲图 5-80　选中某一单元格形态

3. 选择行、列形态

当鼠标指针停在表格某行或某列前、后位置时，鼠标指针将变成指向该行或列箭头形态（→或↓），单击即可选中整行或整列，如图 5-81 和图 5-82 所示。同理，此时按住鼠标左键拖动即可选中相邻的行或列。

▲图 5-81　选择行形态

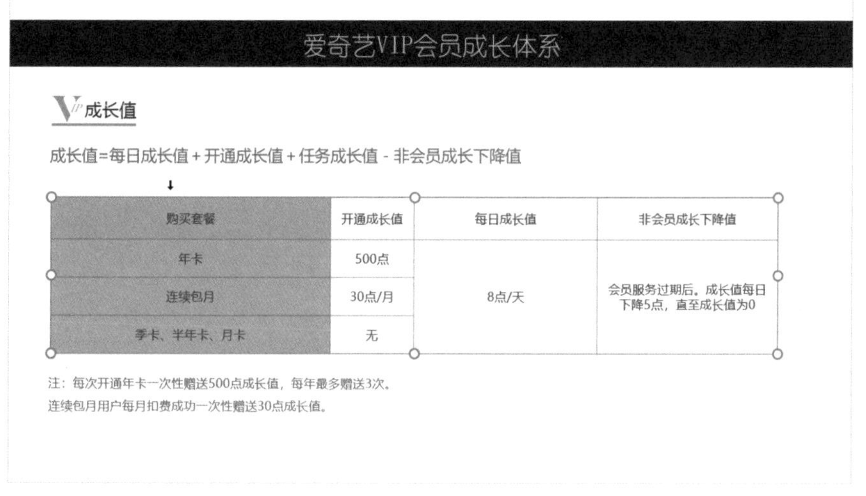

▲图 5-82　选择列形态

4. 调整行高、列宽形态

当鼠标指针停在表格的内部框线上时，鼠标指针将变成“+或÷”状（若表格处于选中状态，调整位于表格边缘部分的列或行时，鼠标指针需稍靠内部放置才会发生变化，否则鼠标指针将变成移动形态），此时按住鼠标左键左、右或上、下拖动即可改变行高、列宽，如图 5-83 和 5-84 所示。

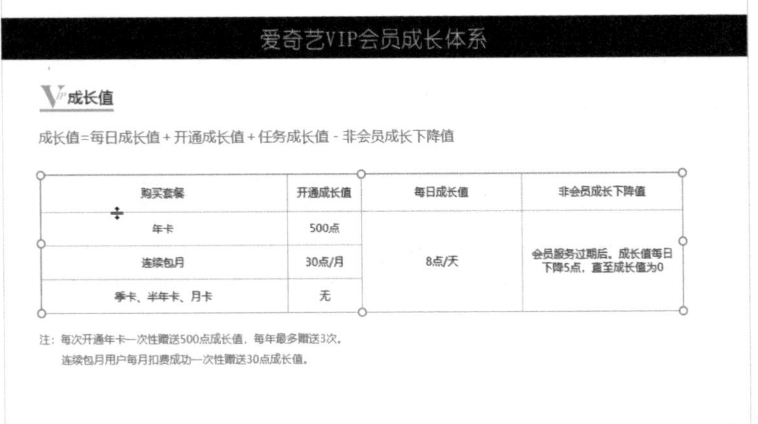

▶图 5-83　调整行高

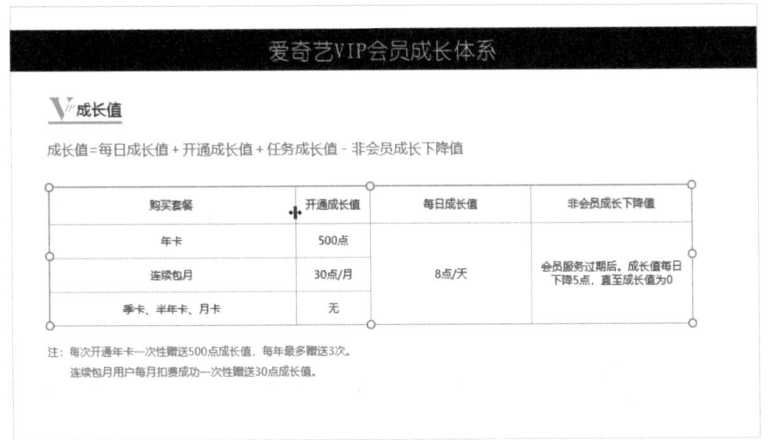

▶图 5-84　调整列宽

5. 改变整个表格大小形态

当鼠标指针停在表格外框的 8 个控制点上时，鼠标指针将变成“ 或 ”形状，此时按住鼠标左键左、右或上、下拖动即可改变整个表格的大小，如图 5-85 和图 5-86 所示。

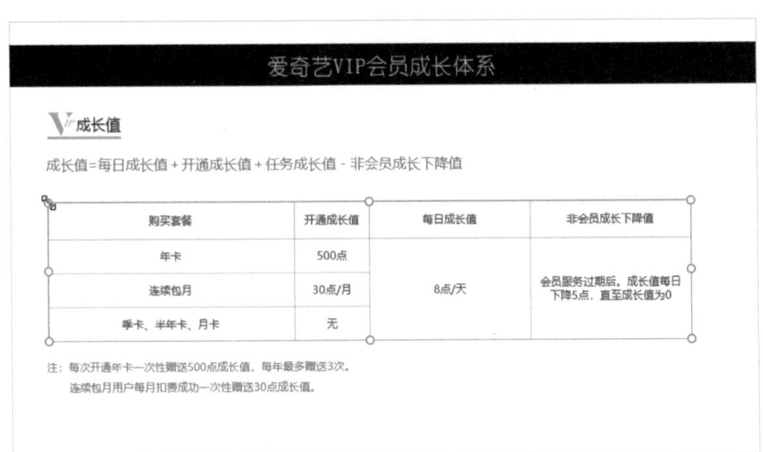

▶图 5-85　向左上或右下拖动改变表格的高度和宽度

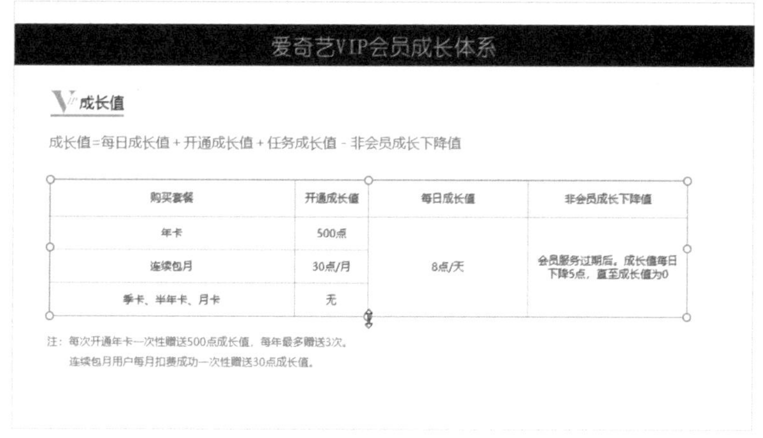

▲图 5-86　向下或向上拖动改变表格的高度

5.2.3 表格也能做得很漂亮

为了让以默认设计方式插入的表格更美观，选中表格后，在“设计”选项卡中的表格样式选择区，选择一种表格样式即可将该设计样式套用在表格上，操作简单、方便。但 PPT 软件自带的表格样式有限，不一定能满足设计需要。因此，我们还可根据整个幻灯片的色彩搭配风格自行调整美化表格，如更改表格的线条粗细、背景色彩等。这里介绍 4 种经典的美化表格的方法。

1. 头行突出

表格的最上面一行我们称为“头行”。很多情况下，表格的头行（或头行的下一行）都要作为重点，通过大字号、大行距、设置与表格其他行对比强烈的背景色等设计来突出头行，这也是增强表格设计感的一种方式，如图 5-87 和图 5-88 所示。

产品	小米笔记本AIR 13.3英寸	宏碁T5000-54BJ	三星910S3L-M01	ThinkPad 20DCA089CD
产品毛重	2.48kg	3.77kg	2.28kg	2.9kg
颜色	银	银	白	黑
CPU类型	酷睿双核i5处理器	i5-6300HQ	i5-6200U	I5-5200U
内存容量	8GB	4GB	8GB	8GB
硬盘容量	256GB	1T	1TB	1TB
类型	NVIDIA 940MX独显	NVIDIA GTX950M独显	英特尔核芯显卡	AMD R5 M240独立显卡
显存容量	独立1GB	独立2GB	共享系统内存（集成）	独立2GB
屏幕规格	13.3英寸	15.6英寸	13.3英寸	14.0英寸
物理分辨率	1920×1080	1920×1080	1920×1080	1366 x 768
屏幕类型	LCD	LED背光	LED背光	LED背光

▲图 5-87　头行行高增大，以单一色彩突出

产品	小米笔记本AIR 13.3英寸	宏碁T5000-54BJ	三星910S3L-M01	ThinkPad 20DCA089CD
产品毛重	2.48kg	3.77kg	2.28kg	2.9kg
颜色	银	银	白	黑
CPU类型	酷睿双核i5处理器	I5-6300HQ	I5-6200U	I5-5200U
内存容量	8GB	4GB	8GB	8GB
硬盘容量	256GB	1T	1TB	1TB
类型	NVIDIA 940MX独显	NVIDIA GTX950M独显	英特尔核芯显卡	AMD R5 M240独立显卡
显存容量	独立1GB	独立2GB	共享系统内存（集成）	独立2GB
屏幕规格	13.3英寸	15.6英寸	13.3英寸	14.0英寸
物理分辨率	1920×1080	1920×1080	1920×1080	1366 x 768
屏幕类型	LCD	LED背光	LED背光	LED背光

▶图 5-88　头行行高增大，以多种色彩突出

2. 行行区分

当表格的行数较多时，为了便于查看，可对表格中的行设置两种色彩进行规范，相邻的行用不同的背景色，使行与行之间区分出来。行数相对较少且行高较大时，每一行用不同的颜色显示也有不错的效果，但这需要较好的色彩驾驭能力，如图 5-89 和图 5-90 所示。

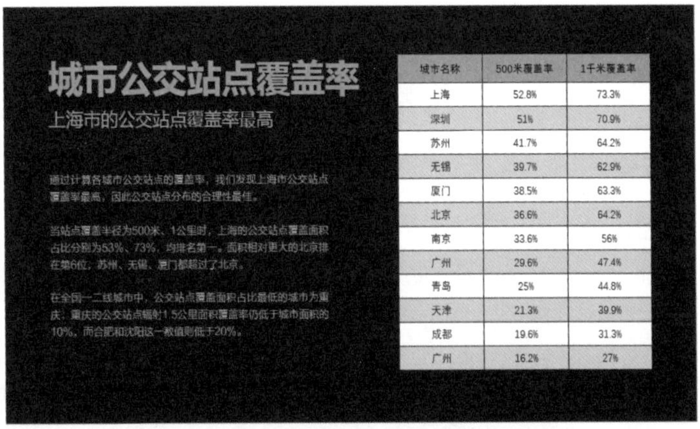

城市名称	500米覆盖率	1千米覆盖率
上海	52.8%	73.3%
深圳	51%	70.9%
苏州	41.7%	64.2%
无锡	39.7%	62.9%
厦门	38.5%	63.3%
北京	36.6%	64.2%
南京	33.6%	56%
广州	29.6%	47.4%
青岛	25%	44.8%
天津	21.3%	39.9%
成都	19.6%	31.3%
广州	16.2%	27%

▶图 5-89　采用灰色、乳白色两种颜色进行区分

校园歌会活动策划

步骤	项目	内容
Step 1 Warm –up 活动信息告知	前期准备	场地租赁协商，人员招募，人员培训
		场地布置,物料准备，奖品准备
		张贴宣传海报
Step 2 Generate interest 激发兴趣	DM单派发	学校周边商圈派发
		校园内自由派发
		活动现场派发、自由拿取
Step 3 Explosive atmosphere 火爆现场活动	演唱、表演、游戏	明星歌手出场
		组织在校学生表演
		互动游戏
Step 4 Promotion 品牌推广穿插	调查问卷，问答，体验	填写校园消费调查问卷
		有奖抢答
		天翼终端体验

▶图 5-90　头行下的每一个部分分别采用一种颜色

3. 列列区分

当表格的目的在于表现表格各列信息的对比关系时，可对表格各列设置多种填充色（或同一色系下不同深浅度的多种颜色），这样既便于查看列的信息，也实现了对表格的美化。某些情况下需要单独突出某一列的信息，此时可单独为这一列（不论该列是否在表格边缘）应用与其他各列对比强烈的填充色或放大字号等，如图 5-91 ~ 图 5-93 所示。

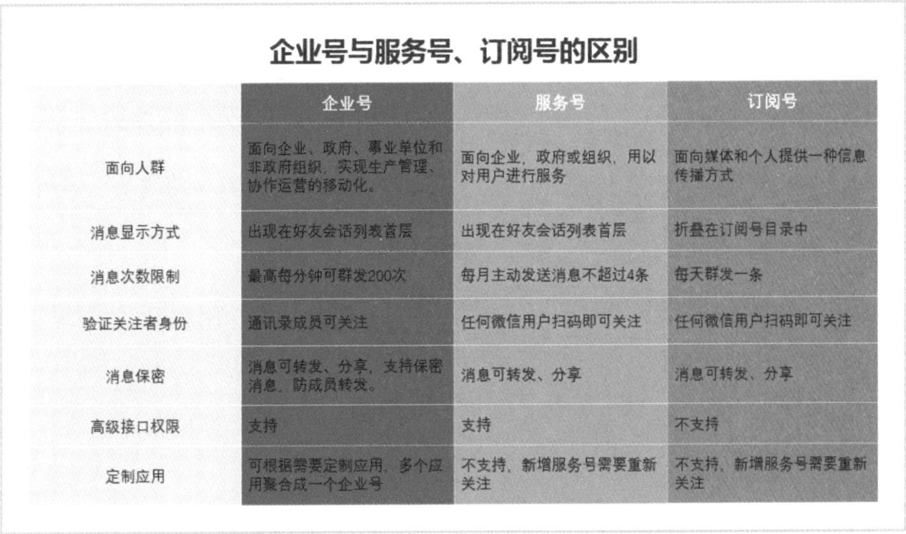

企业号与服务号、订阅号的区别

	企业号	服务号	订阅号
面向人群	面向企业、政府、事业单位和非政府组织，实现生产管理、协作运营的移动化。	面向企业，政府或组织，用以对用户进行服务	面向媒体和个人提供一种信息传播方式
消息显示方式	出现在好友会话列表首层	出现在好友会话列表首层	折叠在订阅号目录中
消息次数限制	最高每分钟可群发200次	每月主动发送消息不超过4条	每天群发一条
验证关注者身份	通讯录成员可关注	任何微信用户扫码即可关注	任何微信用户扫码即可关注
消息保密	消息可转发、分享，支持保密消息，防成员转发。	消息可转发、分享	消息可转发、分享
高级接口权限	支持	支持	不支持
定制应用	可根据需要定制应用，多个应用聚合成一个企业号	不支持，新增服务号需要重新关注	不支持，新增服务号需要重新关注

▲图 5-91　为各列设置不同的填充色

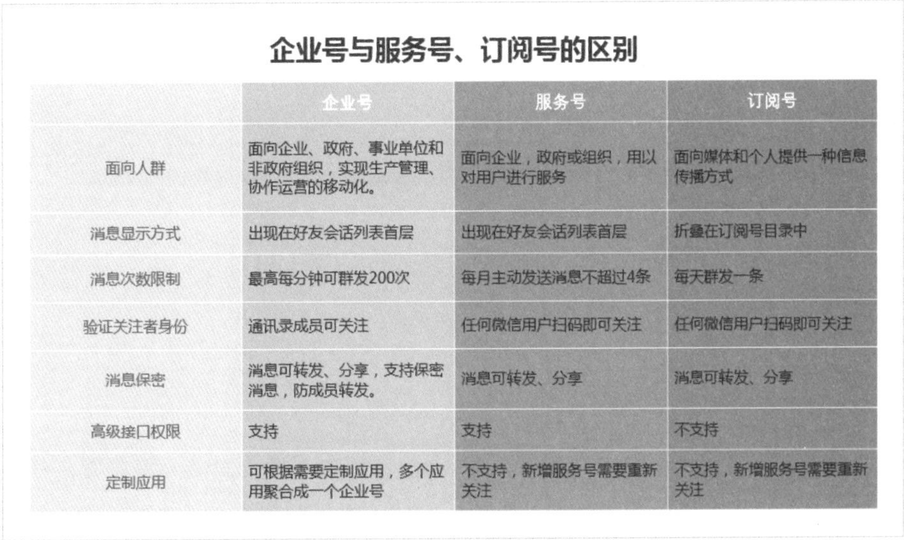

企业号与服务号、订阅号的区别

	企业号	服务号	订阅号
面向人群	面向企业、政府、事业单位和非政府组织，实现生产管理、协作运营的移动化。	面向企业，政府或组织，用以对用户进行服务	面向媒体和个人提供一种信息传播方式
消息显示方式	出现在好友会话列表首层	出现在好友会话列表首层	折叠在订阅号目录中
消息次数限制	最高每分钟可群发200次	每月主动发送消息不超过4条	每天群发一条
验证关注者身份	通讯录成员可关注	任何微信用户扫码即可关注	任何微信用户扫码即可关注
消息保密	消息可转发、分享，支持保密消息，防成员转发。	消息可转发、分享	消息可转发、分享
高级接口权限	支持	支持	不支持
定制应用	可根据需要定制应用，多个应用聚合成一个企业号	不支持，新增服务号需要重新关注	不支持，新增服务号需要重新关注

▲图 5-92　各列设置同一色彩下深浅不同的填充色

企业号与服务号、订阅号的区别

	企业号	服务号	订阅号
面向人群	面向企业、政府、事业单位和非政府组织，实现生产管理、协作运营的移动化。	面向企业，政府或组织，用以对用户进行服务	面向媒体和个人提供一种信息传播方式
消息显示方式	出现在好友会话列表首层	出现在好友会话列表首层	折叠在订阅号目录中
消息次数限制	最高每分钟可群发200次	每月主动发送消息不超过4条	每天群发一条
验证关注者身份	通讯录成员可关注	任何微信用户扫码即可关注	任何微信用户扫码即可关注
消息保密	消息可转发、分享，支持保密消息，防成员转发。	消息可转发、分享	消息可转发、分享
高级接口权限	支持	支持	不支持
定制应用	可根据需要定制应用，多个应用聚合成一个企业号	不支持，新增服务号需要重新关注	不支持，新增服务号需要重新关注

▲图 5-93　仅对需要重点关注的“服务号”列设置对比强烈的填充色

4. 简化

当单元格中的内容相对简单时，可取消内部的框线以简化表格，这样也能达到美化的效果。医疗行业的表格、学术报告中的表格等数据类表格多用简化型表格，如图 5-94 所示。

四川省人民医院检验报告

项目名称	结果	单位	参考范围
红细胞	0.66	个/uL	0.00-5.00
白细胞	17.82	个/uL	0.00-9.00
鳞状上皮细胞	6	个/uL	0-5
细菌	249	个/uL	0-500
粘液丝	319	个/uL	0-700
白细胞团	0.00	个/uL	0.00-1.00
结晶	0	个/uL	0-6

备注：

▲图 5-94　简化型表格

5.3　并没有那么可怕的图表

很多新手都觉得 PPT 中的图表类型众多，各种数据繁杂，操作起来会很复杂，觉得学和用都有一定难度。其实，图表并没有你想的那么难以驾驭。图表能够更直观地表现数据信息，让观众更清晰明确地体会数据背后的结论。图表在幻灯片信息可视化方面也有着非常明显的效果。

图 5-95 所示为纯粹用文字说明安卓手机大多通过应用宝来下载软件，内容有些空洞，难以令人信服。

▶图 5-95　纯粹使用文字表达观点

图 5-96 所示为通过添加表格数据并使关键数据醒目突出，对结论有一定支撑作用，但效果还是不太理想。

Source:QuestMobile TRUTH标准版

安卓手机大多用应用宝下软件

2019年9月安卓应用市场类APP下载情况

序号	应用市场	下载量（万）
1	**应用宝**	**32380**
2	百度手机助手	29756
3	360手机助手	29197
4	华为应用市场	23599
5	小米应用商店	22929
6	OPPO软件商店	20068
7	VIVO应用商店	15183
8	魅族应用商店	8487
9	PP助手	7126
10	豌豆荚	6052
11	安智市场	4449

▶图 5-96　使用表格表达观点

图 5-97 所示为添加的柱状图图表，从矩形柱的高低上，一眼即可判断应用宝下载量最大，对结论起到较好的支撑作用。

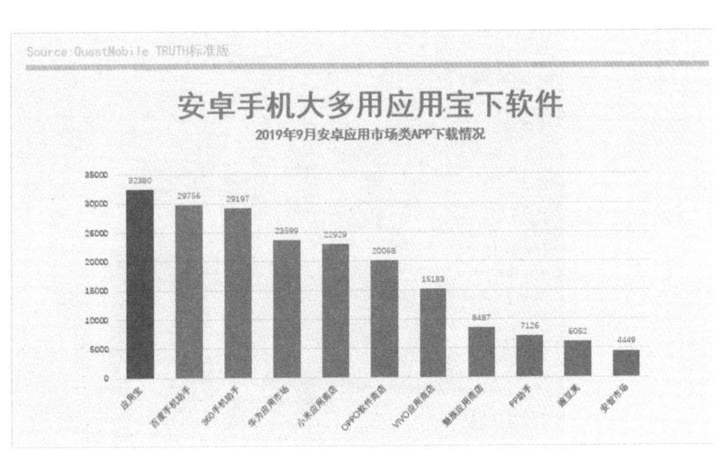

▶图 5-97　使用图表直观表现数据

5.3.1 准确表达是选择图表的首要依据

PPT 中自带了柱形、折线、饼图、面积图、雷达图等多种类型的图表，每一种类型的图表下还有多种可供选择的形态，究竟哪张图表才是你要插入到幻灯片中的呢？选择图表的首要依据不在于美观，而在于其能够准确表达你想表达的内容。

下面举例介绍一些常规图表的相关情况。

1. 表现对比情况用柱形图

需要表现不同类别、时间等数据的对比情况，展示哪一项的值高，哪一项的值低时，首先可以考虑选择簇状柱形图。如图 5-98 所示，采用簇状柱形图能够直观表现各直播 App 平均每月浏览次数的对比情况。在这个图表里，观众可以很清楚地看到虎牙直播浏览次数最多，映客浏览次数最少。

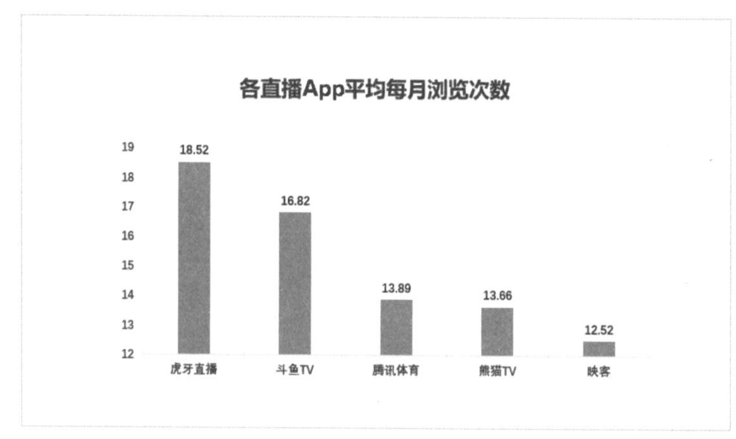

▲图 5-98　表现单个数据系列的簇状柱形图

簇状柱形图默认可表现三个系列的多个项目数据的对比。将柱形图插入幻灯片后，调整 Excel 表格中的系列、类别数据，柱形图将自动发生改变。图 5-99 所示为两个系列、十项的数据对比。

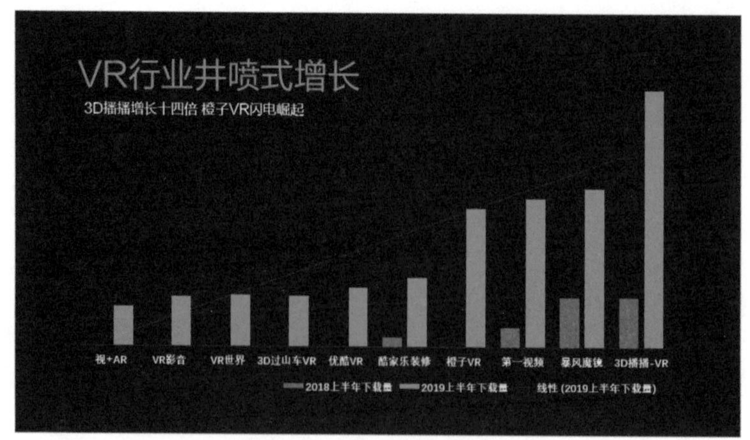

▲图 5-99　表现两个数据系列的簇状柱形图

当需要同时表现不同项的几个子项（成分、比例等）的对比情况时，还可以选择堆积柱形图。如图 5-100 所示，表现不同类型 App 用户的使用频率时，应用一张堆积柱形图即可（若用饼图，则需要插入多个，且对比不一定明显）。

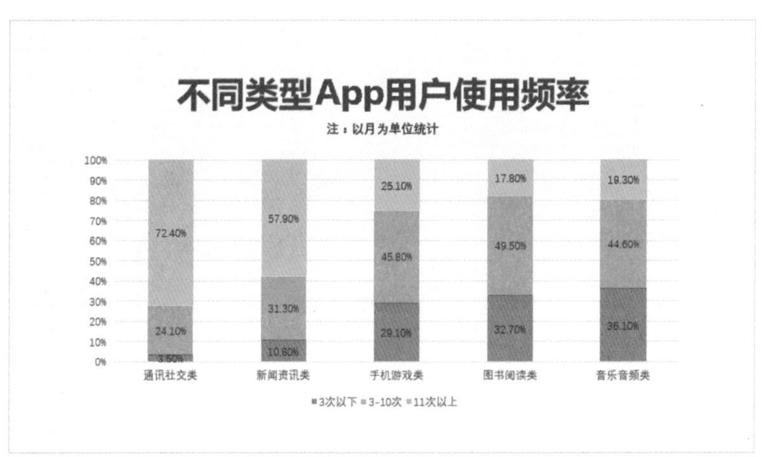

▲图 5-100 堆积图形

条形图与柱形图大体相似，只是方向不同。将柱形图转换为条形图非常简单，只需在选中柱形图后选择“设计”选项卡中的“更改图表类型”命令，在“更改图表类型”对话框中选择一种合适的条形图，柱形图的配色将原封不动地保留在条形图中。如将图 5-99 所示的柱状图转换为条形图，效果如图 5-101 所示。条形图转换为柱形图也同理。用柱状形还是用条形形，可根据幻灯片版式来选择。

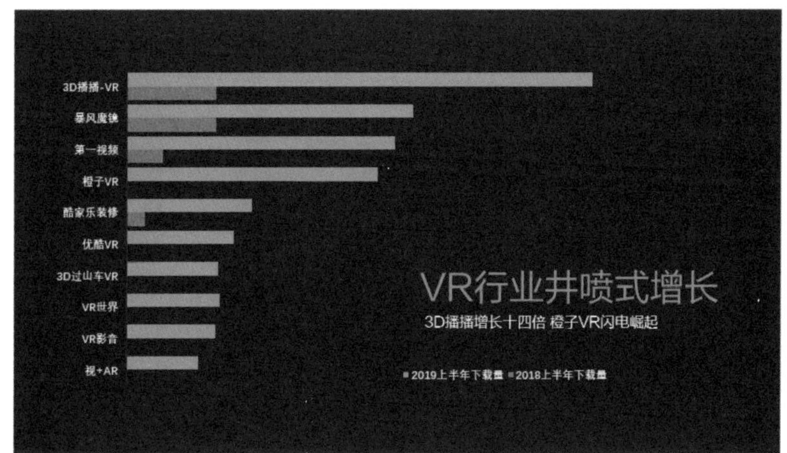

▲图 5-101 条形图

2. 表现变化趋势用折线图

当需要表现不同时间点上的数据变化情况时，应选择折线图。如图 5-102 所示，从折线图中可以很直观地观察到哪一天升温，哪一天降温。

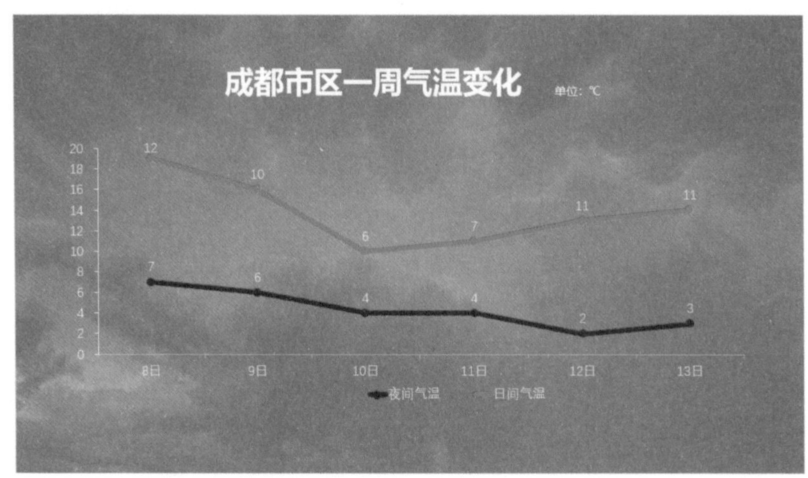

▲图 5-102　折线图

在柱形图上直接添加的“趋势线”与折线图的“折线”意义并不相同。“趋势线”是根据柱形数值按照特定的规则（指数、对数、多项式、幂）运算后的结果。而若要在柱形图上再添加折线，则需要通过“簇状柱形图－折线图”这种组合图表的方式（将折线图设置为次坐标轴）插入，如图 5-103 所示。

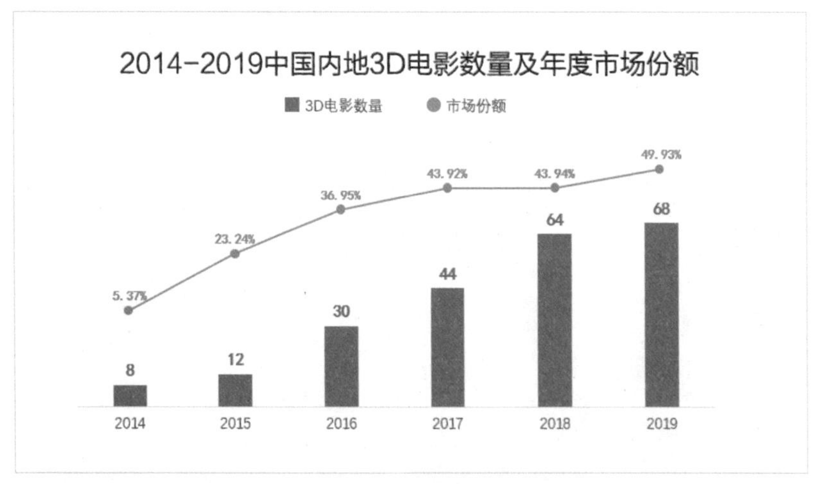

▲图 5-103　“簇状柱形图－折线图”组合图表

3. 表现成分比例用饼图

如果要表现关于成分比例的情况，展现一定范围、概念内各因子的占比情况。比如，空气中氧气、氮气、二氧化碳及其他气体的含量比例，硬盘中视频、音乐、文档、程序及剩余空间的占比情况，各个季度的销售额在全年销售额中的占比情况等，都应首先考虑选择饼图。如图 5-104 所示，饼图能够很好的将 2019 年度中国网民关注微信公众号的主要用途进行展示。

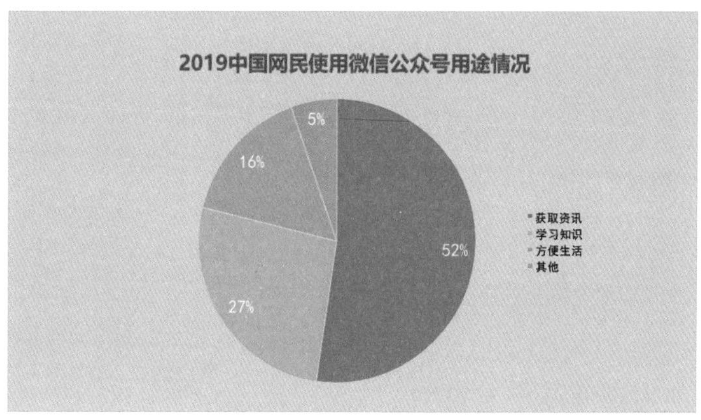

▶图 5-104　饼图

饼图类图表下的圆环图在扁平化风格的 PPT 中常被用到。在圆环图中，将非主要表现部分的弧的填充色和轮廓色（如图 5-105 中的非活跃用户部分）均设置为无，以进行隐藏，只将主要表现部分（如图 5-105 中的活跃用户部分）显示出来，可以达到一种至简的效果。

▶图 5-105　单个圆环图

将多组数据作为“系列”输入同一个环状图对应的 Excel 表格中，即可将多个环状图聚合起来，用一个环状图表现多个项内的占比情况，且同时实现这些项之间的对比。如将图 5-105 中的微信、QQ、支付宝、UC 浏览器活跃用户的占比情况聚合为一个环状图，可以得到如图 5-106 所示的效果。

▶图 5-106　环状圆环图

技能拓展 > 更改 Excel 中的数据，PPT 中的图表自动更新

从 Excel 中复制制作好的图表到幻灯片中，粘贴时选择“使用目标主题和链接数据”或“保留源格式和链接数据”。当原 Excel 中的数据发生变化时，在 PPT“文件”选项卡“信息”面板右下角选择“编辑指向文件的链接”，在弹出的“链接”对话框中单击“立即更新”按钮，即可与 Excel 同步。若勾选“自动更新”复选框，则每次打开 PPT 文件都将自动与 Excel 同步。每天或定期需要更新数据的咨询汇报类 PPT 常常用到此功能。

4. 表现规模情况用面积图

若要两组不同又相关联的数据在表现各自变化趋势的同时，分别呈现其整体规模，可选择使用面积图，如图 5-107 所示。采用面积图既可以表现出 2015—2019 年 GDP 总量和消费贷款规模的变化，又可以展现出两者规模上的对比。

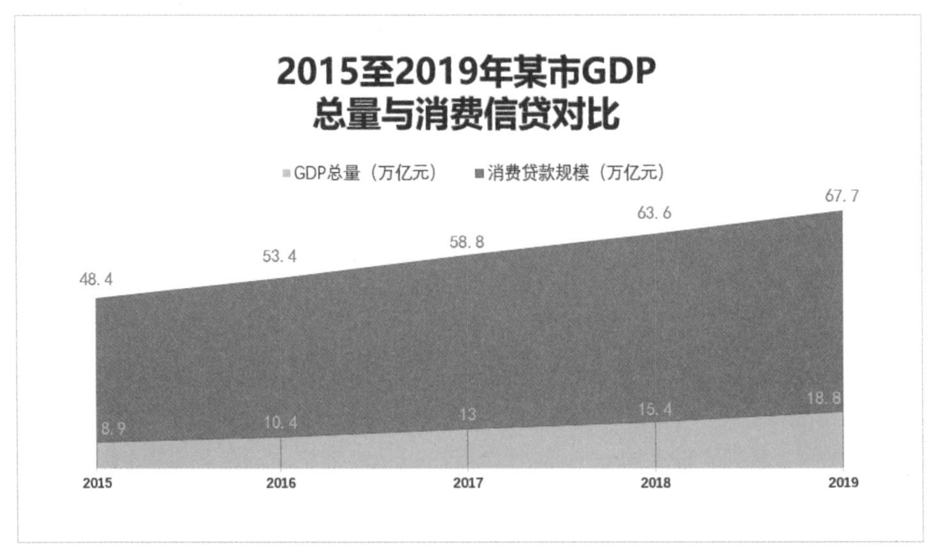

▲图 5-107 面积图

当面积图中的两个部分存在重叠问题，影响查看主要信息时（如一个部分为向下走势，另一个部分为向上走势，则很有可能发生某个部分的一侧内容被完全遮挡），应为面积图中的色块设置透明度，让被遮挡的部分露出来。

5. 表现分布情况用散点图

在 XY 散点图中，一组数据呈现为一个点，通过坐标轴间分布的点（特别是数据较多的情况下）表现一种现象或规律，从而支撑结论。如图 5-108 中，通过图表上散布的点可以呈现世界各国第一部 3D 电影的上映时间大多集中在 2010 年和 2011 年。

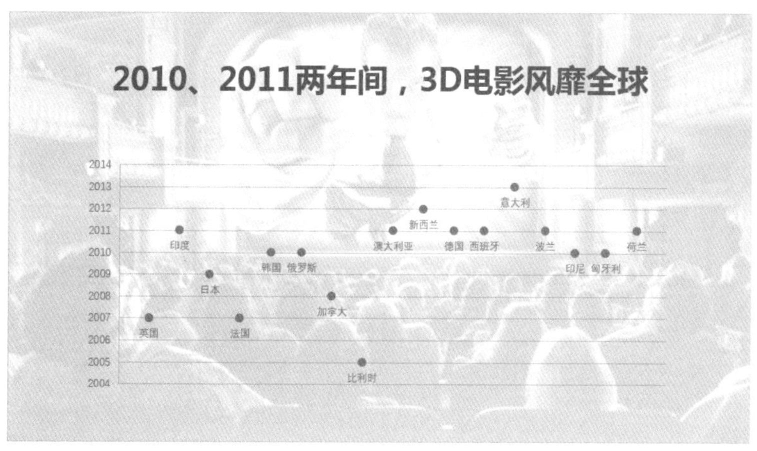

▲图 5-108　散点图

6. 综合因素用雷达图

一般来说，任何结果都应该是在多种因素作用下造成的。对于因素分析类数据，判断在造成某个结果的多种因素中哪一个因素更加突出、起到主要作用时，可以采用雷达图来表现。如图 5-109 所示，从图表中可以看到年轻人越来越少“串门”的原因，主要是因为“生活压力大，没精力”和“网络社交代替了串门”。

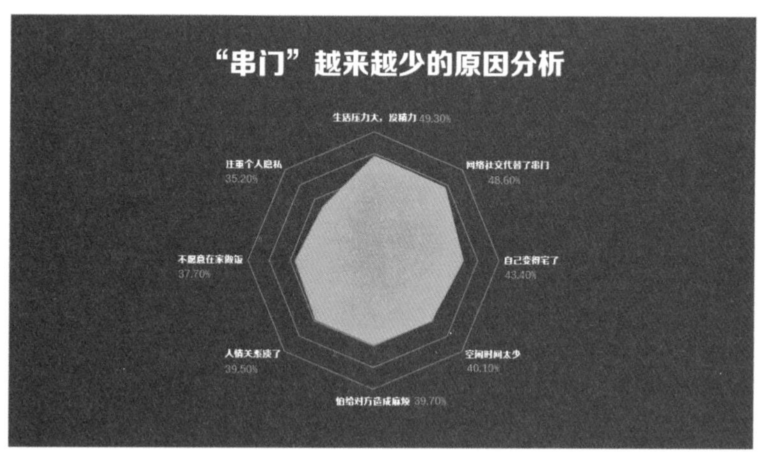

▲图 5-109　雷达图

雷达图中间的图形越接近等边形（等五边形、等六边形、等八边形等），说明各因素的影响越平衡，造成结果的因素中不存在主要的影响因素，而是综合作用的结果。

5.3.2 美化图表的 3 个技巧

以默认的方式插入的图表往往达不到美观的效果，如何进一步调整图表，使之既能准确表达内容，又能给人以美好的视觉感受呢？这里总结了 3 个美化图表的技巧。

1. 统一配色

根据整个 PPT 的色彩应用规范来设置 PPT 中所有图表的配色。配色统一，能够增强图表的设计感，给人以一种整齐、专业的美感。如图 5-110 所示，出自同一份 PPT 的 4 页，其中的图表配色采用了不同蓝色来进行搭配，与整个 PPT 的色彩搭配协调。

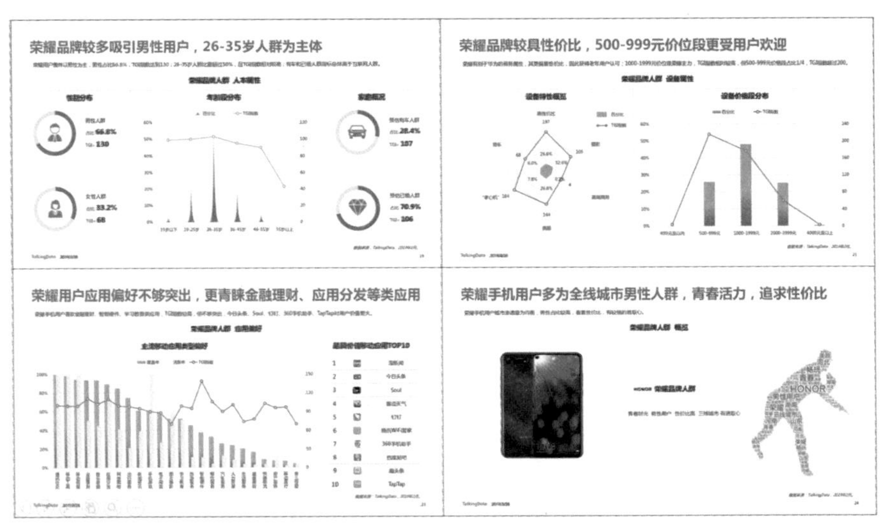

▲图 5-110　统一配色（幻灯片来源：Talkingdata）

2. 图形或图片填充

新手在做折线图的时候可能会碰到这样一个问题——折线的连接点不明显，如图 5-111 所示，虽然添加了数据标签，但是某些位置的连接点不够明确，如折线上 60~79 岁的位置。

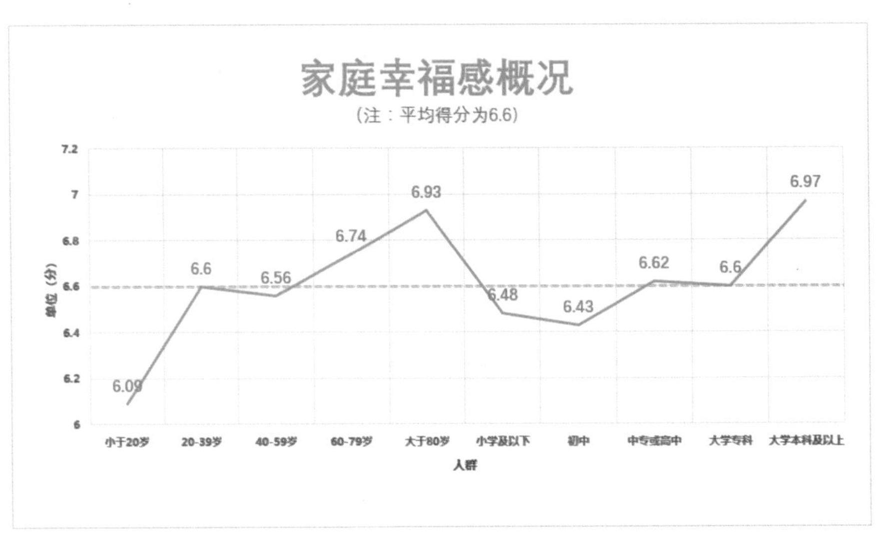

▲图 5-111　折线图

如何让这些连接点更明显一些呢？首先画一个形状（如圆形），然后复制这个形状至剪贴板，接着选中折线上的所有连接点（单击其中的一个连接点），按【Ctrl+V】组合键粘贴，即可将这个形状设置为折线的连接点，如图 5-112 所示。这里便是利用图形填充的方法来实现对图表的美化的，与在"设置数据系列格式"窗格中设置数据标记选项的作用类似，只是复制、粘贴的填充方式更加简便。利用这一方法，我们还可以将填充图形换成心形，得到如图 5-113 所示的效果。

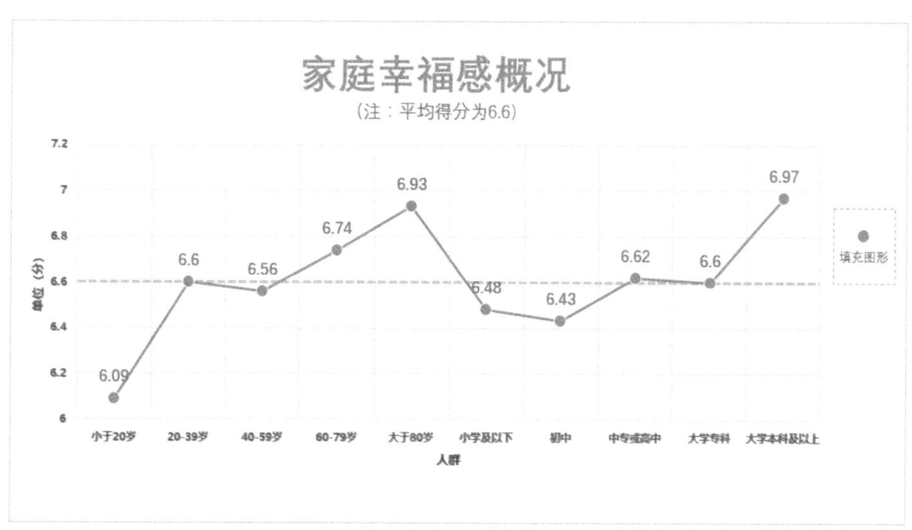

▲图 5-112　用正圆填充的折线图

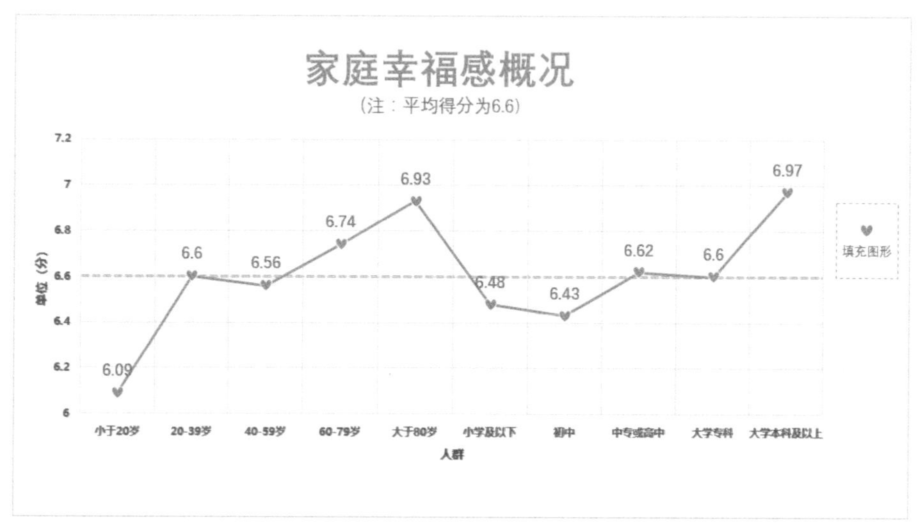

▲图 5-113　用心形填充的折线图

柱形图、条形图等其他各类图表都能以图形填充的方式来美化。如将图 5-114 所示的幻灯片中的条形图中的柱形分别以不同颜色的三角形填充，即可得到如图 5-115 所示的效果。

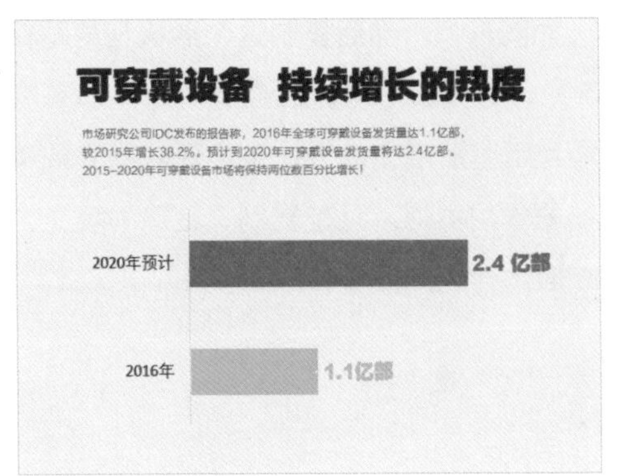

▲图 5-114 原图效果

▲图 5-115 用三角形填充的效果

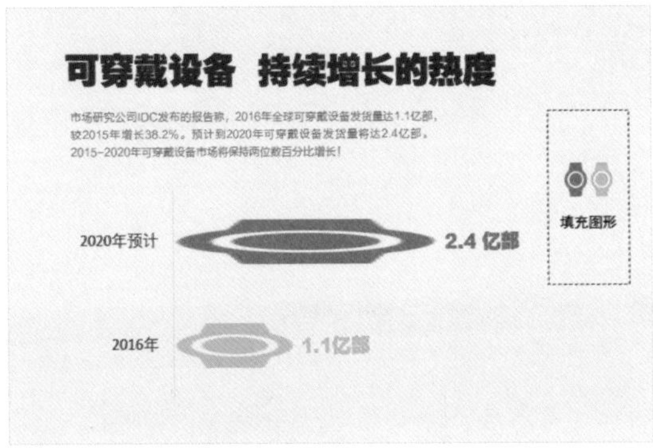

▲图 5-116 图片拉伸填充

如果填充图表的是图片又会有什么样的效果呢？如为图 5-114 中的条形填充智能手环的图片，会发现图表变成了如图 5-116 所示的效果，填充的图片在条形中拉伸、变形，没有达到美化的效果。此时我们可以右击条形图，然后选择“设置数据点格式”命令，打开“设置数据点格式”窗格。在该窗格中，将图片填充的方式设置为“层叠”（见图 5-117）即可得到如图 5-118 所示的效果。

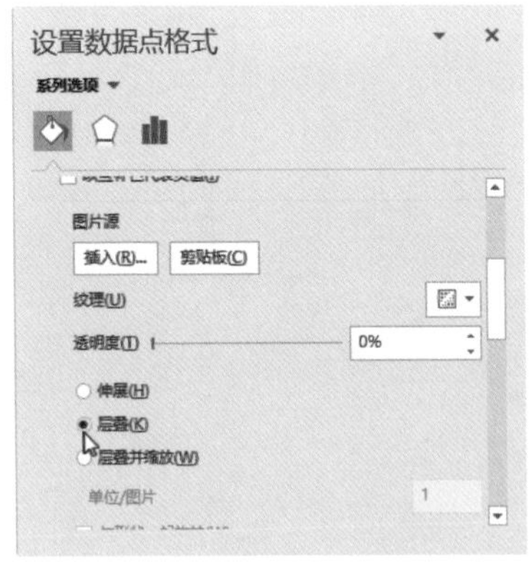

▲图 5-117 设置填充方式

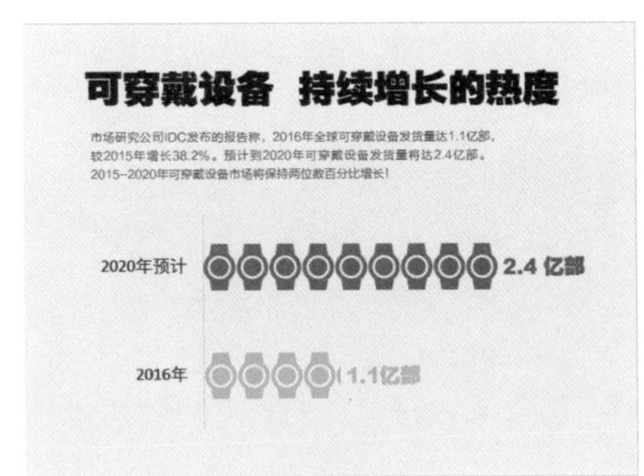

▲图 5-118 图片层叠填充

使用图片填充实现了图标与图表的结合，图表将变得更加形象。这里还需要注意一点，进行图形或图片填充前，最好先将图形或图片调整至想要的大小（如事先将图 5-116 中的手环图片调整至与原来的柱形等高，再复制、粘贴填充），使填充出来的效果达到最佳。

3. 借图达意

在 PPT 中，很多类型的图表都有立体感的子类型，将这种立体感的图表结合具有真实感的图片，巧妙地将图片作为图表的背景来使用，可以使图表场景化。这对于美化图表能够产生奇效，给人眼前一亮之感。如图 5-119 所示，在立体感的柱形图下添加一张平放的手机图片，再为图表的立体柱添加一点阴影效果，这样就将图表与图巧妙地结合起来了。

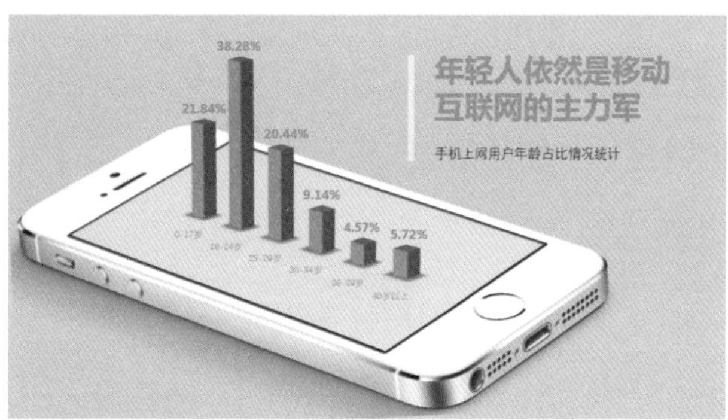

▶图 5-119 图与图表结合

此外还可以将图片直接与数据紧密结合起来，图即是图表，图表即为图，生动形象。如图 5-120~图 5-123 所示，这些是由俄罗斯人安东·叶戈洛夫（Anton Egorov）制作的十分有趣的农业图表作品。

▲图 5-120 农业作品 1

▲图 5-121 农业作品 2

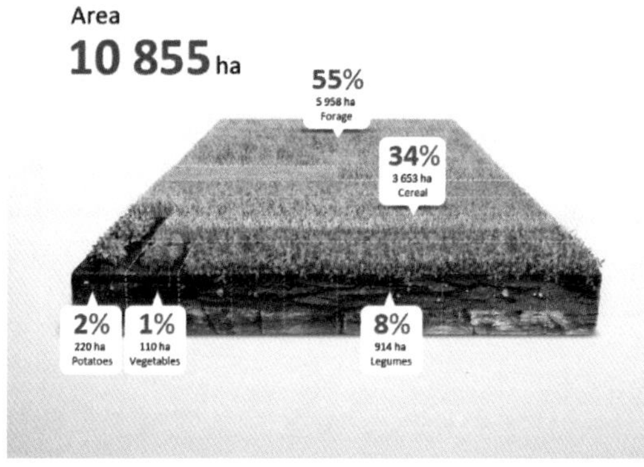

▲图 5-122 农业作品 3

▲图 5-123 农业作品 4

5.3.3 上这些网站，提升你的图表意识

无论是做PPT还是做图表，当达到一定境界之后，技巧便不是最重要的了，想法、意识才是决定高度的关键。要把图表做好，除了需要掌握技巧外，还应该积累图表思维，看大量的图表，拓展眼界，知其然，进而知其所以然。从哪些网站上可以浏览到大量的好图表呢？除了花瓣网、专门的图表设计网站等，你还可以在如图5-124～图5-127所示的这些网站看到很多好图表。

1. 腾讯财经——图片报告

▶图5-124　腾讯财经——图片报告

2. 网易数读

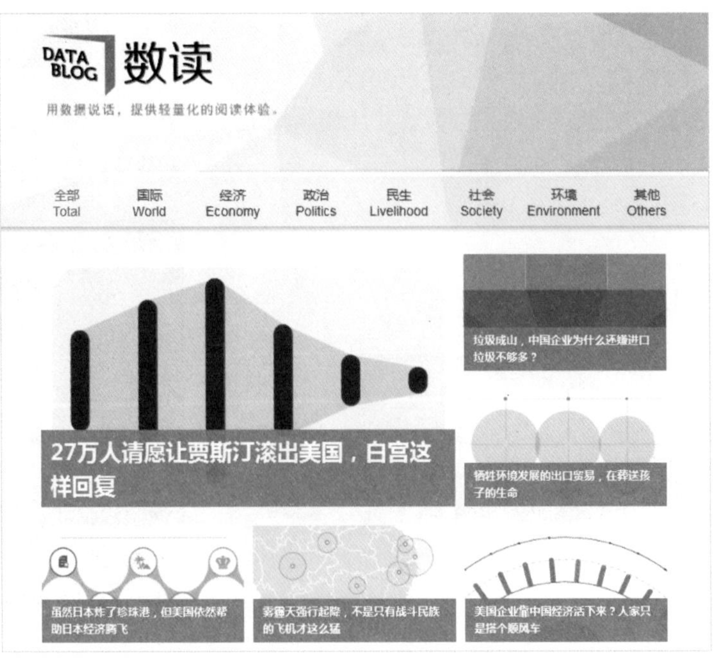

▶图5-125　网易数读

3. 新华网——数据新闻

▲图 5-126　新华网——数据新闻

4. Infogr.am

一个在线制作图表的外文网站，在这里既能浏览很多不错的英文图表，也能轻松套用其中丰富的模板，快速制作出漂亮的图表，导入你的 PPT 中使用。

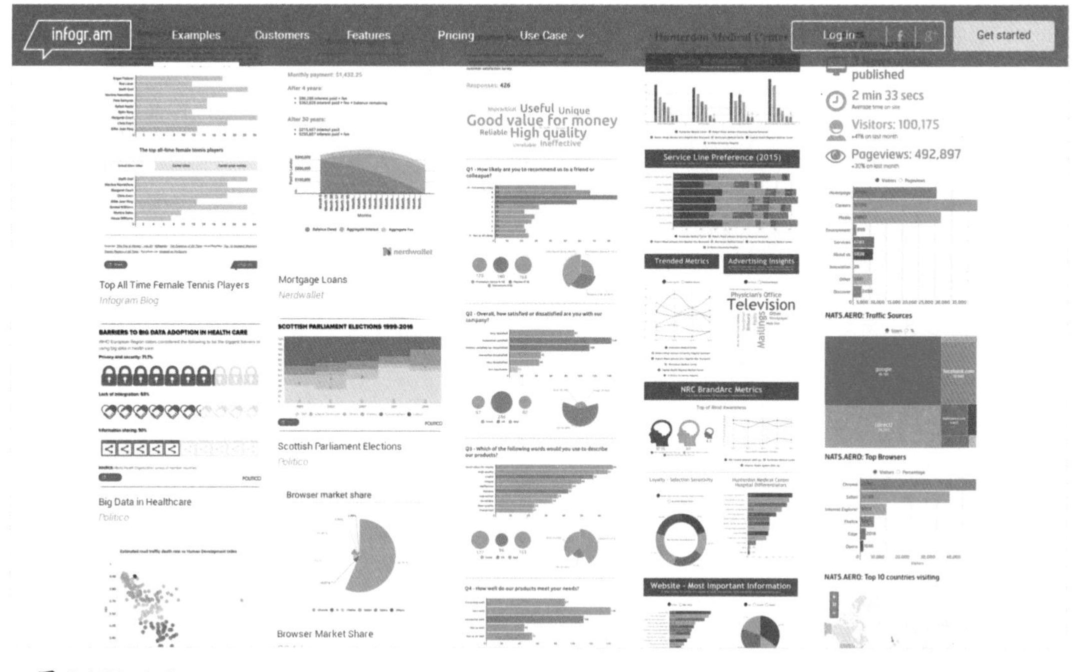

▲图 5-127　infogr

神器 5：图表好工具——百度图说

百度图说是百度旗下的一个在线动态图表制作网站。这个网站上提供了各种类型的图表模板，如图 5-128 所示。当然，主要是一些 PPT 软件上没有的图表样式，如仪表盘图、各种地图等，用户可以通过这个网站补充 PPT 中没有的图表。

▲图 5-128　图表模板

该网站为全中文界面，稍加研究即可掌握，操作相对简单。在该网站中制作好图表后，可将图表的高度调至最大，将图表的整体背景颜色设置为透明，然后单击图表右上角的保存按钮，将图表保存为无背景 PNG 图片，这样便可以将其插入 PPT 中使用了，如图 5-129 所示。

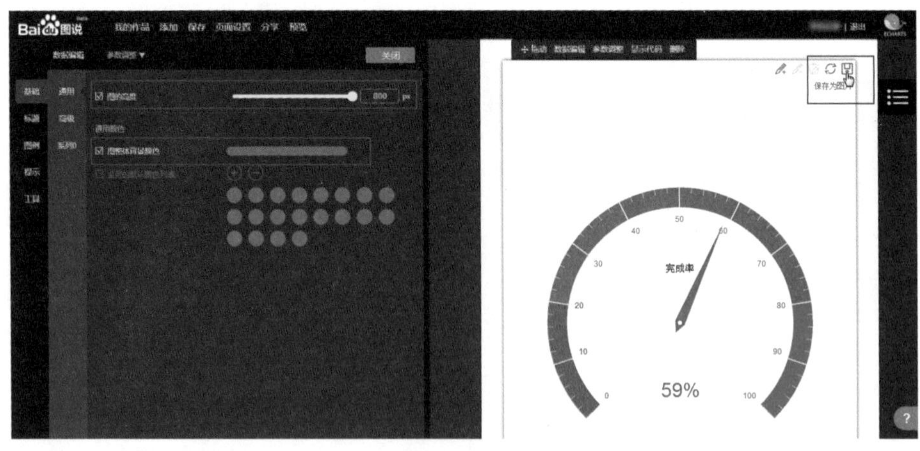

▲图 5-129　设置图表

Chapter 06 媒体与动画恰到好处即是完美

对于媒体和动画，新手易产生“秀”“炫技”的心理，因而，常常是滥用，反而落得拙劣。

恰如王国维的“境界说”，真正达到高明，对具体技法了然于胸，自不必去“秀”。

高明的做法是专注于言事，将媒体和动画用到恰到好处。

这才是经历了看山是山，看山不是山之后看山还是山的境界。

6.1 媒体是一把“双刃剑”

媒体内容相对用得较少，因而将其添加至 PPT 中时，会显得有些特别。如果使用得当，媒体内容对 PPT 内容会是一种丰富，能令 PPT 更有表现力，给观众留下较好的印象。但如果使用不当，也可能会造成恶劣影响，使整个 PPT、整场演讲显得劣质、不专业。

6.1.1 视频：说服力如何有效发挥

因其动态表现、声音与画面结合等特征，一段视频往往比一段文字或一张图片更具有说服力。多数时候，视频在 PPT 中充当着补充资料的角色，或引起某个话题，或论证某个观点等。无论要添加一段什么样的视频，前提是它能提升 PPT 的说服力，而不是为了哗众取宠、吸引眼球。

1. 怎样用好视频？

把视频用好，让它发挥应有的作用，需要注意以下两个问题。

（1）关于视频放置的位置。作为某一页内容的补充材料的视频可紧跟前文放置，但最好新建一页，将视频单独放置在一页上；作为话题切入、引起兴趣的视频，放置在整个 PPT 或某一节的开头为宜；为了让观众在整场演讲中持续保持注意力，可将一个完整的视频切割成多个片段，穿插在 PPT 的各个部分。当然，不是所有的演讲都适合这样做，还须根据 PPT 内容和视频本身的情况决定。

（2）关于视频在页面中的排版。当将视频插入幻灯片中并进入放映状态，鼠标指针未放置在视频上时，视频的控件（播放按钮、进度条等）默认是隐藏的，视频显示为一个无边框的矩形。为取得较好的视觉效果，建议放置视频的幻灯片页面尽量简洁，甚至新建一页专用于放置视频，幻灯片的背景最好是黑色或灰黑渐变，以减少页面上其他内容对视频本身的干扰。视频窗口要尽量拉大，最好是铺满整页幻灯片或等比例拉伸至宽度与页面宽度保持一致。

2. PPT 中的视频编辑

PowerPoint 2019 支持多数常见的视频格式，若视频格式不被 PPT 支持，可使用“格式工厂”软件将视频转成 MP4、AVI、MPEG、WMV 等格式后再插入 PPT，如图 6-1 所示。

插入计算机中保存的视频时，可通过选择“插入”选项卡下的“视频”命令，选择“PC 上的视频”插入，也可以直接复制视频至页面中。

将视频插入幻灯片页面后，选中该视频，通过视频工具“格式”和“播放”两个选项卡中的各种命令可实现对视频的一些简单编辑，如图 6-2 所示。

▲图 6-1 “格式工厂”软件的界面

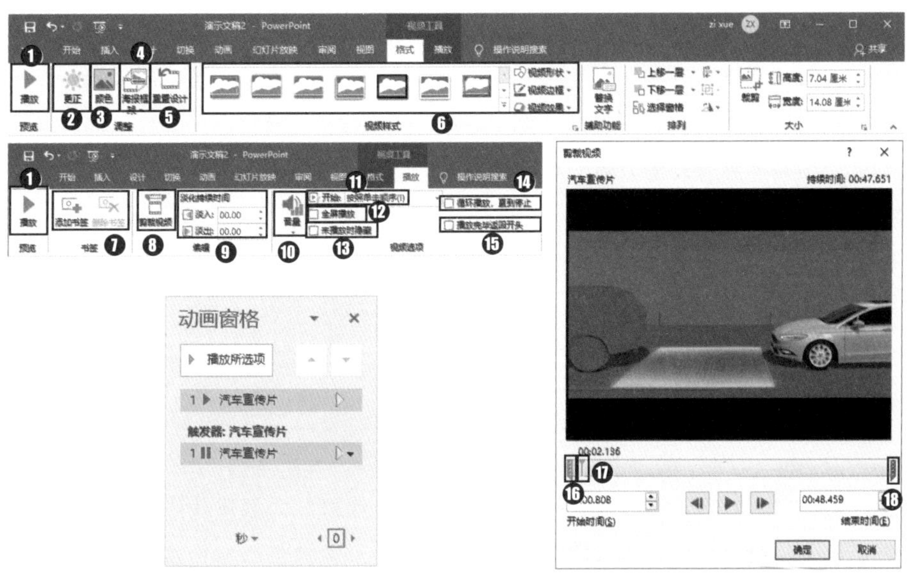

▲图 6-2 编辑视频

❶“格式”和“播放”选项卡中该按钮的作用相同。

❷设置视频整体的亮度和对比度。

❸设置视频整体的色调。

❹海报框架其实就是视频的封面页，视频被插入 PPT 中后封面页默认为第一帧画面。如果要显示视频内的其他画面，可将视频播放至该画面，再选择“海报框架”→“当前帧”命令；若要刻意制造悬念，将视频封面显示为视频之外的其他图片，可选择“海报框架”→“文件中的图像”命令，然后选择计算机中的图片作为封面页。

❺ 放弃对视频所做的所有格式的修改，也就是让视频恢复到刚插入时的状态。

❻ 为视频应用样式，设置视频的显示形状、边框以及效果。一般情况下，没有必要对视频外观进行改动，样式只会影响视频本身的效果。

❼ 添加和删除书签，在播放视频时通过书签记录要裁剪的位置，打开剪裁对话框剪裁视频时作为参考，裁剪起来更方便。

❽ 单击可打开“剪裁视频”对话框，实现对长段视频中某节片段的截取。

❾ 剪裁后的视频一般须设置淡入、淡出效果，让视频片段的开始与结束更为自然。

❿ 根据演讲场地的播放设备进行设置，最好提前实地调试，一般设置中等音量就足够了。

⓫ 设置视频播放方式，设置为“单击时”即单击视频控件中的播放按钮播放，设置为“自动”即一进入视频所在页视频就自动播放，最好将视频开始的播放方式设置为“自动”或事先设置某种触发方式。

⓬ 选中后播放视频时将自动以全屏的方式播放，适合必须将视频以小尺寸混排在幻灯片页面上的情况。

⓭ 选中该复选框，表示不播放时，就隐藏幻灯片中的视频。

⓮ 选中后，会一直播放视频，第一遍播放完后，会继续播放第二遍、第三遍……只有执行暂停操作，才能停止播放。

⓯ 选中后，视频播放后，将返回到视频的开头画面。

⓰ 裁剪后视频的开始位置。

⓱ 视频现在播放至的位置。

⓲ 裁剪后视频的结束位置。

6.1.2 屏幕录制：说不清的过程录下来说

使用 PowerPoint 2019 中的屏幕录制功能，可将计算机上的操作过程录制为视频插入当前幻灯片页面中。使用该功能所录制的操作不局限于 PPT 软件窗口内的操作或其他 Office 软件中的操作，系统桌面上进行的任何操作都能够记录下来。例如，将网页中某汽车的宣传片录制下来插入 PPT 中。

步骤01 选择“插入”→“媒体”→“屏幕录制”命令，系统桌面变成半透明状态，桌面上方浮动着屏幕录制工具，单击“选择区域”按钮，鼠标指针变成十字绘图状。此时即可在桌面上按住鼠标左键拖动，绘制录制区，即录制的界面范围（红色虚线范围以内），如图 6-3 所示。

步骤02 在屏幕录制工具中单击“录制”按钮，在三秒提示后进入录制状态，此时在录制区域内单击视频的“播放”按钮，令视频进行播放，即可将播放的视频全部录制下来，如图 6-4 所示。

▲图 6-3　绘制录屏区域

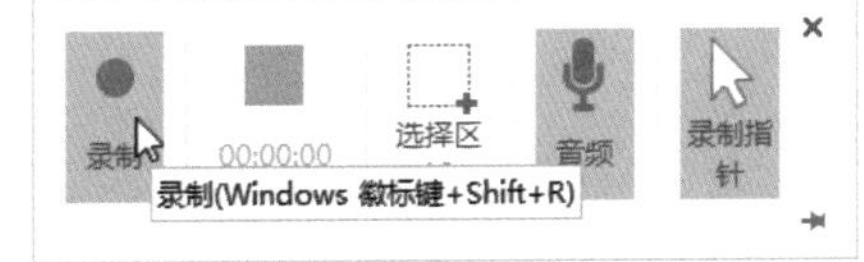

▲图 6-4　录制播放的视频

步骤03 录制完成后，按照录制前的提示同时按【Shift】键+Windows 徽标键+【Q】键即可退出录制，视频将自动保存在当前 PPT 页面上，如图 6-5 所示。

▲图 6-5　录制的视频自动插入 PPT 中

接下来可按前述处理视频的方法，在 PPT 中对录屏视频进行编辑，比如，将录制过程中的无效部分剪裁掉。也可以右击录屏视频，将其另存为 MP4 格式的视频并存放在硬盘中或发给好友观看。

如果计算机配有麦克风等声音输入设备，利用这一功能还可以录制旁白、讲解，这对于软件教学从业者，特别是网络教程领域的从业者非常实用。一般人虽然不会常用到屏幕录制，但是当你想介绍或解释某个很难用语言描述的操作过程时，就不必专门安装录屏软件了。比如，向不懂计算机的父母讲解 QQ 视频聊天的方法，录下操作过程，他们一看就明白了。

▲图 6-6　录制访问网站的过程

此外，我们还可以利用屏幕录制模拟动画效果，比如，直接用 PPT 制作在浏览器中输入网址并访问网站。打开某个网站这一动画效果可能稍微会有些复杂，但利用屏幕录制来模拟就比较简单了。

步骤01 在要插入网站访问动画的页面选择“屏幕录制”命令，将录制区域设置得比浏览器窗口稍大些即可。为了让动画看起来更加真实，可选择录制鼠标指针的路径，单击“录制”按钮，开始录制访问某个网站的过程，如图 6-6 所示。

步骤02 录制完成后，沿着浏览器窗口边缘裁剪视频对象，并对视频内容稍加剪裁（只保留输入网址，确认，打开页面这一过程），如图 6-7 所示。最后将视频设置为自动播放即可。

▶图 6-7　将访问网站过程插入 PPT 中

当然，这只是利用屏幕录制模拟动画效果的一个简单例子，只要你有想法，还可以模拟出更多、更复杂的效果。屏幕录制为丰富 PPT 的动画表现力打开了一个新的思路。

6.1.3 音频：一念静好，一念烦扰

PPT 中的音频主要有 3 种用法：第一种是作为整个 PPT 的背景音乐，渲染气氛、煽动情绪等；第二种是作为录音材料，通过播放音频（对话、朗读等语音内容）来论证幻灯片中的某个观点，如与专家的通话录音，英语教学 PPT 中插入的一些英语发音音频等；第三种是作为音效，配合某页幻灯片或页面上某个对象出现时使用，以引起观众注意。适当使用音频，能够为原本静态的页面增加听觉上的表现力，让 PPT 的内容、观点更容易被观众接受。当然，因为音频而搞砸一场演讲也可能就在一念之间。

与视频媒体相似，将音频插入 PPT 之后，通过音频工具的“播放”选项卡（见图 6-8）可以对音频素材进行自定义设置，如剪裁音频片段、让音频跨幻灯片循环播放等，使之更符合使用要求。

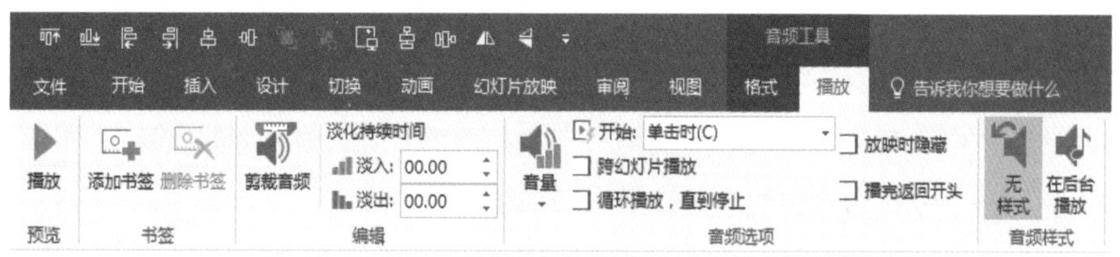

▲图 6-8　音频工具

1. 背景音乐

大多数时候，阅读型（咨询机构的调研报告等）和严肃场合演讲型的 PPT 都不需要添加背景音乐。而自动播放类的 PPT（景区无人值守的展台播放、个人电子相册、转换为视频使用的 PPT、企业形象宣传类 PPT 等）则最好配上背景音乐，因为背景音乐能打破这类 PPT 的枯燥、生硬感。

什么样的音乐适合作为 PPT 的背景音乐？不同的内容选择的音乐也不同，但大多数时候，或激昂或舒缓，纯音乐都是不错的选择。某些内容较为欢快的电子相册类 PPT，选择节奏明快的外文歌曲也有不错的效果。

背景音乐素材网站推荐网易云音乐，如图 6-9 所示。其中有大量由网友收集的纯音乐歌单，悲伤、欢快、清新、浪漫等，从歌单中找到一首好的旋律后很容易找到更多类似的旋律，且支持下载。

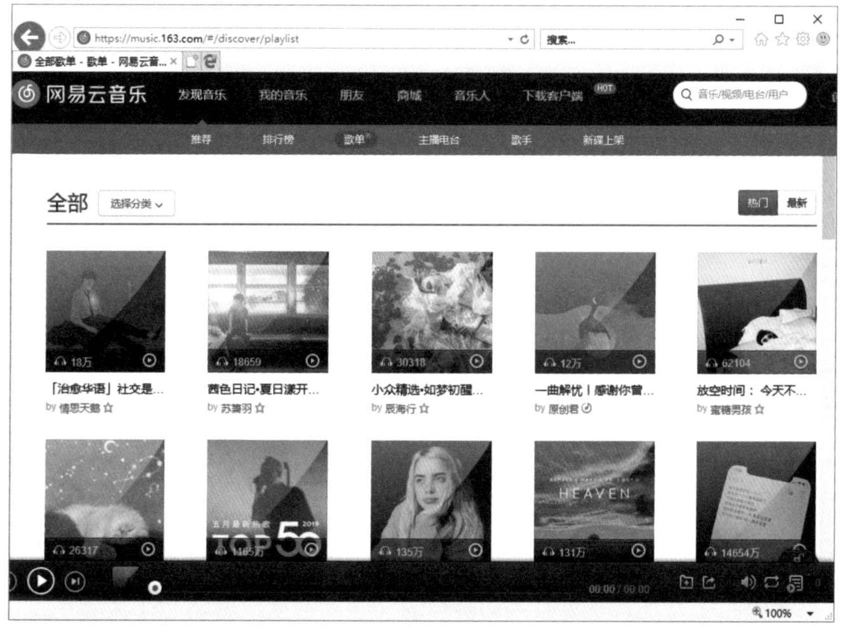

▲图 6-9　网易云音乐

2. 音效音频

PPT 软件提供了诸如爆炸、风铃、单击、打字机等一些经典的音效，在切换幻灯片时可以在“切换”选项卡中的“声音”下拉列表中选择，如图 6-10 所示。幻灯片页面上的某个对象出现、被强调、退出以及路径动画的音效，可以在该元素的动画属性设置对话框中选择，如图 6-11 所示。

软件自带的音效中没有合适的时，可到网上下载其他的音效，然后通过选择“声音”下拉列表中的“其他声音”将下载在硬盘中的音效应用为切换或动画音效。

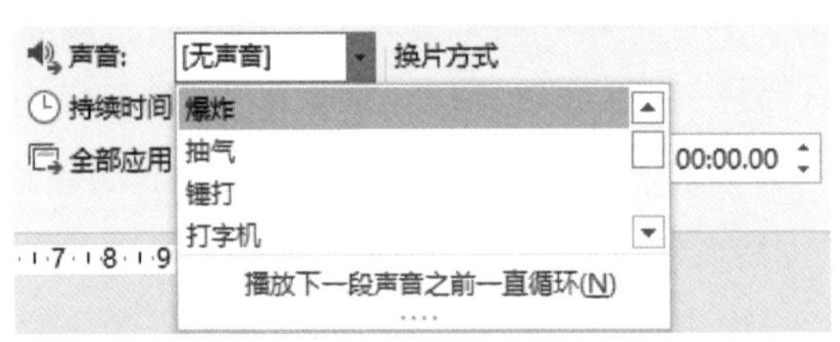

▲图 6-10　“声音”下拉列表

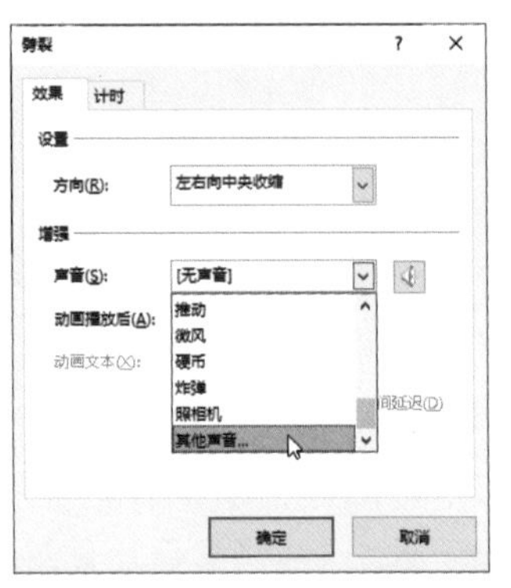

▲图 6-11　自定义动画属性对话框中的“声音”

很多音效本身实用性不强，品质也较低，非常容易破坏 PPT 的质感。因此，音效能不用时尽量不用，要用也应配合具体的内容来谨慎选择，一般不要用声音过于强烈、短促的音效。不要大量地使用音效，否则，真正的重点页面或重点内容出现时，即便添加了音效也达不到强调的效果。

技能拓展 > 录音音频小技巧

为了让观众听清录音类音频中的内容，可将声音的文字稿添加在页面上。比如，在通话录音的播放页将对话以动画的方式同步呈现在页面上；又如，在朗读英语文章音频页面，直接将朗读的文本附上。

6.2 动画不求酷炫但求自然

我们在网上能找到很多国内外 PPT 高手出品的酷炫动画 PPT，即便是使用旧版本 PPT，高手也能做出与 Flash 相媲美的动画效果。

作为非职业 PPT 设计师，我们并不需要把动画做得那么华丽。除非是随意、轻松的场合，否则一般演讲、阅读类 PPT 添加过于复杂的动画反而会喧宾夺主，影响 PPT 内容的传达。因此，新手学习 PPT 时首先应该树立正确的观念——不要投入过多时间，过分追求酷炫的动画技巧，而应更多地关注内容的策划撰写、排版设计等方面的知识，不要因为做不出酷炫的动画就对 PPT 学习望而却步。

PPT 中的动画分为针对幻灯片页面的切换动画和针对幻灯片页面上对象的自定义动画两类。

6.2.1 使页面柔和过渡的 8 种切换动画

切换动画是指幻灯片页与页之间切换时的动画效果，“切换”选项卡如图 6-12 所示。新手需要注意的是，在当前页面选择一种切换动画，设置的是切换至当前页面时的效果，或者说是当前页面呈现时的动画，而不是由当前页面切换至下一个页面时的动画。在软件提供的 48 种切换动画中，使用广泛、能使页面的过渡显得比较柔和的主要包括下列 8 种动画。

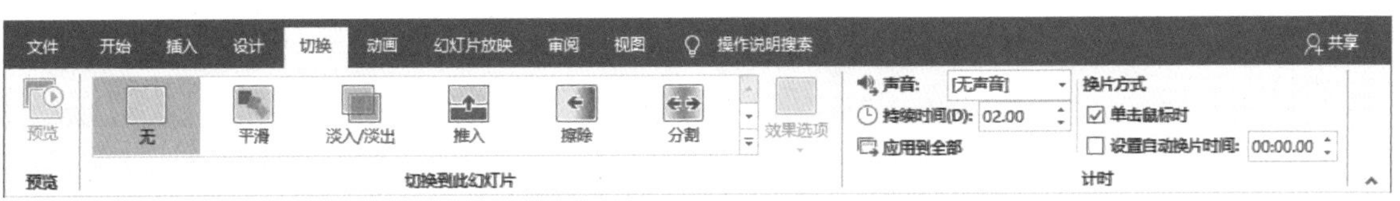

▲图 6-12 “切换”选项卡

1. 淡入 / 淡出

这是一种常用的、百搭型的动画效果，几乎任何页面用这一动画都可以实现较为自然的过渡。如果你不想在动画上花费太多时间，那么将所有页面均设置为淡入 / 淡出效果（设置好当前页面后，单击“应用到全部”按钮）是不会出差错的选择。

淡入 / 淡出动画有两种效果可选，一种是直接柔和呈现，即默认的效果；另一种是全黑后呈现。

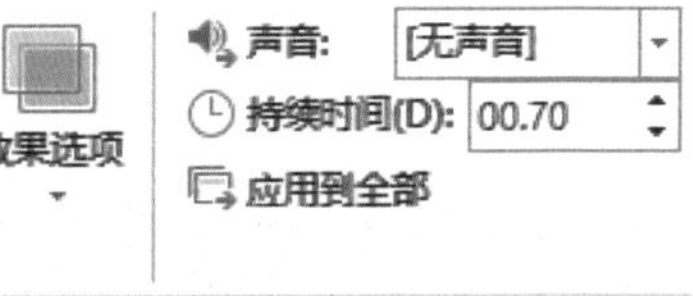

▲图 6-13 设置持续时间

封面页、成果展示页等值得给观众一种期待感的内容使用全黑型淡出效果，能够营造出一种惊艳之感，且适当把切换的“持续时间”设置得长一些，如图 6-13 所示，再把背景设置为由页面边缘深色向中心变亮色的射线渐变色填充，让页面视觉中心聚焦在页面中心，如图 6-14 所示，效果更佳。

▲图 6-14 淡入 / 淡出切换效果

2. 推入

在前后两页内容有所关联的情况下，使用该动画能够取得不错的效果。推入动画有 4 种效果选项，即推动的方向为上、下、左、右。图 6-15 所示为两页幻灯片切换时，选择从下往上的推入动画（自底部），能够将两页的线条连贯起来，视觉效果更佳。

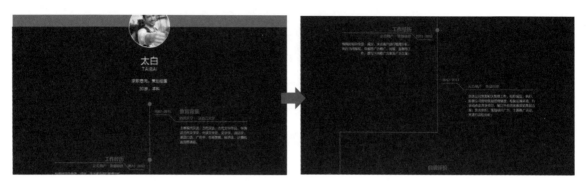

▲图 6-15　推入切换效果

若连续使用同一种推入动画，不宜切换得过于频繁，否则可能会造成视觉上的不适。

3. 擦除

擦除动画有一种“刷新”之感，当一部分内容说完，要开始另一部分时，或进行话题转换时使用，显得非常自然。教学类 PPT 用擦除动画会有一种擦黑板的效果，符合教学场合的情境。如图 6-16 所示的两页课件幻灯片，从上一节的圣经文学切换至下一节的罗马文学，可选择擦除动画。擦除动画有 8 种效果可选，一般根据书写习惯从左侧向右侧擦除为宜。

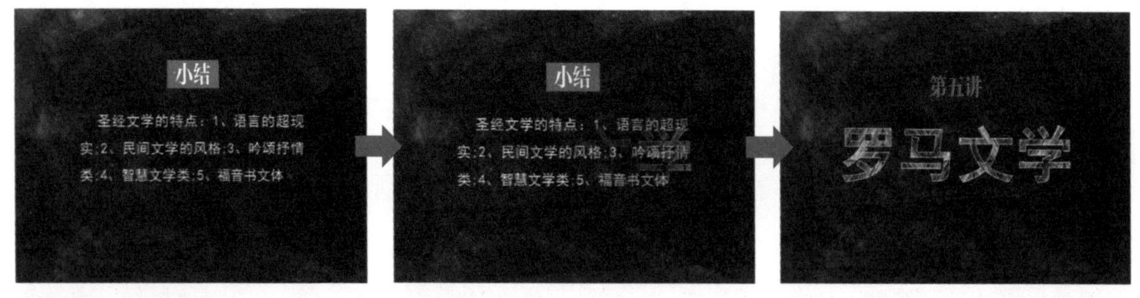

▲图 6-16　擦除切换效果

4. 显示

该动画的优点在于缓慢，能以一种稍具美感的方式表现前后两张幻灯片的切换过程，较适合抒情的环节使用，能够带动观众的情绪。如图 6-17 所示的两页幻灯片，从感谢的话语页切换至追忆往昔的照片墙页，使用显示效果会给观众一种往事从记忆里泛起之感。显示动画有 4 种效果选项，可根据不同的页面情况，选择合适的方式。

▲图 6-17　显示切换效果

5. 形状

在形状切换的几种效果选项中，推荐使用默认的圆形形状切换。这种切换方式与我们常在电视、电影中看到的人物陷入回忆时的镜头切换方式非常相似，用于电子相册类 PPT 中人物与景物照片页之间的切换，会给观众一种追忆故地之感，如图 6-18 所示的两张幻灯片之间的切换。

▲图 6-18　形状切换效果

6. 飞过

这一动画与 iOS 系统进入桌面的动画效果很相似，当页面内容为相对较碎的排版（如九宫格图片墙）时，这种动画的视觉冲击力较强。另外，该动画有放大页面内容的效果，当前页面为比较重要的概念、核心论点、成果展示图等内容时，使用该动画能够起到强调的作用，如图 6-19 所示的“四个‘伟大远征’”一词，不对文字单独添加自定义动画中的“缩放”强调动画，依然能够达到强调的目的。

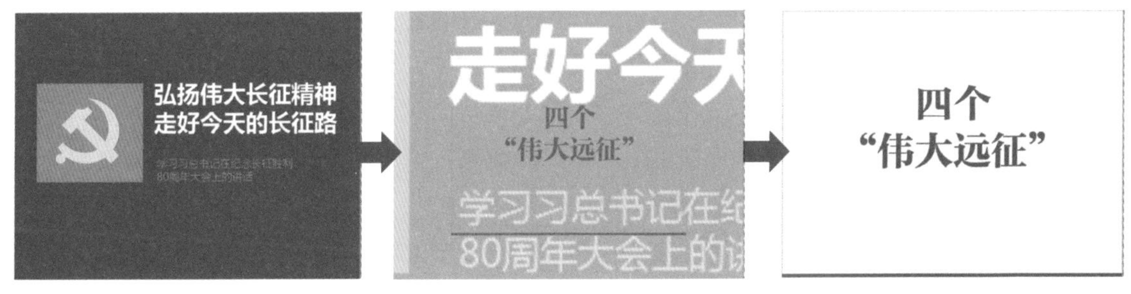

▲图 6-19　飞过切换效果

7. 翻转

翻转是一种颇具立体空间感的轴旋转方式，添加在宽屏 PPT 采用左右排版方式的页面上，能够产生一种旋转门的效果，若前页版式为左图 + 右文，则后页版式改为右图 + 左文，相邻的两页版式交换一下，视觉效果更佳，如图 6-20 所示。

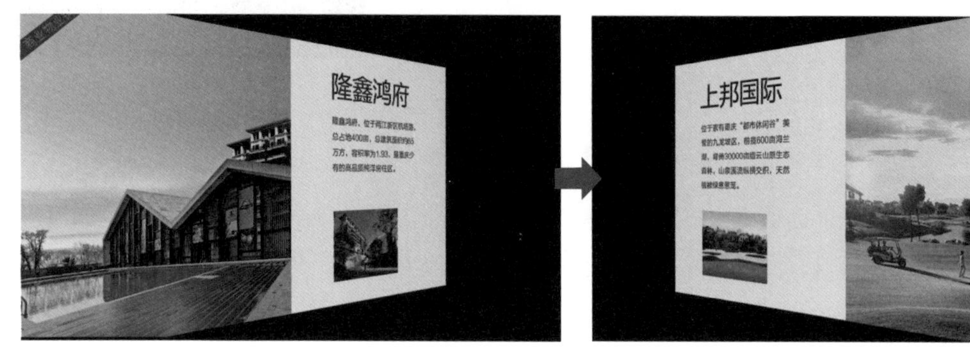

▲图 6-20　翻转切换效果

8. 平滑

当前后两页幻灯片中未含有相同的文字、图片、组合、形状（或同类）等时，该动画与淡出效果相同；当前后两页幻灯片中含有相同的文字、图片或同类的形状等时，则两页幻灯片中的对象将平滑地发生改变，如同没有换页一般。使用该动画关键在于前后幻灯片中含有相同的文字、图片、组合、形状（或同类）等。比如，前一页幻灯片中有椭圆 1，下一页有椭圆 2，无论椭圆 2 的大小、角度、色彩是否与椭圆 1 相异，平滑切换都可以产生作用，如图 6-21 所示。

▲图 6-21　平滑切换效果

利用平滑动画的特征，巧妙安排前、后页面的内容，不用自定义动画也能做出既流畅又出色的动画。下面简单介绍一些具体用法，供大家参考。

大小与位置变化：在导航缩略图中右击 A 页，选择“复制幻灯片”命令，此时在 A 页后面新建了一页与 A 页一模一样的页面，即 B 页。接下来只需在 B 页上将需要修改的某些对象（本例中的 LOGO 椭圆）进行缩放、移动操作，再为幻灯片添加平滑切换效果即可，如图 6-22 所示。

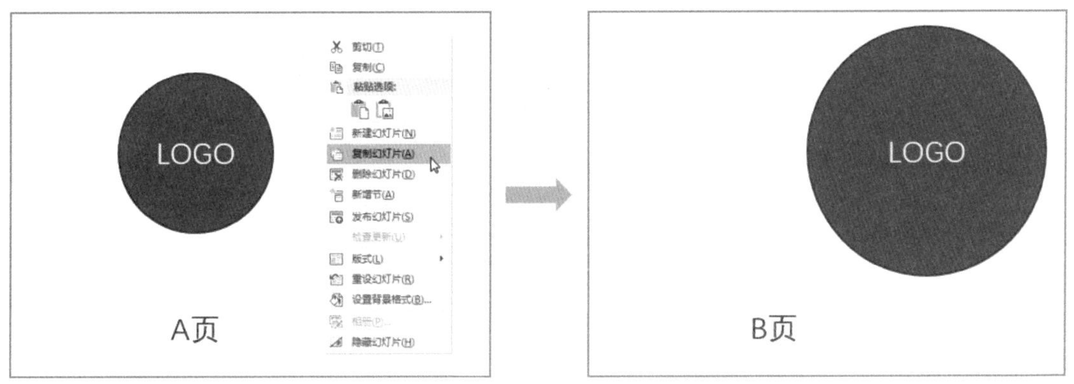

▲图 6-22 利用平滑动画实现大小与位置的变化

旋转变化：复制 A 页（复制的页面为 B 页）后，打开设置形状格式窗格，输入旋转的具体角度（使用形状格式窗格的好处在于可以自由控制旋转度数），如图 6-23 所示。这样，当 B 页应用平滑动画后，观众只能感受到对象（这里的泪滴形）旋转的过程，几乎感受不到换页。采用旋转变化时，建议把平滑变化的时间稍微缩短，让旋转速度稍快一些，这样会显得更加自然。

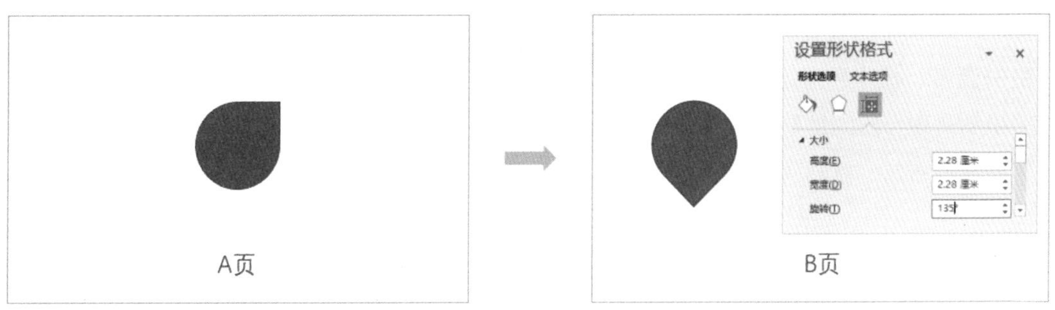

▲图 6-23 利用平滑动画实现旋转变化

压缩变化：在 B 页中将某个形状的高度设置为一个极小值，该形状就变成了一条直线，如图 6-24 所示。利用这一特点，就能实现压缩型形变效果的平滑动画了，结合旋转变化一起使用，效果更出色。

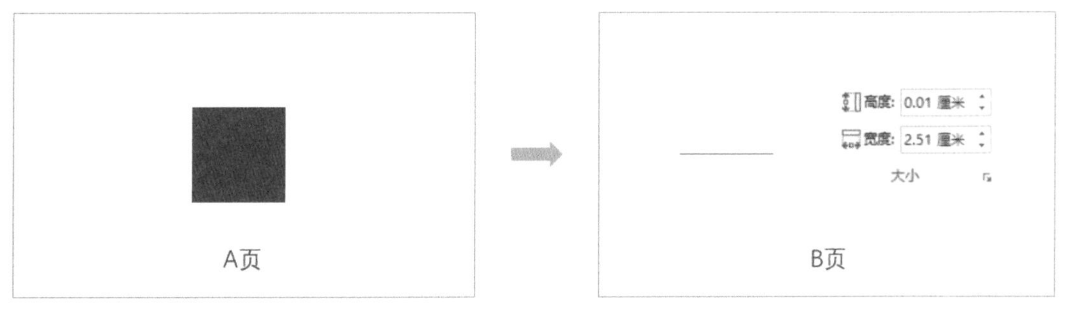

▲图 6-24 利用平滑动画实现压缩变化

形状变化：由A页的正方形变化为B页的圆形，这种形变平滑动画又该怎么做呢？在B页中执行“更改形状”操作是无法实现的，因为更改形状后软件不会认为变成圆形的“正方形”与A页的正方形是同类对象。通过编辑顶点将B页的正方形编辑为一个圆形也不行，虽然软件把编辑为圆形的正方形依然认定为正方形。要实现将正方形变成圆形往往需要借助一些特殊图形，即该图形本身可以通过形变控制点变成几种形态。比如，利用圆角矩形（按住【Shift】键之后画出长宽等比例圆角矩形），便可以实现正方形变成圆形的平滑切换效果，如图6-25所示。

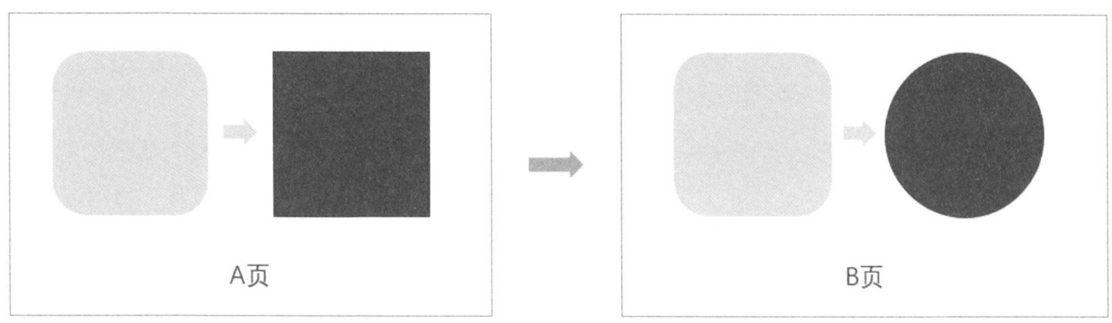

▲图6-25　利用平滑动画实现形状变化

由一变多：使用平滑动画还可以实现A、B切换时页面上一个对象变为多个对象的动画效果。这种效果的实现利用的是叠放的方法：首先在A页中将多个对象叠放在其中一个对象的图层下方，被该对象完全遮盖，复制A页后，在B页中将这些对象释放出来，不再被遮盖，如图6-26所示。

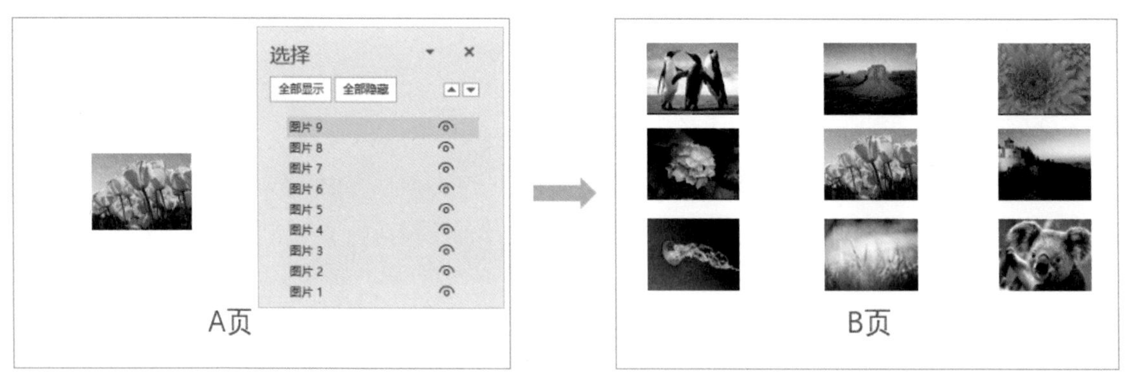

▲图6-26　利用平滑动画实现由一变多

文字变化：文字平滑切换的前提是，前后两页的文本框中的文字内容有相同的字。文字的平滑变化必须在效果选项中选择“文字”或“字符”效果方才有效。如图6-27所示，B页的文本框较A页的文本框新增了文字，此时需要选择“文字”效果；如图6-28所示，B页中仅有一个“销”字与A页相同，则需要选择“字符”效果。

销售技巧

A页

销售技巧指导

文字

B页

▲图 6-27 利用平滑动画实现文字变化 1

销售技巧

A页

营销思路

字符

B页

▲图 6-28 利用平滑动画实现文字变化 2

前后两页有相同的文字、图片、组合或同类的形状，但后页中的该对象由于被添加了自定义动画，切换时并未在页面上，因此即便对后页添加平滑切换动画效果也无法呈现。

网上有很多专业机构、专家对平滑动画的用法进行了探讨，比如，演界网陈魁老师出品的《PPT 变体效果大解析》，对平滑动画的用法介绍得非常全面，值得一看。扫一扫图 6-29 所示的二维码即可观看。

▲图 6-29 《PPT 变体效果大解析》

技能拓展 > 幻灯片切换时间的掌控

掌控好幻灯片的切换，须注意两个时间：（1）切换动画的持续时间，即设置好切换动画的时长，这个时间一般以默认的设置为佳，个别情况可进行手动设置；（2）换片时间，即在当前幻灯片页面停留的时间，默认为单击鼠标时切换，若设置为自动换片，播放时只会在该页面停留设定的时间，排练计时设置的时间也是换片时间，在排练计时的基础上对换片时间做调试更方便。

6.2.2 让对象动画的衔接更自然

对象动画是指为 PPT 中的对象添加动画效果，很多时候，一页幻灯片中可能会承载很多对象，如果为所有对象添加动画效果，那么如何才能让各对象之间的动画自然地衔接在一起呢？这是很多PPT制作者的疑问。

1. 明确为什么要添加动画

没有目的地添加动画，只会让PPT中的内容动得莫名其妙，所以在添加动画效果之前，首先需要搞清楚为什么要为这个对象添加动画。一般来说，添加动画的目的主要有3个。

让页面上不同含义的内容有序呈现。当页面上的内容只是在说一件事或只有一个段落、层次时，没有必要添加自定义动画，直接使用切换动画即可。而当页面上有多件事或有多个段落、层次时，便可以配合演讲时的节奏，通过添加自定义动画的方式让内容依次呈现，如图6-30所示的幻灯片中含有3层内容，因此可以分别添加自定义动画，使其按先后顺序进入页面。

强调页面上的重点内容。当前页面上的重点，需要着重突出的，除了字号、颜色等设计上的强化外，还可以单独添加动画进行强调。如图6-31所示的幻灯片，通过添加“缩放”这一进入动画来实现对“企业电子商务绝非是局部优化”这句话的再次强调。

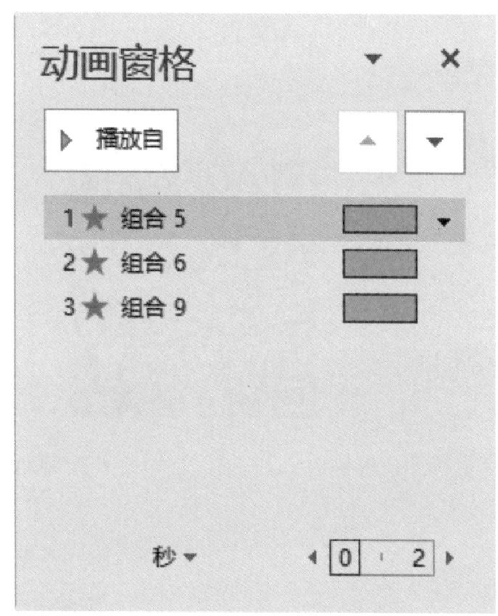

▲图6-30　幻灯片中含有3层内容

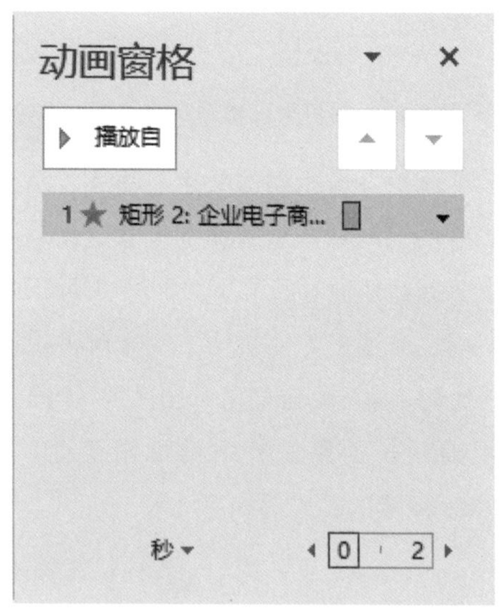

▲图6-31　强调内容

引起关注。页面上的大多数内容都是静态的，若为其中的部分内容添加一个自定义动画，很容易引起观众注意。如图6-32所示，为了引起观众对“简约”一词的关注，故意将该词从原文本框中拆分出来，单独添加强调动画“放大”；又如图6-33所示，为了让观众关注那栋压轴楼王，在原图上沿着楼宇的轮廓绘制了半透明填充的任意多边形，并对其设置重复播放的强调动画“脉冲”。

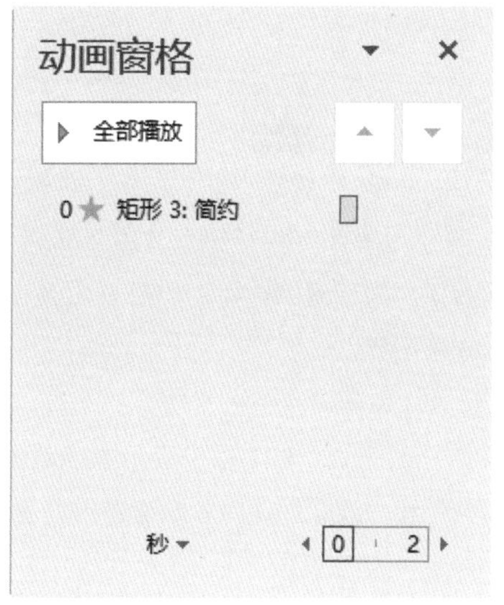

▲图 6-32 引起观众对“简约”一词的关注

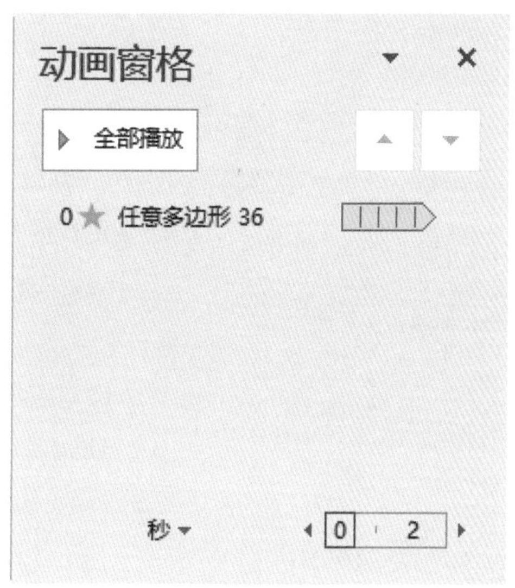

▲图 6-33 引起观众对某栋楼的关注

总而言之，为对象添加动画应有所目的，随意滥用自定义动画带给观众的感受必然是突兀的。

2. 用大众普遍接受的自定义动画

大家都知道，对象动画包括进入、强调、退出和动作路径 4 种类型，每种类型又根据动画效果的明显程度分为基本型、细微型、温和型、华丽型几组。高手们制作的那些看起来十分炫酷的动画大多是通过各种类型的组合、为一个对象添加大量的动画等方式实现的。日常办公、严肃演讲等普通应用场景无须把动画做得那么复杂，不要由着个人的喜好使用非常跳跃的动画（如弹跳、下拉），尽量使用大众普遍能接受的动画，以确保内容呈现自然、不突兀。

根据笔者以往的经验，推荐以下几种大众普遍接受的动画效果。

（1）进入动画。

淡化，非常经典的效果，比直接出现要柔和，无论文字、图片、形状，使用该动画都不会出问题，如图 6-34 所示。

浮入，可上浮或下浮，这种下降或上升的过程应用在一些重点文字上会给观众一种隆重推出、提醒关注的感觉，如图 6-35 所示。

擦除，可从上方、下方、左侧、右侧等方向擦除文字或对象，如图 6-36 所示。

轮子，有圆形、圆环、弯曲线条等部分形状，使用该动画可表现绘制的过程，雷达扫描、倒计时刷新等均可利用该动画制作，如图 6-37 所示。

缩放，在强调某些重点对象特别是重点文字时效果较好。当对象外形较大时，可选择以幻灯片页面为中心缩放，如图 6-38 所示。

旋转，纵向对称轴式的旋转，某些小图标进入时选择这种动画，看起来会更加生动、活跃，如

图 6-39 所示。

▲图 6-34　淡化

▲图 6-35　浮入

▲图 6-36　擦除

▲图 6-37　轮子

▲图 6-38　缩放

▲图 6-39　缩放

温和
★ 翻转式由远及近 ★ 回旋
★ 基本缩放 ★ 上浮
★ 伸展 ★ 升起
★ 下浮 ★ 压缩
★ 中心旋转

▲图 6-40　压缩

压缩，需要在“更改进入效果”对话框中选择，如图 6-40 所示。单行文字，小结论应用该动画效果不错。

（2）退出动画。

与进入动画是逆向的变化，一般来说，PPT 很少应用退出动画。在多种动画组合时，常用“消失”和“淡化”使对象快速退出页面。

（3）强调动画。

脉冲，让某个对象吸引观众关注时使用该动画的效果不错。大多会添加“重复”效果，使对象如同心跳或呼吸般持续震动，如图 6-41 所示。

陀螺旋，即圆周旋转，对于某些形状来说，应用陀螺旋动画能够让其生动起来（设置重复动作），比如太阳形、圆形等，如图 6-42 所示。

放大 / 缩小，多用放大动画实现强调的目的，如图 6-43 所示。

彩色脉冲，与脉冲作用相同，脉冲是通过大小的变化引起观众关注的，而彩色脉冲是通过颜色的变化引起观众关注的，如图 6-44 所示。

▲图 6-41　脉冲

▲图 6-42　陀螺旋

▲图 6-43　放大 / 缩小

▲图 6-44　彩色脉冲

大师点拨 >　如何让一个动画重复出现？

在“动画窗格”中选中需要重复出现的动画，按【Enter】键打开动画属性设置对话框。对话框中有两个或三个选项卡：“效果”“计时”以及另一个对象属性动画选项卡，通过设置其中的选项，可以对动画效果进行进一步的丰富。比如，在“放大 / 缩小”这一动画的属性对话框设置放大 / 缩小的具体尺寸。若要让一个动画重复出现，则可以通过对话框的“计时”选项卡设置，重复方式可以是重复具体的次数后停止，也可以是单击时停止等。

（4）动作路径动画。

弹簧、中子等图形路径的使用频率一般不高，只需要掌握向左、向右、根据需要自定义路径即可。动画的开始和结束位置都会以半透明色显示出来，因而对于运动的轨迹可以更好地把控，借此即便普通人也能做出多个动画组合使用的复杂动画效果。

动作路径动画的路径也能进行顶点编辑（直线路径无法进行顶点编辑），且操作方法与编辑形状顶点相同，如图 6-45 所示。若对形状的顶点编辑比较熟练，对于动作路径动画的路径编辑操作也能得心应手。

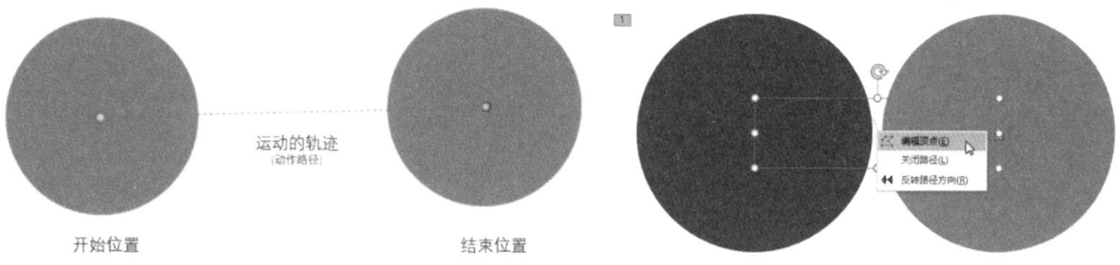

▲图 6-45　动作路径动画

技能拓展 > 路径的锁定与解除锁定

锁定是指将路径动画的路径固定在添加该动画时所在的位置，无论是否改变对象本身的位置，路径的位置都不发生改变。而解除锁定是指路径不固定，它会跟随对象一同移动。锁定与解除锁定都与路径本身的形态无关，并非指路径本身能够延长或变形等。

大师点拨 > 如何将一个对象的动画复制到另一个对象上？

使用动画刷可以将一个对象的动画复制到另一个对象上，从而加快编辑动画的效率。动画刷的使用方法与格式刷相似，单击“动画刷”按钮，复制粘贴一次；双击“动画刷”可以复制粘贴无限次，直至按【Esc】键退出。

3. 为同一对象添加多个动画效果

在 PPT 中，要实现某一动画效果，通常需要将多种动画效果叠加到一起。很多人都知道，使用“动画”选项卡的动画组中的“动画”列表框和“高级动画”组中的“添加动画”命令（见图 6-46），都能为对象添加动画效果，但极少有人知道怎么为同一对象添加多个动画效果。

为同一对象添加多个动画效果的方法很简单，只需要掌握一个很简单的原理即可。为对象添加第一个动画效果时可以通过动画列表框和“添加动画”命令，但从添加第二个动画效果开始，便只能通过“添加动画”命令来添加，因为通过动画列表框添加时，第二个动画效果会替换前一个动画效果。

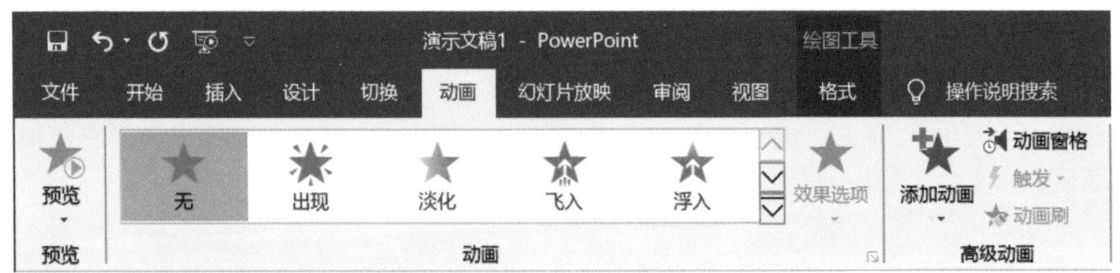

▲图 6-46 “动画”选项卡

4. 把握动画的播放节奏

自定义动画的节奏过快或过慢都会导致播放节奏不自然。把握好自定义动画的节奏，须学会使用 4 个时间。

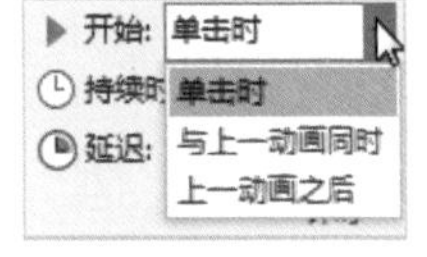

▲图 6-47 开始时间

（1）开始时间，或者说是动画的启动方式，当页面上有多个动画时，这一选项设置的是动画的衔接方式。如果要两个或多个动画同时播放，则选择“与上一动画同时”，如图 6-47 所示。

（2）持续时间，即该动画的过程持续多长时间，可直接输入。想让一个动画效果慢一点，就把时间加长；想让动画效果快一点，则把时间缩短，如图 6-48 所示。

（3）延迟时间，结合“与上一动画同时”这一开始时间使用，可以在时间轴上更好地设置各个动画启动的时间，如图 6-49 所示。比如，当前页面中有一个椭圆动作路径动画和一个文本框出现动画，想在椭圆运行到某个位置时让文本框出现，首先把椭圆的动画设置为第一个动画，文本框动画设置为第二个动画并选择与上一动画同时，其次观察椭圆运行到指定位置的时间，最后将文本框的动画设置延迟这一时间即可实现。

▲图 6-48 持续时间

▲图 6-49 延迟时间

（4）时间轴，按键【Alt】→【A】→【C】键打开“动画窗格”，在这里可以看到页面上添加的所有动画，这些动画都按启动方式、先后顺序排列在时间轴上，如图 6-50 所示。

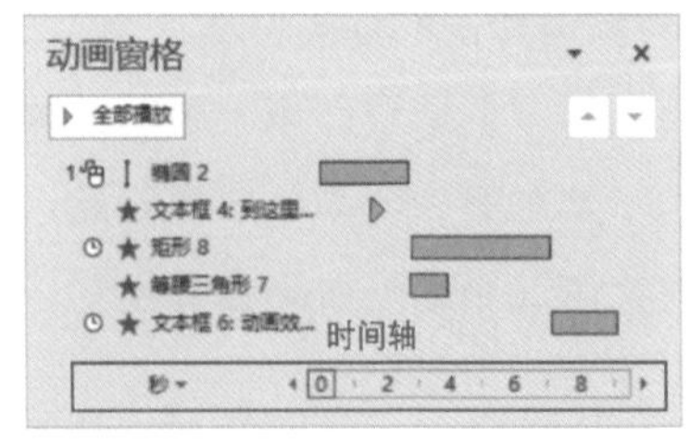

▲图 6-50 时间轴

如果在“动画窗格”中按住鼠标左键将时间轴拖动到窗口下方，就更像我们常见的时间轴了。选择某个动画并按住鼠标左键上下拖动即可改变动画启动的先后顺序。当鼠标指针放置在动画的持续时间（即时间轴上的那些色带）上变成黑色双向箭头⟷时，可改变动画的开始时间，鼠标指针放置在动画持续时间末尾变成⇹形时，拖动可改变动画的持续时间。

6.2.3 PPT 高手常用的 7 个动画小技巧

本章最后再补充介绍一些高手常用的、能够快速有效地提升新手制作动画的能力且日常使用 PPT 过程中也能用上的一些动画小技巧。

1. 图层叠放

将相同或不同的对象在页面中叠放，利用这一特殊位置关系，即便使用一些简单的自定义动画，也能做出特殊的效果。如文字的光感扫描效果，便可以用两层文字叠加来实现，具体方法如下。

步骤 01 复制文本框，并将复制后的文字设置为与原字体颜色不同的颜色（具体根据背影颜色和原文字的颜色来选择，一般选择白色、灰色才有光感的效果），为复制的这份文字（本例中的灰色文字）添加一个“阶梯状”进入动画（左下方向）和一个“阶梯状”退出动画（右上方向），适当将退出动画延迟一定时间，如图 6-51 所示。

熠熠生辉

熠熠生辉

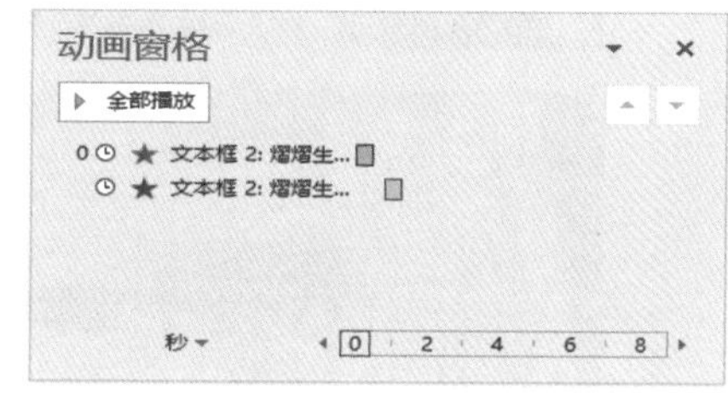

▲图 6-51 添加动画效果

步骤 02 将复制的文字叠放在原文字上方，如图 6-52 所示。通过简单的“阶梯状”动画制作的光感扫描效果就实现了，如图 6-53 所示。

▲图 6-52 重叠文字

熠熠生辉 熠熠生辉 熠熠生辉

▲图 6-53　文字光感扫描效果

利用这一方法，我们还可以用一张静态的图片，做出点亮灯火的亮灯动画效果。具体方法如下。

步骤01 插入一张亮灯状态的、色彩明艳的图片，然后复制该图片。调节复制的图片的亮度、饱和度，使其产生一定的去色效果（近似关灯的效果），如图 6-54 所示。

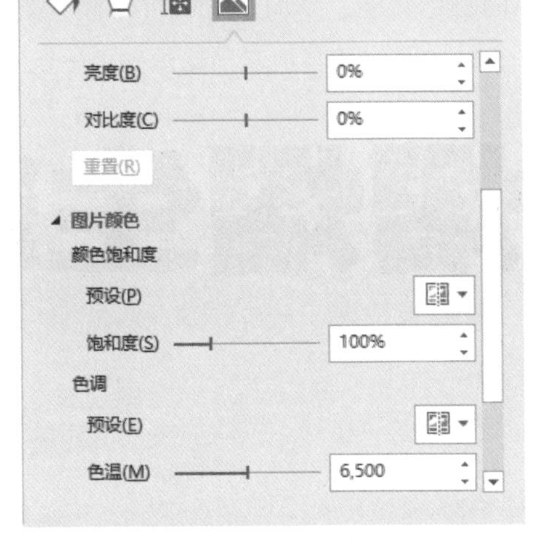

▲图 6-54　调整图片

步骤02 将原图叠放在去色后的图片上，然后添加“淡化”动画，并适当延长其持续时间，如图 6-55 所示。这样可以使灯火缓慢亮起更为自然，如图 6-56 所示。

▶图 6-55　添加“淡入/淡出”动画

▲图 6-56 图片动画效果

同理，我们还可以利用叠放来制作由模糊到清晰的镜头调焦效果。若精通 Photoshop 软件，在其中调整某个对象（如 LOGO）的打光变化，导出从不同角度打光的多张图片，在 PPT 中还可以做出光源来回照射的非常有质感的效果。

2. 溢出边界

放映 PPT 时，只会显示出现在幻灯片页面内的对象。但利用幻灯片页面外的位置，也能实现一些特殊的动画效果，如胶片图展，具体方法如下。

步骤01 将所有要展示的图片设置为相同的高度，整齐排列成一行并组合在一起。最左侧的一张图片对齐幻灯片的左边界，任由部分图片溢出幻灯片右边界，如图 6-57 所示。

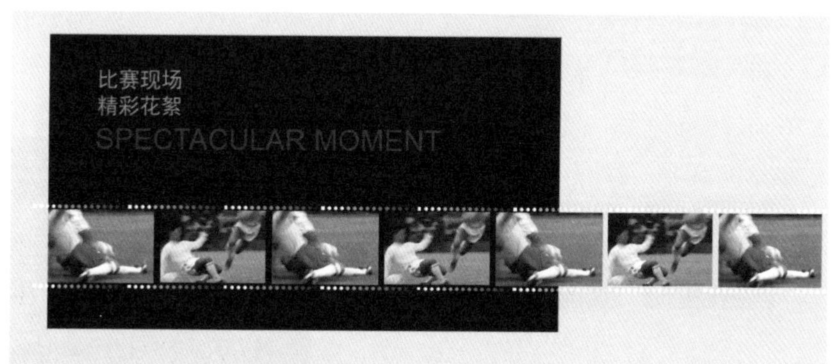

▶图 6-57 排列图片

步骤02 为组合好的图片添加一个向左的动作路径动画，适当调整动作路径动画的结束位置，使最右边一张图片的右边界刚好对齐幻灯片页面的右边界。根据图片的数量设置动作路径动画的持续时间，为了让图片匀速移动，可在路径动画属性对话框中将开始与结束的平滑时长取消，如图 6-58 所示。

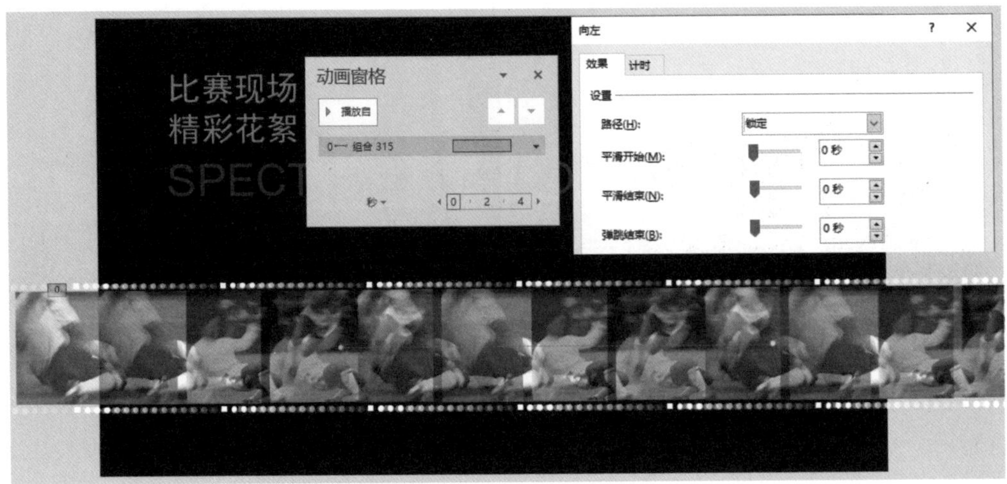

▲图 6-58　设置动画路径和效果

我们常常在网页上看到的图片轮播效果也可在 PPT 中实现，具体操作步骤如下。

步骤01 将图片插入幻灯片页面（本例以纯黑色为背景），插入的图片数量随意，本例以 3 张广告图为一组，两组图片切换轮播。首先，为保证轮播动画的效果，先将所有图片剪裁为相同的尺寸。然后，将一开始要出现在页面上的 3 张图片（广告 1、广告 2、广告 3）排列在页面上，再将轮播动画后切入进来的 3 张图片（广告 4、广告 5、广告 6）排列在幻灯片页面外，并通过对齐按钮使这 6 张图片顶端对齐、横向分布间距一致，再将页面内的 3 张图片、页面外的 3 张图片分别组合。最后，在页面上添加蓝色、红色两个矩形作为动画触发按钮，如图 6-59 所示。

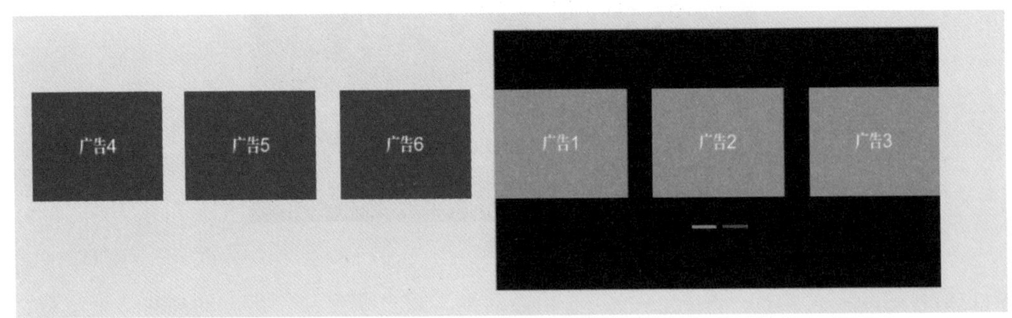

▲图 6-59　排列对象

步骤02 选择页面内 3 张图片构成的组合（本例中的组合 20，绿色图），添加“向右”的动作路径动画，开始时间设置为“单击时”，并在按住【Shift】键的同时拖动动画结束位置的小红点，将该动画的结束位置设定在 3 张图片刚好平移到幻灯片页面外的位置（广告 1 图片刚好移出幻灯片页面外）。同理，为页面外的 3 张图片构成的组合（本例中的组合 21，棕色图）也添加“向右”的动作路径动画，开始时间设置为“与上一动画同时”，其动画结束位置设定在当前的组合 20 所在的位置，且与当前的组合 20 所在位置完全重合，如图 6-60 所示。

这样单击鼠标左键，组合 20 移出幻灯片页面的同时组合 21 移入页面。

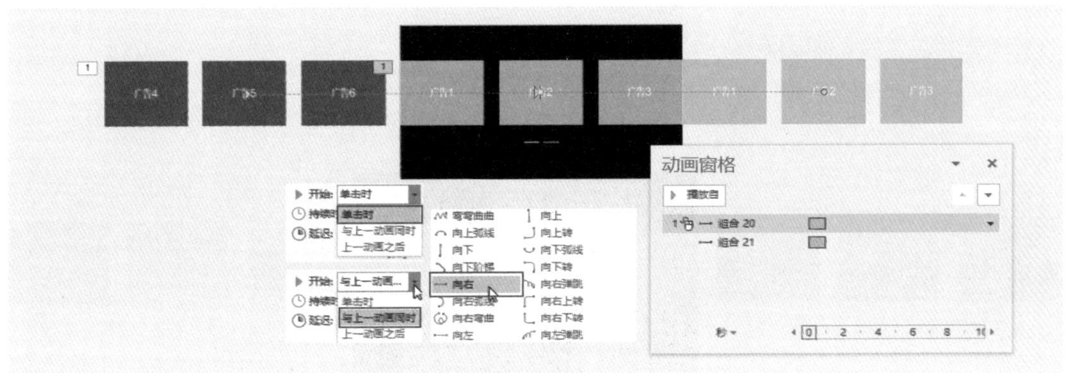

▲ 图 6-60 添加动画效果

步骤03 在“动画窗格”中选中组合 20 按【Enter】键，打开动画属性对话框。在对话框中切换至“计时”选项卡，单击“触发器”按钮，在“单击下列对象时启动效果”下拉列表中选择“矩形 7”，即红色矩形。单击“确定”按钮，返回“动画窗格”，将组合 21 拖动至组合 20 下方，如图 6-61 所示。这样，刚刚设定好的动画就只有在单击红色矩形时才会播放（预览效果也无法像普通动画一样单击“动画窗格”中的“播放自”按钮在编辑时预览，而只能进入播放状态才能预览）。

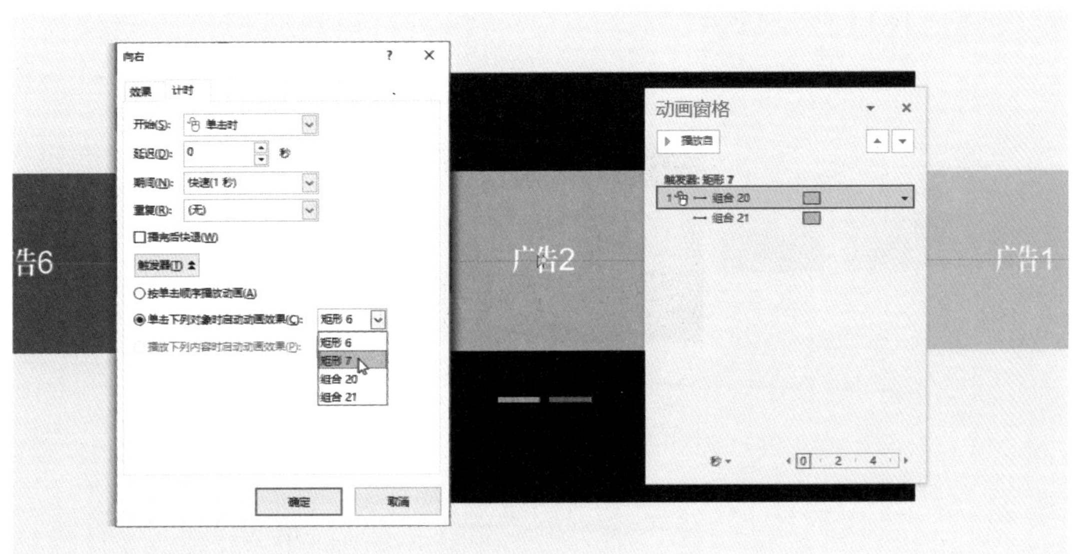

▲ 图 6-61 添加触发器

步骤04 为了让两组图片循环切换轮播，再次选中组合 21（棕色图片），并再次添加“向右”路径动画，开始时间依然是“单击时”。不过这一次需要将结束位置的小红点，平移至刚刚组合 20（绿色图片）路径动画的结束位置，即幻灯片页面右侧边界外。而开始位置的小绿点则平移至当前组合 20（绿色图片）所在位置，也即步骤 02 中为组合 21（棕色图片）添加的路径动画的结束位置，如图 6-62 所示。

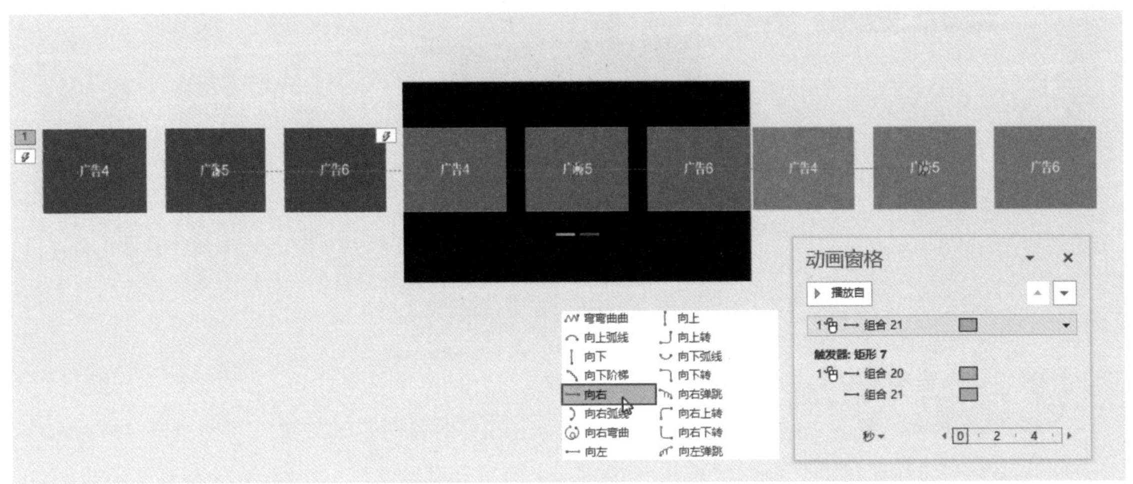

▲图 6-62　添加路径动画

步骤05 再次为组合 20（绿色图片）添加“向右”路径动画，动画开始时间为“与上一动画同时”，动画的开始位置设为当前组合 21（棕色图片）所在位置，动画的结束位置设为当前组合 20（绿色图片）所在位置，如图 6-63 所示。

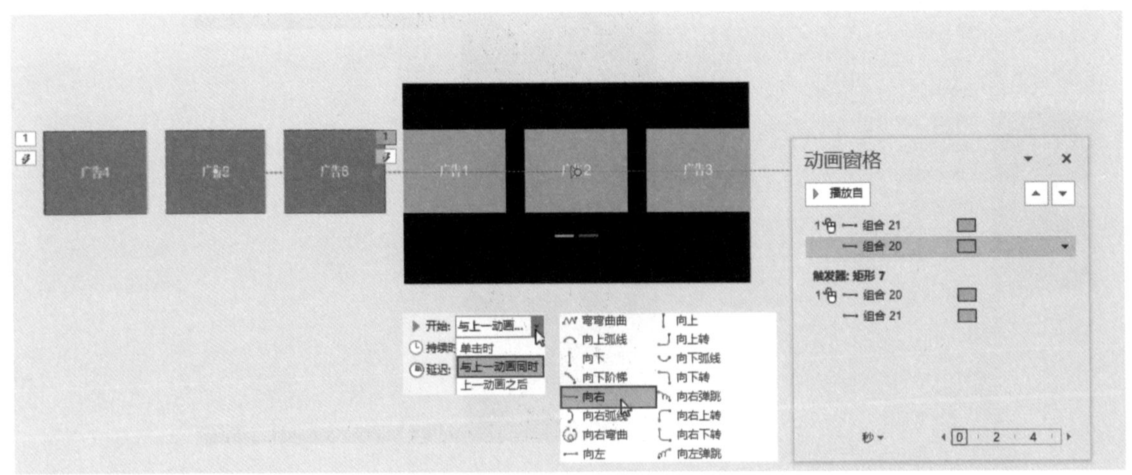

▲图 6-63　设置动画效果

步骤06 在“动画窗格”中，将组合 21 第二次添加的路径动画的开始方式设置为单击“矩形 6”（蓝色矩形）时开始，并将组合 20 第二次添加的路径动画拖动在其后，如图 6-64 所示。为了使图片轮播切换时的效果更好，建议将 4 个路径动画的持续时间都设置为 01:00。

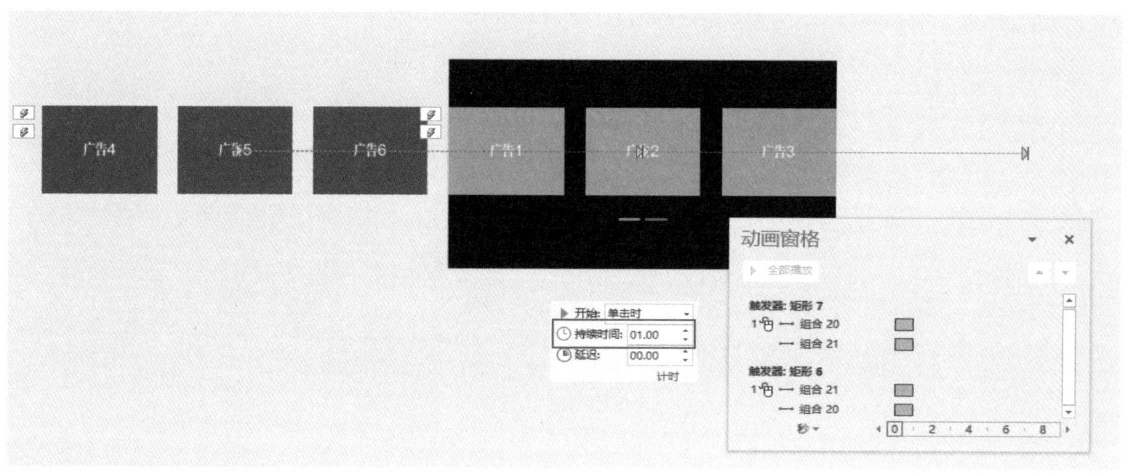

▲图 6-64 调整动画顺序

经过上述操作后，进入播放状态，单击红色矩形，广告 1、广告 2、广告 3 三张图片向右移出视线，而广告 4、广告 5、广告 6 三张图片则同时移入视线；单击蓝色矩形，广告 4、广告 5、广告 6 三张图片移出视线，广告 1、广告 2、广告 3 三张图片移入视线，从而形成网页中常见的轮播效果，如图 6-65 所示。

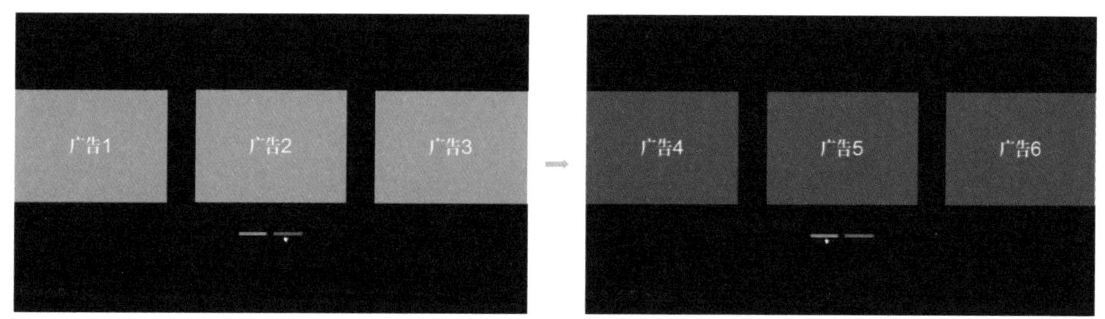

▲图 6-65 预览动画播放效果

PPT 不支持透明 Flash 动画，但像透明 Flash 动画中常见的箭头来回滚动这样的动画也可以利用特殊位置，通过“飞入”这一简单的自定义动画实现。具体方法如下。

在幻灯片页面外的左、右两侧分别添加一个箭头形状（可在“符号”对话框中的 Wingdings 字体中选择），并令箭头前方背对幻灯片页面，如图 6-66 所示。为这两个箭头分别添加飞入动画，向左的箭头自右侧飞入，向右的箭头自左侧飞入。两个动画的开始时间设置为同时，为了让效果更真实，可将其中一个动画的持续时间设置得稍长一些。动画最终效果如图 6-67 所示。

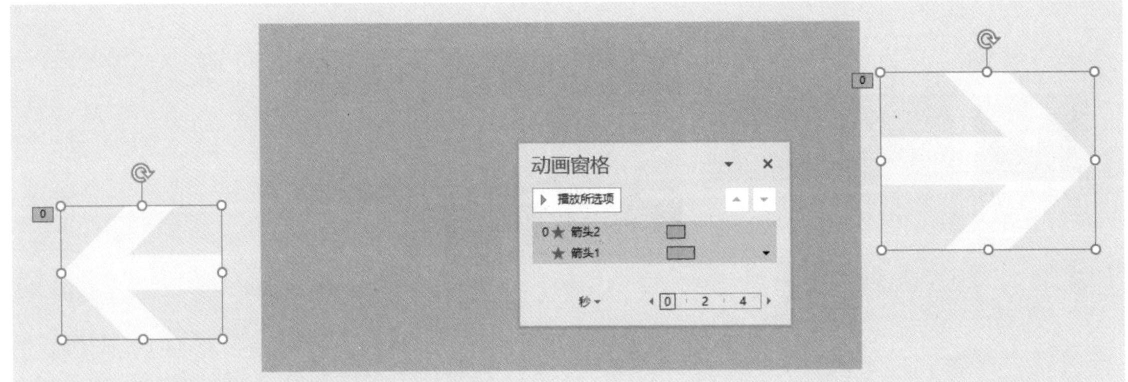

▲图 6-66　添加动画效果

▲图 6-67　动画最终效果

平滑切换动画利用溢出边界也可以做出从无到有的特殊效果，如图 6-68 所示。

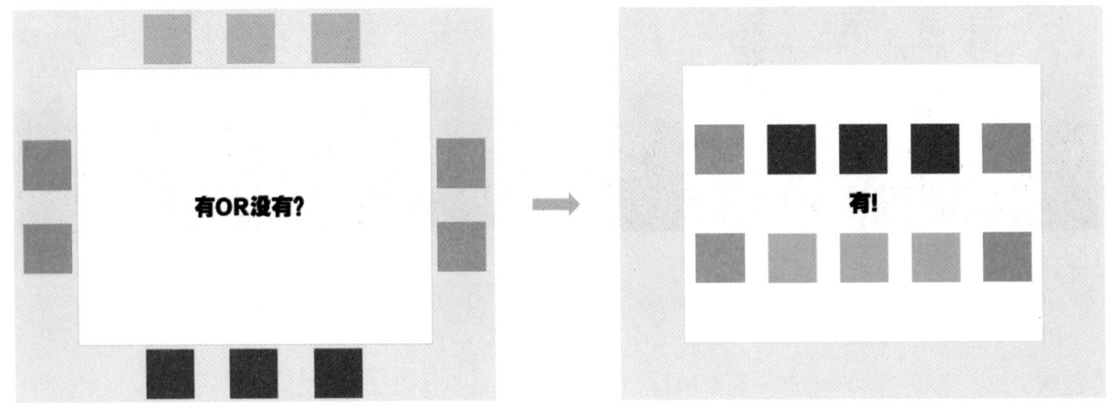

▲图 6-68　特殊动画效果

3. 形状辅助

在制作动画时，形状也能起到不小的作用，比如实现播放过程中 4:3 尺寸到宽屏尺寸的切换。具体方法如下。

步骤01 在当前 4:3 尺寸的页面中添加一个 16:9 的矩形，然后等比例拉伸或缩小至与页面宽度相同并将其水平、垂直居中。沿着矩形的上边缘与页面上边缘，矩形的下边缘与页面的下边缘分别添加一个纯黑色的矩形，如图 6-69 所示。

步骤02 把 16:9 的矩形删除，将内容排在两个黑色矩形之间。为上、下两个矩形分别添加自顶部飞入和自底部飞入动画，设置为同时开始，并置于当前页面所有动画的最前面，如图 6-70 所示。这样，当 PPT 播放到该页面时，两个黑色矩形便会自动将屏幕压缩为宽屏，对于一些宽幅比例的全图型排版或展示，效果会更好一些。

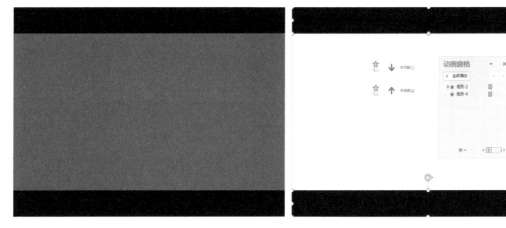

▲图 6-69 添加矩形

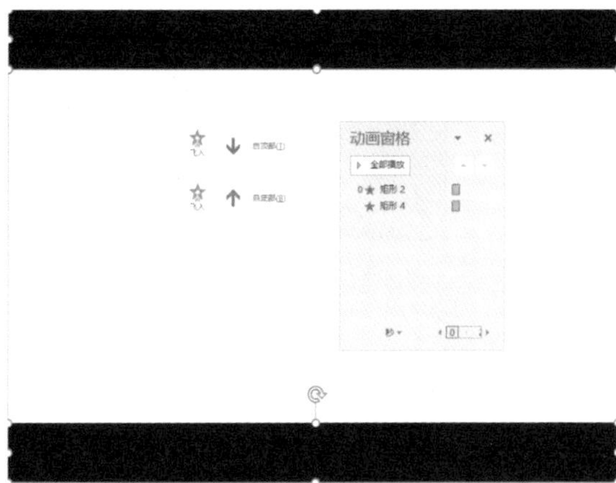

▲图 6-70 添加动画

又如，利用线条、任意多边形等形状让静态的地图“活”起来。

步骤01 将道路沿着其路径使用半透明色的曲线描出来，重要的区域使用半透明色填充的任意多边形勾勒、遮盖，重要的点位使用泪滴形指示并对相关标识添加标注……对静态的平面图上需要表现的要点都利用形状标记出来，如图 6-71 所示。

▶图 6-71 利用形状标记地图

步骤02 为这些形状添加自定义动画，比如为所有道路添加擦除效果，为泪滴形添加“浮入”动画，为任意多边形添加“出现”动画。某个重要位置，如本例中“我的位置”，还可以添加重复的上下移动路径动画，最后将这些动画的时间轴调整一下即可，如图 6-72 所示。

▲图 6-72　添加动画效果

技能拓展 ＞　使用动画效果时需要注意统一性和差异性

逻辑上同级的页面、对象等使用同样的动画，可达到从动画的层面强化 PPT 逻辑性的作用。不过，过多雷同的动画效果也容易引起观众的反感。因此，逻辑上不同级的页面、对象等在动画上应进行差异化选择，或根据页面上的具体内容稍作变化。

此外，我们还可以利用渐变色填充的椭圆形按自定义路径动画移动作为模拟光源，利用长波浪形向左移动路径动画制作流动的水面动画效果，利用多个圆环路径动画制作涟漪动画效果等。总之，当你找不到提升页面动画效果的方法时，形状也许可以帮上忙。

4. 动画组合

为同一个对象同时添加多种动画，即动画的组合使用，比单独使用一种动画效果自然要好一些。适当掌握一些比较常用的动画组合方式，可满足 PPT 日常操作中对动画的某些特别要求。比如，将陀螺旋动画和动作路径动画同时应用在太阳形上，做出太阳旋转升起的效果。

选择太阳形，添加自定义动画——进入动画“出现”（若该形状已出现在页面上，则可不添加）。在“出现”之后添加强调动画“陀螺旋”，开始时间设置为“上一动画之后”，设置重复效果为“直到幻灯片末尾”。继续添加动作路径动画“弧形”，并将开始时间设置为“与上一动画同时”。稍微编辑一下“弧形”路径的顶点，加长路径动画的持续时间，如图 6-73 所示。添加了多个自定义动画的太阳形便可以像太阳一样一边“发光”（旋转），一边慢慢升上天空了。

同理，利用强调动画“放大 / 缩小”和动作路径动画组合，可将一张静态的图片在 PPT 中做出镜头摇移（拉近或拉远）效果，多在制作 PPT 电子相册时使用。

▶图 6-73 动画组合

首先将图片（制作镜头拉近拉远的效果时，图片最好比幻灯片页面稍大一些，图片质量也应稍微高一些）等比例拉伸至占满整个幻灯片页面（本例中的红线范围），为图片添加自定义动画——强调动画“放大 / 缩小”，并设置放大比例（放大到镜头要对准的目标且图片不变模糊即可，本例设置为 110%）。接下来继续为图片添加动作路径动画（根据图片情况选择，本例选择的是向下），再稍微调整一下路径的结束位置，即镜头移动对焦的方向，还要确保图片移动后仍然能占满整个幻灯片页面，取消路径动画的平滑开始与平滑结束，调整完成后，将动作路径动画的开始时间设置为与“放大 / 缩小”动画同时，如图 6-74 所示。

▶图 6-74 参数设置

5. 一图多用

当页面上仅有一张图片作为素材时，如何做出丰富的动画效果呢？其实方法有很多，比如将图片裁剪成几个部分，做成拼合动画。具体方法如下。

利用讲解图片的章节中介绍过的方法将图片裁剪成几个部分（本例中裁剪为 3 个部分），为了让效果更佳，最好裁剪成稍微带点设计感的造型（本例简单裁剪为两个梯形，一个平行四边形）。接下来为图片的各个部分添加交错的动画效果（能够让图片以一种交错的方式进入，最终拼合成一张整图，本例中左、右两部分为向下浮入，中间部分为向上浮入）。最后将几个动画效果的开始时间设置为同时，如图 6-75 所示。拼合动画打破了常规的从整体到局部的认知方式，带来的是一种反其道而行之、从局部到整体的新鲜感。这种拼合动画虽然在很多视频广告中经常出现，但它不一定适合所有图片。

▶图 6-75　拼合动画

再如，将图片复制成或大或小、色调不一的多张图片做成闪动动画。首先将原图（本例中的“无边框中图”）复制 3 份，将其拉大调整成多种色调（本例中的灰、蓝、绿调大图），再复制 2 份，裁剪放大局部（本例中的边框帆船小图和边框海洋小图）。然后先为后面 3 张大图按灰、绿、蓝的顺序分别添加淡化进入和退出动画、消失动画，实现 3 张图的闪动出现（消失动画的开始时间为上一动画之后），接着帆船小图和海洋小图同时淡入，之后又同时消失，最后原图缓慢淡出（持续时间设置得稍长点），如图 6-76 所示。这样就做出了一种图片不同色调，局部、整体闪动，最后原图终于进入眼帘的动画效果。这里只是简单介绍，实际上还可以将图片的位置排得更灵活多样一些，各种图片反复闪出次数再增加一些，效果会更逼真。

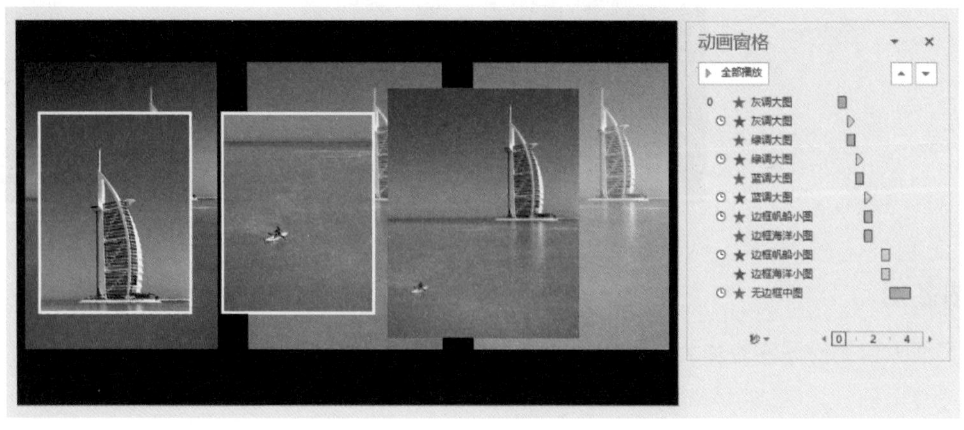

▲图 6-76　闪动动画

关于一图多用做出的丰富动画效果，还有图层叠放中介绍的用法可供参考。根据图片本身的情况，灵活使用图片，一张图动起来也很精彩！

6. 模拟真实场景

模拟生活中的真实场景，有时并不需要太高超的动画制作技巧，如卷轴展开的过程动画可按如下步骤制作。

将卷轴图片复制两张并将其重叠在一起，充当左右两边的轴。将两根轴重叠在一起置于幻灯片页面水平中央，再将卷轴内的图片裁剪、调整尺寸至与卷轴相匹配。将裁剪后的图片置于卷轴图层下，同样水平居中。接下来分别为两根卷轴添加向左、向右的动作路径动画，为图片添加“由中央向左右展开”的劈裂动画，并将三个动画的开始时间设置为同时开始，稍微调整一下劈裂动画的持续时间，使其能跟上卷轴的移动，如图 6-77 所示。这样一个模拟卷轴展开的动画就做好了。

▲图 6-77　卷轴展开动画

又如在 PPT 中模拟城市繁华的探照灯照射效果，具体操作方法如下。

步骤01 等比例插入一个等腰梯形，然后将其高度增加，宽度减少，以白色到透明色的渐变色填充（本例设置参数：位置 0%，透明度 31%，亮度 95%；位置 39%，透明度 50%，亮度 0%；位置 100%，透明度 100%，亮度 0%），无轮廓色，模拟一道射线光。将原梯形复制成两长、两短的 4 条线；最细端相接，然后将两道长的射线光组合，两道短的射线光组合，并将两个组合放在一起（并非将两个组合再次组合），旋转一定角度形成一个 X 形，如图 6-78 所示。

步骤02 将城市图片复制一份，通过 PPT 中去背景的操作将城市图片的前景部分（红色线条以下）抠出来，重新叠在原城市图片上，如图 6-79 所示。

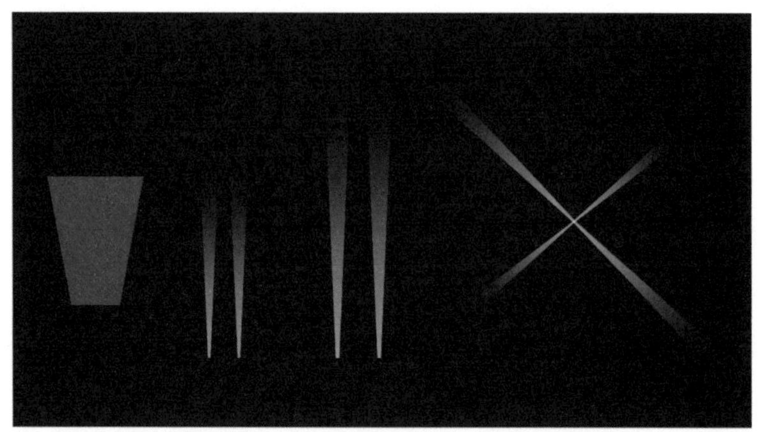

▶图 6-78　制作探照灯灯光

▲图 6-79　抠图

步骤 03 将做好的两组射线光放在抠出来的城市前景与城市图片原图之间，并对两个组合分别添加顺时针和逆时针的重复“陀螺旋”强调动画，如图 6-80 所示。此时播放 PPT 便可以看到原本静态的城市图片上模拟出了两道射向夜空的探照灯。

▶图 6-80　制作探照灯效果

7. 辅助页面

为了达到某种动画效果，形状可以作为辅助工具，页面也可以作为辅助工具。比如，现实生活中帷幕大多是红色的，为了让“上拉帷幕”这一切换动画的效果更好，我们可以在该页前增加背景为纯红色背景、无任何内容的动画辅助页，使上拉的帷幕变成红色，如图 6-81 所示。

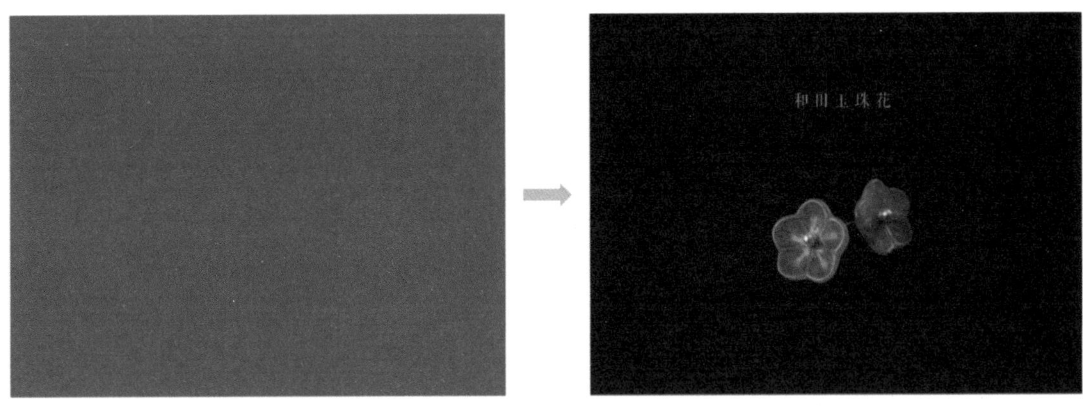

▲图 6-81　辅助页面动画

为平滑切换动画添加辅助页面更是常见的操作。另外，有些自动播放类、转视频使用的 PPT，为了实现停顿、叙事场景转换等目的，也会添加一些辅助性的纯黑色页面。

关于 PPT 的动画技巧远不止以上 7 个，更多的技巧最终还需要大家去探索、思考、领悟，这里仅是抛砖引玉，供读者朋友打开思路。虽然我们不一定要学会那些极其复杂的动画制作方法，但是多看高手的作品，甚至将它们下载下来慢慢研究、琢磨，对于掌握一些简单、常用的动画效果还是很有帮助的。

神器 6：动画制作好工具——口袋动画 PA

当需要制作比较复杂的动画效果时，利用 PPT 的动画效果制作可能需要很复杂的操作来才能完成，而口袋动画插件的主要功能是简化 PPT 动画设计过程，完善 PPT 动画功能。

口袋动画 PA 是基于 PowerPoint 的一个插件，将所有功能以选项卡的形式集成显示于 PowerPoint 中，如图 6-82 所示。在“动画”组中，可以根据需要选择添加相关的动画效果。另外，在“动画盒子”组中单击“超级动画库”按钮，会打开如图 6-83 所示的“个人设计库”任务窗格。“动画盒子”界面中提供了许多 PPT 模板，包括图片、文字、动画等素材，下载即可使用；在“添加动画”界面中可以为选择的对象添加动画效果；在“全文动画”界面中可为 PPT 的对象添加模板中提供的动画效果。

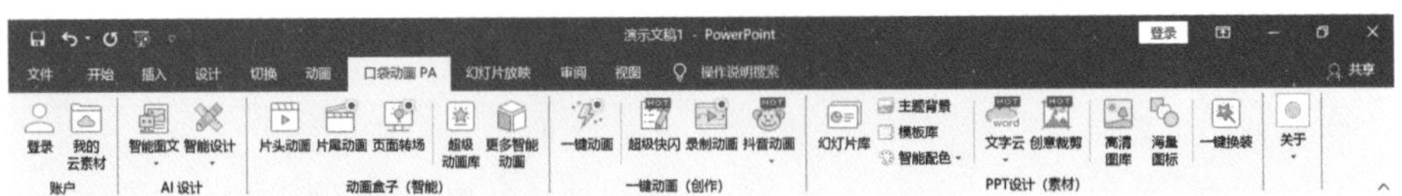

▲图 6-82 “口袋动画 PA”选项卡

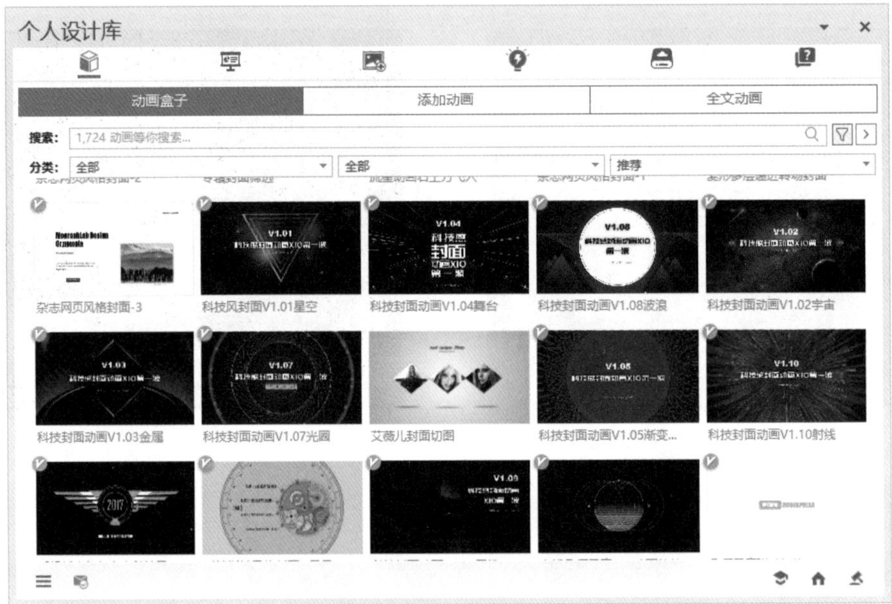

▲图 6-83 “个人设计库”任务窗格

应用“全文动画”中的动画模板，快速为 PPT 添加动画效果的具体操作方法如下。

步骤01 在“个人设计库”任务窗格中切换至“全文动画”界面，该页面中提供了各种比较常见且比较经典的动画效果，单击需要应用的动画效果对应的“下载”按钮（见图 6-84）即可下载动画。

▲图 6-84 下载需要的动画效果

步骤02 下载完成后，即可根据当前 PPT 中的内容新建一个 PPT, 并为 PPT 添加需要的动画效果，如图 6-85 所示。

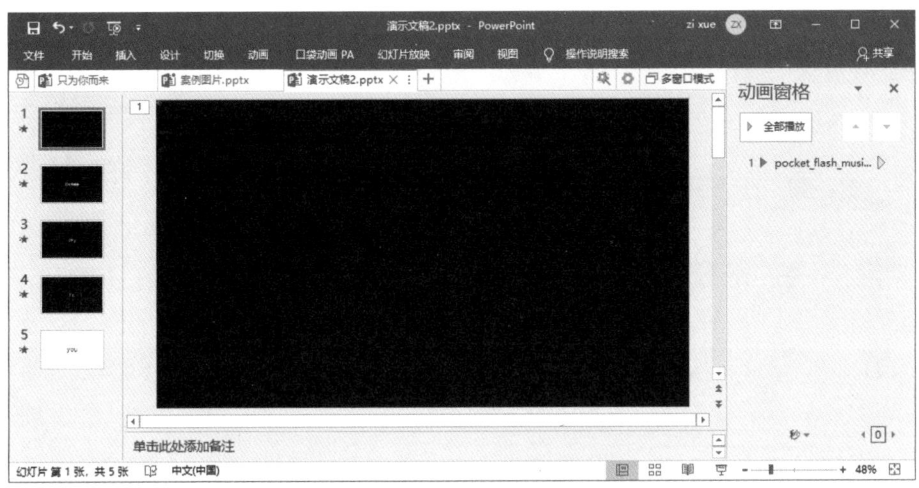

▲图 6-85 添加动画效果

神器 7：多媒体格式转换好工具——格式工厂

当需要在 PPT 中插入 PowerPoint 不支持的视频和音频格式时，就需要利用格式工厂将视频或音频格式转换为 PowerPoint 支持的格式。接下来介绍使用“格式工厂”将“.APE”格式的音频文件转换为“.MP3”格式，具体操作方法如下。

步骤01 在格式工厂界面左侧的“音频”列表中选择需要转换为的音频格式，如图 6-86 所示。

步骤02 选择好格式后，在打开的对话框中单击“添加文件”按钮，添加需要进行格式转换的文件，并设置好【输入文件夹】的位置，最后单击“确定”按钮，如图 6-87 所示。

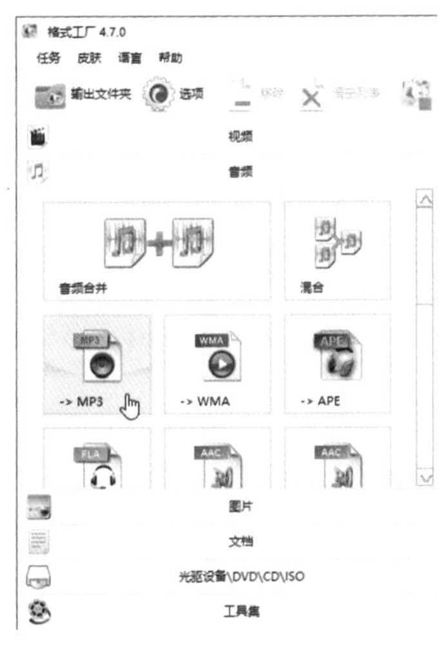

▲图 6-86 选择音频格式

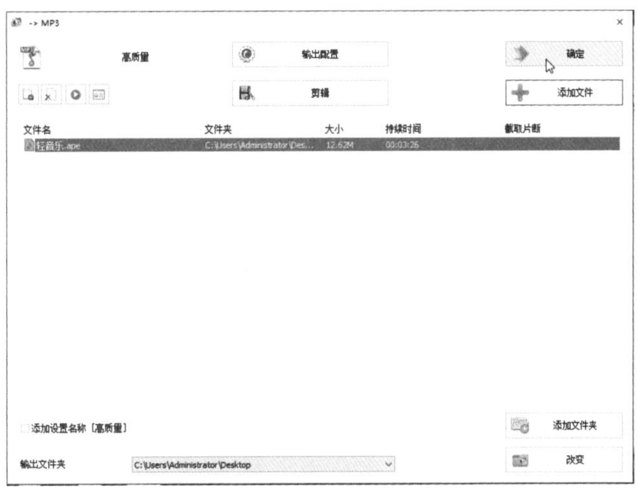

▲图 6-87 添加音频文件

步骤03 此时文件被添加到了转换列表中，单击“开始”按钮即可开始文件格式的转换，转换完成后，将显示文件的相关信息，如图6-88所示。

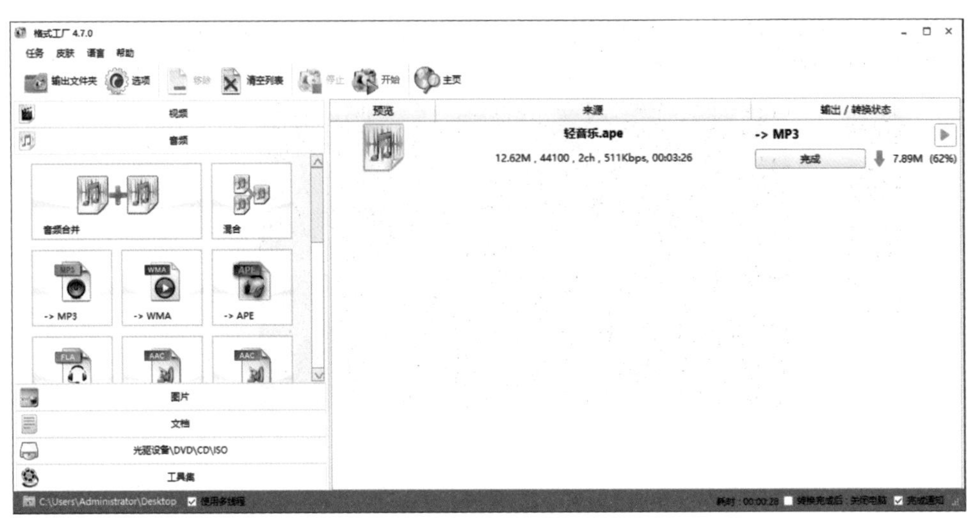

▲图6-88　转换音频文件

Chapter 07

颜值高低关键在于用色排版

美，

对于观众有时只是一种看起来舒服的感觉，

说不清，道不明。

然而，对于设计者，

美源自字体，源自图片……源自方方面面对美的构建与思量，

用色与排版，更是成就PPT之美的关键所在。

7.1 关于色彩的使用

要做出漂亮的PPT，就必须学会合理使用颜色。不会用色的人往往滥用颜色，做出的PPT看起来处处是重点，虽然色彩丰富但并不美观，如图7-1所示。

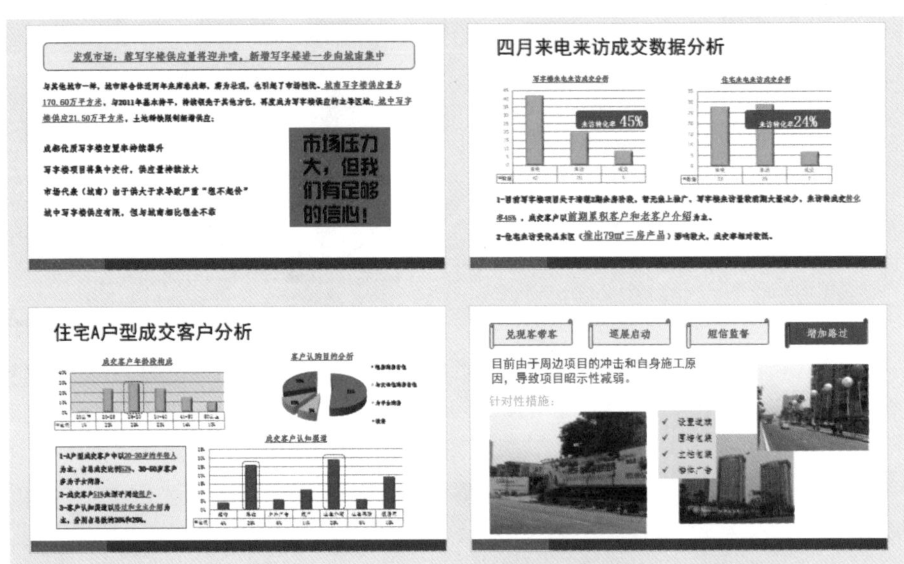

▲图7-1　滥用颜色

而会用色的人在色彩选择方面比较讲究，做出的PPT色彩和谐、统一，不但令人赏心悦目，而且层次鲜明、重点突出，如图7-2所示。

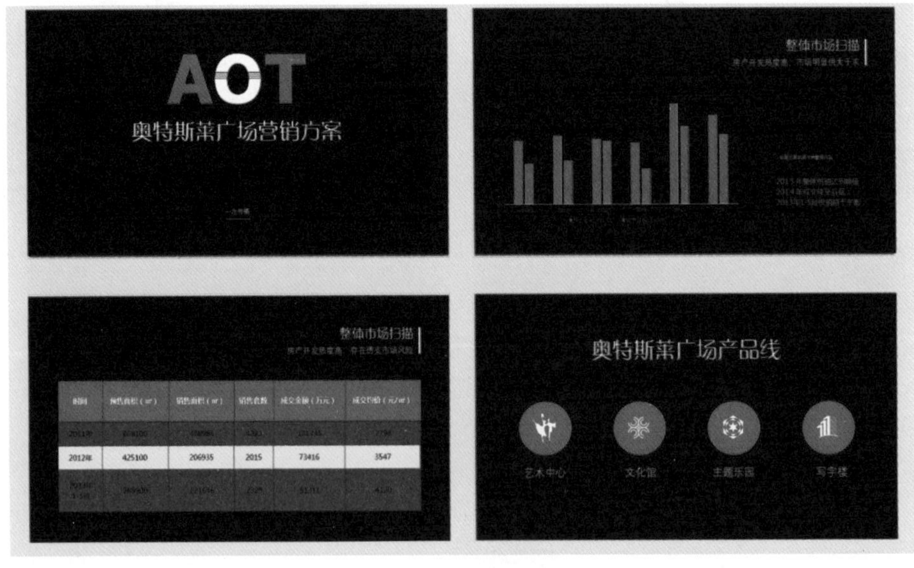

▲图7-2　配色统一

可见，会用色与不会用色对 PPT 设计效果的影响不小。要提升 PPT 设计水平，让自己的 PPT 作品变得更美，关于配色知识和配色技巧的学习就必不可少。

7.1.1 学好 PPT 配色必知的色彩知识

在阅读关于设计配色的书籍、教程时，你是否遇到一些难懂的色彩概念？对于色彩领域的专业知识，你是否刨根问底地学习过？在广阔的色彩知识领域中，以下几点是学好 PPT 配色所必须掌握的。

1. 有彩色和无彩色

从广义的角度区分，色彩可分为无彩色和有彩色两大类，如图 7-3 所示。

无彩色：根据明度的不同表现为黑、白、灰。

有彩色：根据色相、明度、饱和度的不同表现为红、黄、蓝、绿等色彩。

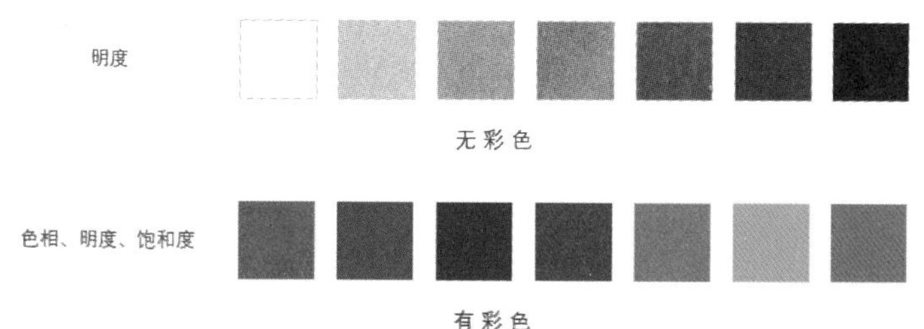

▲图 7-3 色彩分类

2. 色相、明度、饱和度和 HSL

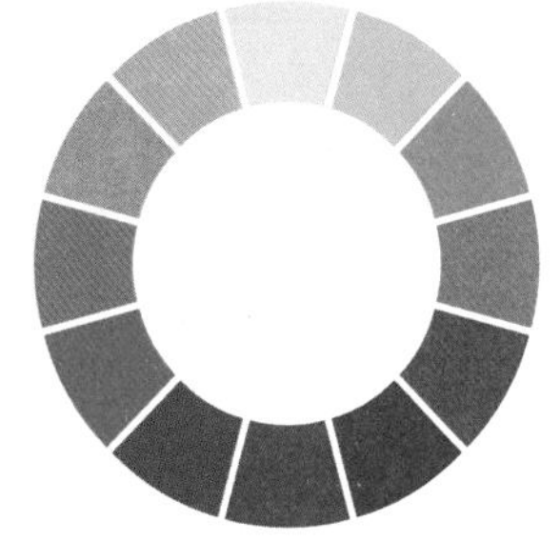

▲图 7-4 12 色相环

色相、明度、饱和度是有彩色的三要素，人眼看到的任何彩色光都是这三个要素综合作用的结果。

色相：按照色彩理论的解释，色相是色彩呈现出的质地面貌。设计中常说的不同色相即两个对象颜色的实质不同。比如，一个是草绿色，一个是天蓝色。自然界中的色相是无限丰富的，如图 7-4 所示。

大师点拨 > 色系与色相是一个意思吗？

色系与色相的概念是不同的，色系是按照人对于颜色的心理感受不同而对色彩进行的分类，包括冷色、暖色、中间色三类。蓝绿、蓝青、蓝、蓝紫等让人感觉冷静、沉寂、坚实、强硬的颜色属于冷色系；与之相对，红、橘、黄橘、黄等让人感觉温暖、柔和、热情、兴奋的颜色属于暖色系；中间色则是不冷不暖，不会带给人某种特别突出情绪的颜色，如黑、白、灰。

饱和度：色彩在有彩色和无彩色这个维度上的强弱情况。饱和度越高，色彩越鲜艳；饱和度越低，则色彩越褪色（或者说越接近灰色），如图 7-5 所示。

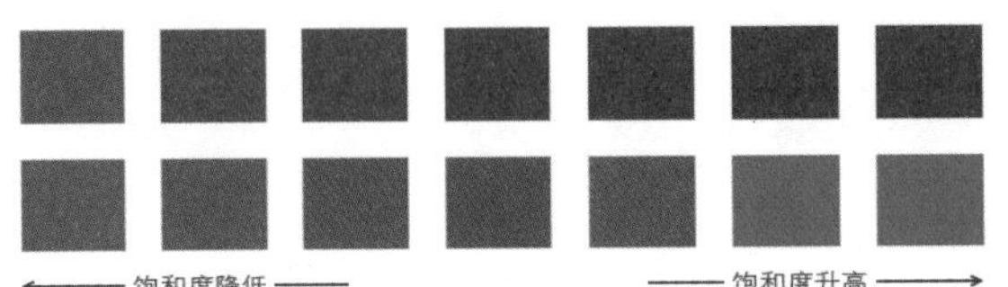

◀图 7-5　饱和度

明度：色彩在明亮程度这个维度上的强弱情况，如亮红色和暗红色的区别，如图 7-6 所示。

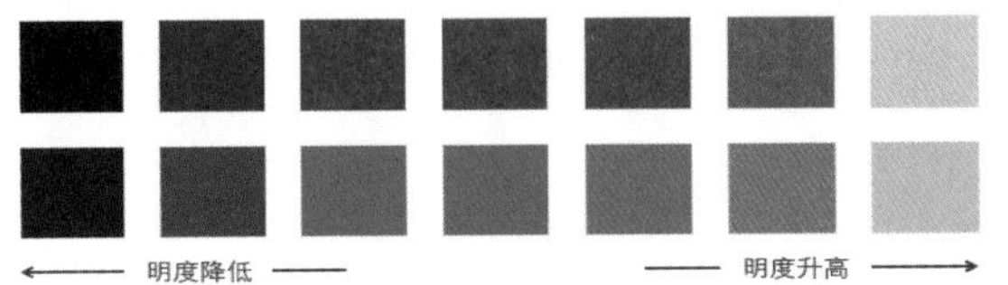

◀图 7-6　明度

在 PPT“颜色”对话框“自定义”选项卡的“颜色”选择面板中，横向为色相切换；纵向为饱和度切换；右侧的色带为明度切换，向上为提升明度，向下为降低明度，如图 7-7 所示。

HSL：根据色彩三要素理论建立的一种色彩标准。H（hue）指色相，S（saturation）指饱和度，L（lightness）指明度，一组 HSL 值可以确定一种颜色。比如，HSL（0,255,128）为红色，HSL（42,255,128）为黄色。在 PPT 中，用户可以选择在“颜色”对话框“自定义”选项卡下方输入 HSL 色值的方式设置对象颜色，如图 7-8 所示。

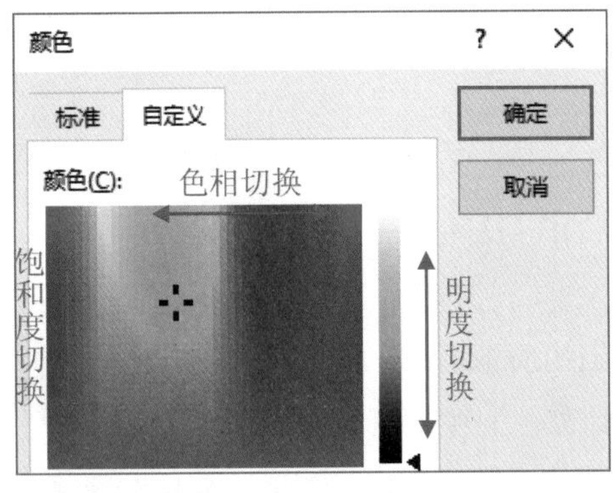

▲图 7-7　“颜色”对话框

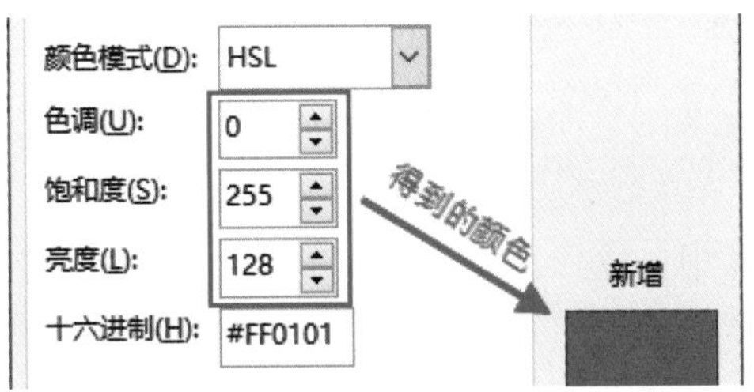

▲图 7-8　HSL 颜色模式

3. 三原色和 RGB

三原色：色彩中不能再分解的基本色称为“原色”，通常说的三原色即红、绿、蓝，如图 7-9 所示。利用三原色可以混合出所有的颜色。

◀图 7-9　三原色

技能拓展 > 美术界的三原色

美术界的三原色是指红、黄、蓝，而不是红、绿、蓝。设计界常用的12色相环（或12色轮）便是以红、黄、蓝三原色在色环上两两间隔120°为基本，两两进行不同程度混合成色后构成的。

RGB：和HSL相似，只不过R(Red)、G(Green)、B(Blue)是根据三原色理论建立的一种颜色标准。在RGB标准中，R、G、B三色每一色都被划分为0~255级亮度，因而RGB标准能够组合出1600万（256×256×256=16777216）种色彩，这几乎包含了人类视力所能感知的所有颜色。这也意味着一组RGB整数值（3项，每项取值范围都在0~255）即可确定我们能看到的一种颜色。比如，RGB（255,0,0）为红色，RGB（255,255,0）为黄色，RGB（138,43,226）为紫罗兰色等。

RGB标准的运用非常广泛，目前大多数显示器都采用了RGB标准，包括PPT在内的很多软件的默认颜色模式都是RGB模式。“颜色”对话框“自定义”选项卡下方，默认显示的便是RGB值的输入模式，和HSL一样，在这里直接输入一组RGB值，即可精准设置一种颜色，如图7-10所示。

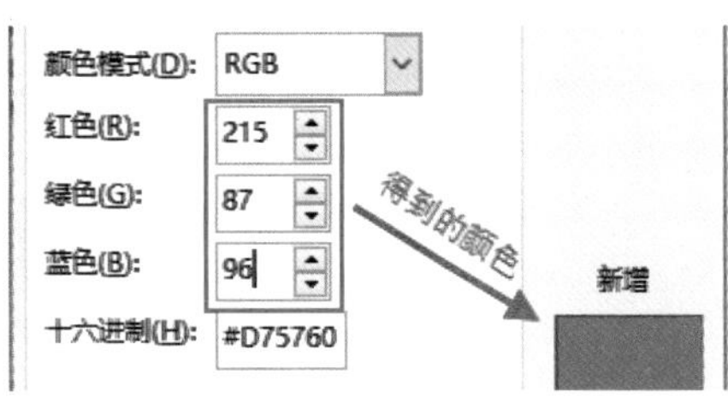

▲图7-10 RGB颜色模式

技能拓展 > HTML和CMYK

HTML颜色模式是RGB标准下多用于浏览器中的色值编码方式，与RGB 3个数值一组的方式不同，HTML为满足浏览器的特殊要求，采用的是16进制代码。比如，蓝色的RGB值为（0,0,255），其HTML色值为#0000FF。从网络中下载可自定义颜色的素材时，很可能需要输入HTML色值，而不是RGB色值。比如，从阿里巴巴矢量图标库下载图标时输入的便是HTML色值。此时可通过对照颜色色谱或一些工具软件（CorelDRAW、ColorSPY等）将RGB色值转化为HTML色值。

CMYK颜色模式又称为“四色印刷模式”，是在彩色印刷中通过4种标准颜色混合叠加得到所有颜色的一种行业规范。印刷品设计类的专业软件常用这种模式，以使做出的作品在输出为成品时颜色更准确。若要确保PPT作品印刷时色彩准确度更高，可以先将其转化为图片或PDF等格式文件导入CorelDRAW等专业软件中，然后转化为CMYK模式查看、调整后再印刷制作。

7.1.2 一个妙招轻松获取外来色

对于PPT来说，配色是非常重要的一部分，它直接影响作品的视觉效果。一份优秀的PPT，无论是背景颜色、字体颜色还是图形对象颜色等，都离不开好的配色。

很多没有配色基础的PPT制作者，配色时都是借鉴其他优秀PPT或网页中的配色，但如何将这些外来的颜色应用到自己的PPT中呢？其实，利用PPT 2013版本就可以解决这个问题。用户可以使用 PPT 中的取色器自主选择需要的颜色，不管是 PPT 窗口内的任意颜色，还是其他图片、网页中的颜色等，都可以轻松吸取。

例如，使用取色器从站酷网采集配色并将其应用于 PPT 中的具体操作方法如下。

步骤01 打开站酷网，切换到所需颜色所在的页面。打开 PPT 窗口并缩小该窗口，让其排列在网页窗口上方，并显示出网页窗口中需要吸取的颜色。在 PPT 的幻灯片中选择需要配色的对象，然后选择如图 7-11 所示的“取色器”命令。

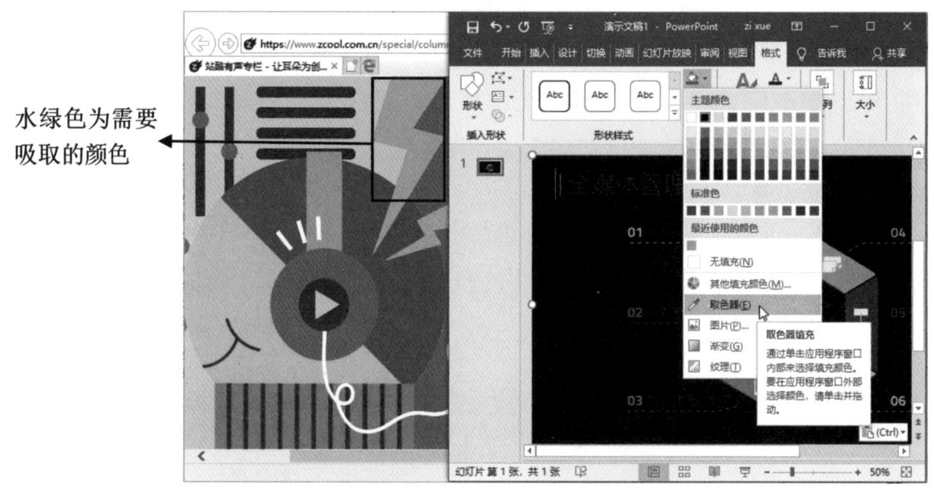

▲图 7-11　选择“取色器”

步骤02 此时，PPT 中的鼠标指针将变成形状，表示可以吸取颜色，如果将鼠标指针移动到 PPT 窗口外的其他位置时，就显示形状，表示不能吸取颜色。要吸取 PPT 窗口外的颜色，就需要在鼠标指针还是形状时，按住鼠标左键，移动鼠标指针至 PPT 窗口外需要吸取的颜色上，吸管工具右上方将显示吸取颜色的颜色值，如图 7-12 所示。

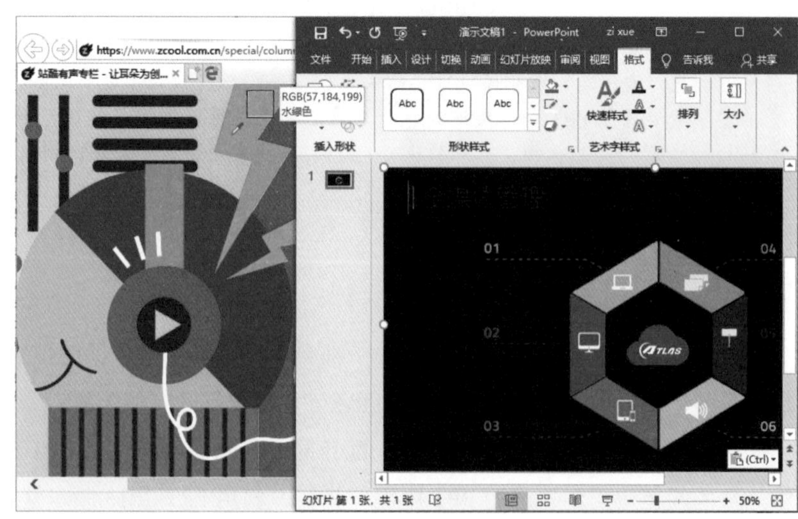

▲图 7-12　显示颜色值

步骤03 在想要的颜色上单击，即可将吸取的颜色应用到选择的幻灯片对象上，如图 7-13 所示。并且“形状填充”下拉列表中的“最近使用的颜色”栏中将显示吸取的颜色色块，如图 7-14 所示。

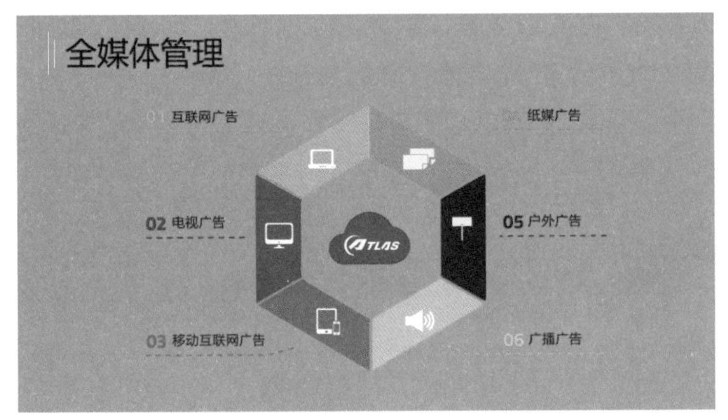

▲图 7-13　应用吸取的颜色

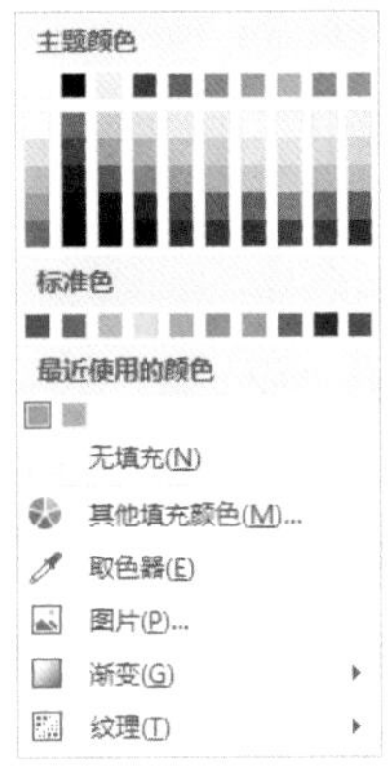

▲图 7-14　显示吸取的颜色色块

7.1.3 让你的配色更专业

优秀的 PPT 设计师一般在一份 PPT 中会有一个统一的色彩规范，从第一页到最后一页一以贯之，这种色彩规范就是配色方案。

1. 一套配色方案需要几种颜色

每个 PPT 主题都有一套颜色方案，其中规定了 12 种颜色，如图 7-15 所示。事实上，做 PPT 时可能用不了这么多颜色。一般情况下，一种背景颜色、一种文字颜色、一种或多种主题色，再加两三种辅助色就可以构成一套 PPT 的配色方案了，如图 7-16 所示。在一套配色方案的几个配色中，主题色的选择最为关键，其他颜色都可以根据主题色灵活选择。

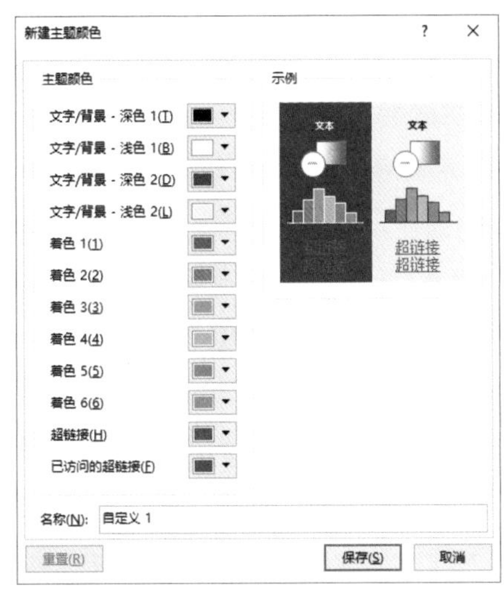

▲图 7-15　主题颜色

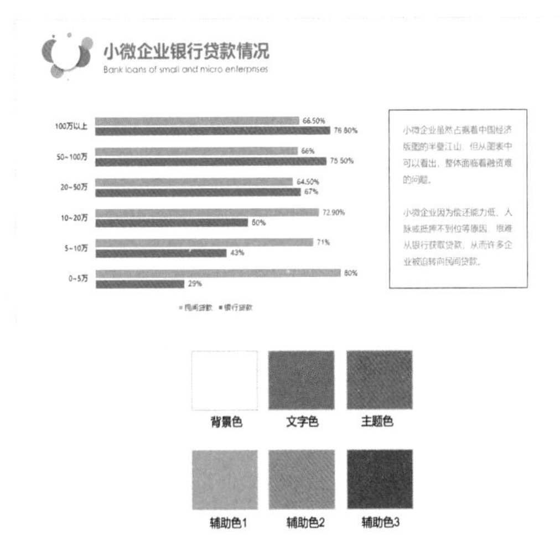

▲图 7-16　配色方案

2. 确定配色方案的 4 个依据

怎样选择 PPT 的配色方案呢？主要有以下 4 个依据。

根据 VI 配色。很多企业或品牌都有自己的 VI 系统（视觉识别系统），VI 中包含了色彩应用规范。制作企业形象或品牌展示性的 PPT 时，可以首先考虑根据 VI 配色，如图 7-17 所示。

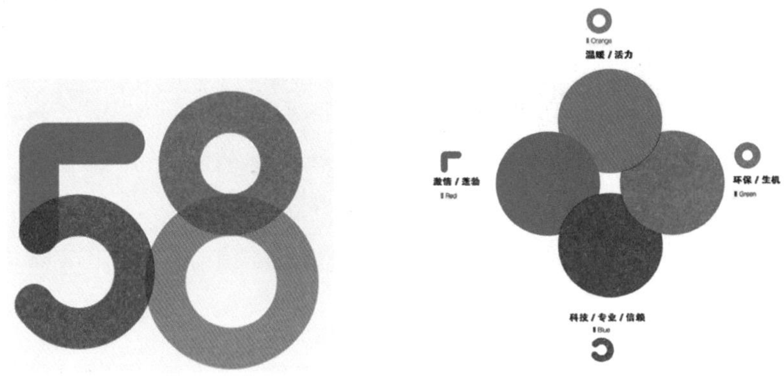

▲图 7-17　58 同城新 LOGO 及 VI 色彩规范

但有时候一个企业或品牌虽有 LOGO，却没有 VI，这种情况下可直接从 LOGO 中取色，以确定配色方案。如图 7-18 所示，将 LOGO 的主体颜色作为主题色，进而确定如图 7-18 右侧所示的一系列配色。

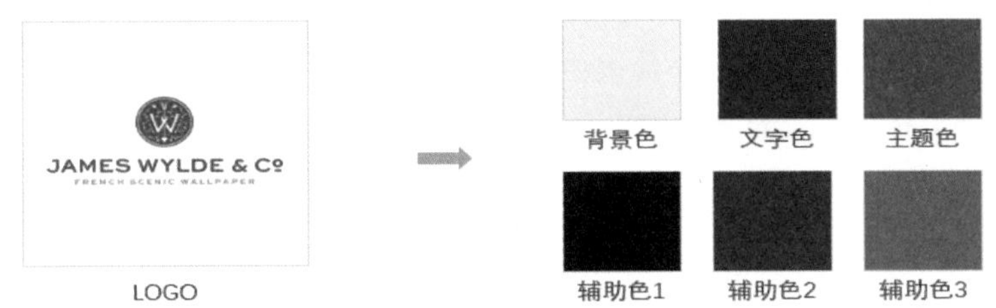

▲图 7-18　根据企业 LOGO 配色

在通过 LOGO 确定配色或其他情况下，我们只能确定主题色，该如何搭配其他颜色呢？对自己的配色能力没信心的读者可以借助 ColorBlender 网站确定配色方案。用户只需输入主题色的 RGB 值，网站将自动推荐一些配色。

根据行业属性配色。不同的行业在色彩应用上有不同的特点，不知道如何确定配色时，可直接采用行业通用的色彩规范，如图 7-19 所示。比如，环保、教育、公益行业常用绿色、蓝色，政府机关常用红色、黄色……这些知识在本书第 2 章中已介绍过，这里不再赘述。

根据主题配色。与内容主题相契合可谓配色的基本要求，如果严肃、严谨的内容选择热烈、活泼的暖色系配色方案，欢快、轻松的内容选择沉闷、朴实的冷色系配色，就必然显得不伦不类。图 7-20 所示的幻灯片内容是关于油品市场的分析，属于较为理性的主题，采用如此活泼的配色会让人感觉轻浮、不可靠，更改为图 7-21 所示的配色方案后则要严谨得多。

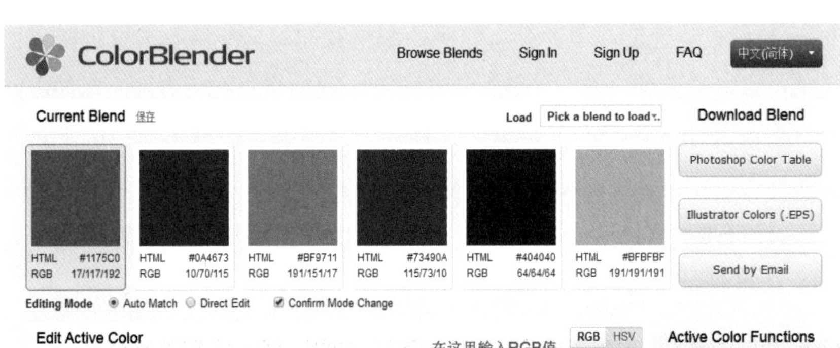

◀图 7-19 ColorBlender（colorblender.com）根据行业属性配色

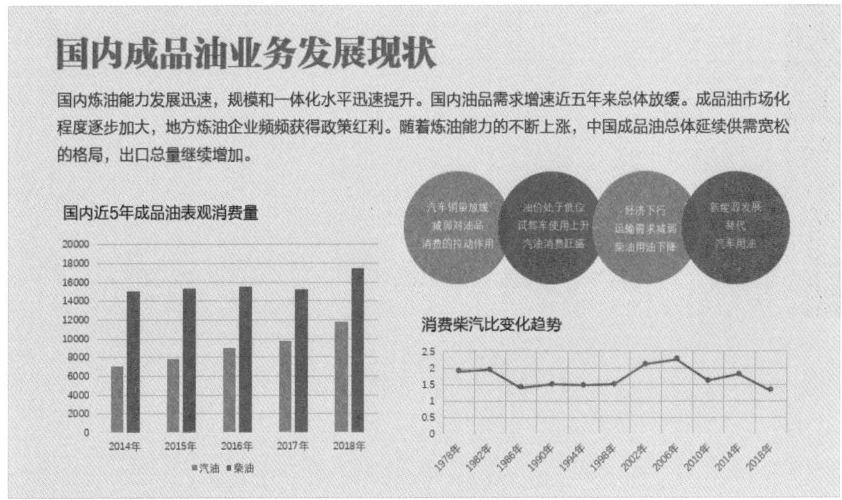

◀图 7-20 配色活泼，显得不严谨

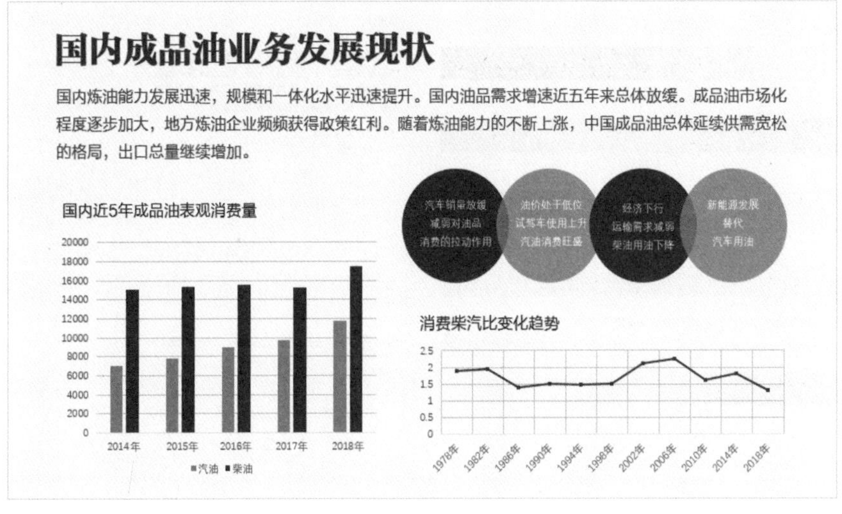

◀图 7-21 配色严谨，更符合主题

根据感觉配色。很多时候客户或设计者心里并没有明确的配色意向，可能只有一个大概的需求，如要有品位一点，要花哨一点，要温馨一点……此时可通过配色网站建立配色方案。比如，网页设计常用色彩搭配表（tool.c7sky.com/webcolor），虽然这是一个为网页设计提供配色的工具网站，但设计是相通的，PPT 同样可以借鉴其中的配色。在网页左侧的“按印象的搭配分类”选项区中选择一种印象分类，即可在页面右侧看到相应印象分类下的一些配色方案建议，如图 7-22 所示。在 PPT 中应用这些配色方案，基本可以达到想要的效果。

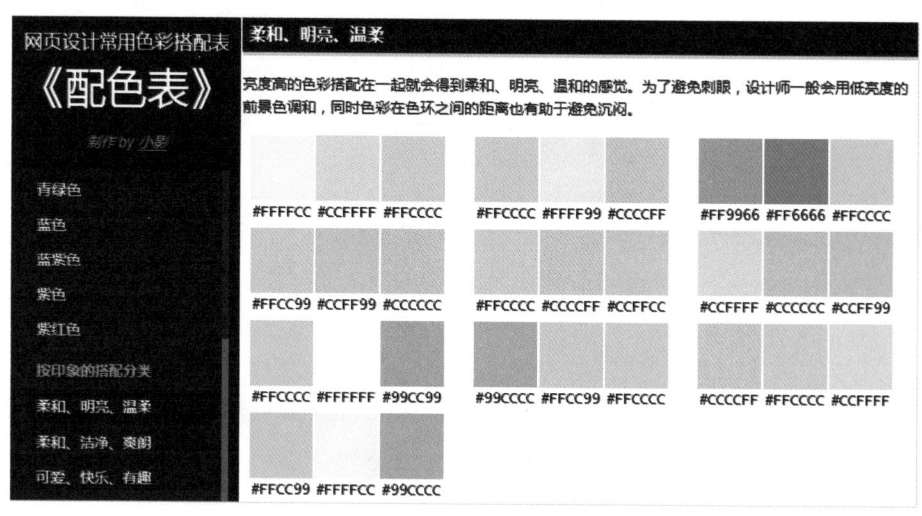

▲图 7-22　网页设计常用色彩搭配表

此外还有配色网，其中的印象配色相对而言更为丰富，如图 7-23 所示。

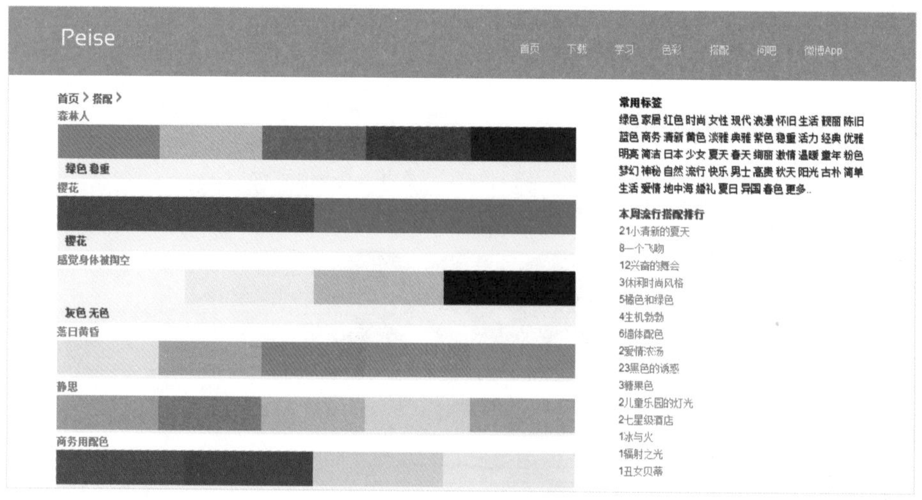

▲图 7-23　配色网

技能拓展 > **以图片优先的配色方式**

当 PPT 中的图片具有统一的色彩风格时，根据图片配色能够使 PPT 的配色方案与图片更搭。直接用“取色器”在图片上吸取几种颜色，即可建立配色方案。当然，为了让配色方案更专业，还可以借助传图配色的工具网站，如 Pictaculous。

3. 多色方案和单色方案

配色方案可简单分为多色方案和单色方案。

多色方案即采用多个主题色，色彩丰富，配色方式可以更加多样化，但要求设计者有较好的色彩驾驭能力，否则非常容易导致色彩混乱，没有质感。一般多色方案的色彩选择也不能过多，选择 4 种以内的有彩色和无彩色搭配使用便足够了。如图 7-24 所示的 4 页 PPT，便是由蓝、青绿、红 3 种主题色以及灰色字体色搭配而成的配色方案。

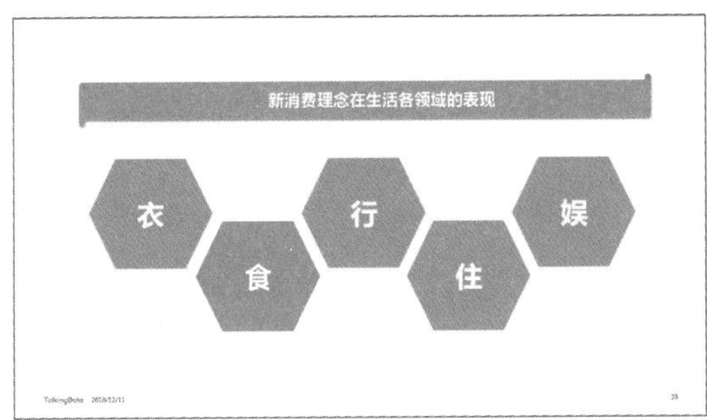

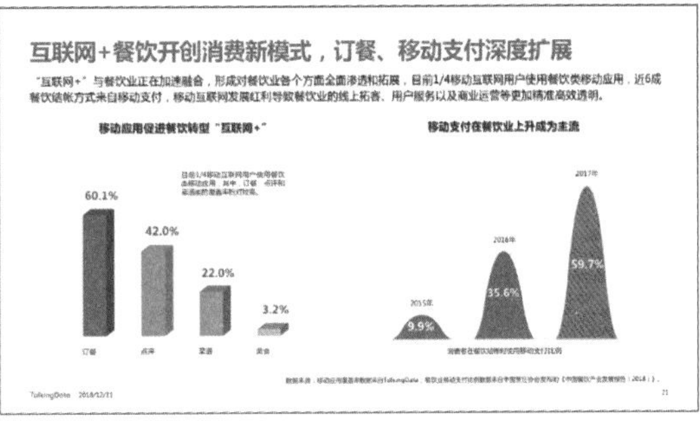

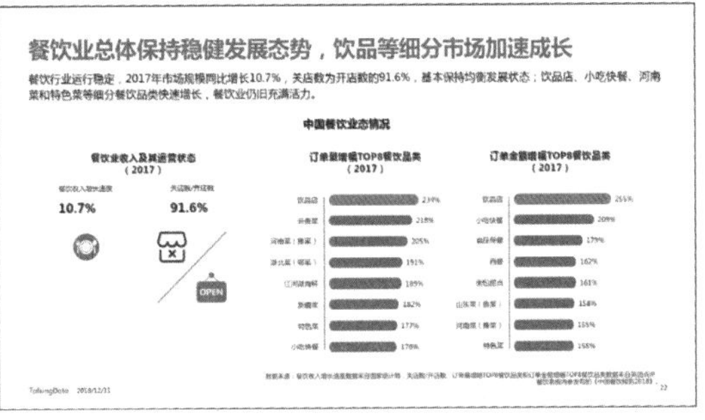

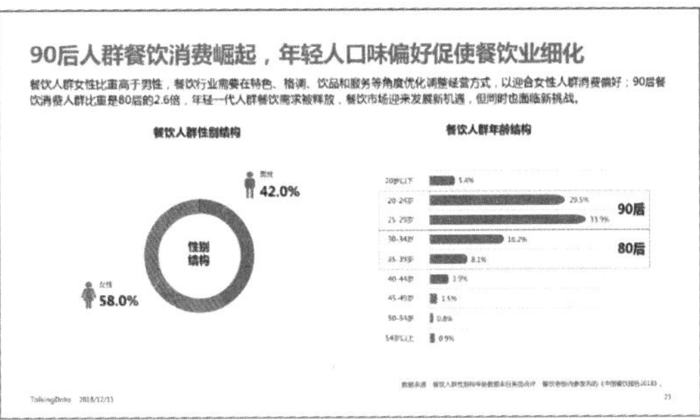

▲图 7-24　摘自 TalkingData:《2018 年新消费趋势洞察报告》

多色方案在选择颜色时最好能确保明度一致。再看图 7-24 所示的 PPT，其中选用了蓝、青绿、红 3 种明度一致的鲜艳彩色，使整个 PPT 的色彩艳而不俗，看起来非常舒服。一般新手用色时很少注意明度问题，所以在采用多色方案配色时总感觉很难配出美感。

关于多色方案的配色，推荐一个不错的配色网站——花瓣（colorhunt.co），其中多色方案的配色都是明度一致的（见图 7-25），非常专业，对搭配出好的多色方案很有帮助。

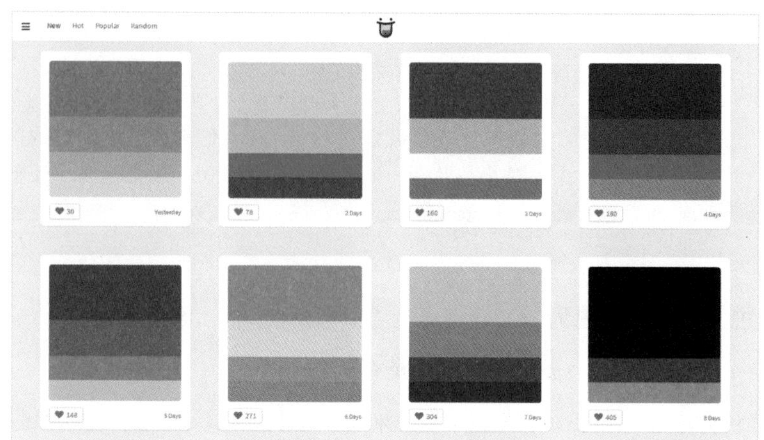

▶图 7-25　多色方案配色网站

单色方案即采用单个主题色。同一色相不同明度的色彩搭配，能够体现出色彩的层次感，既统一又不单调、乏味，是最简单易行的配色方法，新手配色可先从单色方案学起。如图 7-26 所示的 4 页幻灯片，即采用的单色方案。

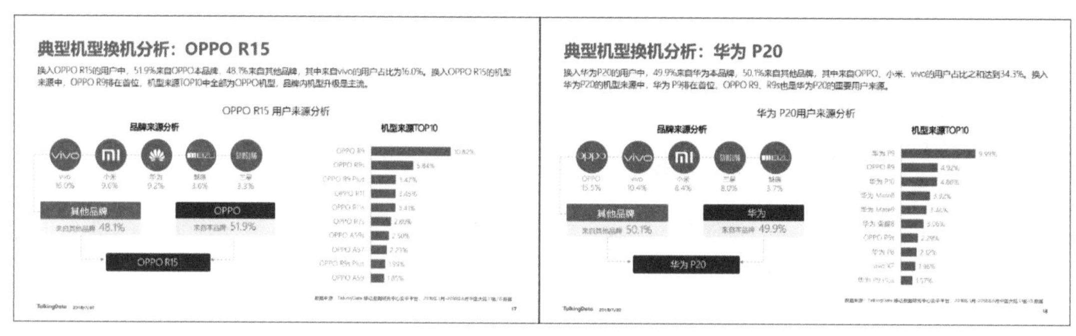

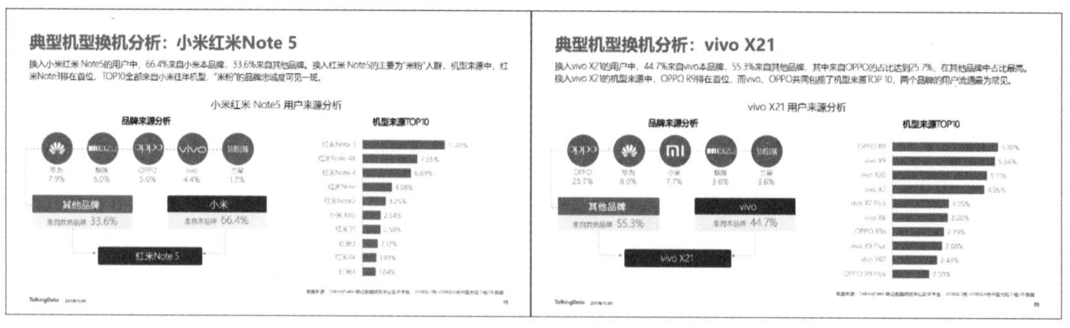

▲图 7-26　摘自 TalkingData:《2018 年二季度移动智能终端市场报告》

无论是单色方案还是多色方案，都可以借助 Adobe 公司的官方配色网站 Adobe Color CC 进行配色，如图 7-27 所示。这是一个全面而且专业的配色网站，如果在“色彩规则”中选择配色方案类型，如单色，然后在色轮中选择颜色，网站下方便会自动给出该颜色的单色配色方案。同理，“类比”“补色”“三元群”等配色规则也一样。单击页面导航菜单中的“探索”，还可以搜索关键词（英文）进行印象配色。

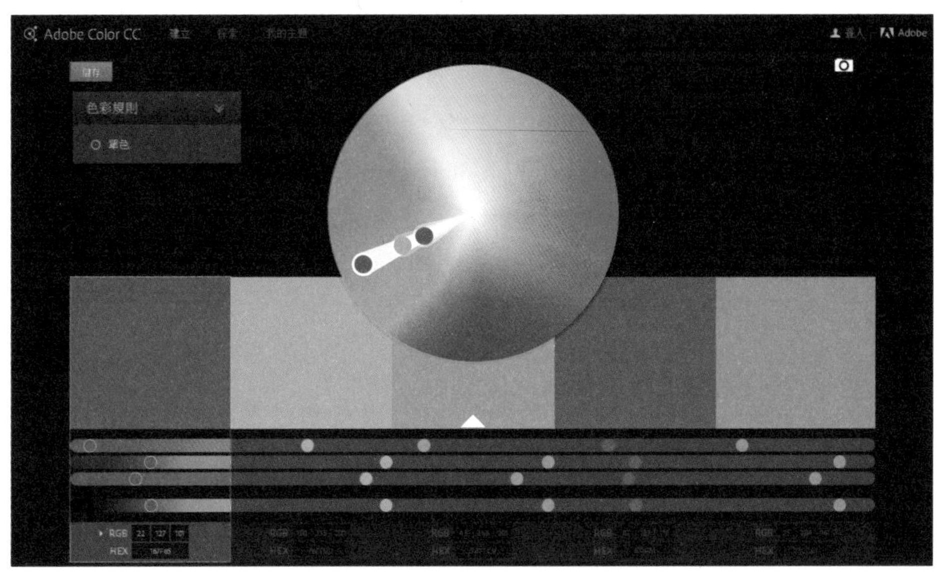

▲图 7-27　Adobe 公司的官方配色网站 Adobe Color CC

7.1.4 为什么要用“主题”来配色？

通过主题设定整个 PPT 的配色方案，即选择“设计”→“变体”→“其他”→“颜色”→“自定义颜色”命令（见图 7-28），在打开的“新建主题颜色”对话框中设定配色。这种配色方法有以下两大好处。

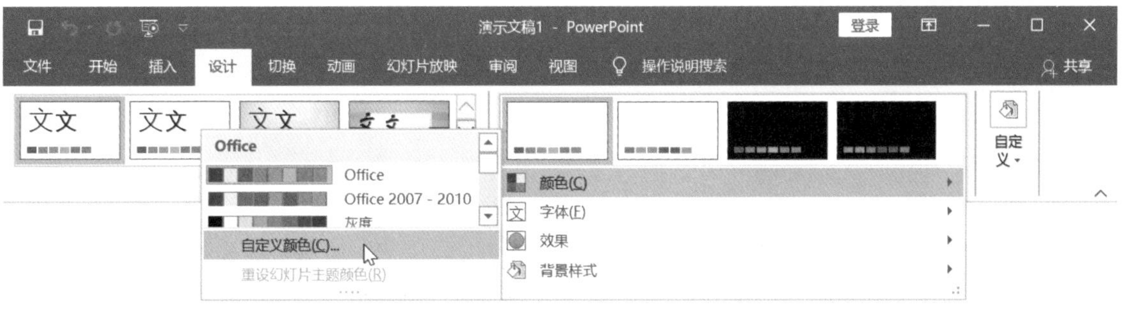

▲图 7-28

1. 快速

制作 PPT 前，先在“新建主题颜色”对话框中设定好配色方案，能够极大地提升 PPT 的设计效率。比如，已经确定了如图 7-29 所示的配色方案，要将该方案设置为 PPT 的配色，操作步骤如下。

打开“新建主题配色”对话框，将“文字 / 背景 - 深色 1”和“文字 / 背景 - 浅色 1”分别设置为配色方案中的文字色和背景色，将“文字 / 背景 - 深色 2”和“文字 / 背景 - 浅色 2”分别设置为配色方案中的背景色和文字色，即背景色和文字色交换使用。在使用配色方案中深色的文字色作为背景色时，文字的颜色就用配色方案中浅色的背景色，从而确保深色、浅色背景下文字都能看得清。

当然，如果觉得直接交换使用效果不好，也可以在配色方案中再添加一组背景色与文字色。接下来将“着色 1”设置为配色方案中的主题色，形状、图表等都默认以该颜色作为主要色彩填充；“着色 2”“着色 3”等就以配色方案中的辅助色按顺序循环填充；将“超链接”设置为主题色，将“已访问的超链接”设置为其中一种辅助色即可，如图 7-30 所示。

由于“新建主题颜色”对话框的颜色选取面板中无法使用取色器，因此建议先将配色方案的 RGB 值写下来，从而方便以输入 RGB 值的方式填充各个主题颜色。

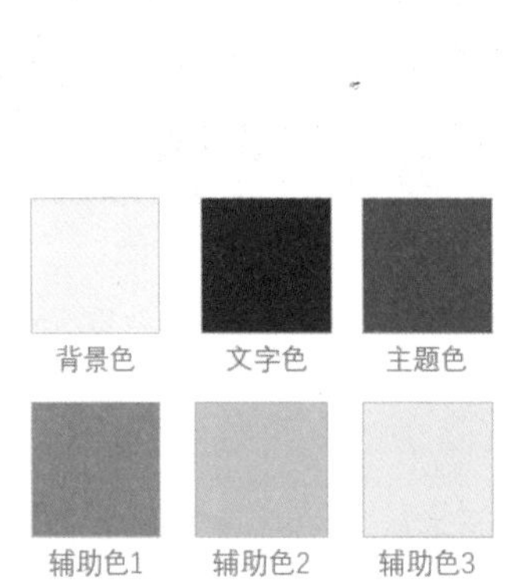

▲图 7-29　配色方案

▲图 7-30　新建主题颜色

完成并保存配色后，在幻灯片页面插入的文字、艺术字、公式、形状、图表、SmartArt 图形、表格等都将自动配好颜色，如图 7-31 所示。

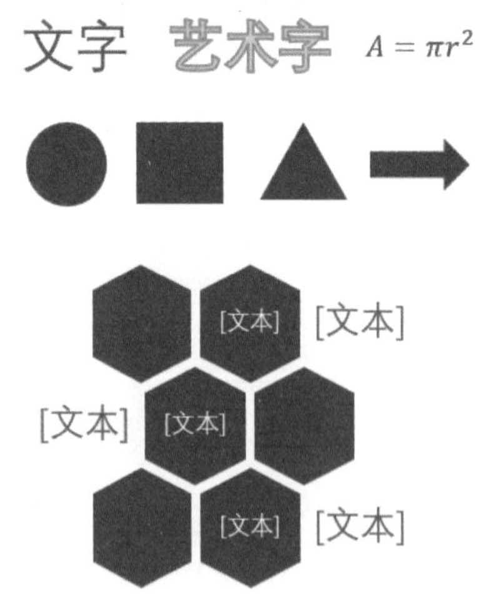

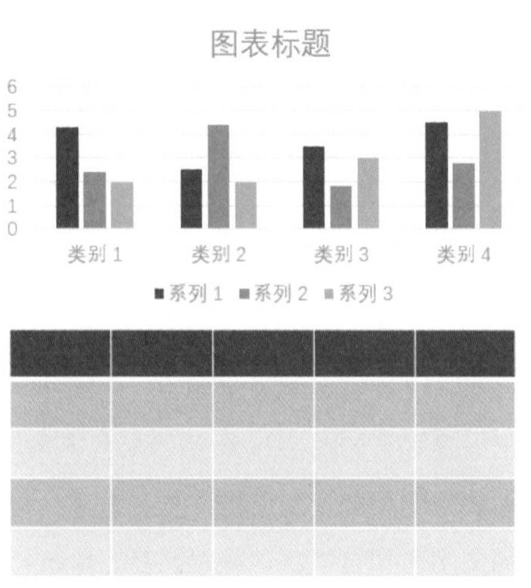

▲图 7-31　整套配色方案

此时文字、形状等填充色，轮廓色的选取面板，形状样式面板，表格样式面板，图表样式面板，艺术字样式面板，幻灯片主题效果面板等都发生了相应的改变，如图 7-32 所示。

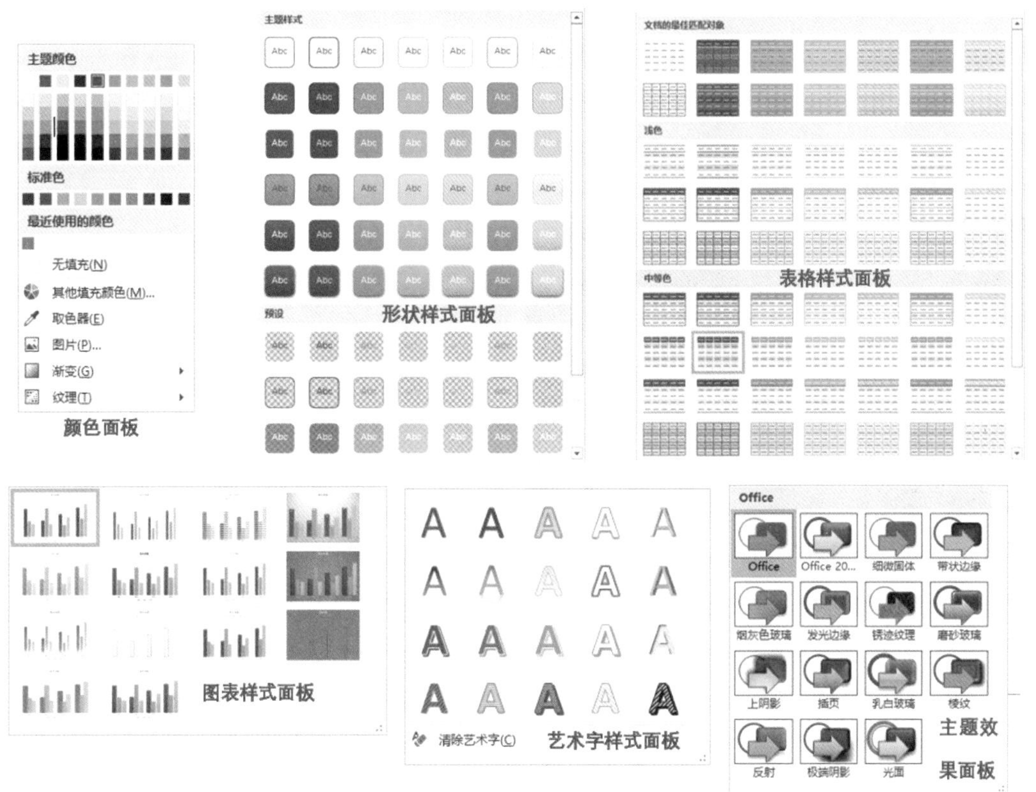

▲图 7-32　自动配色后主题颜色的变化

新手常常是一个对象一个对象地通过颜色选择面板设定颜色，这样会浪费大量的时间，上述操作无疑可以达到事半功倍的效果。

2. 方便

通过“新建主题颜色”对话框配色后，修改起来也十分方便。更改“新建主题颜色”对话框中的相关设置，PPT 将自动保存为新的主题，如图 7-33 所示。使用该配色的对象也会发生相应变化，这样就不需要一个对象一个对象地修改了，还可以通过主题的切换对比不同配色的效果。

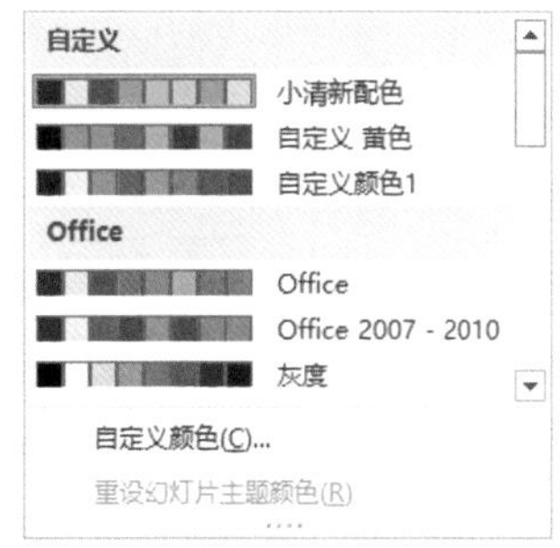

▲图 7-33　自定义的主题颜色

通过“新建主题颜色”对话框建立的配色方案将保存在 PPT 软件中，不仅当前文档可以用，其他文档也可以一键沿用。有些公司要求每次出品的 PPT 文档风格要一致，采用这种配色方法操作起来就方便多了。

7.1.5 专业设计师为什么都喜欢用灰色？

很多专业设计师配色时都喜欢使用灰色（各种不同灰度）。灰色作为一种无彩色，明度介于黑色与白色之间，非黑非白非彩，就像没有明确好恶，低调、普通的一个人，和任何人都可以做朋友，和任何色彩都能融洽搭配。灰色众多的优点，在 PPT 中也能得到表现。比如，灰色作为背景色既不会像很多彩色背景那样刺眼，又不会像黑色、白色背景一样缺乏设计感。甘于平淡、衬托内容，灰色可谓具有作为背景色的优良品质，排版时也较好驾驭，如图 7-34 和图 7-35 所示的幻灯片背景。

▲ 图 7-34　乐视 X50_Air 发布 PPT 中的深灰色背景

▲ 图 7-35　小米 4c 旗舰新品沟通会 PPT 中的浅灰色背景

又如，字体颜色采用灰色，能给人朴实、不浮夸（相对于彩色文字）的感觉，视觉观感柔和，阅读起来非常舒服，如图 7-36 所示的幻灯片文字。

苹果与OPPO贡献最多高份额机型

单款机型表现上，苹果品牌保持领先优势，iPhone 6、iPhone7 Plus、iPhone 6S包揽了机型市场份额前三位。

机型市场份额TOP 20中，苹果品牌占据10款，OPPO占据6款，两家贡献了最多的高市场份额机型。

2018Q2移动智能终端机型存量市场份额TOP20

排名	机型	上市时间	市场份额	排名	机型	上市时间	市场份额
1	iPhone 6	2014年9月	3.74%	11	iPhone 5S	2013年9月	1.15%
2	iPhone 7 Plus	2016年9月	3.42%	12	OPPO R9s	2016年10月	1.12%
3	iPhone 6S	2015年9月	3.24%	13	vivo X9	2016年11月	0.96%
4	iPhone 6S Plus	2015年9月	2.92%	14	OPPO R11	2017年6月	0.95%
5	iPhone 7	2016年9月	2.66%	15	vivo Y66	2016年12月	0.91%
6	iPhone 6 Plus	2014年9月	2.42%	16	vivo X20	2017年11月	0.85%
7	iPhone X	2017年11月	2.11%	17	vivo Y67	2016年11月	0.81%
8	OPPO R9	2016年3月	1.68%	18	OPPO A59s	2016年10月	0.81%
9	OPPO A57	2016年11月	1.49%	19	OPPO A37	2016年4月	0.76%
10	iPhone 8 Plus	2017年9月	1.33%	20	iPhone 8	2017年9月	0.74%

TalkingData 2018/7/30　　7

▲ 图 7-36　摘自 TalkingData:《2018 年二季度移动智能终端市场报告》

再如，图片重新着色为灰色调，或形状填充为灰色等，能够很好地起到弱化页面的次要对象、突出主要对象的作用。图 7-37 所示为幻灯片过渡页，将其他各部分的标题设置为灰色填充，实现了对接下来要讲的第 2 部分标题的高亮显示。

因而，在无彩色中挑选 PPT 配色时，可以有意识地多用灰色，而不是黑色、白色。

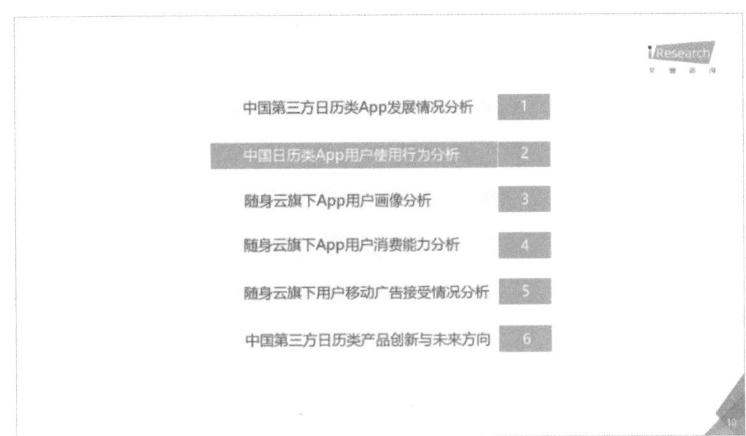

▶图 7-37 艾瑞咨询：中国第三方日历类App用户洞察报告

7.2 关于排版设计

排版，非常能体现一个人的审美素养。美感也许是天生的，但也可以通过学习一点理论和学习别人的经验建立起来。

7.2.1 基于视觉引导目的排版

人们通常的阅读习惯是从上至下、从左至右，生活中的很多内容都是基于这种阅读习惯排版的。因而一般情况下，PPT 页面的排版也应按照这种阅读习惯进行，顺着人们的阅读习惯布局文字、图片，设置字号、运用效果……让版式看起来比较自然，如图 7-38 所示。

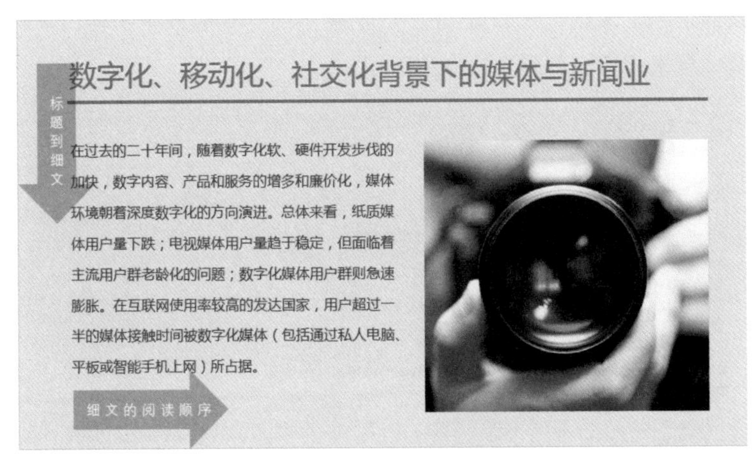

▶图 7-38 常规排版示例

然而，有时候为了达到某种特殊目的，也可以打破常规阅读习惯的束缚，主动引导观众阅读的视线。如图 7-39 所示，为了达到中国风的感觉，采用了从右到左、竖排文字的方式。还有在第 4 章中提到的全图型排版，可以根据图片焦点、人物视线打破常规，灵活排版。

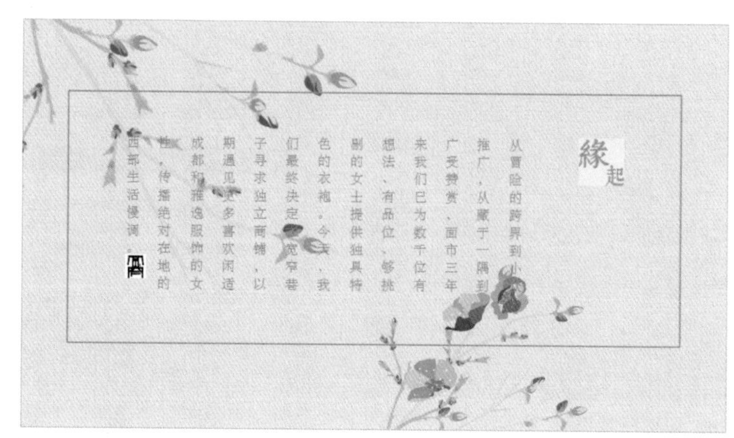

▶图 7-39　打破常规排版

7.2.2 专业设计必学的 4 项排版原则

关于如何提升设计美感，让设计作品看起来更专业，世界级设计师罗宾·威廉姆斯（Robin Williams）在《写给大家看的设计书》一书中总结了 4 项基本原则：亲密、对齐、重复和对比。如今这 4 项原则已成为通行于设计界的“金科玉律”，被当作很多设计教程的基础课程。在 PPT 中，这 4 项原则对排版美感的提升同样很有帮助。

1. 亲密

简言之，排版须讲究层次感、节奏感。

一方面，要把页面中存在关联或意思相近的内容放得更近一些；另一方面，要把那些关系不那么相近的内容放得稍微疏远一些。如图 7-40 所示的幻灯片，所有内容聚集在页面中央，“绿地系统规划的总原则”与在“公园绿地”“生态林地”中的两个具体要求的关系没有得到直观的体现。

按照亲密的原则，修改成如图 7-41 所示的样式后效果更佳，总述的部分更靠近标题，而下面两点具体要求相靠近，形成总分关系。

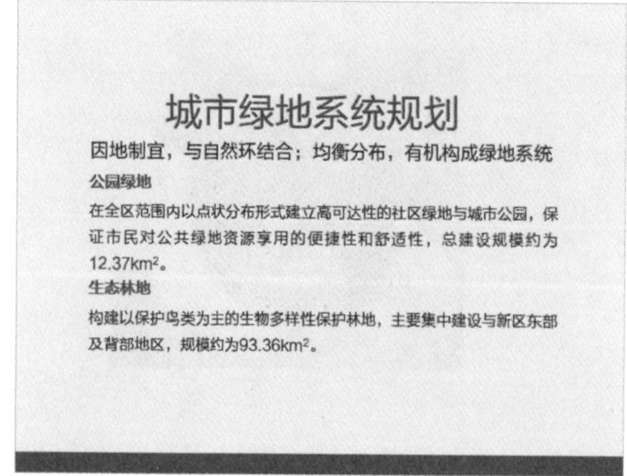

▲图 7-40　修改前的效果 1

城市绿地系统规划
因地制宜，与自然环结合；均衡分布，有机构成绿地系统
公园绿地
在全区范围内以点状分布形式建立高可达性的社区绿地与城市公园，保证市民对公共绿地资源享用的便捷性和舒适性，总建设规模约为12.37km²。
生态林地
构建以保护鸟类为主的生物多样性保护林地，主要集中建设与新区东部及背部地区，规模约为93.36km²。

▲图 7-41　修改后的效果 1

亲密的排版原则能够让幻灯片各项内容之间的联系、差别表现得更加清晰，方便观众阅读。

2. 对齐

简言之，页面应收拾整齐。

首先，页面内各种对象应放置整齐。如图 7-42 所示的幻灯片，图片放置比较随意，图片下的注明文字有的左对齐，有的右对齐，显得凌乱不堪、缺乏美感。

按照对齐的原则，应该将上下两行图片和文字分别顶端对齐，所有文字与图片居中对齐，调整成如图 7-43 所示的效果。

▲图 7-42　修改前的效果 2

▲图 7-43　修改后的效果 2

其次，对象之间的间距要统一。如图 7-44 所示的幻灯片的 3 段文字之间和 3 张图片之间的间距有宽有窄，虽然左右两侧是对齐的，但依然很散乱。

按照对齐原则把段落之间的间距、图片之间的间距分别调整一致，如图 7-45 所示。

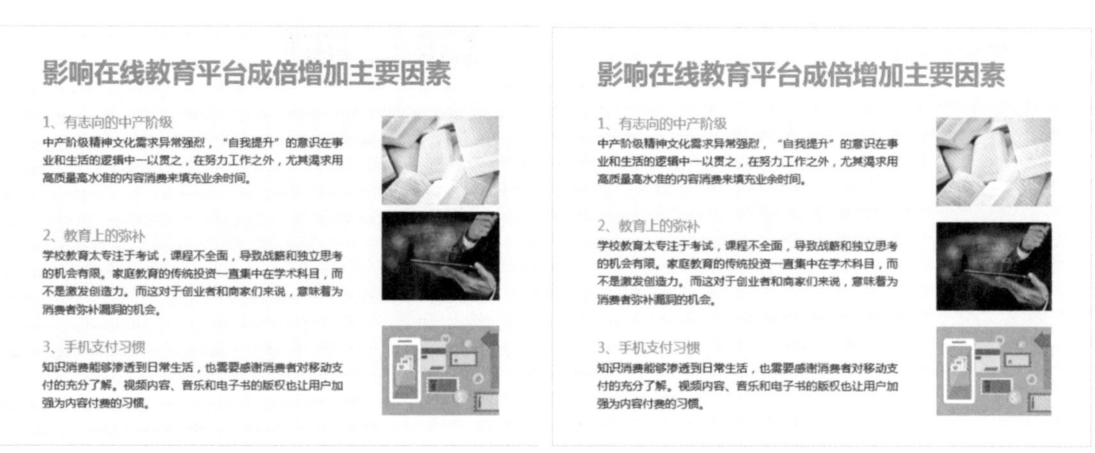

▲图 7-44　修改前的效果 3　　▲图 7-45　修改后的效果 3

最后，内容左右、上下与幻灯片边界的距离应相同，形成平衡。如图 7-46 所示的 PPT 页面内容过于靠近左上方，显得左下方有些空洞，视觉重心偏移，有一种不稳定感。

按照对齐原则，应把内容与PPT左右、上下边界的距离调整为一致，让视觉重心回到中央，使整个页面内容平衡，如图7-47所示。

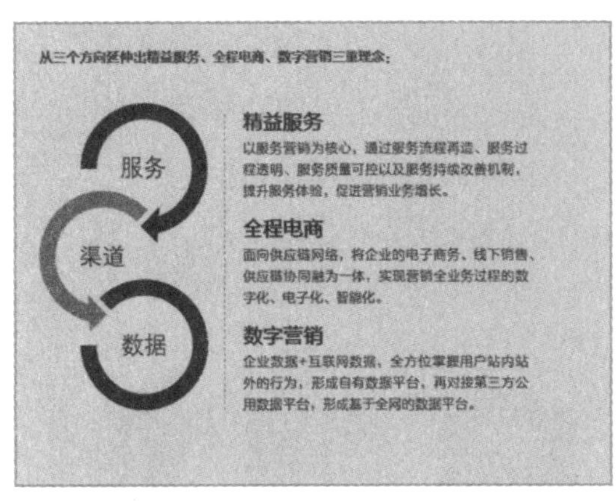

▲图 7-46　视觉重心偏移

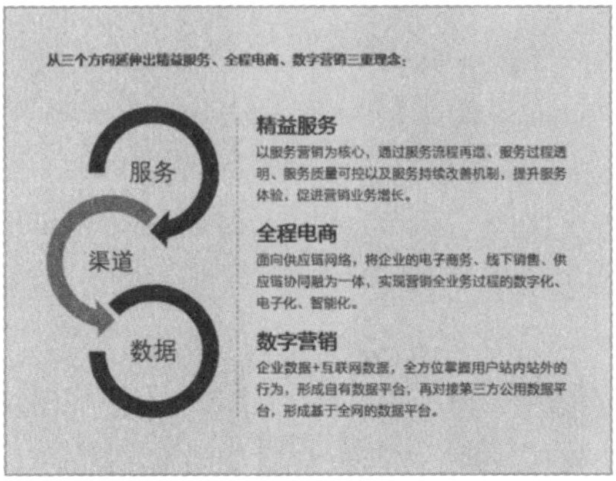

▲图 7-47　整体平衡

另外，同类内容在不同页面上的相对位置也需要对齐。图7-48和图7-49所示为同一份PPT中的两页幻灯片，都是对喜帖款式的创意说明，都采用了左图右文的结构。在排版时应将两页幻灯片中的文字放在相对一致的位置。

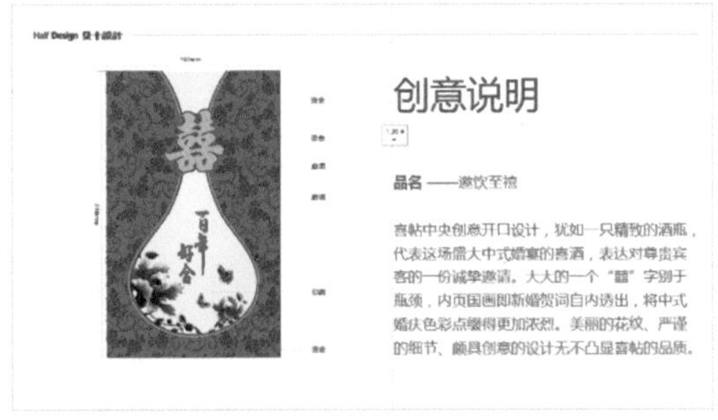

▲图 7-48　同类内容相对位置要对齐 1

▲图 7-49　同类内容相对位置要对齐 2

对齐的排版原则是让幻灯片页面看起来整洁、不凌乱。

3. 重复

简言之，排版应形成规范。

同页面或不同页面中，同类、同级别内容的排版方式要统一，使整个PPT形成封面、目录、过渡页、内容页、尾页一套大致的设计规范。如图7-50 ~ 图7-55所示的幻灯片中，封面页、目录页、过渡页、内容页、结尾页都各有一种版式，而内容页都采用了几乎相同的版式。做PPT时可借鉴这份PPT的做法，对封面页、过渡页、结尾页在相同的背景下进行版式调整即可，不一定非要设计成完全不一样的版式。

▲图 7-50 封面页

▲图 7-51 目录页

▲图 7-52 过渡页 1

▲图 7-53 过渡页 2

▲图 7-54 内容页

▲图 7-55 结尾页

重复的排版原则不仅有利于从设计层面凸显逻辑、条理，也能让观众更好地感知当前内容属于逻辑上的哪一环节，从而跟上演讲者的讲述。

4. 对比

简言之，排版须有所侧重。

比如，字号大小的对比。标题、小标题文字的字号要比正文内容的字号大一些，如图 7-56 所示。

如常规字体和加粗字体的对比。大段正文中的重点文字如果增大字号，则影响段落间距，不利于排版。此时即可通过加粗来实现对比，如图 7-57 所示的“互联网 + 政务服务”。

又如，不同色相、饱和度、明度色彩的对比，如图 7-58 所示的各个小标题。

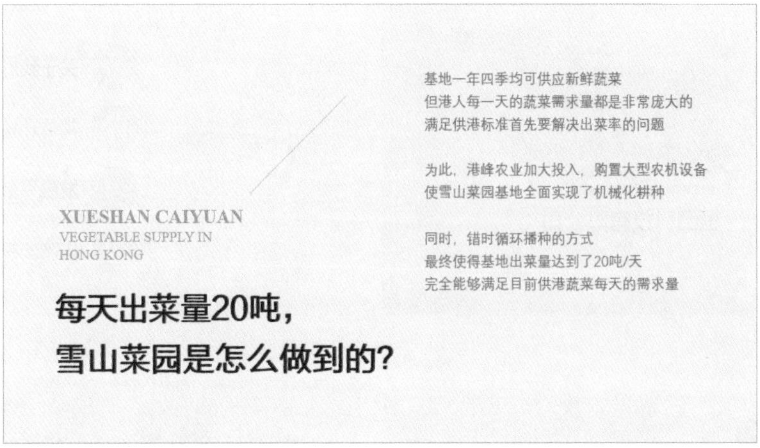

基地一年四季均可供应新鲜蔬菜
但港人每一天的蔬菜需求量都是非常庞大的
满足供港标准首先要解决出菜率的问题
为此，港峰农业加大投入，购置大型农机设备
使雪山菜园基地全面实现了机械化耕种
同时，错时循环播种的方式
最终使得基地出菜量达到了20吨/天
完全能够满足目前供港蔬菜每天的需求量
XUESHAN CAIYUAN
VEGETABLE SUPPLY IN
HONG KONG
每天出菜量20吨，
雪山菜园是怎么做到的？

▲图 7-56　字号大小对比

随着“互联网+政务服务”的发展深入，部委政府网站强化在政务公开、回应关切方面的服务能力，同时加大了业务数据的开放力度，如统计局、林业局、知识产权局、气象局等建设了数据开放平台，提供了行业数据浏览及下载服务。

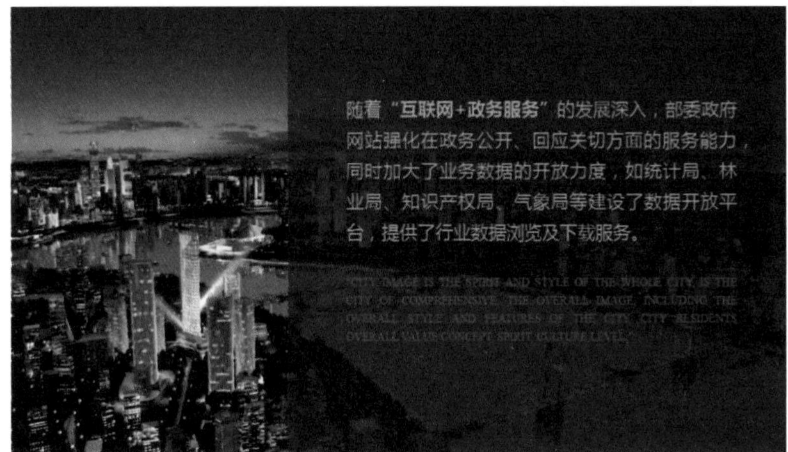

▲图 7-57　常规字体和加粗字体对比

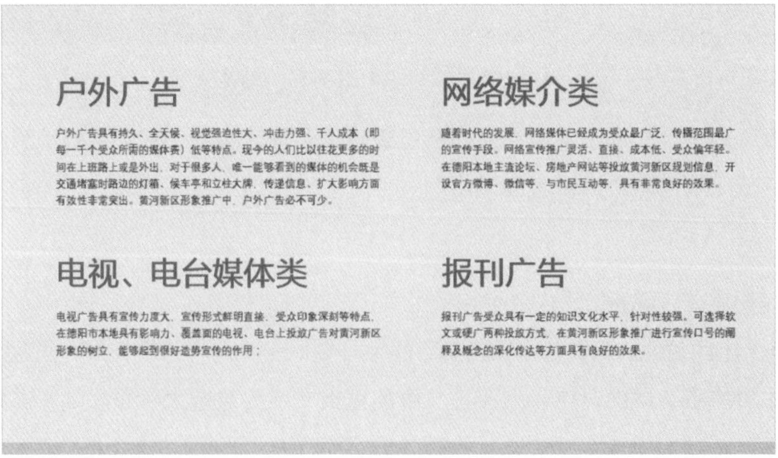

户外广告
户外广告具有持久、全天候、视觉强迫性大、冲击力强、千人成本（即每一千个受众所需的媒体费）低等特点。现今的人们比以往花更多的时间在上班路上或是外出，对于很多人，唯一能够看到的媒体的机会既是交通堵塞时路边的灯箱、候车亭和立柱大牌，传递信息、扩大影响方面有效性非常突出。黄河新区形象推广中，户外广告必不可少。
网络媒介类
随着时代的发展，网络媒体已经成为受众最广泛、传播范围最广的宣传手段。网络宣传推广灵活、直接、成本低、受众偏年轻。在德阳本地主流论坛、房地产网站等投放黄河新区规划信息，开设官方微博、微信等，与市民互动等，具有非常良好的效果。
电视、电台媒体类
电视广告具有宣传力度大、宣传形式鲜明直接、受众印象深刻等特点，在德阳市本地具有影响力、覆盖面的电视、电台上投放广告对黄河新区形象的树立，能够起到很好造势宣传的作用；
报刊广告
报刊广告受众具有一定的知识文化水平，针对性较强。可选择软文或硬广两种投放方式，在黄河新区形象推广进行宣传口号的阐释及概念的深化传达等方面具有良好的效果。

▲图 7-58　颜色对比

再如，有无衬底的对比。如图 7-59 所示，“共享经济”标题有衬底，展示的具体内容无衬底。

▲ 图 7-59　有无衬底的对比

从内容上来说，幻灯片必有主有次，有需要突出的内容；从设计上来说，有主有次才能让页面有视觉重点，摆脱平淡。大家都知道设置对比，但很多人都是从内容的角度来考虑对比，而从未从设计的角度考虑，因而在对比强烈度的掌控上可能会有所欠缺。

以上便是本书对于设计界的 4 项原则的解读，当然，原则也是可以被打破的，不是任何时候都要固守这 4 项原则。只是在打破原则前，自己要清楚为什么打破原则以及是否真的有必要打破。

7.2.3 统一排版，幻灯片母版不可少

快速统一整个 PPT 的风格，实践设计 4 项原则中的重复原则，最好的方法就是使用幻灯片母版。在幻灯片母版中设定封面、内容、目录页、结尾页的样式，即可实现对整个 PPT 排版的规划。当幻灯片母版中的版式发生变化时，应用该母版的幻灯片都将自动更改，既可避免重复工作和浪费大量的时间，也可让 PPT 中的所有幻灯片具有相同的风格或内容。

在幻灯片母版中设计版式的方法与在普通视图中操作幻灯片的方法一样，当一份 PPT 需要应用多个主题时，或 PPT 自带的母版版式不能满足需要时，可自行建立母版进行使用，具体操作方法如下。

步骤 01 切换至“视图”选项卡（见图 7-60），选择“幻灯片母版”命令。

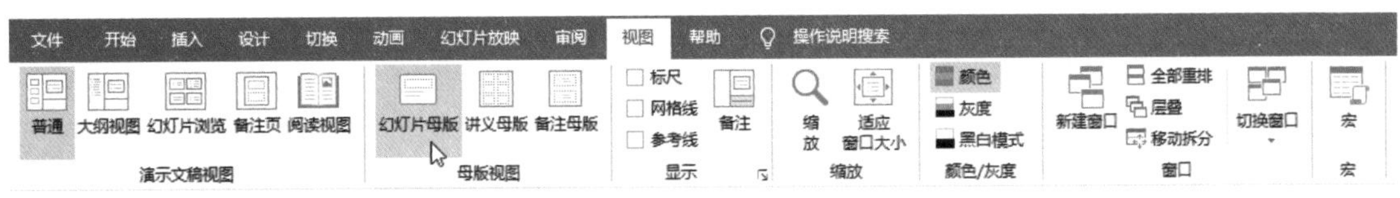

▲ 图 7-60　“视图”选项卡

步骤02 当前 PPT 切换至幻灯片母版视图，功能区出现“幻灯片母版”选项卡。选择“插入幻灯片母版”命令，可插入一整套新的幻灯片母版；选择“插入版式”命令，则是在当前幻灯片母版中插入一页新的版式。本例以插入一整套母版为例，选择“插入幻灯片母版”命令，如图 7-61 所示。

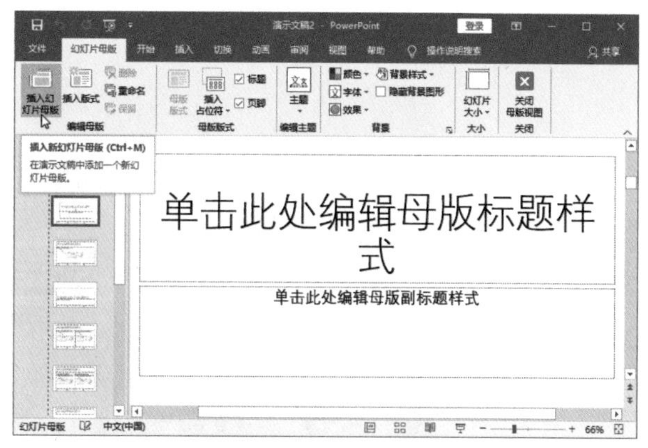

▲图 7-61　插入幻灯片母版

步骤03 在原来幻灯片母版后面增加了一套母版 2，如图 7-62 所示。

步骤04 在母版 2 中编辑母版，则该母版中的每个版式都会发生相同的改变，编辑母版中的各个版式，则应用该版式的相应页面会发生相同的改变。这里以编辑版式为例，在版式中依次编辑出封面、目录页、过渡页、内容页、结尾页 4 种版式，主要是进行幻灯片背景、相关装饰性设计的编辑。由于各页的内容不相同，因此不建议保留文本、图片占位符等，如图 7-63 所示。

▲图 7-62　增加母版

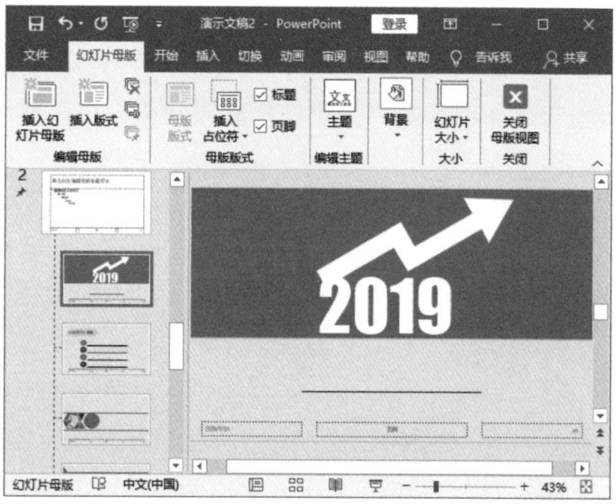

▲图 7-63　设计母版版式

步骤05 编辑好母版版式后，选择“关闭母版视图”命令，退出母版视图。此时在“开始”选项卡中选择“版式”下拉列表可以看到，增加了刚刚编辑好的“自定义设计方案”，选择其中一种版式，如“标题幻灯片”，如图 7-64 所示。

步骤06 该版式被应用到了当前所选幻灯片中，只需要在该版式基础上编辑内容即可，效果如图 7-65 所示。

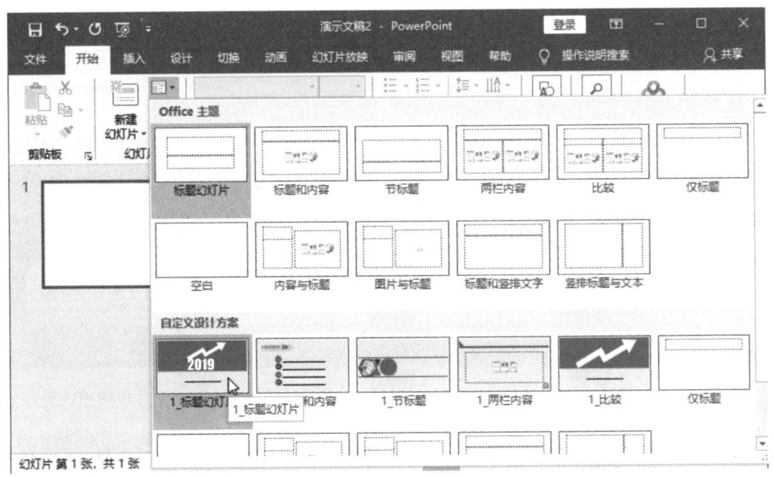

▲图 7-64　选择需要的幻灯片版式

▲图 7-65　幻灯片效果

7.2.4 快速排版之 7 大辅助工具

PPT 软件为排版提供了很多好用的工具，在排版过程中巧用这些辅助工具，能够快速提升排版效率，达到事半功倍的效果。

1. 网格线

优秀的 PPT 少不了对排版的要求，当同一幻灯片中多个对象需要排列在水平或垂直线上时，单靠键盘的方向键或拖动鼠标，并不能完全对齐。为了实现对象的准确对齐，可以使用网格线精准地确定对象的位置。使用网格线对齐对象的具体操作方法如下。

步骤01 选中“视图”选项卡“显示”组中的“网格线”复选框，幻灯片中显示出网格线。此时，可发现幻灯片中的多个圆角矩形未对齐，如图 7-66 所示。

▲图 7-66　显示网格线

步骤02 根据网格线排列所有的圆角矩形使之对齐，效果如图 7-67 所示。

另外，我们还可以根据需要对网格线的网格间距进行设置。在“视图”选项卡“显示”组中单击按钮，打开“网格和参考线”对话框，在“网格设置”栏中可对网格间距进行设置，如图 7-68 所示。

▲图 7-67　根据网格线对齐排列对象

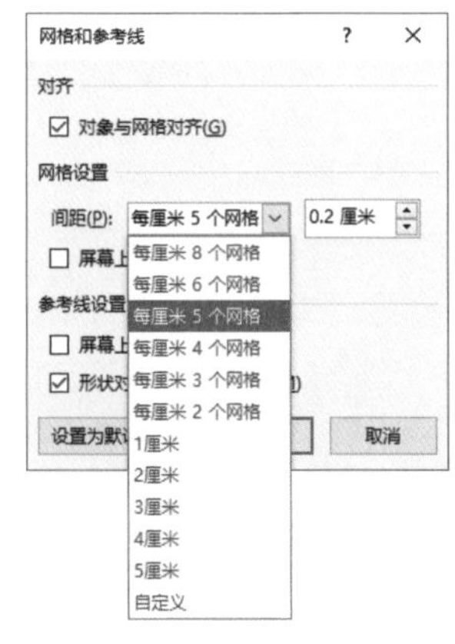

▲图 7-68　设置网格线间距

2. 参考线

参考线是用于设计且本身并不存在的辅助线条，放映时不会显示。软件默认不显示参考线，在“视图”选项卡选中“参考线”复选框，或者按【Alt+F9】组合键开启。默认的参考线只有两条，一条横向穿过页面中心，一条纵向穿过页面中心。将鼠标指针放置在幻灯片编辑区外的参考线上，当鼠标指针变成或形状时，按住【Ctrl】键拖动鼠标，即可增加一条参考线，如图 7-69 所示。如果将参考线拖出幻灯片编辑区域，也就是到灰色区域，即可删除参考线。

◀图 7-69　添加参考线

另外，将鼠标指针移动到参考线上，当鼠标指针变成 ⟛ 或 ⟠ 形状时，右击鼠标，弹出的快捷菜单中提供了多个命令，如图 7-70 所示，选择不同的命令，可进行对应的操作。

◀图 7-70　参考线相关命令

使用参考线可以很好地实践设计 4 原则中的对齐和重复原则，特别是针对跨页的不同对象的对齐，使用参考线操作会方便很多。

大师点拨 ＞　智能参考线是什么？

在 PPT 中拖动占位符、形状、图片、表格、图表等对象时，都会出现红色的虚线或红色双箭头虚线，这种虚线被称为“智能参考线”，是 PPT 默认出现的，会自动显示并与之相关或靠近的对象对齐。如果在“网格和参考线”对话框中的“参考线设置”栏中取消选中“形状对齐时显示智能向导”复选框，那么移动对象时便不会显示智能参考线。

3. 对齐命令

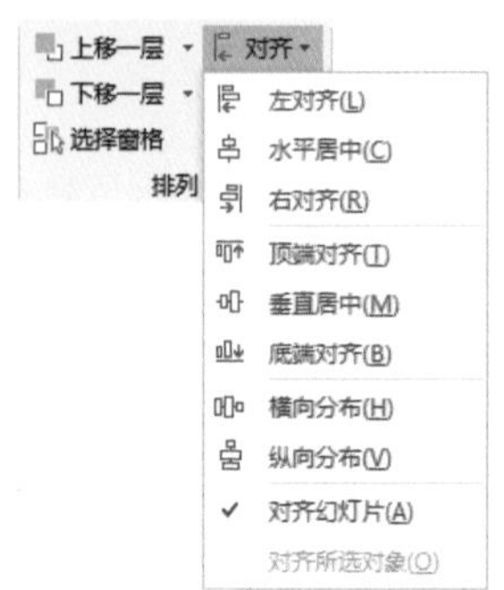

▲图 7-71　对齐功能

在制作 PPT 的过程中，经常需要在同一张幻灯片中放置很多图形对象，且需要将这些杂乱排列的图形整齐划一地排列，此时便可使用对齐按钮快速实现。PPT 中对齐命令提供了如图 7-71 所示的对齐功能。选中单个对象可实现单个对象，在整个幻灯片页面内的对齐；选中多个对象，则可实现多个对象之间的相互对齐与间距调整。

在使用对齐命令对图形对象进行对齐排列时，有时要执行多次对齐操作，才能让选择的多个图形对象按照一定规则进行排列。例如，要将幻灯片中的 4 个图形对象排列在一条线上，并垂直排列于幻灯片中，就需要执行两次对齐操作，具体操作方法如下。

步骤01 选择幻灯片中的4个图形对象，选择“排列”组中的“对齐”命令，在打开的下拉列表中选择“横向分布”命令，如图 7-72 所示。

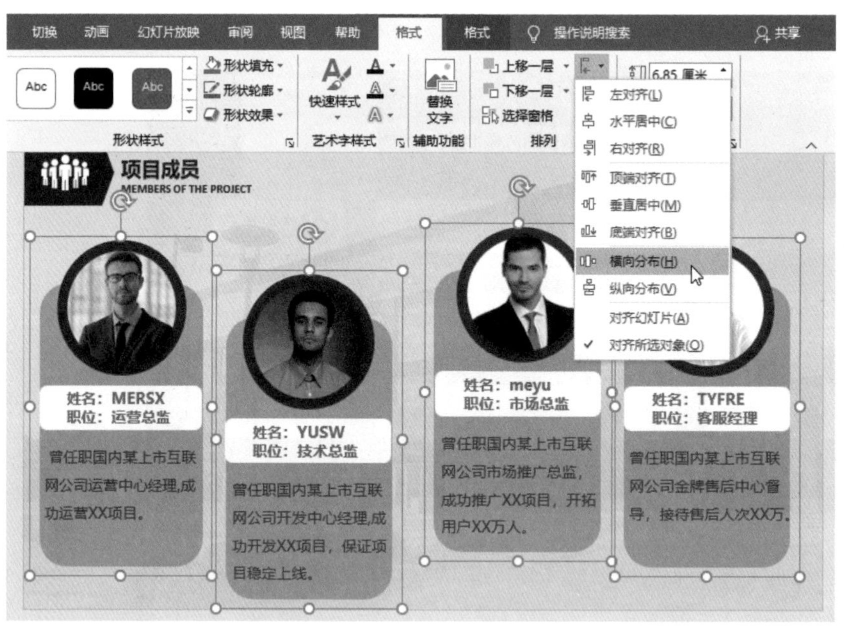

▲图 7-72　对齐功能

步骤02 选择的 4 个图形将横向分布于整个幻灯片页面中，幻灯片左右预留的空白区域将完全一样，并且各图形之间的间距也将保持一致。此时只需要将 4 个图形对齐于一条直线上即可。由于 PPT 默认是对齐幻灯片，因此执行对齐操作后，将以幻灯片页面作为参考对象。而要让 4 个图形对象对齐于图形，则需要在“对齐”下拉列表中先选择“对齐所选对象”命令，再选择“顶端对齐”命令，如图 7-73 所示。

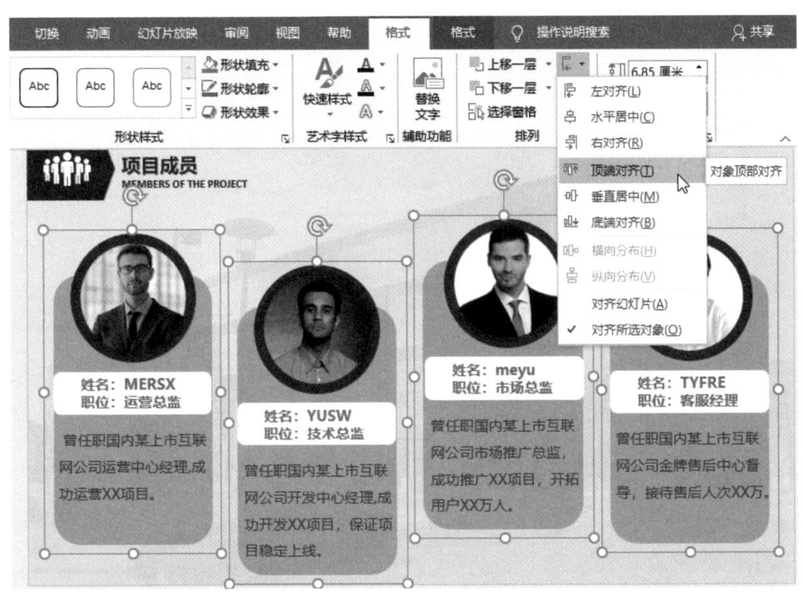

◀图 7-73 顶端对齐

步骤03 这样就可以所选对象中某一对象的顶端为参考进行对齐，效果如图 7-74 所示。

◀图 7-74 对齐

除此之外，还可按照第 1 章中介绍的方法将几个对齐命令都放置在快速访问工具栏中，这样执行对齐操作时会更方便。

4. 组合

组合是指将若干个元素暂时结合成一体来处理，从而更方便对不同类型、不同级别的内容进行成组排版。

另外，当我们需要对页面进行除二等分之外的等分操作时，通过标尺计算的方法比较麻烦，而利用组合矩形的方法实现对页面的等分就比较方便了。例如，将页面进行三等分的具体操作步骤如下。

步骤01 在页面中插入 3 个同等大小的矩形，并将其填充为不同的颜色，然后以边界相接的方式将它们放置成一排。选择 3 个矩形，右击鼠标，在弹出的快捷菜单中选择“组合” ” →“组合”命令，如图 7-75 所示。

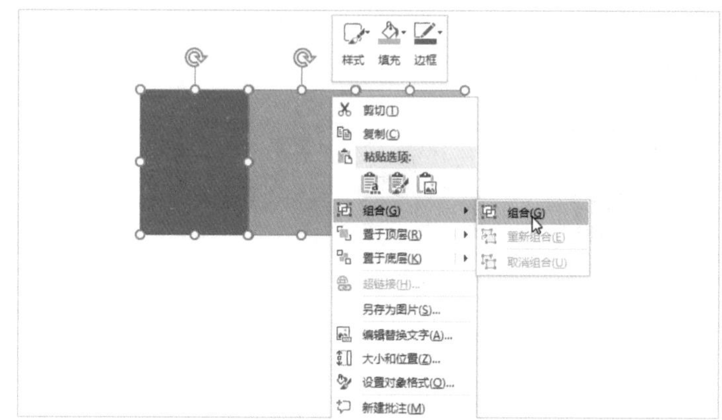

▶图 7-75　组合对象

步骤02 将 3 个矩形组合为一个形状，选择该形状并调整形状大小，使组合对称拉伸至刚好抵达页面边界，这样整个页面就被 3 个矩形轻松地划分成了三等份，如图 7-76 所示。五等分、六等分等其他等分也可以同理实现。

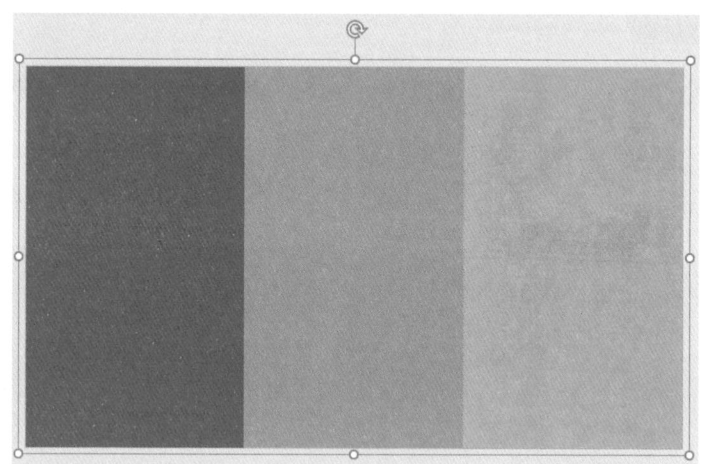

▲图 7-76　划分页面

5. 层次

层次是指各对象之间的叠放顺序，也就是前后排列顺序。

在 PPT 中，当需要将多个对象重叠放在一起时，不同的叠放顺序会带来不同的展示效果。例如，对幻灯片中各对象的叠放顺序进行调整，使幻灯片整体效果更加美观。具体操作方法如下。

步骤01 在幻灯片中选择图片，右击鼠标，在弹出的快捷菜单中选择“置于底层”命令，如图 7-77 所示，图片将置于所有对象最下方。

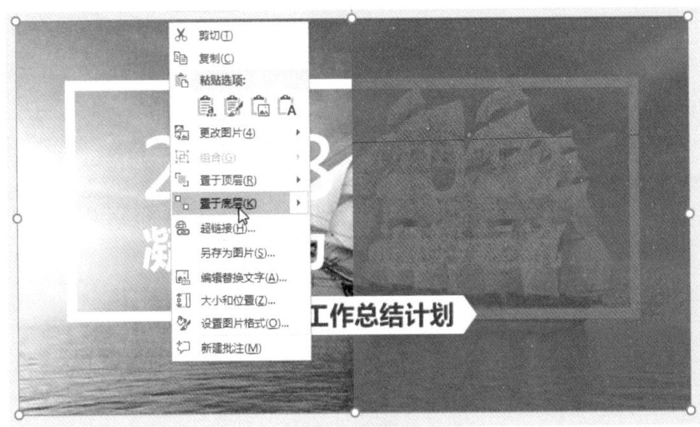

▲图 7-77 执行置于底层操作

步骤02 选择右侧红色的矩形，右击鼠标，在弹出的快捷菜单中选择“置于底层”→“下移一层”命令，如图 7-78 所示。红色矩形将向下移动一层，也就是位于文字下方，从而显示出文字内容。

▲图 7-78 选择下移一层

步骤03 使用相同的方法将白色矩形框移动到红色矩形上方，效果如图 7-79 所示。

▲图 7-79 最终效果

6. “选择”窗格

和 Photoshop 类似，幻灯片页面中的所有内容都是以图层的方式置于页面中的。PPT 中的“选择”窗格相当于 Photoshop 中的图层面板，选择“开始”→“选择”→“选择窗格”命令（或按【Alt+F10】组合键）即可打开“选择”窗格。在“选择”窗格中可以看到当前页面中所有对象的图层状态，显示在最上面的对象即位于最顶层，显示在最下面的对象即位于最底层，如图 7-80 所示。

▲图 7-80 在“选择”窗格中查看对象的叠放顺序

拖动窗格列表中的项（或单击、按钮）可以改变该项对应的图层所在的层级位置，向上为上移，向下为下移。单击对象后面的 按钮可以隐藏（放映时也看不到，但并非删除）或显示该对象。双击图层可对该图层进行重命名。如图 7-81 所示为重命名对象并隐藏“图片 9”后的效果。

▲图 7-81 重命名和隐藏对象

当一个幻灯片页面中有大量对象叠放在一起时，可通过隐藏当前层之外的所有层，一层一层处理，在添加自定义动画时尤为方便。

7. 格式刷

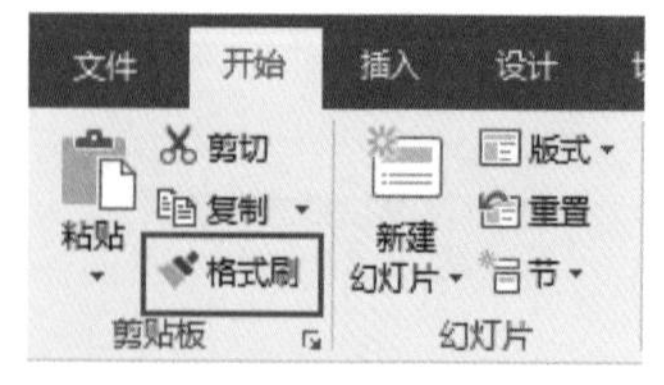

▲图 7-82 格式刷

利用格式刷（见图 7-82）可将 PPT 中不同的文字、图片、形状等对象的格式快速统一。对于加快排版速度，实践设计 4 项原则中的重复原则非常有帮助。

使用时，单击一次格式刷，可复制、粘贴一次格式；双击格式刷，可复制、粘贴无限次格式，直至按【Esc】键取消。

7.2.5 值得学习借鉴的 20 种经典版式

适当掌握一些经典的排版方式，既实用又有助于培养美感。本节整理了封面页、目录页、过渡页、内容页、封底页 5 种页面类型的 20 种经典版式，供读者参考。

1. 封面页

封面是观众首先看到的一页，其精美程度直接关系到观众对整个 PPT 的第一印象。因而，要想建立良好的第一印象，让观众对接下来的内容有所期待，封面页的设计就不可随意。

一般纯文字的封面最简单的做法便是将 PPT 主题置于中央，重点突出，在页面底部放置出品机构和时间等信息，如图 7-83 所示。

◀图 7-83　封面页示例 1

这种上下结构的排版方式简单、直接，虽然算不上出彩，但对排版能力的要求不高，不容易出现问题。

当出品机构的 LOGO 形状较方时（宽、高差距不大），或封面页上的内容可拆分成两部分时，可采用左右结构的排版方式，如图 7-84 所示。

◀图 7-84　封面页示例 2

添加辅助形状，也是一种提升封面设计感的不错的方式。如图 7-85 所示的幻灯片，利用形状实现页面的上下不均衡分割，能够稍微打破所谓的“倒三角”视觉结构，使出品机构的 LOGO 或名称看起来更加协调。

▶图 7-85 封面页示例 3

使用矩形拦腰截断页面是一种十分常见的做法，这种排版方式操作起来既比较简单，又不失设计感。矩形横条放置的位置可位于页面正中，也可以稍微靠下。我们建议在 16：9 页面的靠下位置放置矩形横条，这样会显得更美观，如图 7-86 所示。

▶图 7-86 封面页示例 4

若形状用得更大胆一些，可能页面会更有设计感，如图 7-87 所示，添加的辅助形状为两个圆形。

▶图 7-87 封面页示例 5

当封面上有图片时，建议以全图型的方式排版，让图片作为页面的背景图片，必要时添加形状或形状蒙版来排标题，这样比左右、上下结构更大气一些，如图 7-88 所示。

◀ 图 7-88 封面页示例 6

2. 目录页

通过设置目录页，能够让整个 PPT 的脉络更加清晰地呈现在观众面前。目录页的排版应简洁、明了，一般来说文字内容不宜过多。

目录页最为常规的排版方式就是像书籍目录一样，规规矩矩排整齐，只不过在 PPT 中一般不需要标明对应页码（咨询公司出品的 PPT 可能需要），如图 7-89 所示。这种目录排版方式简单、易于操作，但要仔细处理间距等细节，力求整齐。

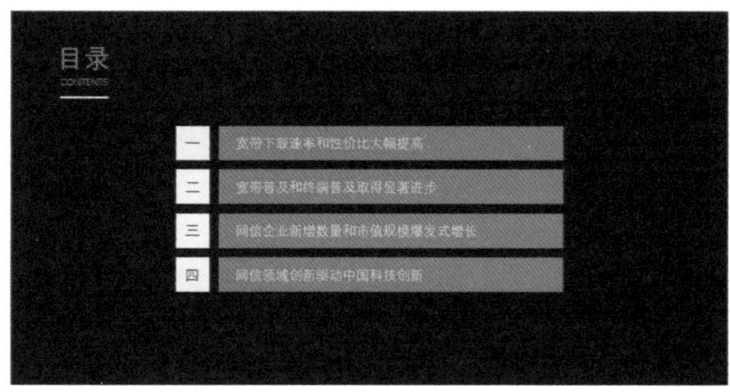

◀ 图 7-89 目录页示例 1

左右结构也是一种常见的排版方式，如图 7-90 所示。在这种排版方式下，左边部分有时也会采用图片。

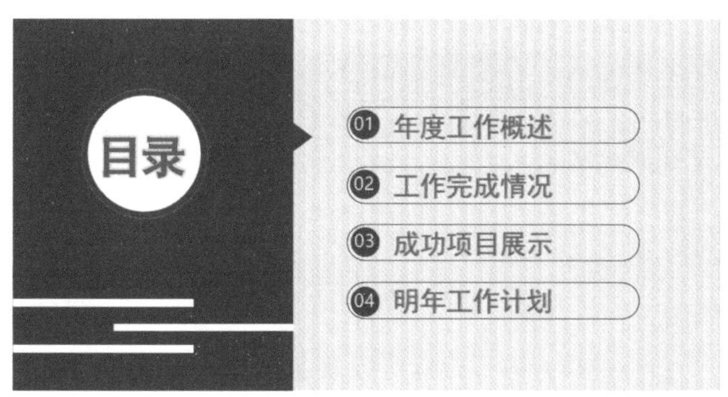

◀ 图 7-90 目录页示例 2

同理，也可以采用上下结构的排版方式，如图 7-91 所示。

▶图 7-91　目录页示例 3

借鉴 Windows10 系统 Metro 风格来排目录，效果也非常不错，如图 7-92 所示。不过，这要求其他页面的排版能与该风格相匹配，否则会显得不伦不类。

▶图 7-92　目录页示例 4

3. 过渡页

PPT 内容往往会分成几个部分来讲述，过渡页是下一部分的标题页，即二级标题页。一份 PPT 所有过渡页的设计排版应是一致的。过渡页应该简洁，能体现内容的衔接即可。

过渡页可直接利用目录页调整得到。如图 7-92 所示的幻灯片，将非当前部分的色块变灰、当前部分的色块拉大、突出，即可得到一个过渡页面，如图 7-93 所示。这种排版方式能够很好地体现延续性、衔接性，当讲到后面部分时，这种过渡页在过渡的同时还有回顾的效果。

▶图 7-93　过渡页示例 1

当然，也可以单独设计一个过渡页。如图 7-94 所示，直接将二级标题居中，简单、直接（这里适当添加了一些英文作为设计的辅助元素）。

▲图 7-94 过渡页示例 2

若要更有设计感一些，还可以把其中的某一部分放大，使之更醒目，如图 7-95 所示。

▲图 7-95 过渡页示例 3

4. 内容页

内容页的排版方式主要根据具体内容来选择。一页内容很可能有多种不同的排版方式，排版时一方面是从中寻求一种最佳的内容呈现方式，另一方面是让各内容页之间最好能在设计上有一定的统一性。关于纯文字内容页的排版，只需稍加注意设计 4 项原则，能转换为 Smart 图形、图表的尽量转换为 SmartArt 图形、图表，以寻求更可视化的表现方式。这里主要介绍一些图文混排内容页的版式。

图 7-96 所示为一种常见的排版方式，文字与图片或图表混排，标题置于最上方，左文右图或左图右文。根据文字内容，图片、图表的多少、大小情况，也可变化成上下结构，抑或是在底部（或顶部，或顶部、底部同时）添加形状，增强页面的设计感，使所有的内容页形成统一的设计规范。

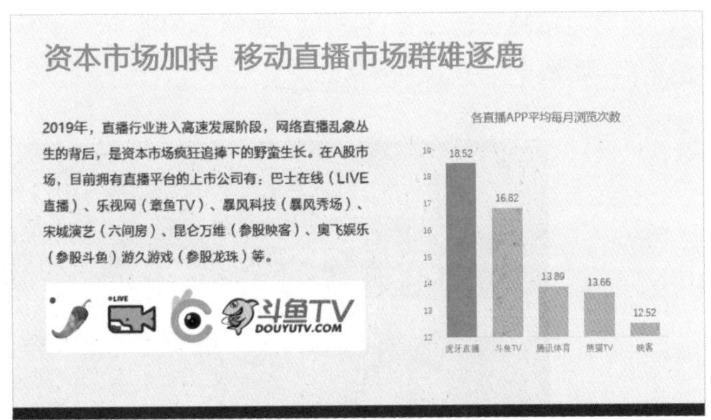

▶图 7-96　内容页示例 1

图 7-97 所示为中央聚集型版式，一般有 4 组有逻辑联系的内容时可考虑使用这种版式。位于中央的图形可以是圆形、环形、五边形、六边形、雷达图表等，排版时根据图形的特征确定文字内容的排版方式，使页面视觉中心集中在中央。

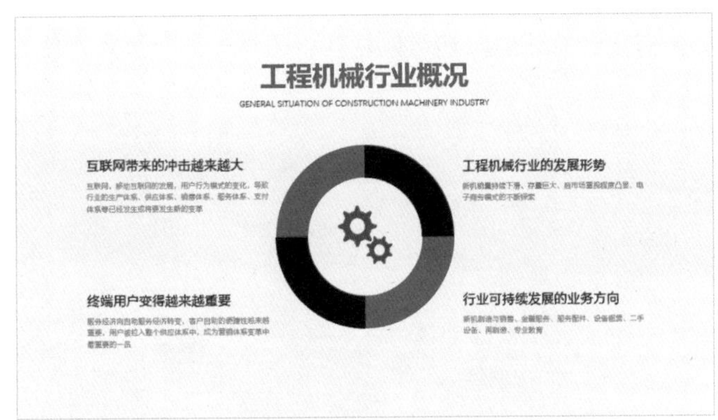

▶图 7-97　内容页示例 2

图 7-98 所示等分型版式，即人为将页面分为若干等份，更加突出每小组内容的小标题。阅读时，观众的阅读方式形成先从左到右，再分别从上到下的一个过程。

▶图 7-98　内容页示例 3

页面内容成组时，除了可采用等分型版式，还可采用交错型版式，如图 7-99 所示。等分型版式适合竖长形图片，而交错型版式更适合图片较方形的情况。

◀ 图 7-99　内容页示例 4

当页面上的图片质量较高、比较精美，有一定冲击力时，最好选择全图型排版，将内容直接放在图片上，如图 7-100 所示。

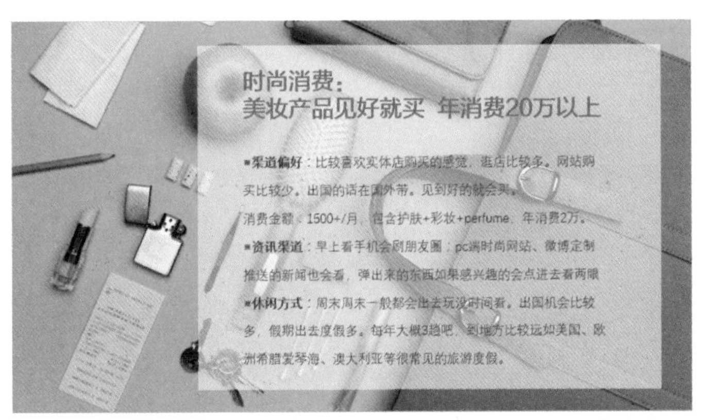

◀ 图 7-100　内容页示例 5

图 7-101 所示为图片背景较简单时的一种排版方式。关于全图型排版的技巧在本书第 4 章有过介绍，这里不再赘述。

◀ 图 7-101　内容页示例 6

5. 封底页

从完整性来说，虽然封底页面并没有太实质性的内容，却也不可或缺。

一般封底页面没有必要做得太复杂，简单输入“The end”字样表示演讲结束即可。要表现得更为礼貌一点，则可在页面中输入“Thanks”“感谢垂听”等字样，并附上出品机构或个人的名称、需要鸣谢的机构名称或LOGO等，如图7-102所示。

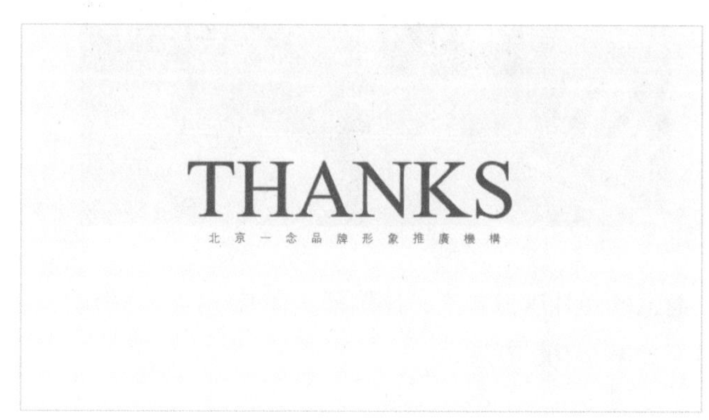

▶图7-102　封底页示例1

此外，也可以进入讨论时间的方式作为结束，让观众就前面所讲述的内容随意提问，与演讲者进行讨论，如图7-103所示。

▶图7-103　封底页示例2

7.3 关于模板

对于PPT，很多朋友更在意幻灯片中的内容，而不太愿意在排版、设计上花费太多时间。因而，他们习惯从网上下载模板直接使用。在时间紧，来不及做设计美化的情况下，模板确实是不错的选择。

7.3.1 在哪里可以找到精品模板？

网上的模板质量参差不齐，在哪些网站可以找到质量高一点的模板呢？

1. 收费模板网站

网上并不缺乏高质量的模板，但精品往往需要付费才能使用。如果你愿意在模板上花钱，可以访问下列网站。

（1）PPTSTORE，这是国内 PPT 高手卖作品的平台，PPT 模板质量较高，如图 7-104 所示。

▲图 7-104　PPTSTORE

（2）PPTFans，这个网站不仅有高质量的模板，还有很多不错的 PPT 教程可供免费学习，如图 7-105 所示。

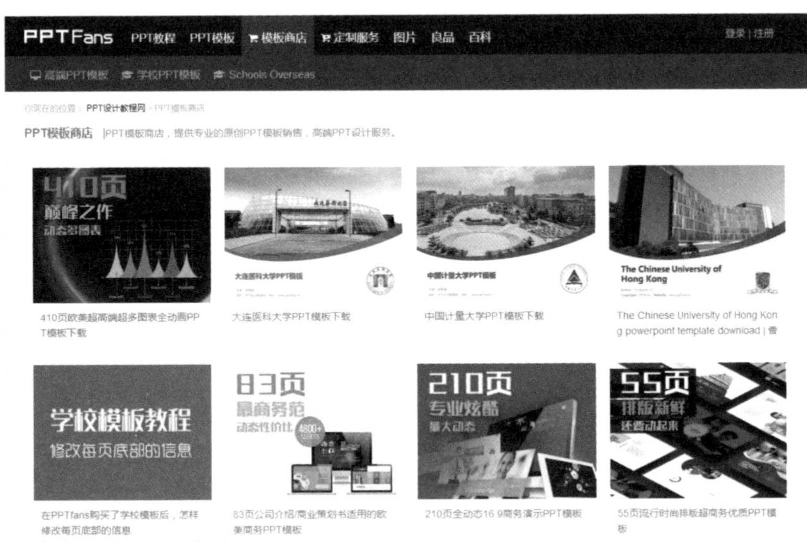

▲图 7-105　PPTFans

2. 免费模板网站

如果你不想在模板上花钱，可以到下面这些网站中查找。

（1）微软官方模板库，官方出品的模板，匹配性强，如图 7-106 所示。

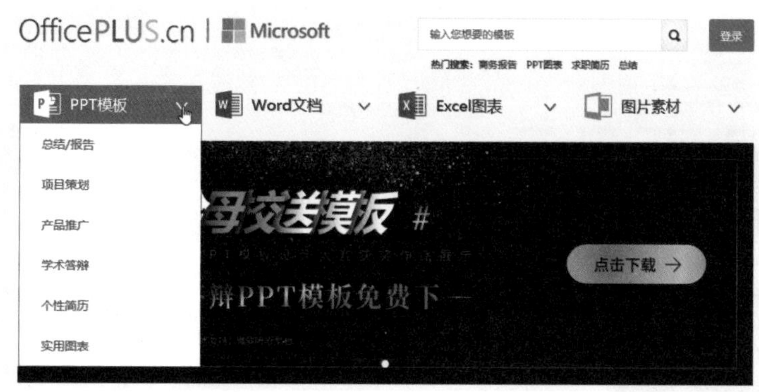

▲图 7-106　微软官方模板库

（2）优品 PPT，作为免费的模板网站，这个网站的作品质量算是很高了。而且，在这里还能找到免费的小图标、箭头、背景音乐等 PPT 素材，如图 7-107 所示。

▲图 7-107　优品 PPT

7.3.2 模板怎样才能用得更好？

从网上下载的模板大多不能原封不动地直接使用。即使不想花太多时间，也免不了要对模板进行删减、修改。

1. 删除模板水印

很多模板都带有出品机构或个人的 LOGO、名称、网址、二维码等水印，若不将其删除就直接套用，会给人一种抄袭、劣质的感觉。有时候水印在每页上都有，无法直接删除，很可能因为水印是添加在母版上的，需要切换到母版视图下，在母版中删除，如图 7-108 所示。

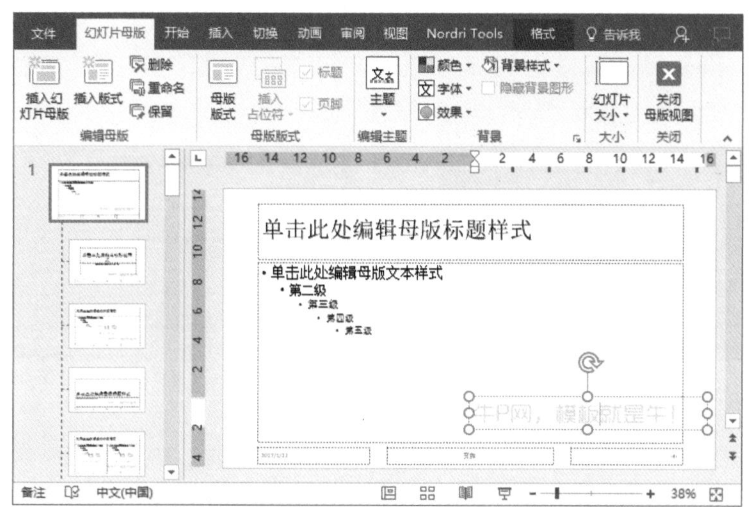

▲图 7-108　母版中的水印

若母版中没有这些对象，则说明这些对象已被拼合在幻灯片背景图片上。若背景本身比较复杂（底纹或图片等），那么很可能无法去除，只能换掉幻灯片背景。如果背景比较简单（纯粹的色彩或渐变色彩等），就可以将背景保存为图片，如图 7-109 所示。使用 Photoshop 等图片处理软件把 LOGO、名称、网址、二维码等去掉，再将图片重新设为背景。

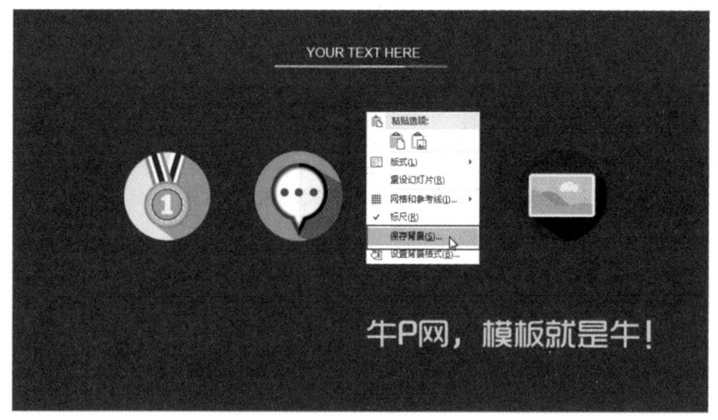

▲图 7-109　“保存背景”命令

2. 以替换的方式插入

为了加快套用模板的速度，也为了使模板所设定的设计风格能够在套用时被完整保留，最好以替换的方式插入相关内容。比如，先将文字内容复制到剪贴板，再以选择性粘贴为“无格式文本”的方式将其插入模板给定的文本框中，这样即可将文本框设定的字体、颜色、字号等格式保留，如图 7-110 所示。

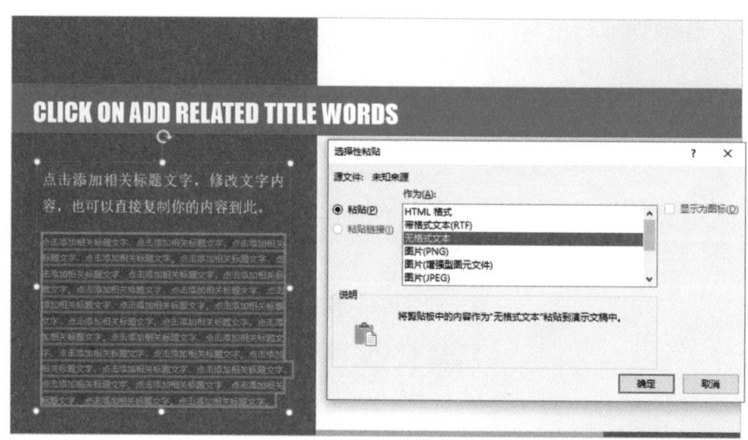

▲图 7-110 “选择性粘贴”对话框

图片则以“更改图片”的方式插入，确保模板设定的图片大小、位置不发生大的变动，如图 7-111 所示。

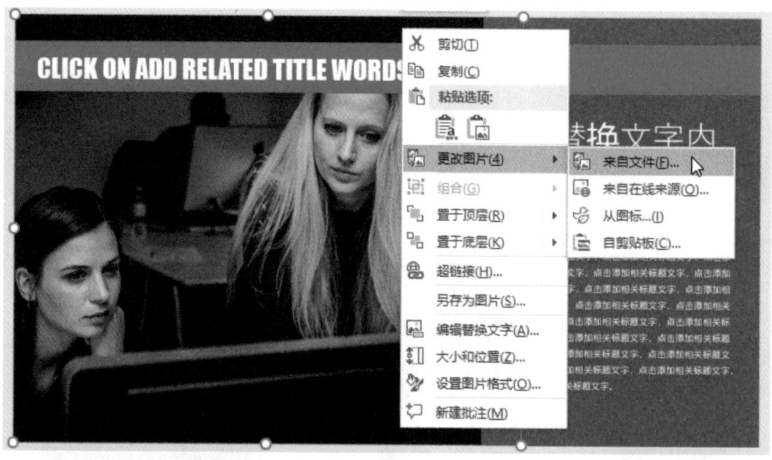

▲图 7-111 “更改图片”命令

同理，如果要换掉模板中的某个形状，则以“更改形状”的方式进行替换，如图 7-112 所示。

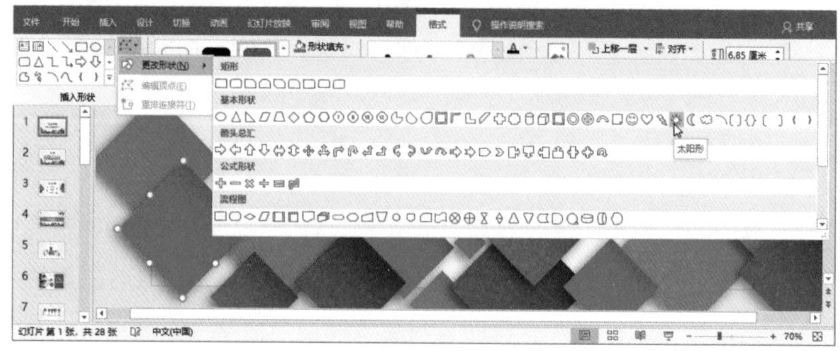

▲图 7-112 更改形状

神器 8：配色好工具——ColorSchemer

在介绍 PPT 配色的章节中，介绍了很多专业的配色网站。在无网络的情况下，我们则可以借助电脑中提前安装好的 ColorSchemer 软件来建立专业的 PPT 配色。

比如，根据某一种主题色，建立配色方案，只需在 ColorSchemer 左侧的“基本颜色”窗格中输入主题色的 RGB、HSB 或 HTML 色值，窗口“实时方案”选项卡中将自动生成配色方案，如图 7-113 所示。

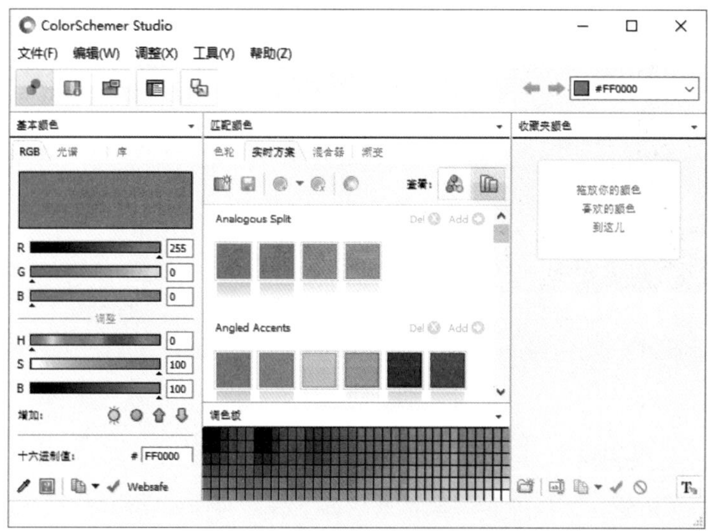

◀图 7-113　自动生成配色方案

若无明确的主题色，可单击软件左下方的按钮，获得随机的专业配色方案。

单击软件上方的图库浏览器按钮，切换到印象配色模式，在搜索框中输入配色关键词（英文），即可获得相应的一些配色方案，如图 7-114 所示。不过，印象配色要求计算机连接网络。

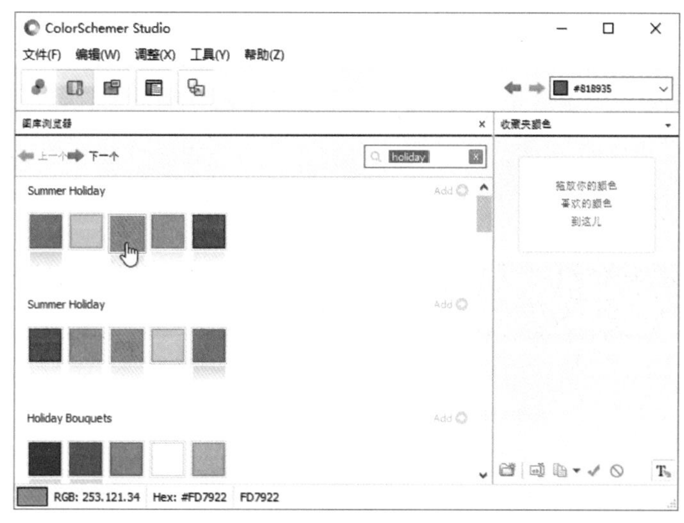

◀图 7-114　输入关键字获取配色

单击软件上方的图像方案按钮，切换到图片配色模式，打开一张图片，软件将根据该图片自动提供配色方案，如图 7-115 所示。

▲图 7-115　获取图片中的配色方案

神器 9：排版好工具——Nordri Tools

Nordri Tools 是 Nordri 公司开发的一款基于 PPT 的免费插件工具，该插件功能强大，简单、易上手，提供了很多一键操作和批量操作功能，如一键更改 PPT 字体、一键更改 PPT 配色、批量处理 PPT 图片、一键排列幻灯片布局等，可以快速提升用户的设计效率和专业性，让 PPT 设计变得更加简单。

1. 使用 Nordri Tools 快速配色

Nordri Tools 中提供了很多在线配色方案，选择需要的方案可以快速对幻灯片进行配色，使幻灯片中的配色更合理，这对于没有配色基础的 PPT 用户来说，非常实用和方便。

在计算机中安装 Nordri Tools 插件后，该插件会以选项卡的形式显示在 PPT 工作界面中，如图 7-116 所示。

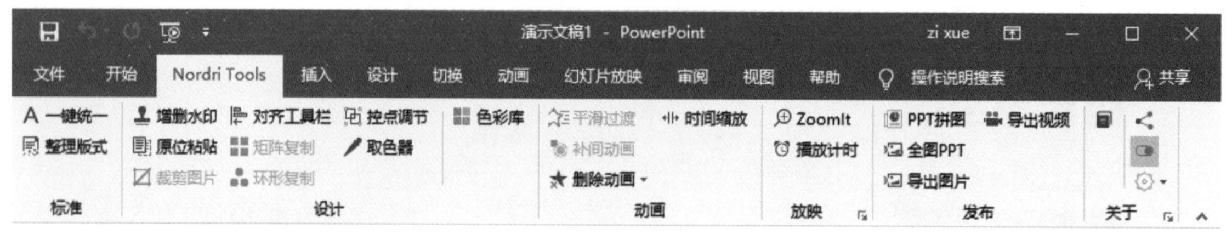

▲图 7-116　“Nordri Tools”选项卡

选择“Nordri Tools”选项卡“设计”组中的“色彩库”命令，打开“色彩库”对话框，其中显示了本地的配色方案以及配色效果，如图 7-117 所示。单击色块，在对话框中将显示提供的在线配色方案。单击配色方案，可在下方查看该配色方案的配色效果，如图 7-118 所示。在需要的配色方案后面单击“应用于所有幻灯片”按钮，即可将选择的配色方案应用于整个 PPT 中。

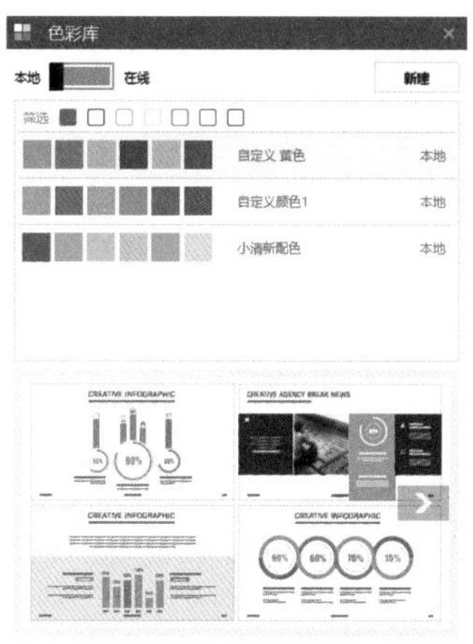

▲图 7-117　本地配色方案

▲图 7-118　在线配色方案

2. 一键统一字体和段落格式

Nordri Tools 提供了一键统一功能，通过该功能可快速对 PPT 中的字体格式和段落格式进行设置，提高排版效率。选择“Nordri Tools”选项卡“标准”组中的“一键统一”命令，打开“一键统一”对话框，默认选择的是“字体”选项卡，在“中文字体”下拉列表框中设置中文字体，在“西文字体”下拉列表框中设置西文字体，然后设置要应用该字体格式的幻灯片范围，再单击“应用”按钮即可，如图 7-119 所示。

在“一键统一”对话框中选择“段落”选项卡，在“行距 (行)”文本框中输入段落文本行与行之间的距离，在“段前间距 (磅)”文本框中输入段前间距，再单击“应用”按钮即可，如图 7-120 所示。

▲图 7-119　一键统一字体格式

▲图 7-120　一键统一段落格式

3. 快速复制和排列相同对象

当需要在幻灯片中多次使用同一个对象，并需要按一定的规律对这些对象进行排列时，可以通过 Nordri Tools 提供的矩形复制和环形复制功能来快速实现，具体操作方法如下。

步骤01 选择幻灯片中需要复制的白色矩形边框形状，选择“Nordri Tools”选项卡“设计”组中的“矩形复制”命令，如图 7-121 所示。

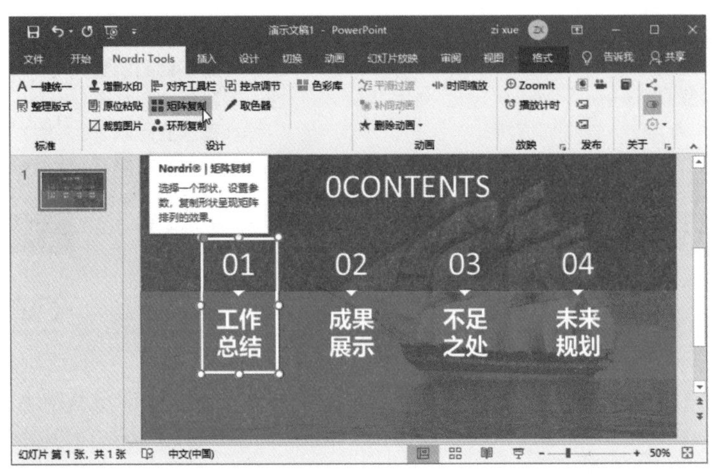

▲ 图 7-121　执行矩形复制操作

步骤02 打开“矩形复制”对话框，横向数量和纵向数量默认为“1”，横向间距和纵向间距默认为“100”，横向偏移角度和纵向偏移角度默认为“0”。首先确定要复制多少个形状，横向（向左或向右）复制多少个，纵向（向下或向上）复制多个，然后设置横向复制数量、间距和偏移角度，或纵向复制数量、间距和偏移角度，设置完成后单击“确定”按钮，如图 7-122 所示。

步骤03 按设置的间距横向复制 3 个白色矩形边框形状，效果如图 7-123 所示。

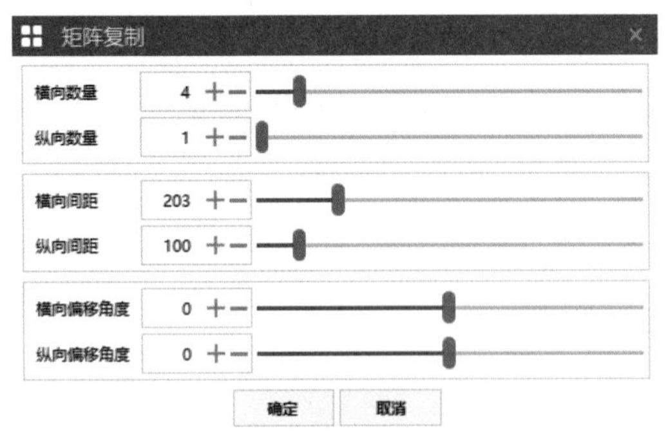

▲ 图 7-122　设置矩形复制参数

▲ 图 7-123　复制形状后的效果

Chapter 08

找一个舒服的“姿势”分享PPT

如何找到演讲的最佳状态，

成功地将PPT中的内容分享给观众？

如何解决保存PPT时遇到的各种问题，

以恰当的格式发送、分享给他人？

PPT，为分享而生，

你需要学会找一个舒服的“姿势”。

8.1 鲜花与掌声只属于有准备的人

演讲，是一门很有技术含量的学问。无论是在会议室还是在大场馆，如果你认为自己不是演讲天才，如果你没有演讲天赋，却渴望在舞台上收获鲜花与掌声，那么除了做一份高水平的PPT外，还有很多方面需要准备。

8.1.1 对于PPT演讲，你是否也有“不健康”心理？

有些人一发言就紧张，有些人一上台脑子就一片空白，有些人畏惧演讲，有些人觉得自己天生不适合演讲……关于演讲的很多问题其实都是心态问题。准备一场成功的演讲，你可能需要克服下面这些“不健康”的心理。

1. 把观众当傻子

症状：太多老生常谈的废话；花费大量的时间，引经据典地解释某些十分简单的概念，使演讲乏味无聊。

药方：大家都是聪明人，不是所有的事情都需要说三遍。演讲时少说一点废话，要让观众觉得有看头、有听头。

2. 模仿大师演讲

症状：总想着复制演讲大师的技巧，在演讲时刻意模仿他们的手势、他们的幽默方式等，事实却是徒有其表，给人的感觉是生硬、呆板。

药方：勇敢做自己。真诚看似廉价，却最能打动人。以自己的真性情应对一场重要的演讲也未尝不可，毕竟大师之路不可复制。专注于演讲内容本身，以自己的方式去准备，也许更有说服力。

3. 想快点结束

症状：因为紧张、胆怯，潜意识里想快点结束，导致语速过快，原计划20分钟的内容，七八分钟就说完了。

药方：慢一点，观众一边听讲，一边看PPT页面，需要一些反应时间。语速慢一点，甚至在中间做些停顿，既留点时间给观众，也留点时间给自己。

4. 自说自话

症状：双眼盯着屏幕或投影，嘴上念着幻灯片上的内容，从来不看观众。

药方：眼神也能交流，让观众觉得你是在跟他们对话，即便他们没有说话。观众的好恶写在脸上，看看他们，猜一猜他们对你演讲的评价如何。

5. 为大声而大声

症状：遵从很多演讲技巧书中都有的建议，为让观众听见你的声音，刻意把嗓门提高。但由于掌握不好这个度，变得像是在歇斯底里地吼叫。

药方：正常的、自然的音量就好，哪怕声音稍微有点小。有些人天生嗓音不大，如果刻意提高音量，就很容易变成吼叫，再好的内容也像是虚无缥缈的空口号，这样给人的感觉更不好。

8.1.2 多几次正儿八经的排练

按照播放方式划分，PPT 可分为展台类 PPT 和演讲类 PPT 两种。展台类 PPT 一般是将 PPT 导出为视频或使用排练计时自动播放；而演讲类 PPT 则需要演讲人进行专门的演讲，真正需要的是排练，即模拟演讲时的情境与心境，事先练习演讲内容。一场成功的演讲来自充分的准备，而正式的排练就是最好的准备方式。怎样才算正式的、有效果的排练呢？

1. 有观众在场

让你的朋友、同事、家人临时充当观众。如果可以，观众越多越好。只有尽量模拟真实的情境，才能真正达到状态的预演。在排练时，让观众给你提提意见，从他们的视角评价你演讲的表现以及 PPT 的内容。虽然他们也许并不了解你所讲的内容，但未必不能提出有参考价值的建议。

2. 真正开口讲

很多人排练演讲时喜欢默排，即只在心里串词、回忆演讲词等，并不说出来。很多东西心里知道是一回事，讲出来又是另一回事，心里觉得简单的内容，讲出来可能就会有问题。所以，真正有效果的排练，非动口讲出来不可。

3. 从头到尾

从头到尾讲完整个 PPT 中的内容，细化到每一页、每一个点的讲法，充分考虑开场、收尾、页与页之间衔接的串词。

4. 录像或录音

排练时录像或录音，讲完后看看录像、听听录音，自己找问题、做调整。无论是对这一场演讲还是对以后的演讲都有好处。

5. 多排几遍

如果时间允许（一般重要的演讲都会给演讲人充分的准备时间），应尽量多排练几次，反复练习，反复回顾，直至克服所有问题为止。

“台上一分钟，台下十年功。”包括罗振宇在内的很多演讲大师在演讲前都会进行排练，只不过我们看到的常常是他们舞台上的成功，看不到他们背后更多扎实的准备。所以，即便你真的很有演讲天赋，即便你对自己临场发挥的能力很有信心，即便你自认为对 PPT 的内容已经很熟悉，也不要忽略了排练这个环节，而要以更郑重的态度认真对待。

8.1.3 为免忘词，不妨先备好提词

在 PPT 2019 的演示者视图下，投在观众面前的是当前页面的内容，而演讲者从自己的计算机屏幕上既能看到当前页面内容，也能预先看到下一页幻灯片的内容，还可以看到当前页面的备注内容，如图 8-1 所示。

▲图 8-1　演示者视图

▲图 8-2　添加备注信息

演讲型 PPT 要求页面内容简洁，因为很多内容可能需要通过口头表达。如果你担心演讲时出现紧张忘词、遗漏要点等问题，可在备注视图中或普通视图的备注区添加备注内容，如图 8-2 所示。就像录制电视节目时的提词器一样，演讲时开启演示者视图便可看到事先准备好的“提示词”。

那么，应该如何开启演示者视图呢？正确的操作方法如下。

步骤01 将电脑接上投影仪，打开 PPT 文件，按【F5】键进入放映状态。

步骤02 按 Windows 徽标键 +【P】键，打开投影方式选择窗口，并选择“扩展”方式（“扩展”方式允许计算机屏幕和投影显示不同内容；“复制”方式是指计算机屏幕和投影显示相同内容；“仅计算机”方式是只在计算机上显示内容；“仅投影仪”是只在投影仪上显示内容），如图 8-3 所示。

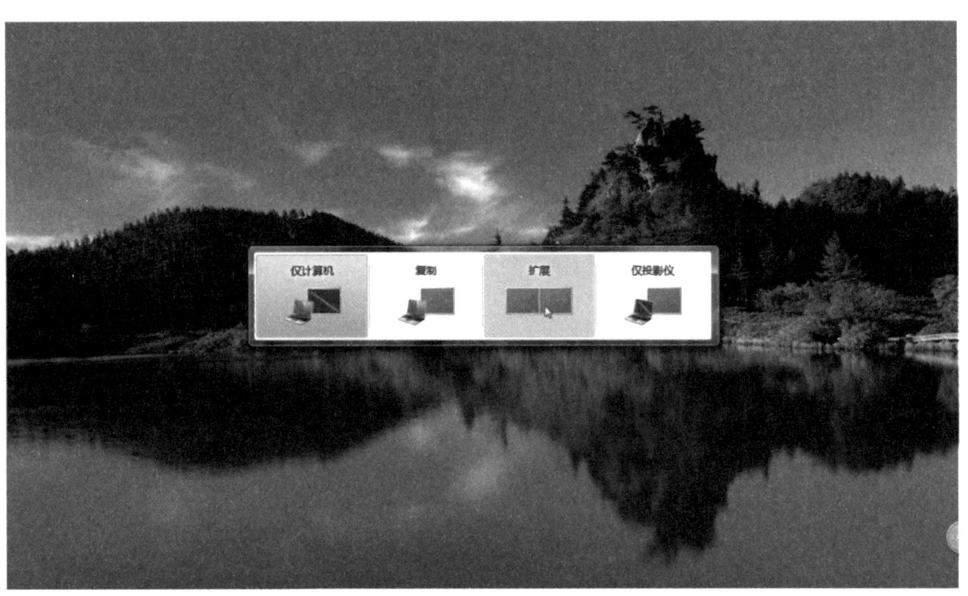

▲图 8-3　选择投影方式

步骤03 右击页面，选择“显示演示者视图”命令。

技能拓展 > **【F5】键在 PPT 放映中的作用**

【F5】键，从 PPT 的第一页开始放映；【Shift+F5】键，从当前页开始放映；【Alt+F5】键，放映并直接进入演示者视图模式；【Ctrl+F5】键，网络联机放映演示文稿（需要有 Microsoft 账户）。

8.1.4 演讲的 5 种开场方式

演讲开场说什么？如何开场才显得自然、不生硬？用华丽的开场实现完美的亮相，你的演讲就已成功一半。在演讲中，优秀的演讲者使用的开场方式通常有以下 5 种。

1. 从任务、现状谈起

在商务提报中，站在客户或公司领导的角度，开门见山直接谈现状、阶段性的任务，舍弃各种浮夸的渲染、铺垫，能够给人以干练、实在的感觉。接下来还可以很自然地过渡到对问题的分析、对策和建议上来，如图 8-4 所示。

▲图 8-4　PPT 案例展示 1

2. 从题外话、引用内容谈起

为增强演讲的吸引力，让整个演讲更为丰富，有时可以宕开一笔，以一些看似不着边际，实际上又与核心论点存在某种关系的题外话或引用某个名人的名言等方式开场，先把气氛渲染起来，再逐步切入主要内容。这种开场方式柔和、自然，能够制造期待，调动观众的积极性，有助于核心观点的表达与理解，如图 8-5 所示。

▶图 8-5　PPT 案例展示 2

3. 从一个问题谈起

在演讲开始时抛出一个问题，可以将观众的思维和注意力瞬间带入你所设定的情境中。当然，问题一定要设置得当，还需要有一定的趣味性，如图 8-6 所示。

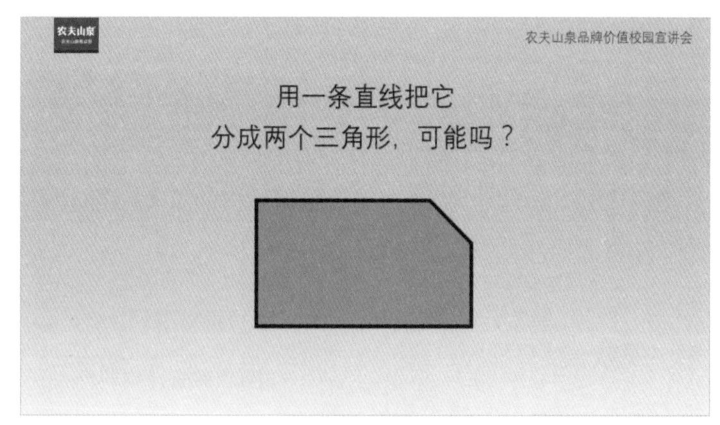

▶图 8-6　PPT 案例展示 3

4. 从一个故事谈起

优秀的演讲者一般都擅长讲故事。在讲正式内容前先讲述一个故事，这也是优秀的演讲者惯用的方式。这个故事既可以是演讲者自己经历的事，也可以是演讲者视角下别人的事，越真实越能打动人心。当然，即便是大家知道的书本上的故事，讲的时候带上自己的解读，也能打动人，如图 8-7 所示。

◀图 8-7 PPT 案例展示 4

5. 从结论谈起

如果你整个演讲的核心观点足够独特、惊艳、新颖，那么直接在演讲开始时就将结论抛出来，然后再讲解整个推导过程也未尝不可。在这种情况下，PPT 的标题大可不必写成诸如“关于 ×× 的方案”“×× 项目策略提报”这样常规的样式，可以直接用观点作为主标题，如“七月营销，唯快不破”，原来的常规标题则作为副标题，如图 8-8 所示。这样在开场时可借题发挥，把标题解释作为开场白，让开场更自然。

◀图 8-8 娃哈哈电商平台拓展计划

8.2 高手都这样保存和分享 PPT

对于制作好的 PPT，一般都需要分享出去，那么应该如何保存和分享 PPT 呢？

8.2.1 加密保存，提高 PPT 的安全性

制作出一个满意的 PPT 作品，需要花费大量的时间和精力，作者肯定不希望自己辛辛苦苦制

作的 PPT 作品被他人盗用。但在使用 PPT 时，往往需要将其复制到其他地方。为了提高 PPT 的安全性，可以为 PPT 加密，防止他人随意查看、修改你的 PPT 作品。

为 PPT 加密的具体操作步骤如下。

步骤01 打开需要加密的 PPT 文件，打开“文件”菜单，在界面左侧选择“信息”命令，在右侧选择“保护演示文稿”→“用密码进行加密”命令，如图 8-9 所示。

步骤02 打开“加密文档”对话框，输入保护密码，单击“确定”按钮，打开“确定密码”对话框，再次输入保护密码，单击“确定”按钮即可为演示文稿添加保护密码，如图 8-10 所示。

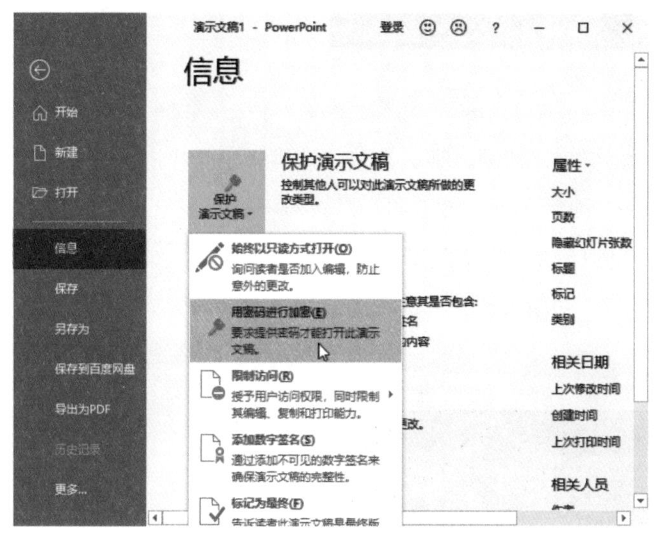

▲图 8-9　选择需要的保护选项

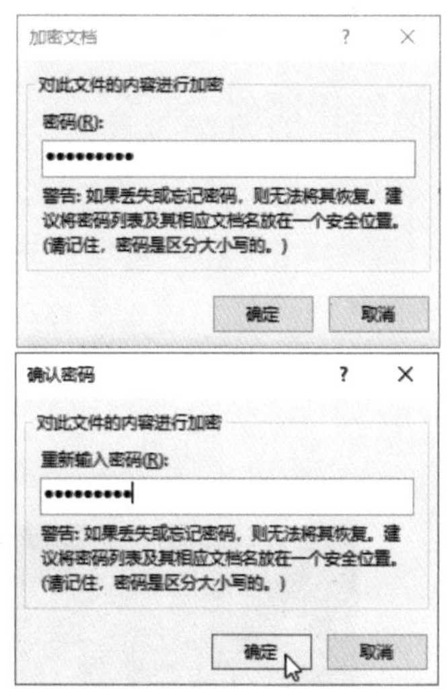

▲图 8-10　设置保护密码

步骤03 经过上述操作后，重新打开这份 PPT 文件时会被要求输入密码，如图 8-11 所示。只有输入正确的密码，才能将其打开。

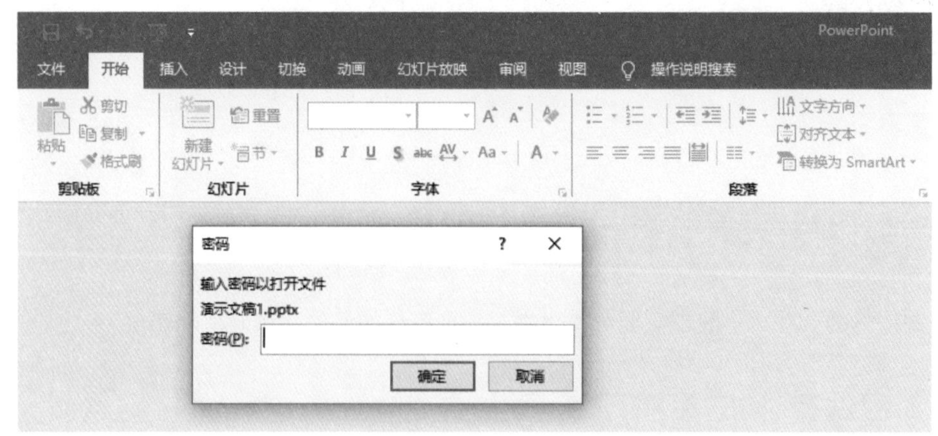

▲图 8-11　要求输入密码

大师点拨 〉 怎样取消 PPT 文件的密码？

要取消 PPT 文件的密码，只需再次选择“保护演示文稿”→“用密码进行加密”命令，将“加密文档”对话框中输入的密码删除，然后重新保存即可。

使用这种加密方式，他人没有密码时既不能修改文档，也看不到文档的内容。若允许他人查看文档内容，只是限制他人修改，则可按如下操作步骤进行加密。

步骤01 按【Ctrl+Shift+S】组合键，打开“另存为”对话框，然后选择“工具”→“常规选项”选项，如图 8-12 所示。

步骤02 在打开的“常规选项”对话框中的“修改权限密码”文本框中输入修改文件时需要提供的密码（“打开权限密码”文本框中不输入任何字符，即打开时不需要密码），单击“确定”按钮，再在弹出的“确认密码”对话框中输入修改权限密码，单击“确定”按钮进行保存即可，如图 8-13 所示。

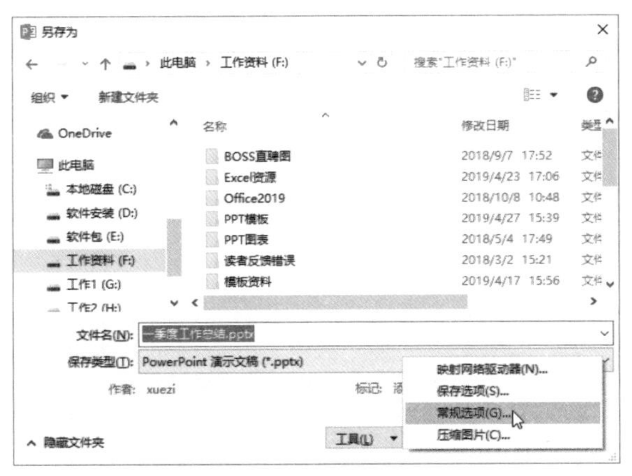

▲图 8-12 选择“常规选项”

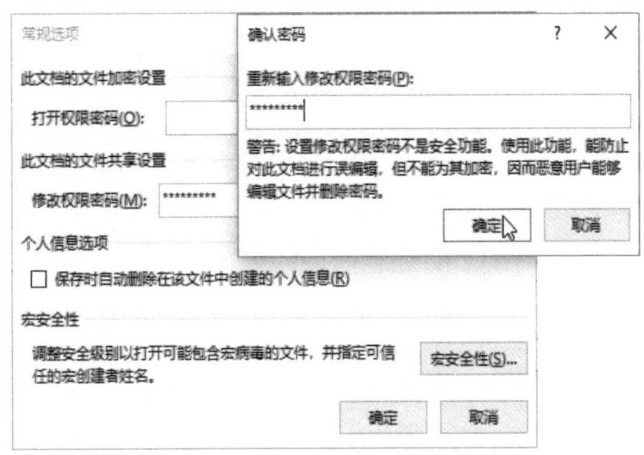

▲图 8-13 设置修改权限密码

大师点拨 〉 不添加密码，如何防止他人修改 PPT 内容？

除了添加密码外，还可将 PPT 文件另存为 PDF 文件以防止他人修改 PPT 的内容。另外，在 PPT 另存的文件类型中有一种“PowerPoint 图片演示文稿”类型，将 PPT 文件另存为这种类型文件后，原 PPT 文件中的每一页都将拼合成图片，不再保留层级、组合等，这样也能达到防止他人修改内容的目的。

8.2.2 打包 PPT，没有安装 Office 也不怕

在没有安装 Office 程序或者没有幻灯片中特殊字体、音乐、视频等对象的计算机上，是不能

正常播放PPT的。为了在更换计算机后PPT也能正常播放，可以在导出PPT时，将PPT打包成CD，再使用小巧的PowerPoint Viewer（比Office软件安装包小很多）软件就能播放PPT了。

导出PPT时，选择“将演示文稿打包成CD”选项，单击“打包成CD”按钮，打开“打包成CD”对话框，如图8-14所示。

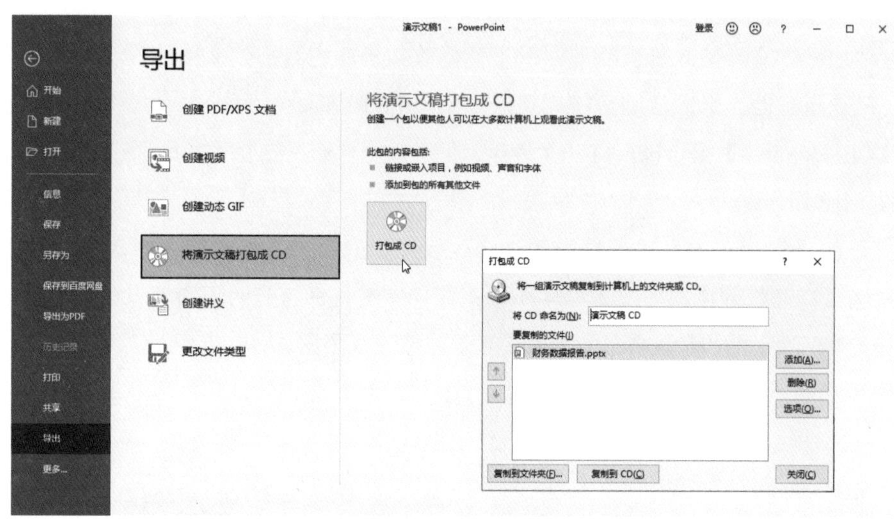

▲图8-14 打包成CD

单击“复制到文件夹”按钮，可将PPT文档存储为一个文件夹。这个文件夹中包含PPT文件及以链接方式插入PPT中的相关文件，如Excel文档、Word文档、背景音乐、视频等，能够免去在硬盘中一一找出这些文件的麻烦。

单击“复制到CD”按钮，可使用刻录光驱将PPT文件夹刻录到光盘中，在没有安装Office软件的计算机上也能播放PPT。不过，仍然要求计算机中安装有“PowerPoint Viewer”软件，因此，在刻录CD时可将PowerPoint Viewer软件一并刻录在CD中，在用CD播放PPT文件前，先安装PowerPoint View，即可真正实现无Office软件播放PPT了。

8.2.3 PPT导出为视频，分享更方便

PPT中提供了将其转换为视频的功能，相对于打包成CD来说，导出为视频分享起来更方便。因为系统中都提供了视频播放软件，使用系统自带的视频播放器就能对转换为视频的PPT进行播放，而且支持PPT动画的播放，也可以防止其他人对PPT中的内容进行盗用和修改，可谓一举两得。

将PPT导出为视频时，可按如下步骤进行操作。

步骤01 在“导出”界面中选择“创建视频”选项，在右侧对视频文件的大小和质量、是否使用录制的计时和旁白，以及放映每张幻灯片的秒数进行设置，设置完成后单击“创建视频”按钮，如图8-15所示。

▲图 8-15　创建视频

步骤02 打开"另存为"对话框，设置保存位置，单击"保存"按钮（见图 8-16）即可开始制作视频。

步骤03 制作完成后，在保存位置双击导出的视频文件，即可使用系统自带的视频播放器打开并播放，如图 8-17 所示。

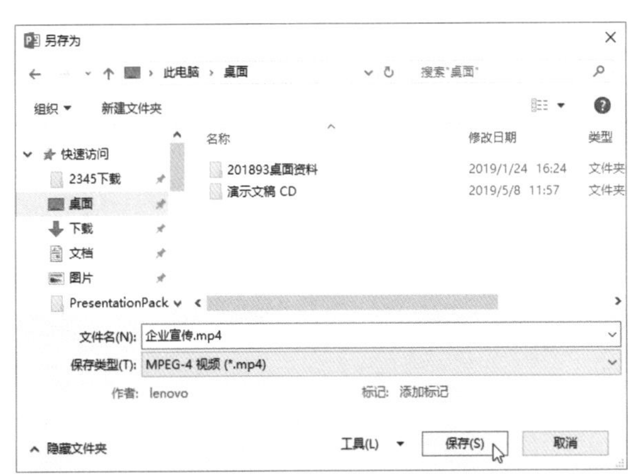

▲图 8-16　保存 PPT

▲图 8-17　播放创建的视频文件

8.2.4 保存到 OneDrive，查看更自由

当需要把没有做完的 PPT 任务带回家做，或需要和其他同事同做一份 PPT 时，就需要复制做 PPT 所需要的各种资料，这样复制来复制去不仅麻烦，还容易出错，那么如何才能有效解决这个问题呢？

PPT 中的 OneDrive 就是一个不错的选择，它就像计算机中的一个硬盘，利用它不仅可以在线创建、编辑和共享 PPT，还可以与同事共同编辑和制作同一个 PPT，但必须登录 Microsoft 账户，才能通过 OneDrive 进行保存、共享等。

要通过 OneDrive 查看、编辑和共享 PPT，需要按照以下步骤进行操作。

步骤01 在 PPT 中登录 Microsoft 账户，将 PPT 保存到 OneDrive 共享文件夹中，如图 8-18 所示。

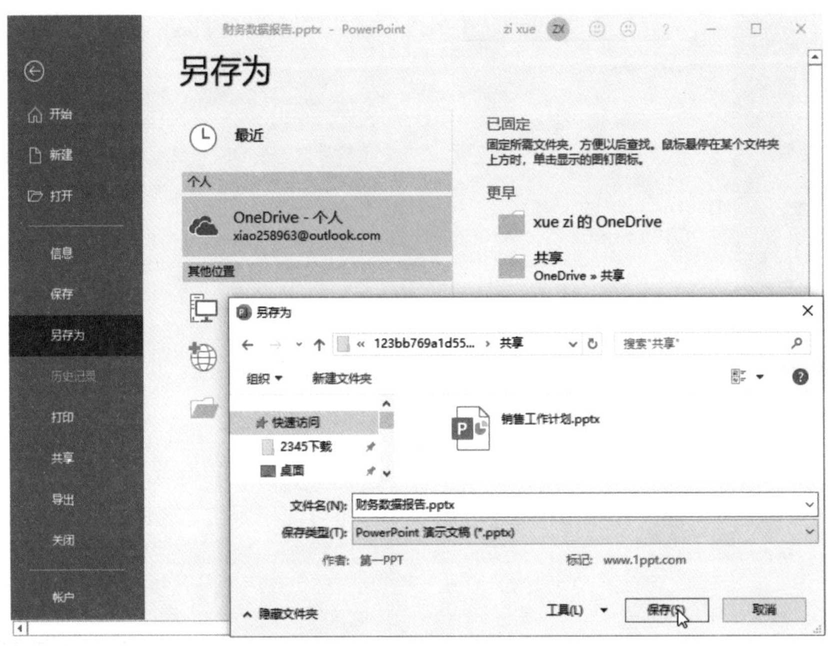

▲图 8-18　共享到 OneDrive

步骤02 在其他设备的 PPT 中登录 Microsoft 账户，“打开”界面的 OneDrive 中显示保存的 PPT 文件，以及图片、其他文档、共享等文件夹，如图 8-19 所示。

步骤03 打开共享文件夹，其中将显示共享的 PPT 文件（见图 8-20），单击需要打开的 PPT 文件即可打开。

▲图 8-19　共享文件夹　　　　▲图 8-20　共享的 PPT

8.3 7 个技巧让你的 PPT 放映更精彩

任何人做任何事情都是带有目的性的，PPT 也一样，PPT 的目的就是在投影仪或计算机上对内容进行演示。想要让你的演示更加精彩，那么适当的放映技巧是必可不少的。

8.3.1 根据需求设置放映方式

针对不同的场合、不同的人群，放映的方式可能有所不同，这时就需要我们提前对放映方式进行设置，让 PPT 达到最好的放映效果和演讲效果。

在 PPT 中对放映方式进行设置，主要是对幻灯片的放映类型、放映选项、放映的幻灯片以及换片方式等进行设置。选择"幻灯片放映"选项卡"设置"组中的"设置幻灯片放映"命令，打开如图 8-21 所示的"设置放映方式"对话框，在其中根据需要进行设置即可。

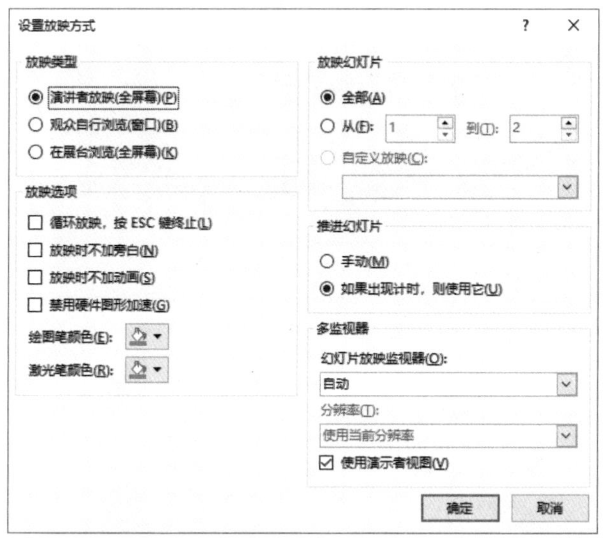

◀图 8-21 设置放映方式

大师点拨 〉 幻灯片的 3 种放映类型有何区别？

PPT 中提供了"演讲者放映（全屏幕）""观众自行浏览（窗口）"和"在展台浏览（全屏幕）"3 种放映类型，不同的放映方式适用于不同的场合。

"演讲者放映（全屏幕）"适合在有演讲人的场合中选择，在放映过程中，将以全屏显示幻灯片，演讲者可以把控幻灯片的放映进程。

"观众自行浏览（窗口）"适合在展厅展示的场合中选择，观众可以自己进行浏览，自由度更高。

"在展台浏览（全屏幕）"适合全体观看、没有演讲者的情况，在放映过程中将自动全屏放映幻灯片，不需要演讲者操作。

8.3.2 按照规定的时间自动放映

当没有演讲人且需要自动按照指定的时间进行放映时，就需要通过排练计时来控制播放的时间。使用排练计时录制幻灯片时间的具体操作方法如下。

步骤01 打开演示文稿，选择“幻灯片放映”选项卡“设置”组中的“排练计时”命令，进入演示文稿放映状态，并打开“录制”窗格记录第1张幻灯片的播放时间，如图8-22所示。录制过程中若出现错误，可以单击“录制”窗格中的“重复”按钮，重新开始当前幻灯片的录制；单击“暂停”按钮，可以暂停当前排练计时的录制。

▲图8-22 录制放映时间

步骤02 第1张幻灯片录制完成后，在幻灯片上单击，对第2张幻灯片进行录制，直至录制完最后一张幻灯片的播放时间，按【Esc】键，打开提示对话框，其中显示了录制的总时长，单击“是”按钮进行保存，如图8-23所示。

▲图8-23 保存录制时间

步骤03 进入幻灯片浏览视图，每张幻灯片下方将显示录制的时间，如图8-24所示。

设置了排练计时后，只有在“设置放映方式”对话框中选中“如果出现计时，则使用它”单选按钮，才能在播放时自动放映演示文稿。

▲图 8-24　查看录制的时间

8.3.3 放映哪些幻灯片，你说了算

同样一份 PPT，给客户和领导展示的内容可能不一样，而且如果幻灯片页数较多，那么将所有幻灯片演示出来需要花费大量的时间，这时我们可以有选择地放映幻灯片。具体操作方法如下。

步骤 01 在 PPT 中选择“幻灯片放映”选项卡“开始放映幻灯片”组中的“自定义幻灯片放映”命令，在打开的下拉列表中选择“自定义放映”命令，如图 8-25 所示。

◀图 8-25　自定义放映

步骤 02 打开“自定义放映”对话框，单击“新建”按钮，打开“定义自定义放映”对话框，在“幻灯片放映名称”文本框中输入放映名称，在左侧的列表框中选中需要放映的幻灯片前面的复选框，单击“添加”按钮，将其添加到右侧的列表框中，然后单击“确定”按钮，如图 8-26 所示。

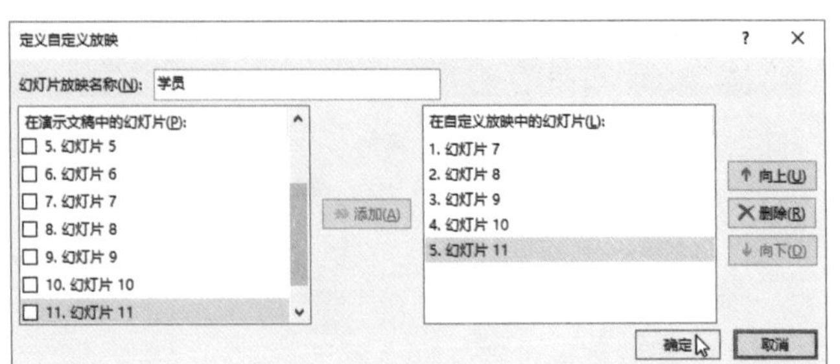

▶图 8-26　添加自定义放映的幻灯片

步骤03 返回“自定义放映”对话框，文本框中将显示幻灯片放映的名称，如本例中的“学员”。单击“放映”按钮（见图 8-27）即可播放幻灯片。另外，“开始放映幻灯片”组中的“自定义幻灯片放映”下拉列表中也将显示放映名称“学员”，选择该选项也可对添加的幻灯片进行放映。

步骤04 对“学员”中添加的幻灯片按照添加的顺序从头到尾放映，如图 8-28 所示。

▲图 8-27　“放映”按钮

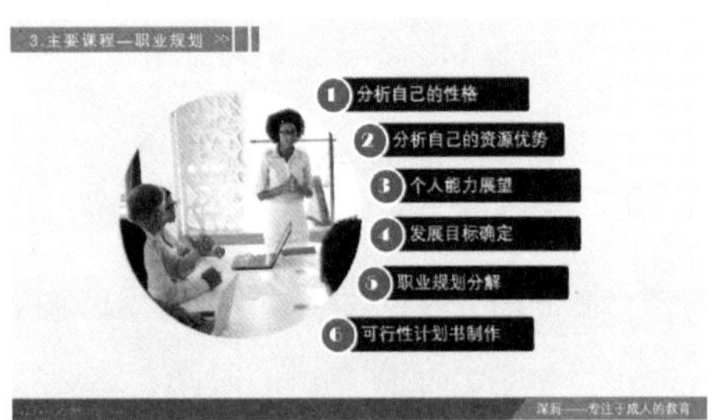

▲图 8-28　查看放映效果

技能拓展 > 隐藏幻灯片，让幻灯片不放映

对于PPT中不需要放映的幻灯片，首先在普通视图中选择幻灯片，然后选择“幻灯片放映”选项卡“设置”组中的“隐藏幻灯片”命令，将选择的单张或多张幻灯片隐藏，这样在放映幻灯片时会自动跳过隐藏的幻灯片。

8.3.4 一边演示，一边标注重点

教师使用黑板进行授课时，一般会用粉笔将黑板中的重点勾画出来，提示学生注意。那么使用 PPT 课件进行授课，或者演示 PPT 时，如何将 PPT 中的重点内容标注出来，向观众更好地传递信息呢？具体操作方法如下。

步骤01 在放映过程中，在需要标注重点的幻灯片上右击，在弹出的快捷菜单中选择“指针选项”命令，在子菜单中选择需要使用的笔，如图 8-29 所示。选择激光笔，鼠标指针就会变成一个红色的圆圈，仅用来指示位置，不能在屏幕上留下标记；选择笔，鼠标指针就会变成一个小点，可以在屏幕中任意涂画；选择荧光笔，鼠标指针就会变成短竖线，不仅可以在屏幕中标注重点，而且相对于笔来说，添加的标注更加醒目。

◀图 8-29 选择“指针选项”命令

步骤 02 再次右击鼠标，在弹出的快捷菜单中选择“墨迹颜色”命令，在子菜单中选择需要的画笔颜色，如图 8-30 所示。

◀图 8-30 选择画笔颜色

步骤 03 此时即可在放映屏幕中拖动鼠标标注或圈出重点内容，标注完成后，即可放映下一张幻灯片再进行标注，或者直接按【Esc】键，弹出提示对话框，提示是否保留墨迹注释。保留就单击“保留”按钮，如图 8-31 所示，返回普通视图就可以查看幻灯片中保留的标注了。

◀图 8-31 保留标注

8.3.5 像用放大镜一样放映幻灯片

大家都知道，放大镜可以将观看的内容放大显示，在 PPT 放映过程中，也可以将屏幕中放映的内容放大显示，从而将 PPT 中的内容更清晰地呈现给观众。放大显示 PPT 内容的具体操作步骤如下。

步骤01 在放映状态下，在需要放大显示的幻灯片中右击，在弹出的快捷菜单中选择“放大”命令，如图 8-32 所示。

▲图 8-32　选择“放大”命令

步骤02 鼠标指针变成形状，并自带一个半透明框，将鼠标指针移动到放映的幻灯片上，并将半透明框移动到需要放大显示的内容上，如图 8-33 所示。

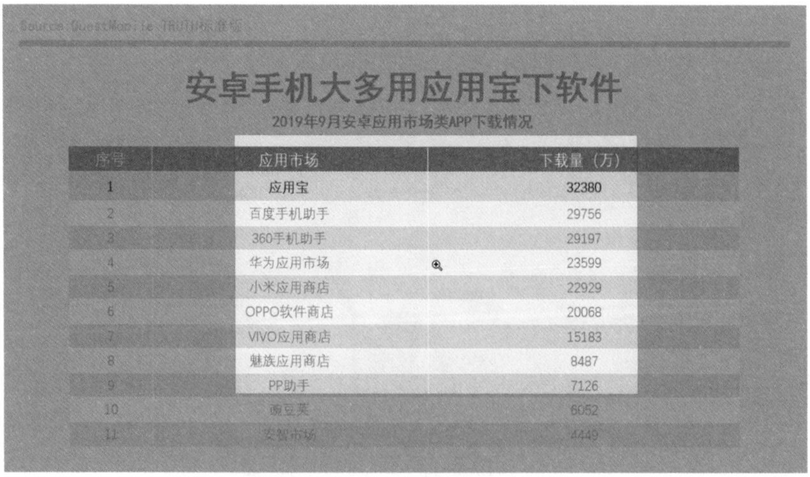

▲图 8-33　选择放大区域

步骤03 单击即可放大显示半透明框中的内容，效果如图 8-34 所示。此时鼠标指针呈形状，按住鼠标左键拖动放映的幻灯片，可调整幻灯片放大的区域。按【Esc】键可恢复到正常放映大小进行放映。

应用市场	下载量（万）
应用宝	32380
百度手机助手	29756
360手机助手	29197
华为应用市场	23599
小米应用商店	22929
OPPO软件商店	20068
VIVO应用商店	15183
魅族应用商店	8487
PP助手	7126

◀图 8-34　放大后的效果

8.3.6 黑屏 / 白屏随意切换

演讲人在对 PPT 内容进行演讲的过程中，偶尔会与观众进行讨论或现场互动，这时就需要暂停演讲。为了避免屏幕上的内容分散观众的注意力，可以将放映屏幕设置为黑屏或白屏。

在 PPT 放映过程中，按【B】键屏幕将变成黑屏，如图 8-35 所示；按【W】键屏幕将变成白屏，如图 8-36 所示。当需要继续放映时，再次按【B】键或【W】键即可恢复正常。

▲图 8-35　黑屏

▲图 8-36　白屏

8.3.7 不用打开就能直接放映

对未打开的 PPT 进行放映时，大部分人都是先启动 PPT 软件，再执行放映操作，但对于计算机中保存的 PPT 文件，如果只是放映 PPT，通过一个小技巧就能在不打开 PPT 文件的情况下直接放映，大大提高了我们的放映效率，直接放映 PPT 的具体操作如下。

找到需要放映的 PPT 在计算机中的位置，右击 PPT 文件，在弹出的快捷菜单中选择“显示”命令，如图 8-37 所示。这样就能在启动 PPT 的同时从第 1 张幻灯片进行放映了，如图 8-38 所示。

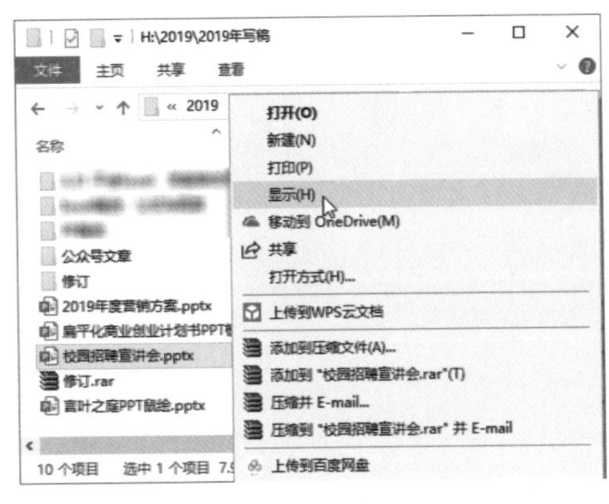

▲图 8-37 选择“显示”命令

▲图 8-38 放映效果

神器 10：放映好工具——百度袋鼠

▲图 8-39 PPT 翻页笔

在演讲时，为了更方便地控制幻灯片的自定义动画和翻页效果，演讲人可能需要使用投影翻页笔工具（硬件，需要购买），如图 8-39 所示。如果演讲场地有无线网络覆盖，也可以通过安装软件和 App 让手机变成你的翻页笔。

百度袋鼠是一款手机遥控电脑的工具软件（在其官方网站 daishu.baidu.com 可免费下载）。该软件除了可以控制计算机中的媒体播放，实现计算机语音输入、手写输入等功能外，还专门设置了 PPT 遥控器功能，如图 8-40 所示。使用时要先在计算机中安装电脑端软件；然后扫描二维码，在手机中安装手机端 App；接着切换至 PPT 遥控器界面，即可实现对当前计算机放映 PPT 的控制。

▲图 8-40 百度袋鼠

下篇

实践——用正确的方法做事

如何让工作总结更出众

周末、月末、年末，在机关单位、在职场、在学校，向领导、向上级单位、向客户……时时处处都可能需要总结。

做工作总结时，用 PPT 图文并茂地呈现，

比拿着几张 A4 纸干巴巴地读，显得要专业得多。

那么，怎样才能做出更优秀的总结 PPT，

从一场总结汇报大会中脱颖而出呢？

9.1 工作总结 PPT 的结构

工作总结 PPT 的行文一般十分规范，格式较固定，多采用三段式或分项式的结构。在内部总结会等轻松、随意的场合，也可采用漫谈式结构，让总结变得更有创意。

9.1.1 简明直接的三段式

总体可划分为三段的总结方式。第一段做概括性的交代，第二段叙述过程，第三段是体会、经验；或者第一段是总体概述，第二段是工作成绩，第三段是存在的缺陷与不足。这种总结方式常规、易写，直截了当，个人的回顾总结多采用这种方式，如图 9-1~ 图 9-6 所示的 PPT。

▲图 9-1　封面页

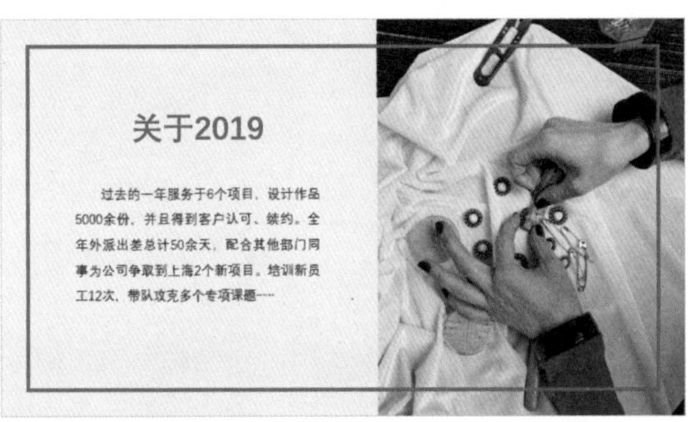

▲图 9-2　概述页

▲图 9-3　总结回顾过渡页

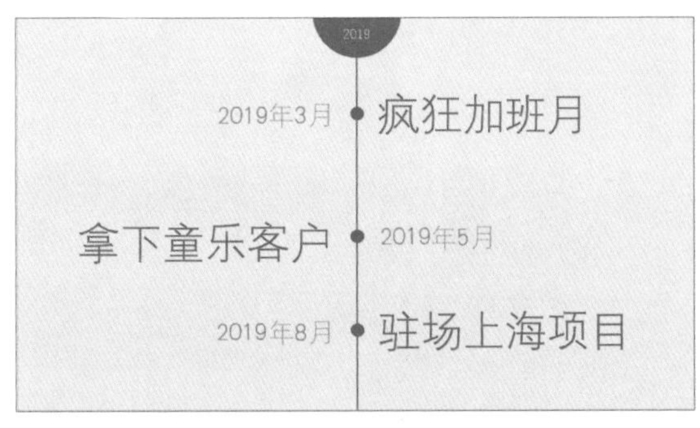

▲图 9-4　回顾内容页

▲图 9-5　总结问题过渡页

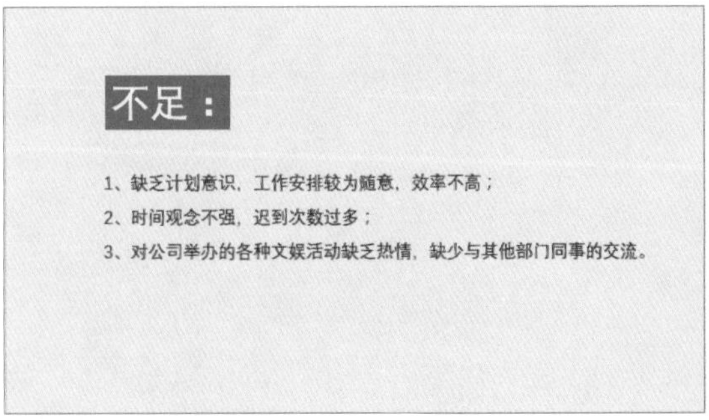

不足：

1、缺乏计划意识，工作安排较为随意，效率不高；
2、时间观念不强，迟到次数过多；
3、对公司举办的各种文娱活动缺乏热情，缺少与其他部门同事的交流。

▲图 9-6　问题内容页

9.1.2 专业严谨的分项式

不是按照工作发生、发展的顺序编排内容，而是根据工作所包含的不同子项，逐项进行叙述、分析、总结。分项式相对全面、严谨，能够展现出总结的专业性。部门、单位的总结多采用这种形式，如图 9-7~ 图 9-12 所示的 PPT。

▲图 9-7　目录页

▲图 9-8　第三部分过渡页

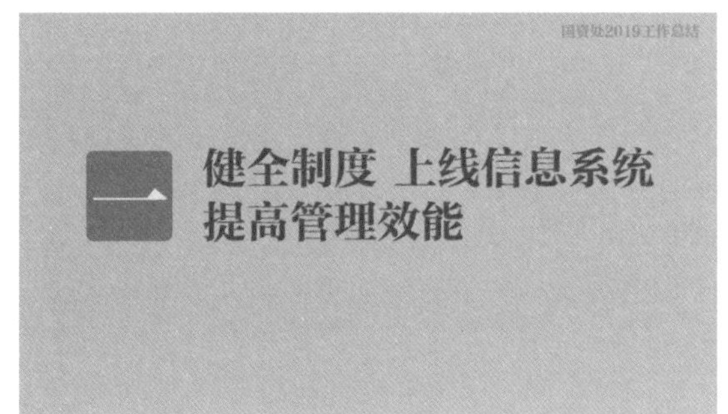

▲图 9-9　第三部分第一点过渡页

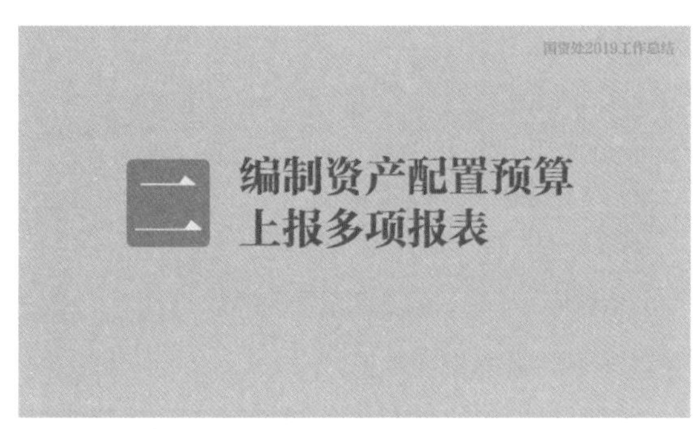

▲图 9-10　第三部分第二点过渡页

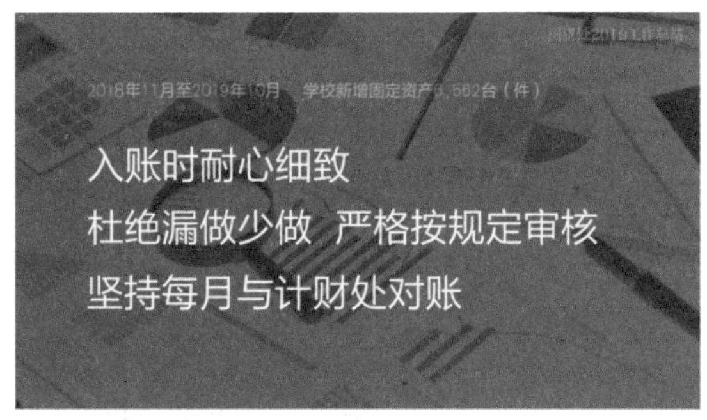

▲图 9-11　第三部分内容页 1

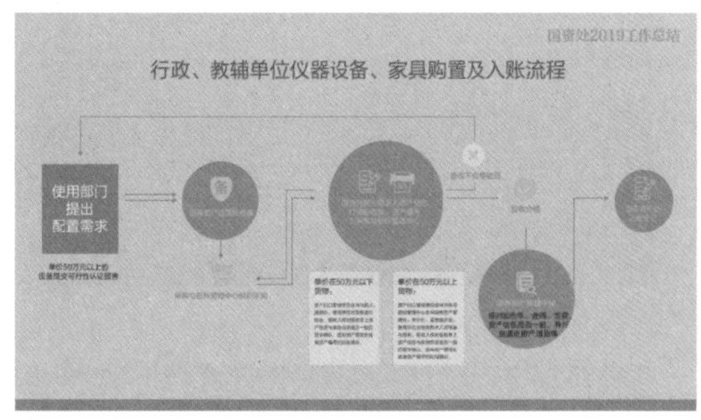

▲图 9-12　第三部分内容页 2

9.1.3 创意无限的漫谈式

以相对随意、不特别严肃的方式组织总结的内容，分享体验、经验、感悟，即本书第 2 章关于内容组织方式中提到的“形散而神聚”。漫谈式总结有创意，个人可发挥的空间较大，适合轻松、随意的场合。

如图 9-13~ 图 9-16 所示的幻灯片，把领导和同事的 “经典语录” 作为线索进行总结，即属于漫谈式总结。

▲图 9-13　封面页

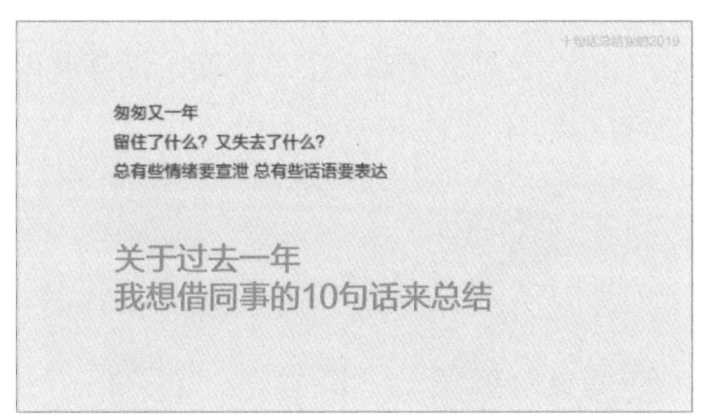

▲图 9-14　过渡页

▲图 9-15　内容页 1

▲图 9-16　内容页 2

又如图 9-17 ~ 图 9-20 所示的幻灯片，利用过去工作中的一个个小故事切入主题，随意却真挚，也是一种不错的漫谈式总结方式。

▲图 9-17　封面页

▲图 9-18　过渡页

▲图 9-19　内容页 1

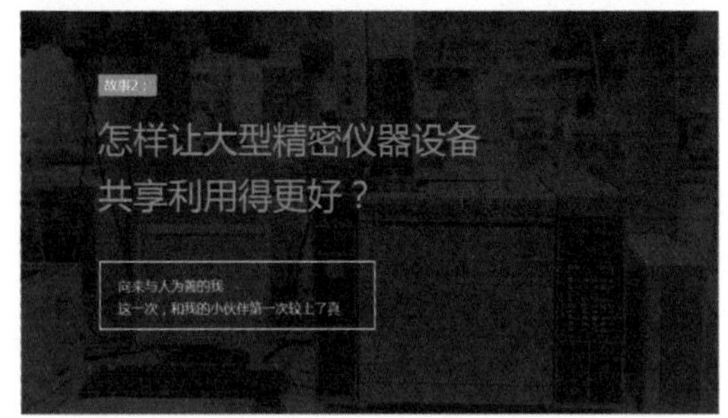

▲图 9-20　内容页 2

9.2 总结“出众”的 5 个关键点

在总结大会上，大家的总结往往相差无几，如何才能让自己的总结从众多同事或单位的总结中脱颖而出呢？为了让总结 PPT“不一般”，在内容安排上可以把握以下 5 个关键点。

9.2.1 用数据说话

在总结 PPT 中适当使用并突出具体、清晰的数据信息，能够让工作回顾看起来更为细致、真实、可靠。这样既能突出工作成绩，又能展现工作的难度和辛苦程度等，从而形成更强的感染力，如图 9-21 所示。

又如图 9-22 所示的幻灯片，通过强调多组数据信息，甚至不惜改变阅读语序，让资产管理处的管理、编制、申报、审批、采购等各项工作总结更为具体，很好地突出了工作的难度和烦琐程度等。

▲图 9-21　强调数据

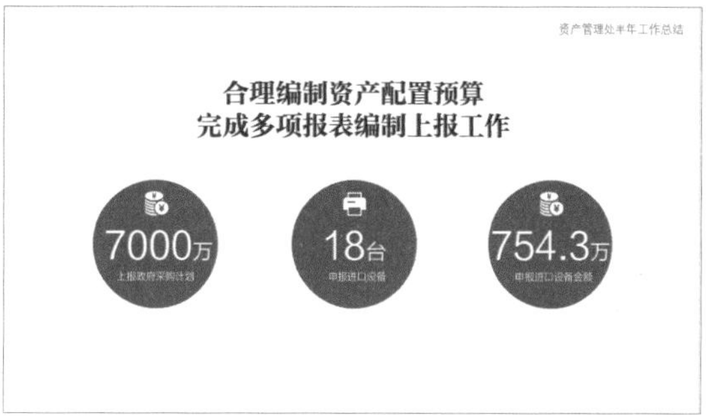

▲图 9-22　强调多组数据信息

9.2.2 适当煽情

在略显严肃的总结 PPT 中适当插入一些相对感性的页面，能够更有效地调动起观众的阅读情绪，使总结变得稍微柔和一些。

煽情页最好用工作时拍摄的实景照片，以全图或图片墙的排版方式制作。如图 9-23 所示的幻灯片，用全图型排版方式在总结的开头煽情，渲染这一年工作的艰巨性，让观众能更直观地体会总结中成绩的来之不易。

▲图 9-23　煽情页

又如图 9-24 所示的幻灯片，在总结的结尾以工作实景照片墙煽情，渲染感恩之心，展现谦逊，赢得观众的认可，这是一种常用且有效的做法。

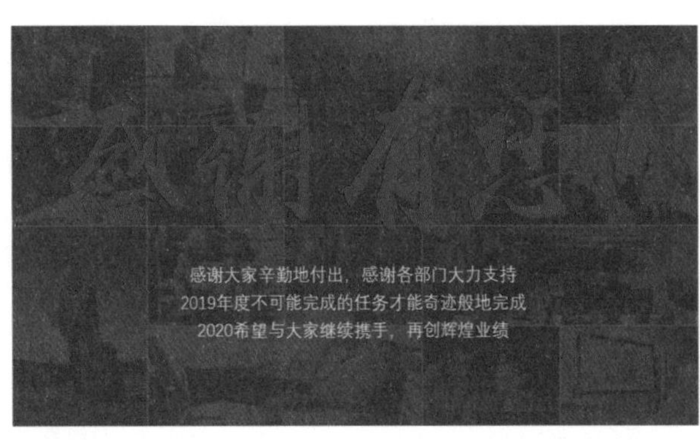

◀图 9-24　以实景照片墙煽情

9.2.3 自我视角

对于过去和未来，每个人都有自己的看法，只要是自己的看法便是独特的。所谓自我视角，即以自己的角度看过去、总结过去。在总结 PPT 中要尽量体现独特的自我视角，避免站错位，最后与他人的总结雷同。

如何在总结 PPT 的内容中展现自我视角呢？这并没有通用的方法，只需在组织和编辑总结 PPT 内容的过程中，有这样一个意识即可。

如图 9-25 和图 9-26 所示，对同一事件的总结，销售部的总结侧重销售团队与销售业绩的具体管控，而策划部的总结则侧重分析问题、提出方法，最后得出执行结果的这一过程。

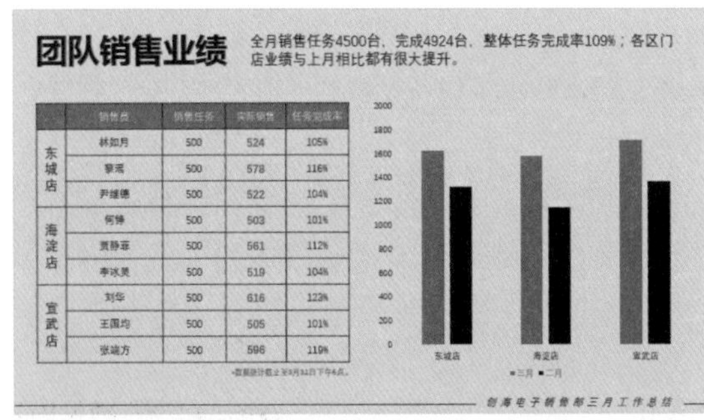

▲图 9-25　销售部的 PPT

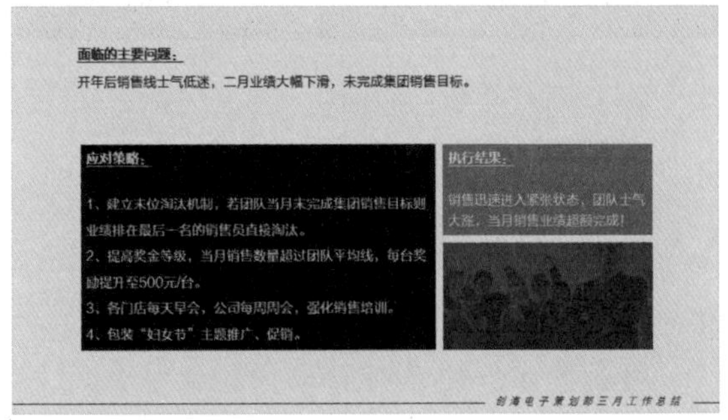

▲图 9-26　策划部的 PPT

▲图 9-27　营销工作的总结

9.2.4 重点、难点突出

在总结 PPT 中刻意将某些较为关键的问题作为重点来阐述，详细说明其重要性及解决这些问题的复杂过程，从而形成亮点，可以避免总结 PPT 陷入“流水账”而平淡无趣。

图 9-27 所示的幻灯片是某公司上半年营销工作总结中的一页。在这份总结中，着重阐

述了炎热夏日到访客户量不足这一难点问题是如何解决的。

9.2.5 体现高度

若对过去工作的认识能够有一定的高度，总结 PPT 自然会十分出彩。而大多数时候，工作总结无法得出比别人有高度的认识，怎么办？此时可在总结 PPT 中将总结的内容高度提炼、概括成一句话，至少让总结看起来比别人的更有高度。

图 9-28 所示的幻灯片是某审计处 2016 年度工作总结中结尾部分的一页，将日常工作的烦琐以及自身对于这种烦琐工作的认识概括为一句“如常 已是非常”，将不惧烦琐，认真干好本职工作的工作态度展现得非常有高度。

▶图 9-28 审计处工作总结

当然，要想做好总结 PPT，最核心的因素还是工作本身。没有任何工作表现、工作成绩，总结 PPT 将是无本之木、无源之水，无法“出众”。

9.3 工作总结 PPT 的设计技巧

为让工作总结 PPT 更“出众”，在设计上可以使用一些实用的小技巧。

9.3.1 时间线索，一目了然——设计时间轴

工作总结中常有对过去工作中各种事件的回顾，一般可以按时间线索展开。在 PPT 中设计合适的时间轴，能让总结中的各种事件的时间先后关系更加一目了然。时间轴的设计方式多种多样。

图 9-4 所示的幻灯片中的竖式时间轴，是一种操作简单、排版方便、易于掌握的时间轴设计方式。要让时间轴更有设计感，可以将其变化成如图 9-29 所示的斜式时间轴。

市旅游局
年度工作回顾
2019.03
成功启动城市公园音乐节推广活动
2019.06
清凉旅游季活动，引爆全城
6~7月全市接待游客近500万
8月
迎来暑期游客潮
8~9月假期游客约
万
10月
黄金周游客高潮
11月
牵头组织多次会议，商议冬季旅游形象推广议题
12月
景区游客管理系统上线
2020.01
举办年宵灯会活动

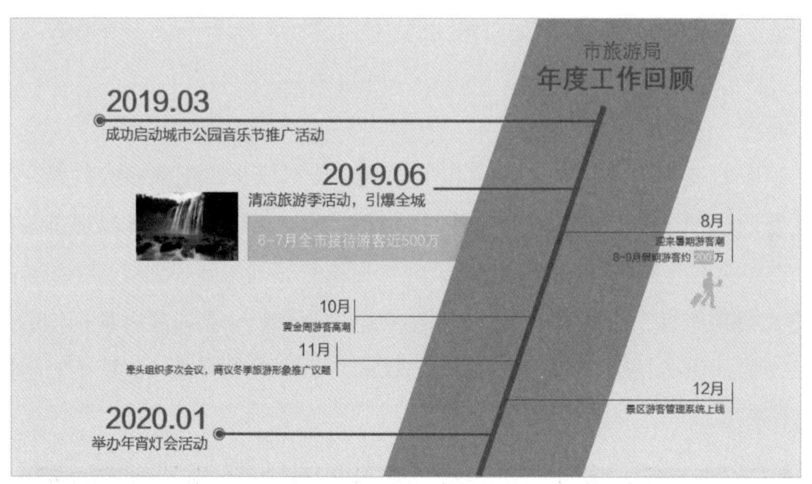

◀图 9-29　斜式时间轴

图 9-30 所示为一种横式的时间轴设计方式。

市旅游局 / 2019年度工作回顾
3月
6月
8月
10月
11月
12月
1月(2017)
公园音乐节
成功启动城市公园音乐节推广活动
清凉旅游季
清凉旅游季活动，引爆全城；6~7月全市接待游客近500万
暑期游客潮
迎来暑期游客潮8~9月假期游客约200万
黄金周
黄金周游客高潮
组织多次会议
牵头组织多次会议，商议冬季旅游形象推广议题
游客管理系统
景区游客管理系统上线
年宵灯会
举办年宵灯会活动

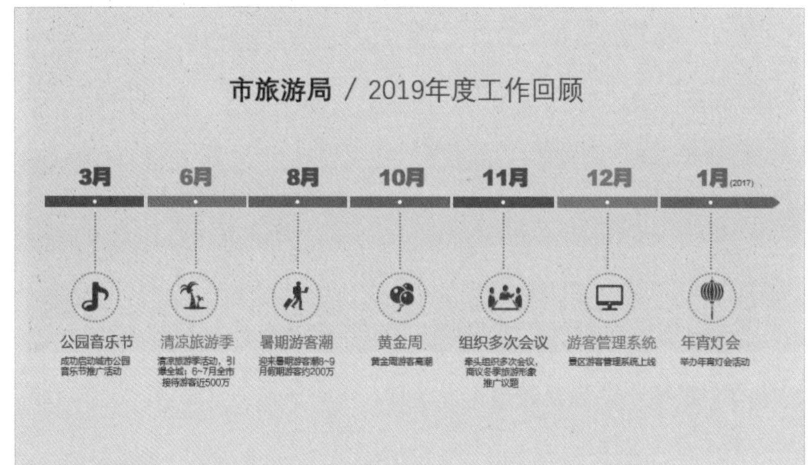

◀图 9-30　横式时间轴

出于方便考虑，横式时间轴也可以用表格填色的方式设计，如图 9-31 所示。

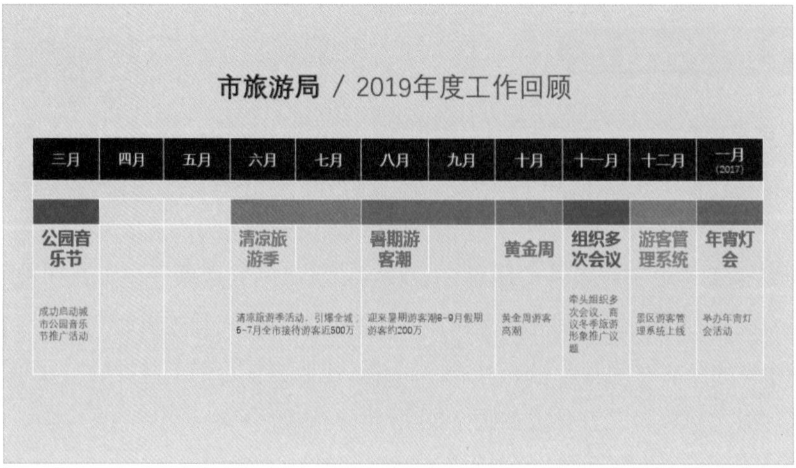

市旅游局 / 2019年度工作回顾
三月
四月
五月
六月
七月
八月
九月
十月
十一月
十二月
一月(2017)
公园音乐节
清凉旅游季
暑期游客潮
黄金周
组织多次会议
游客管理系统
年宵灯会
成功启动城市公园音乐节推广活动
清凉旅游季活动，引爆全城；6~7月全市接待游客近500万
迎来暑期游客潮8~9月假期游客约200万
黄金周游客高潮
牵头组织多次会议，商议冬季旅游形象推广议题
景区游客管理系统上线
举办年宵灯会活动

◀图 9-31　表格式横式时间轴

此外，利用山峰（攀登之意）、河流（源流之意）、公路等意境图片设计时间轴也是平面设计中常见的一种做法，如图 9-32 所示。

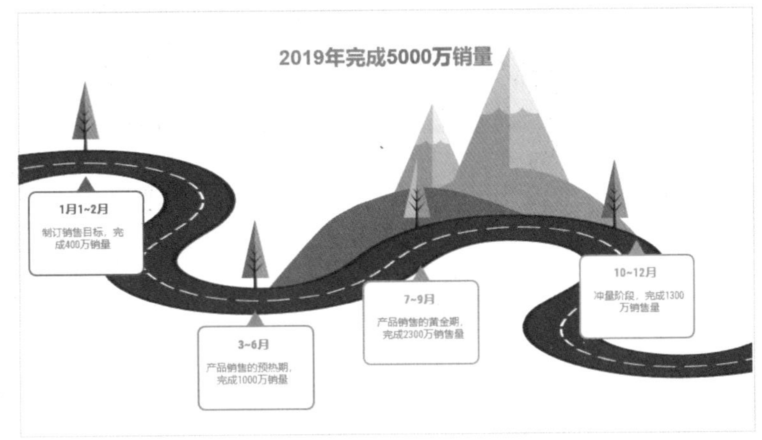

▶图 9-32　图片式时间轴

9.3.2 没有比较就没有成绩——添加图表

在总结时适当突出工作中取得的成绩是非常有必要的。将相关成绩的叙述性文字转换为柱状图、条形图、饼图等图表，或刻意新增当前年份与过去年份、当前项与同类项的对比图表，便是在总结 PPT 中突出成绩的一种有效手段，如图 9-33 所示。

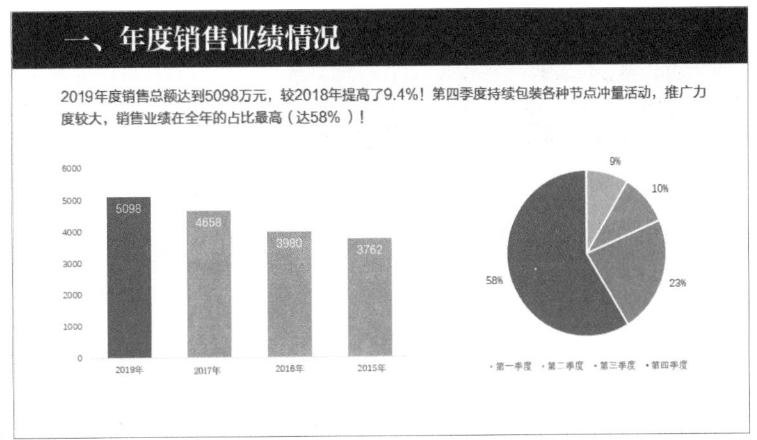

▶图 9-33　添加图表

如果觉得图表中的对比不够明显，可按本书第 5 章所述，通过改变坐标轴取值范围强化对比。

9.3.3 让工作回顾更加真实——使用实景照片

在总结 PPT 中，若要使用图片，则应尽量使用平时工作时拍摄的实景照片，而少用网上找的意境图，这样可以将工作情况反映得更加真实，如图 9-34 所示。这就要求大家在平时工作中注意拍摄照片进行记录，为总结准备足够的素材。

▶图 9-34　使用实景图片

9.3.4 突出总结的本体——封面的设计细节

很多人习惯在总结 PPT 的封面页将 PPT 的类型放大，如图 9-35 所示的幻灯片中，“2019 年工作总结”字样被突出显示。其实，并不是任何时候都需要把这些字样凸显出来。比如，在总结大会上，大家都十分清楚这必然是一份总结，在封面页就完全没有必要将“工作总结”这类字样放大，而应该突出总结的本体，即直接明了地告诉大家接下来是谁做总结，如图 9-36 所示。

▲图 9-35　封面页 1

▲图 9-36　封面页 2

10 Chapter

如何用 PPT 打造形象宣传片

制作宣传片，是城市、组织、企业或品牌展示其形象的一种常用手段，

专业广告公司大多使用 3Dmax、PR、AE 等十分专业的软件制作宣传片。

而对于要求不那么高、宣传成本预算也不多的组织或企业来说，

使用 PPT 软件制作宣传片，或许是最佳的选择。

10.1 用PPT制作宣传片的优势

早在PPT 2003版时就已经有专业公司、PPT爱好者用PPT来做形象宣传片。比如，成都极致传播机构为“月光琉域”这一地产项目制作的PPT动画宣传片，如图10-1所示。设计精美，动画、配乐、配音都恰到好处，作为地产项目的PPT宣传片来说，非常具有代表性。

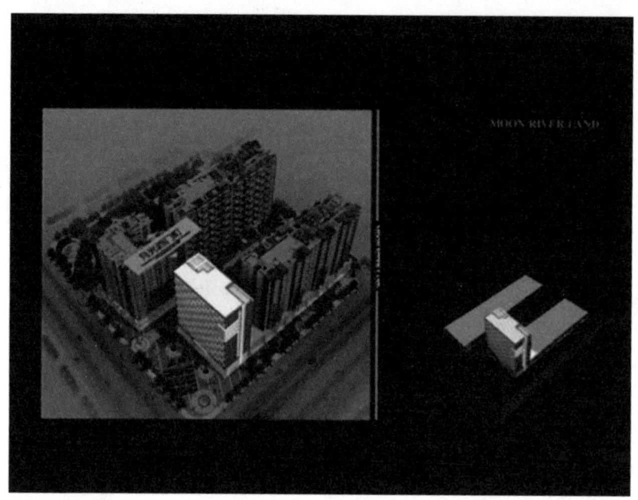

▲图10-1 “月光琉域”PPT宣传片

扫描二维码观看

又如，IKEA（宜家）创意动画广告PPT宣传片，风格清新，代表了PPT宣传片的另一种创意可能，如图10-2所示。

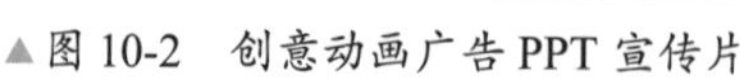

▲图10-2 创意动画广告PPT宣传片

扫描二维码观看

再如，图10-3所示的第三届锐普PPT大赛中PPT达人“天好”的公益宣传片作品《惊变》，完全使用形状绘图制作，也是PPT界令人惊叹的经典作品。

▲图 10-3　公益宣传片《惊变》

扫描二维码观看

如今，新版 PPT 的功能越来越强大，更是不乏好的 PPT 形象宣传片作品。那么，到底有没有必要学习用 PPT 制作宣传片呢？用 PPT 软件做形象宣传片到底有哪些优势呢？本节将为大家解答这些疑问。

10.1.1 足够的视觉表现力

PPT 既不是专业的动画制作软件，也不是专业的视频编辑软件，但对于要求相对不那么高的宣传片来说，作为办公软件的 PPT，在设计能力、动画表现能力方面是足以胜任的。而通过精心设计画面，巧妙组合应用多种动画效果，PPT 宣传片作品也能达到与 Flash 动画和视频宣传片相媲美的水平。

除前面介绍的 3 个作品外，从下面这些由专业 PPT 设计制作公司锐普 PPT 出品的作品中，我们也可以感受到 PPT 制作宣传片的强大表现力。

图 10-4 所示为锐普 PPT 公司的炫酷动画宣传片，是基于 PPT 2019 的切换动画“平滑”设计制作的。

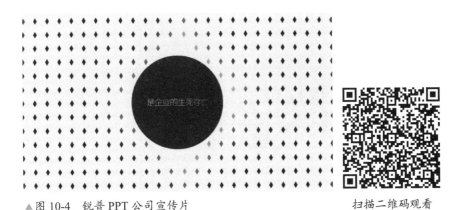

▲图 10-4　锐普 PPT 公司宣传片

扫描二维码观看

图 10-5 所示为锐普 PPT 公司为亚光家纺制作的宣传片，该宣传片基本囊括了一份企业介绍性宣传 PPT 的完整结构。

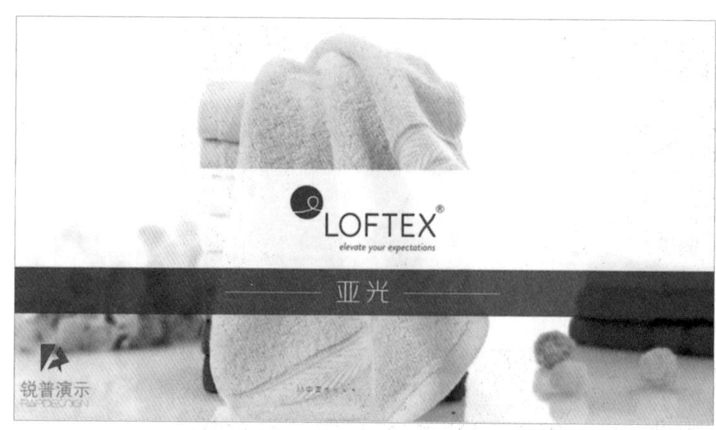

▲图 10-5　亚光家纺宣传片

图 10-6 所示为锐普 PPT 公司为互生卡制作的宣传片，采用的是当下流行的扁平化风格。

▲图 10-6　互生卡宣传片

扫描二维码观看

图 10-7 所示为锐普 PPT 公司为上海黄浦区委员会发布会制作的宣传片，形式活泼又不失相关资料的严肃性。

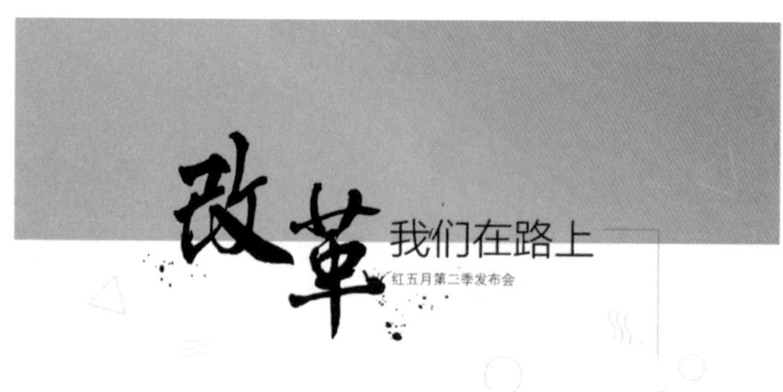

▲图 10-7　上海黄浦区委员会发布会宣传片

10.1.2 相对低廉的成本

即便排版设计再精美，动画做得再复杂，比起传统的宣传片，PPT 宣传片仍属于一种简单的宣传片形式。不建模、不摄影，对电脑硬件要求不高，制作周期较短，成本相对较低，业内专业公司的收费自然也要低一些。对于渴望展示自身良好形象，又没有太多预算的一些中小企业、新生品牌来说，无论是自己制作还是聘请专业公司制作，都是不错的选择。

10.1.3 应用方式更灵活

PPT 软件能够输出各种不同格式的作品，因而其使用方式也更为灵活。PPT 文件输出为视频格式即成为传统意义上的宣传片，可放在电视屏幕、LED 大屏幕、数码屏、网络上使用，如图 10-8 所示。

▶图 10-8 时代广场大屏幕上的中国国家形象宣传片

也可以仍然以 PPT 格式保存，在企业和品牌的宣讲会、发布会上，配合宣传演讲播放，如图 10-9 所示。

▶图 10-9 品牌宣讲会

还可以将 PPT 宣传片直接打印出来或输出为 PDF 格式，变成纸质或电子宣传册。

用 PPT 制作宣传片，输出方式多样，一次制作即可满足多种宣传场景的需要。

10.1.4 简单入手，易学易做

比起 3Dmax、PR、AE 等软件，PPT 上手简单，学习和操作难度要低很多。不会写代码、不会操作插件的非专业 PPT 设计公司的人员也能做出好的宣传片作品。

10.2 非专业人士如何制作有质感的 PPT 宣传片？

作为普通的 PPT 爱好者，要利用 PPT 制作一份宣传片，可以从哪些方面入手，提升宣传片的质感呢？

10.2.1 提升质感的设计细节

在 PPT 的排版设计上注意一些细节的处理，能够直接提升 PPT 宣传片画面的质感。

1. 精简文字

作为宣传片的 PPT，一般每页画面都不可能有太长时间的停顿，在页面上堆砌过多的文字既不便于观看，也影响美观。适当精简文字有助于提升 PPT 宣传片的质感。若有些内容必须在当前页面传递，无法做删减，则可考虑将这些文字转换为朗读配音添加在宣传片中。

图 10-10 所示为摘自某地产项目 PPT 宣传片中的一页。本来 PPT 宣传片中用全图型排版方式的效果是非常不错的，但在这页 PPT 中，大段文字使整个画面失去了平衡感，图片本身的美感也没有得到很好的展现。

图 10-10 某地产项目的 PPT 宣传片

将正文内容删去后重新排版，画面变得简洁、干净，文字与画面结合的和谐感也要强许多，如图 10-11 所示，这自然会让画面看起来更有质感。

▶图 10-11 精简文字后的 PPT

2. 错落文字

在高品质的宣传片中，常常同一组文字字号不一，排列错落不均。这种文字排版方式能够打破常规、呆板的文字呈现方式，让文字变得活泼、亲和、有设计感。PPT 宣传片中的文字排版也可以借鉴这种方式提升画面质感。

图 10-12 所示为摘自某钟表品牌 PPT 宣传片中的一页。既不做效果，也不改颜色，只是将其中的部分文字的字号进行一些调整，品质感就会大不相同，效果如图 10-13 所示。

▶图 10-12 某钟表品牌的宣传片

▲图 10-13　调整字号后的 PPT

3. 添加英文

添加辅助性的英文以增加作品的国际感，是设计界常用的一种设计手段。制作 PPT 宣传片时，也可以通过添加英文的方式提升宣传片的档次。

图 10-14 所示为摘自某咖啡品牌宣传片中的一页，由于该品牌是国际品牌，纯中文给人的感觉始终差些。添加英文，修改成如图 10-15 所示的排版方式后，异域风味表现得更加强烈，既契合了国际品牌的宣传需求，也提升了画面的品质感。

▲图 10-14　某咖啡品牌的宣传片

▶图 10-15 添加英文后的 PPT

4. 调整图片色调

对于用照片制作的 PPT 宣传片来说，过于浅淡的图片难免给人没内涵、不严肃之感，而将照片的色调调得深沉一些，则能给人以厚重、专业的感觉，从而达到提升宣传片质感的目的。

图 10-16 所示为摘自某商务手机 PPT 宣传片中的一页，虽然没有什么大问题，但由于图片本身色彩浅淡，总感觉与商务手机的高端品位不符合。

▶图 10-16 某商务手机 PPT 宣传片

在 PPT 中适当调整图片色调后，效果如图 10-17 所示，画面变得沉敛厚重，很好地匹配了大气、高端的品牌宣传需求。当然，将色调调深来提升质感的做法不是绝对的，具体还应根据宣传片的内容决定。比如，食品、服装等品牌的宣传片则需要将图片色调调得清淡、明艳一些，既与内容主题契合，也不失质感。

图 10-17 调整图片色调后的PPT

5. 灵活设计排版

封面页、目录页、过渡页、正文页、结尾页……作为宣传片的 PPT 不一定非要采用像前文所述的亚光家纺宣传片那样标准化的排版方式。根据具体的内容，按照叙事线索灵活设计排版、发挥创意，也是提升宣传片质感的一个方向。

图 10-18~ 图 10-25 所示为摘自某个供应香港地区的蔬菜生产基地的 PPT 宣传片。这个宣传片内容的设计结构是，从基地的地理位置开始，稍加叙述品牌缘起后，品牌 LOGO 华丽呈现；紧跟着是主广告语和品牌价值页；随后逐一详细介绍各个价值点；然后是权威机构的相关证明；这些证明快速退出，画面一黑，转换到香港这座城市及其超市、家庭，居民购买蔬菜、食用蔬菜等场景，从严肃的品牌介绍变换到生活化的场景渲染，从品牌受众的角度看品牌；最后，图片切换，镜头从香港切回雪山，品牌 LOGO 再次出现，宣传片到此结束。整个宣传片的叙述逻辑流畅而不呆板，专业感很强。

图 10-18 缘起页面 1

▶图 10-19 LOGO 页面

▶图 10-20 广告语及品牌价值页

▶图 10-21 品牌价值详述页 1

图 10-22　品牌价值详述页 2

图 10-23　权威机构认证页

图 10-24　香港生活场景页

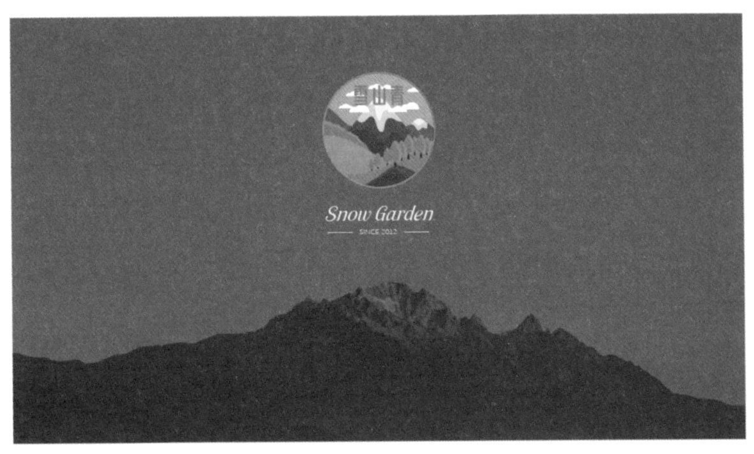

▶图 10-25 结尾页

此外，本书文字、图片、形状、配色、排版等相关章节介绍的某些技巧对于制作 PPT 宣传片同样适用。

10.2.2 提升质感的动画技巧

对于宣传片类型的 PPT 来说，品质感高不高，与动画效果做得好不好有着很大的关系。除了本书动画章节中介绍的动画技巧外，这里再介绍一些非专业人士易于掌握且能够有效提升 PPT 宣传片质感的技巧。

1. 用透明形状强化图片切换效果

这是借助形状来完成图片之间切换的一种动画效果，在前面介绍的上海黄浦区委员会发布会的宣传片中便用到了这种动画效果。借助形状切换图片，为页面中的图片带来了更多、更具创意的进入方式。比如，全图型页面，利用半透明形状实现两张图片（即宣传片中的两幕场景）之间的切换，具体操作步骤如下。

步骤01 图片插入幻灯片后，将一开始出现的图片（图片 1）置于底层，随后切入的图片（图片 2）置于其上层。插入一个与图片等大的矩形并设置一定的透明度（可设得稍高一点），将其置于最顶层，如图 10-26 所示。将两张图片层叠在页面上，形状在页面外右侧，使三个对象顶端对齐。

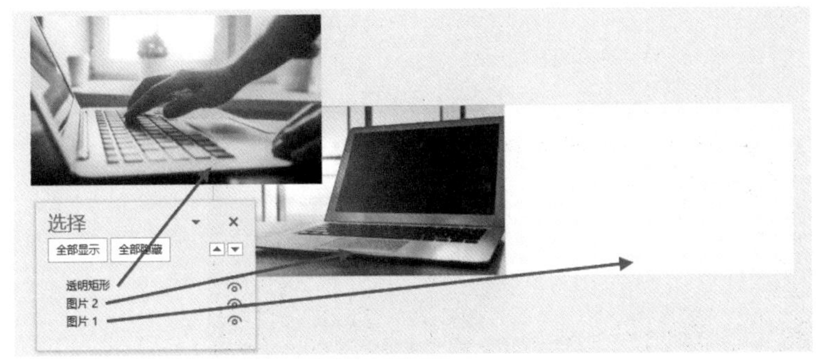

▶图 10-26 调整图片

步骤02 选择矩形，添加向左移动的路径动画，开始时间设置为“上一动画之后”，结束位置设置在刚好覆盖住图片的位置上。适当将该动画的持续时间设置得长一些，使之移动的速度缓慢一点。再选中矩形，添加一个“淡化”的退出动画，开始时间为“上一动画之后”。然后选中图片2，添加“淡化”进入动画，开始时间为“与上一动画同时”，如图10-27所示。

◀图10-27 添加动画

经过上述操作后，图片2会在图片1慢慢被遮盖后切入画面。

又如，图片伴随形状的闪动逐步出现的动画效果，可按如下操作步骤制作。

步骤01 按照本书排版章节所述组合的方法，在页面中插入若干个（本例以6个为例）与图片等高且刚好等分图片的半透明形状。然后在“选择”窗格中对层叠顺序进行调整，使先出现的图片（本例中的晴空图片）位于最底层，随后切入的图片（本例中的夜空图片）位于顶层，半透明矩形依次位于中间层，如图10-28所示。

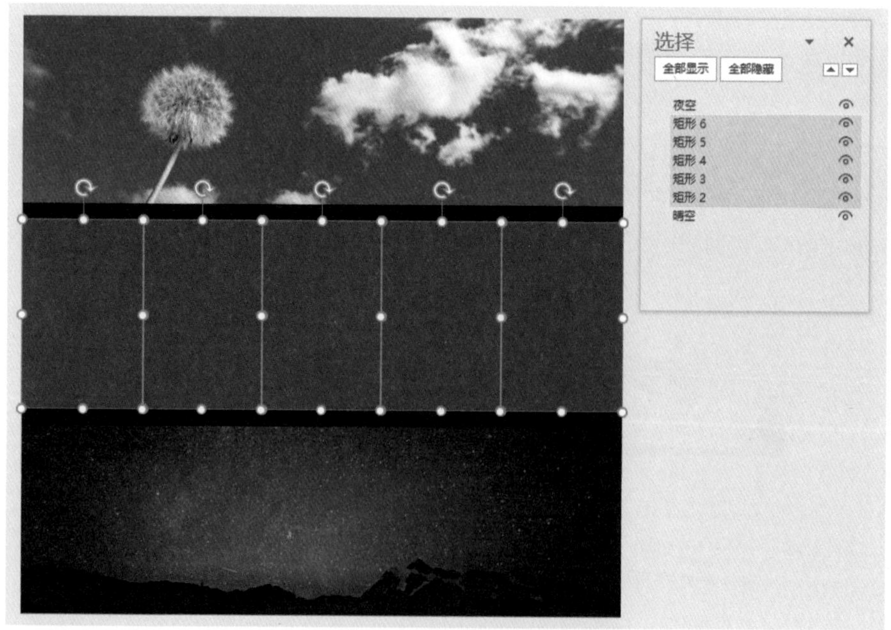

◀图10-28 调整图片和矩形的位置

步骤02 将矩形完全覆盖在晴空图片上。然后选择晴空图片，添加进入动画向右“擦除”，为各个矩形依次添加进入动画“展开”，开始时间设置为“与上一动画同时”，退出动画“淡化”，将开始时间设置为“与上一动画同时”，并调整延迟时间，使之在“展开”动画后开始，如图 10-29 所示。设置完成后根据预览情况适当调整各个动画的持续时间，使晴空图片伴随着形状的翻过从左至右逐步出现。

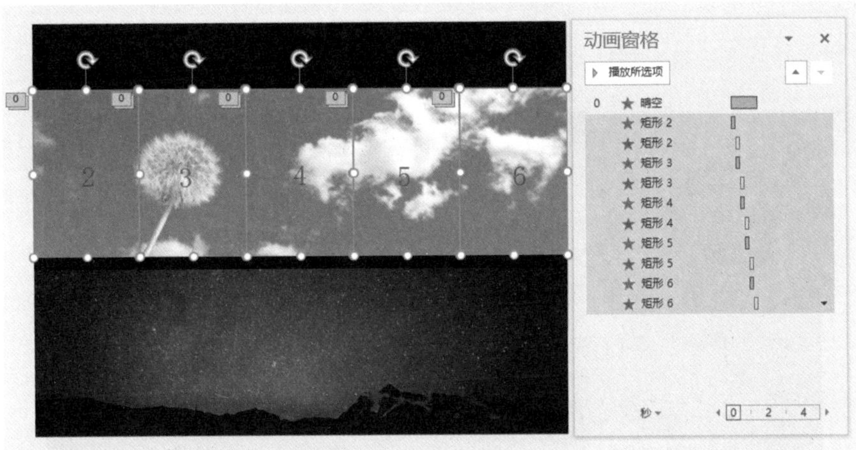

▲图 10-29　为矩形添加动画

步骤03 同理，将夜空图片叠放在形状上面，添加向左“擦除”动画，开始时间为“上一动画之后”。再将原先的形状复制一份，在“动画窗格”中，按从右向左的顺序拖动调整形状动画的开始时间，使夜空图片伴随形状的翻过从右至左逐步出现，如图 10-30 所示。

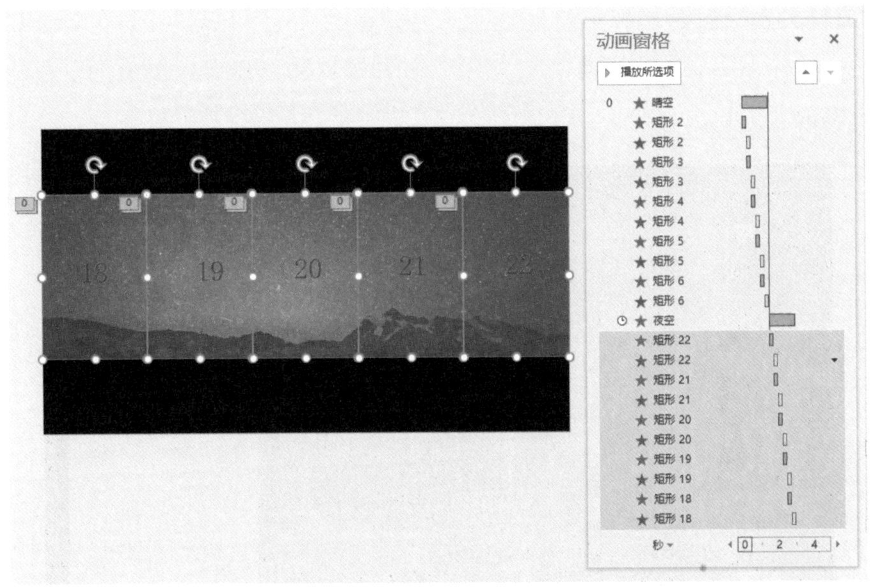

▲图 10-30　调整动画播放时间

2. 描摹边缘让画面“活”起来

描摹边缘即通过线条、发光点、图片等一些装饰性素材的不断移动，描摹某些需要停顿较长时间、方便观众查看的图片边缘，使静态的页面“活”起来，模拟某些Flash动画的效果，避免画面枯燥、乏味。实现描摹边缘的方法有很多，这里介绍擦除动画描摹和路径动画描摹两种。

第一种，利用“擦除”这一自定义动画实现描摹边缘，具体操作步骤如下。

步骤01 插入两横两纵四条直线，如图10-31所示，直线A、直线B与图片宽度一致，直线C、直线D与图片高度一致，将图片置于页面最底层。

▲图 10-31 添加直线线条

步骤02 将A、B、C、D四条直线移至与图片四边重合，接下来为直线A、直线B和图片添加进入动画。设置直线A由页面下方“飞入”，直线B由页面上“飞入”，两个自定义动画的开始时间设置为同时；图片添加上下向中央“劈裂”的动画效果，开始时间设在两个直线动画之后，如图10-32所示。

▲图 10-32 为直线和图片添加动画

步骤03 为直线A、直线B分别添加自右侧“擦除”和自左侧“擦除”的退出动画，两个动画同时开始，并位于图片动画之后。接着为直线C、直线D添加自顶部“擦除”和自底部“擦除”的进入动画，两个动画也是同时开始，并位于直线A、直线B退出动画之后。再次为直线C、直线D添加自顶部“擦除”和自底部“擦除”的退出动画，两个动画还是同时开始，且位于刚刚设置的进入动画之后，不过退出动画的持续时间可设置得稍短一些。经过上述设置后，便实现了对图片边缘描摹一圈的动画效果。为了让描摹效果更佳，可继续让直线A、直线B以“擦除”方式进入，重复多次上述添加动画的操作，即可实现持续描摹边缘，如图10-33所示。

▶图 10-33 为对象添加多个动画效果

这种方法的缺点是，无法直接通过“动画属性”对话框设置动画“重复”实现持续的边缘描摹动画，只能手动依次添加一个个动画，操作略显烦琐。

第二种是利用正方形路径动画实现描摹，具体操作步骤如下。

步骤01 添加描摹边缘的发光点素材，从网上下载光点PNG素材图片效果可能会更好。本例直接添加了一个带发光效果的白色圆形作为光点，如图10-34所示。复制一个光点，然后将两个光点分别放置在图片的两个对角上，图片置于最底层。

▶图 10-34 绘制光点

步骤02 为图片添加“淡化”进入动画；为光点1、光点2分别添加自右侧飞入和自左侧飞入动画，两个飞入动画同时开始，且位于图片进入动画之后，持续时间可设置得稍长一些，让两个光点缓慢飞入，如图10-35所示。

图10-35 为光点添加进入动画

步骤03 选中光点1，为其添加“正方形”路径动画，开始时间为“上一动画之后”，持续时间设置得稍长一些；对路径进行顶点编辑，使路径与图片轮廓边缘重叠，即让光点1沿着图片边缘移动，图10-36所示。

图10-36 为光点添加路径动画

步骤04 为光点2也添加同样的路径动画，并将两个路径动画设为同时开始并且持续时间一致；再打开路径动画的属性对话框，为两个路径动画设置“直到幻灯片末尾”的重复效果，如图10-37所示。

经过上述操作后，两个光点将持续不断地对图片边缘进行描摹，让图片富有动感。这种方法的优点在于可以通过设置“重复”，一次即可实现持续的边缘描摹动作。

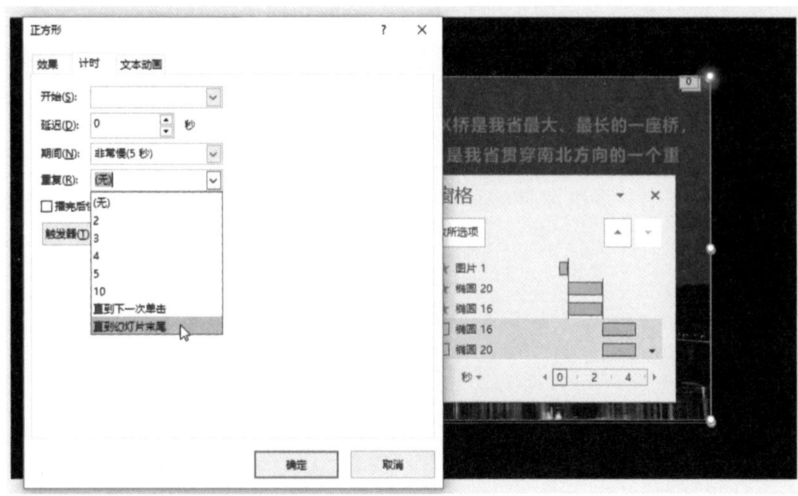

▶图 10-37 设置路径动画

描摹边缘的效果并不仅限于图片，其他特殊的形状、更复杂的描摹动画也可以参考以上两种方法的原理来做。比如，一支笔在页面上写字的动作、某个建筑或人物从轮廓到整体呈现的变化过程等。

3. 图表的高级动画效果

在 PPT 中，为图表、SmartArt 图形添加动画后，可在“效果选项”下拉列表中选择整体齐动，或分批动作的不同效果，如图 10-38 所示。

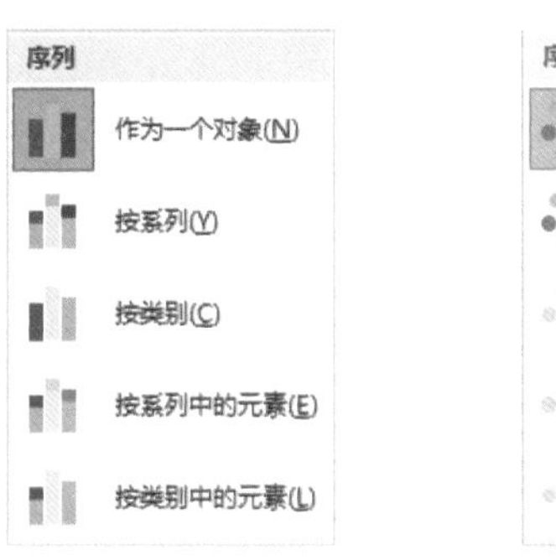

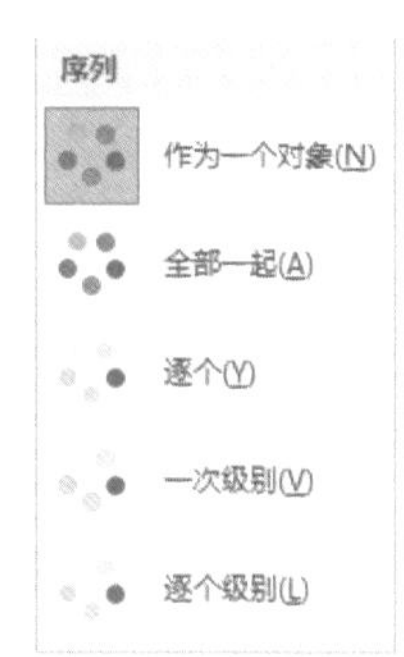

▲图 10-38 图表和 SmartArt 图形的动画效果选项

分批动作比整体齐动的效果更华丽，若觉得分批动作效果依然不够，我们还可以比照软件生成的图表，重新用形状、线条等绘制后，再制作动画效果。这样可以对图表动画的动作控制得更细致。下面就以常用的柱形图、环形图为例，介绍具体的操作方法。

对于柱形图而言，只需要借助“平滑”这一切换动画，即可做出别开生面的动画效果，具体操作步骤如下。

步骤01 对照软件生成的图表，用矩形、直线、文本框绘制一个一模一样的图表，如图 10-39 所示。绘制完成后，将软件生成的图表删除，页面上只保留刚刚绘制好的图表。

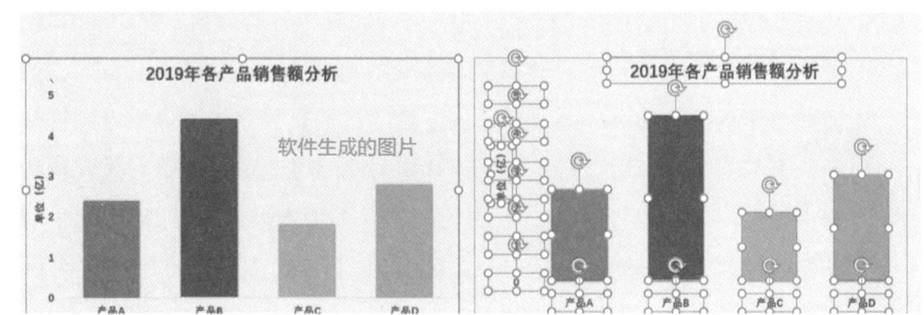

▶图 10-39 用形状绘制图表

步骤02 在窗口左侧的页面缩略图区域中右击当前页面，在弹出的快捷菜单中选择“复制幻灯片”命令，当前页面的后面即可复制一张一模一样的页面。然后对当前页面中的图表进行修改：将充当柱状的矩形的高度全部设置为 0，除矩形外的所有对象，全部平移到页面之外（原来在下方的移到上方，原来在上方的移到下方，左边、右边都可以放一些对象，以使最终效果更华丽），并将图表的矩形框等比例拉大到溢出幻灯片边界，如图 10-40 所示。

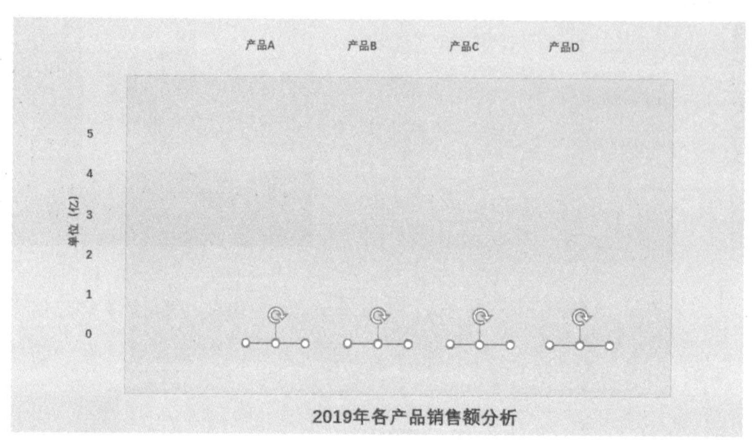

◀图 10-40　调整各对象的位置

步骤03 切换到复制的、未做修改的图表页面，为该页面添加“平滑”切换动画。进入放映状态，从做了修改的图表页面切换至未做修改的图表页面时我们会发现，各种对象从页面四个方向飞入构成图表，中间的柱状条被从下到上拉起，如图 10-41 所示。这种柱状图进入动画是不是更新颖、华丽？

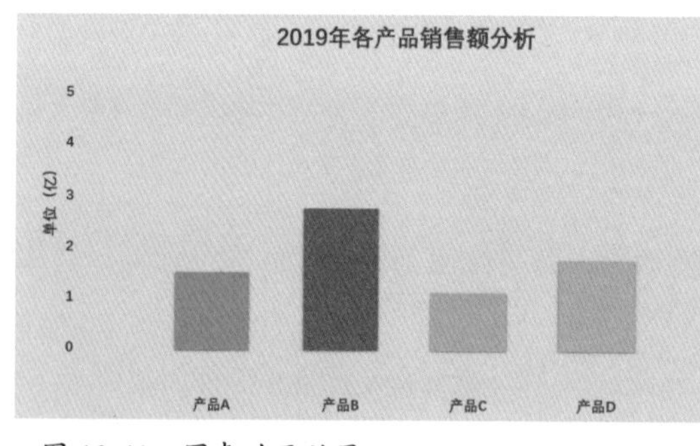

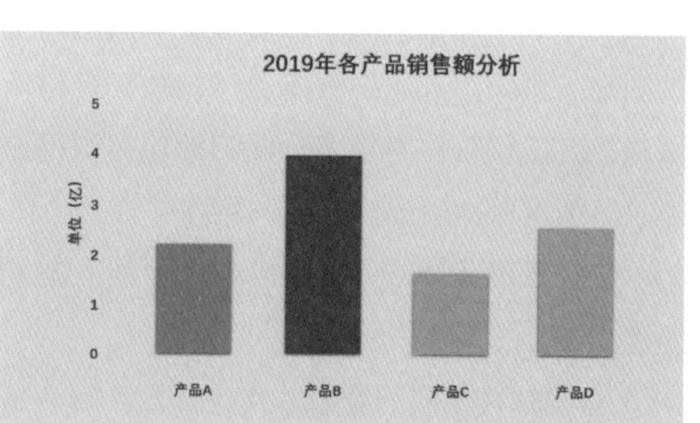

▲图 10-41　图表动画效果

对于环状图则可以通过“陀螺旋”这一强调动画提升其效果，具体操作方法如下。

步骤01 插入“弧形”，参照软件生成的环状图，调节弧形的粗细、大小、轮廓色、弧度等，使该弧形与环状图的圆环一致（至少保证弧度是一致的才能对应相应的百分比），如图 10-42 所示。弧形绘制完毕后，将原来的环状图表删除或隐藏，用弧形替代环状图排版。

步骤02 选中弧形，添加“轮子”进入动画；随后再次选中弧形并为其添加“陀螺旋”强调动画，开始时间为“上一动画之后”，如图 10-43 所示。这样，环状图将以面积逐步增加的方式进入页面，并在进入后持续转动，以吸引观众关注。

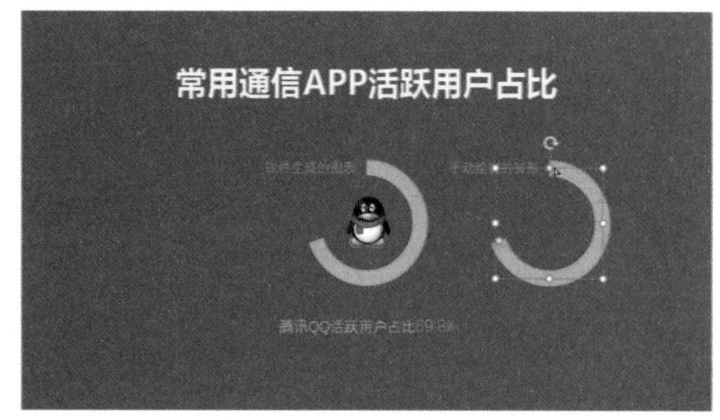

▲ 图 10-42 绘制和调整圆弧

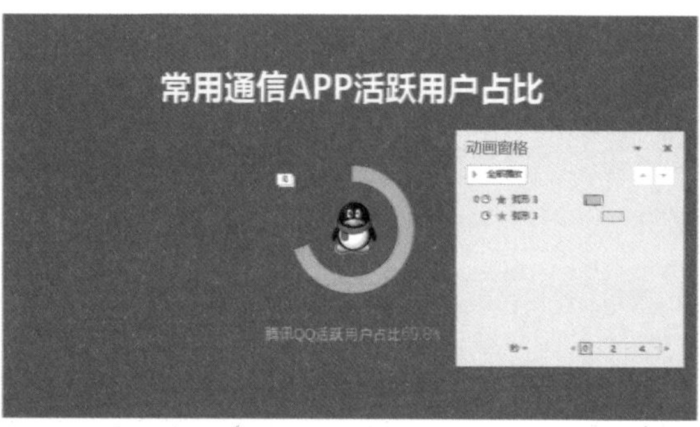

▲ 图 10-43 添加进入动画效果

步骤03 为更进一步提升动画效果，我们可以复制一份弧形，将其适当拉大，并将其轮廓线的磅值调小，旋转角度调大，使之位于原弧形的外围且与原弧形中心重叠。随后，在“动画窗格”中将复制的弧形的“轮子”“陀螺旋”两个动画效果分别调成与原弧形同时开始。最后，让两个“陀螺旋”动画重复“直到幻灯片末尾”即可，如图 10-44 所示（为了增强动感，这里对 QQ 图片也添加了“脉冲”的强调动画并重复）。

▲ 图 10-44 添加强调动画效果

4. 完整的文字飞动过程

宣传片 PPT 中的文字本身较少，为增强文字的表现力，可以为同一组文字添加多个动画效果。比如，常见的文字“飞入”动画，我们可以在飞入之后增加平移、消失动画，使文字在页面上呈现的过程更加完整，具体操作方法如下。

首先选中文本框，添加自左侧“飞入”的进入动画。再次添加“向左”路径动画（若自右侧飞入，则添加“向右”路径动画，总之方向一致效果更好），并将结束位置调至合适位置（与开始位置稍微离开一定距离），持续时间适当增加一些，使之缓慢移动（若宣传片有配乐，应根据配乐确定快慢节

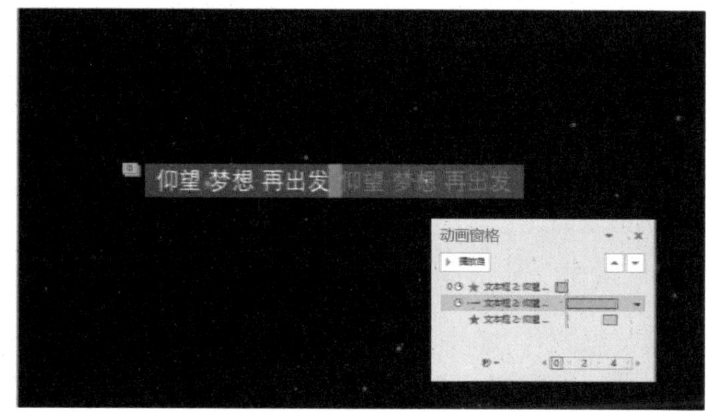

▲ 图 10-45 为文字添加多种动画

奏）。接着，为文本框添加“淡化”的退出动画，开始时间设置为“与上一动画同时”，调节延迟时间，使该退出动画的结束时间与路径动画的结束时间相同，如图 10-45 所示。经过上述操作后，文字的动画便具有了完整的飞动过程：文字快速飞入页面后，再缓慢向同一方向移动一定距离后才消失。

5. 标志的华丽呈现方式

▲图 10-46　用小技巧实现的动画效果

或在开头，或在中间，或在结尾，传统的视频宣传片大多有呈现企业或品牌标志的画面。在 PPT 宣传片中，同样需要制作一些特殊的动画效果，使标志的出现看起来更加华丽，从而吸引观众的注意，建立良好的品牌印记。比如，图 10-46 所示的这页幻灯片，便是按照本书动画章节中介绍的图层叠放小技巧实现了标志的光影变化、逐渐放大的华丽动画效果。

具体的制作方法如下。

步骤 01 准备 5 张图片素材作为本动画效果的 5 帧画面。第一帧画面为原图，即将标志直接放置在幻灯片页面（为达到更好的效果，页面背景建议选择黑色）中央。第二帧画面在第一帧画面的基础上修改，在 Photoshop 软件中用橡皮擦工具柔和地抹去标志右侧部分，仅保留标志左侧部分。同理，利用第一帧画面分别做出第三帧画面和第四帧画面，即分别保留标志的中间、右侧部分。最后，复制第一帧画面作为最后一帧画面。准备完成后，将这 5 张图片素材插入一页幻灯片中，按第一帧在最底层、第二帧、第三帧、第四帧在中间，最后一帧在顶层的顺序将他们层叠在页面中，如图 10-47 所示。

第一帧画面（原图），置于最底层

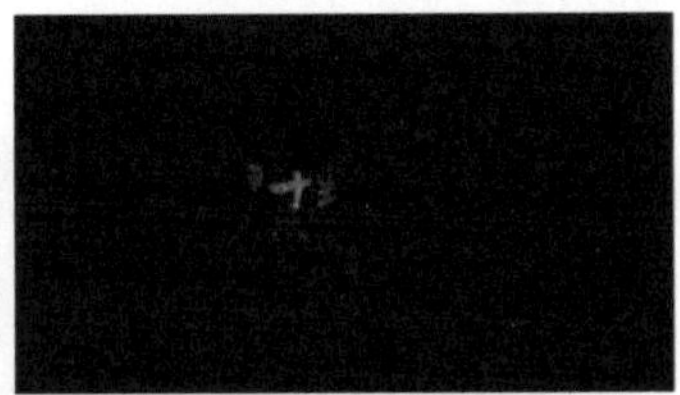

第二帧画面（由原图在PS中修改），置于倒数第二层

第三帧画面（由原图在PS中修改），置于倒数第三层

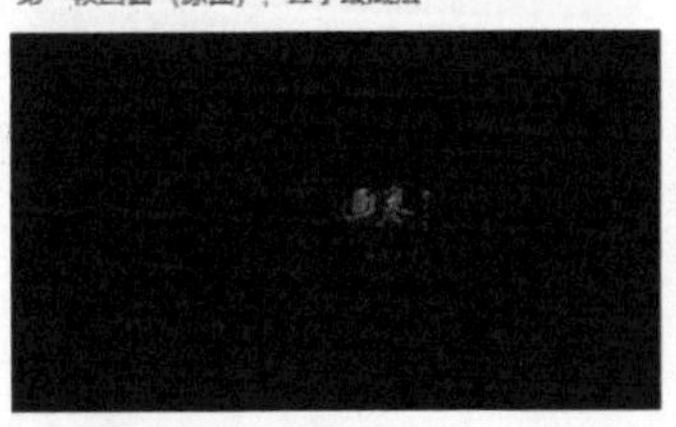

第四帧画面（原图），置于倒数第四层

最后一帧画面（原图），置于最顶层

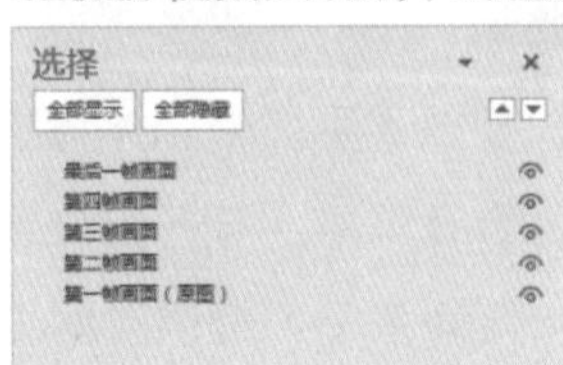

▲图 10-47　调整每一帧的顺序

步骤02 按照第二帧、第三帧、第四帧、最后一帧的顺序依次为这 4 张图片添加“淡化”进入动画（由于所有图片都层叠在一起，制作时可借助“选择窗格”来选中各张图片，逐一添加动画，第一帧画面不添加动画），开始时间均设置为“上一动画之后”，最后一帧画面的持续时间适当增加一些。再次选择最后一帧图片，为其添加“放大 / 缩小”强调动画，在动画属性对话框中将放大参数设置为 105%，开始时间为“与上一动画同时”，如图 10-48 所示。

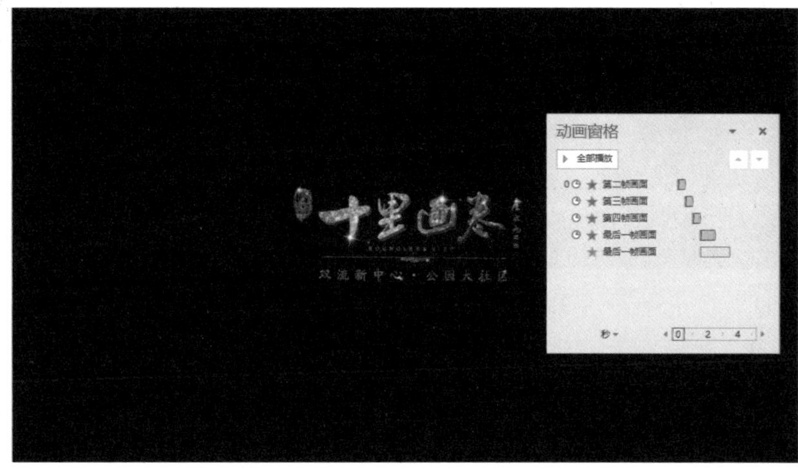

▶图 10-48 添加动画效果

上述这种标志的动画效果主要是通过修改图片状态实现的，有点类似连环动画片的原理。

还有一种常见的光线掠过标志的动画效果，用来强调标志的效果也不错。下面以宝马车标志为例，介绍这种动画的具体制作方法。

步骤01 先准备素材。第一张是幻灯片的背景图，放置在页面的最底层；第二张是遮罩图，由对背景图与标志图执行“剪除”操作后得到，镂空位置须刚好在中央，将该遮罩图置于页面最顶层；第三张是标志图，位于页面倒数第二层；接着是光线图，既可以从网上下载，也可以通过为线条添加发光效果制作，置于标志图上面一层，如图 10-49 所示。

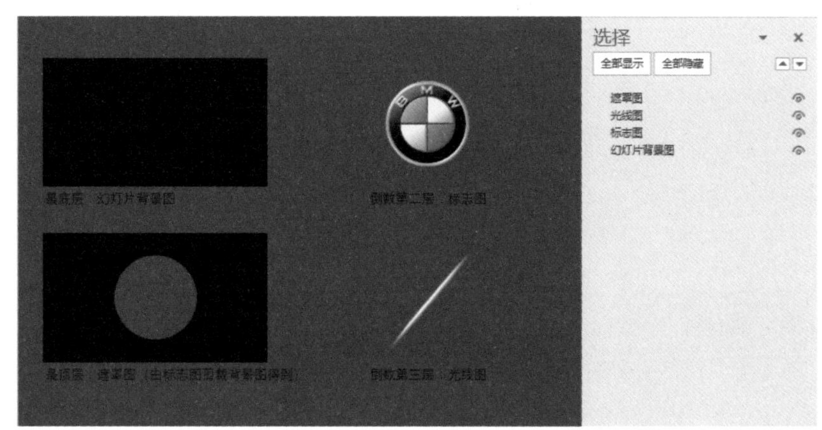

▶图 10-49 添加素材

步骤02 将 4 张素材图片层叠在页面上，在“选择窗格”中暂时隐藏最顶层的遮罩图，将标志图放置在页面正中央，光线图放置在标志图的左上角。选中光线图，为其添加“对角线向右下”路径动画，调整结束位置使之位于与开始位置对称的标志右下角，设置动画开始时间为“上一动画之后”，重复2次，如图10-50所示。

步骤03 在“选择窗格”中重新显示遮罩层，如图10-51所示。

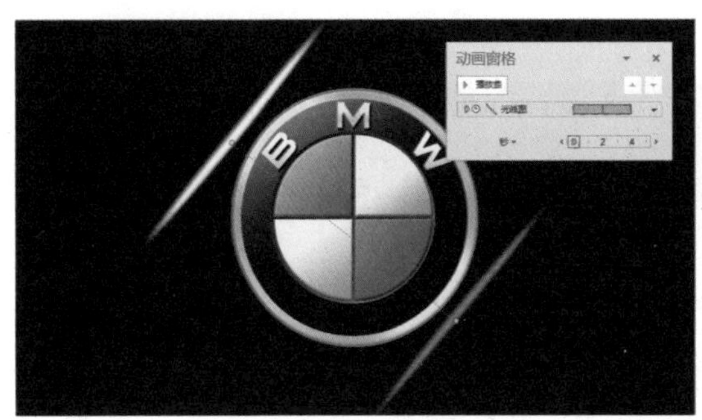

▲图10-50　为光线图添加动画

▲图10-51　显示遮罩层

经过上述操作后，标志就具有了光线掠过的动画效果。这种效果的关键在于巧妙利用图片做遮罩层，让某些素材的动画透过镂空位置显示出来，形成独特的效果。在制作镂空遮罩图片时，需要考虑LOGO的具体情况，大多数标志都可以转换成PNG图片与底图执行剪除操作，从而得到镂空遮罩图片。对于某些比较复杂的标志，可考虑将其分解成多个部分，分别与底图执行剪除操作或在更专业的Photoshop软件中预先制作镂空遮罩图片。

以上便是非专业人士易于掌握且较为实用的两种标志动画的制作方法。当然，让标志惊艳、华丽呈现的方式还有很多，如果你既追求完美，又肯花时间，那么最好能根据标志的特点发挥创意，设计出专属于你的定制感的动画效果。锐普公司出品的湛江合力宣传片片头标志的呈现动画就非常不错，如图10-52所示。设计了3个色块汇聚屏幕中间最后构成标志的动画效果，传递出了合力企业“合众所长、力求卓越”的发展理念。

▲图10-52　湛江合力宣传片

10.2.3 插入媒体内容，提升质感

适当插入媒体内容，特别是音频，能够有效丰富 PPT 宣传片的表现力，对于提升 PPT 宣传片的质感是十分有效的。

1. 通过第三方软件配乐配音

为 PPT 宣传片添加配乐和配音，甚至根据配乐控制幻灯片内容的播放节奏，可以打破画面的枯燥、单调。因而，如果你没有办法为宣传片添加解说词录音（普通话够标准，录音设备较好，朗读解说词的录音效果才会好，否则结果只会适得其反），最起码找一段合适的纯音乐旋律作为配乐，宣传片的质感也会因此提高很多。

PPT 毕竟不是专业的视频剪辑软件，在混音时会有一些不方便。比如，在一段宣传片中需要用到三段不同的音乐，在 PPT 中很难让音乐在指定的画面的某个位置切换或重叠播放。又如，宣传片的解说词录音是朗读者对着朗读稿从头到尾朗读下来的，在 PPT 中很难让朗读词刚好匹配宣传片的画面。因此，要添加配音、配乐，建议先将 PPT 宣传片导成 MP4 视频后，再到视频剪辑软件中进行混音。

对于非专业人士来说，推荐使用 Corel VideoStudio（会声会影）这一操作相对简单的视频剪辑软件。图 10-53 所示为 Corel VideoStudio Pro X8 的操作界面。

▲图 10-53　会声会影

混音时，将由 PPT 导出的视频拖入软件视频轨，将背景音乐文件拖入音乐轨，将录音文件拖入录音轨，然后单击软件上方的“共享”按钮，从软件中导出视频，即可完成视频、录音、音乐的合成。

选中轨道中的录音文件，可对其进行裁剪，使之与视频中的画面相匹配。

单击混音器按钮，可在混音控制区调节录音和背景音乐的音量大小，使宣传片中的各种声音结合得更和谐。

2. 短视频穿插，动静结合

在 PPT 宣传片中添加一些短视频，如领导致辞、公司环境实景等，使视频与图片动、静结合，形成更为立体的表现力，也能让 PPT 宣传片看起来更专业、更有质感。

Chapter 11 如何把教学课件做得更漂亮？

会用 PPT 软件制作课件，

已成为当下教师职业的一项必备技能。

对于很多教师来说，真正令他们感到困扰的不是制作课件，

而是把课件做漂亮，让学生更容易接受。

做好一份课件，主要精力的确应该放在内容的编写上，

但视觉设计也并非可以不管不顾，

因为，设计拙劣的课件很可能会影响到内容的传递。

11.1 从哪些方面可以有效改善课件的美观性？

无论小学、初中、高中、大学，还是各种培训学校，很多教师的课件 PPT 都是如图 11-1 和图 11-2 所示的水平。

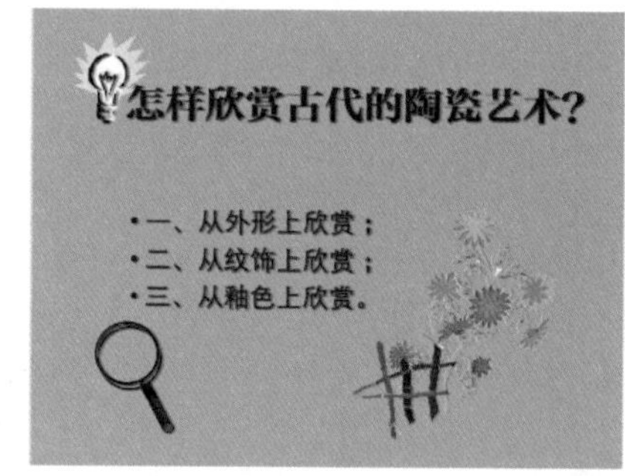

《青花釉里红开光镂花罐》形体丰满，腹部突出的部分作四个菱形开光，红色的花朵，蓝色的枝叶，呈色鲜艳，与罐体白地青花纹饰交相辉映，肩部绘四组灵芝垂云图案开光，内盖底白莲，淡雅宜人。罐盖上塑一坐狮状兽钮。造型古朴雄伟，制作精良，装饰丰满，层次分明，整个罐体融合了镂空、雕塑、堆贴、釉下彩绘为一体，达到主辅分明、浑然一体的艺术效果。堪称元代瓷器中的精品。

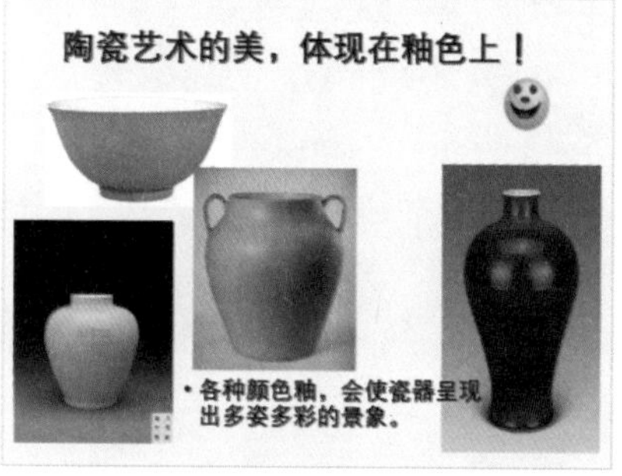

图 11-1 摘自某陶瓷课件

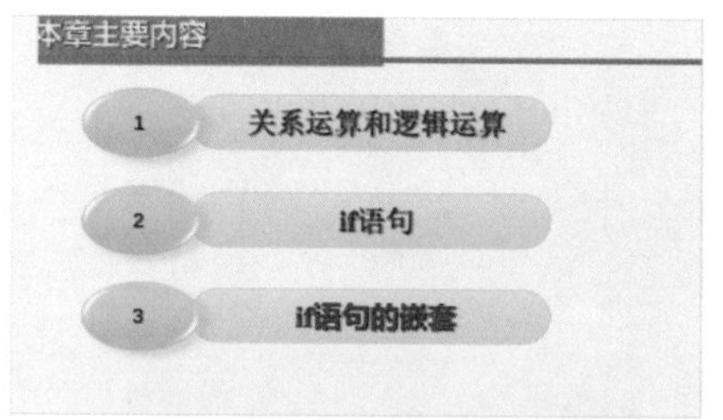

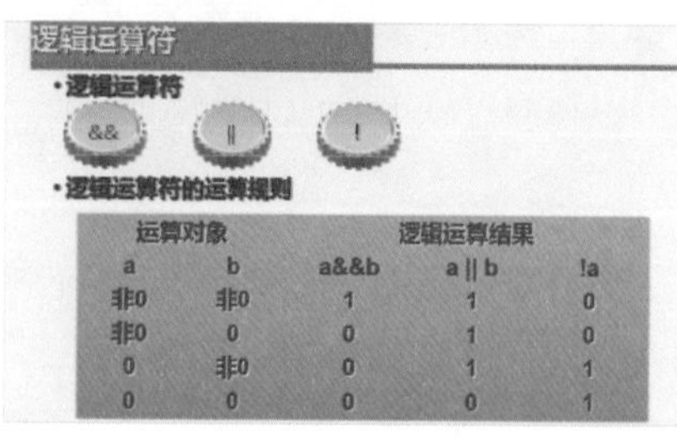

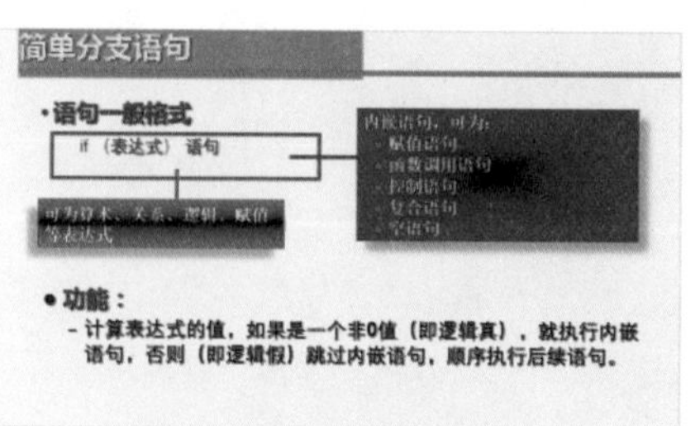

图 11-2 摘自某计算机课件

这类课件要么原封不动地套用模板、预设效果等；要么把 PPT 当作 Word 文档使用，堆砌内容；要么随意地用色、排版、配图……几乎谈不上任何设计。因而，让人感觉很不美观。

要提升课件的美感，其实只需从字体、图片、配色、排版等方面重新审视课件，按照本书技术篇各章节所提供的方法进行精细的设计即可。不过，由于很多教师并不想花太多心思进行课件设计，因此本章再提供一些能够快速改善课件美观性的针对性建议。

11.1.1 简化内容

很多不美观的课件都是由于页面内容堆砌过多造成的，这反映出一些教师把 PPT 当作 Word 使用的心理。如图 11-3 所示的这页幻灯片，页面上密密麻麻地排满文字，几乎没有任何留白，看起来和 Word 文档一样，不仅视觉效果不好，还会给学生造成很大的阅读压力，使其根本无暇听教师讲解的内容。

根据文意整理、简化内容，才有重新排版的空间，可以适当地留白，调整各组文字的亲密关系，从而达到美化的效果。图 11-3 简化修改后如图 11-4 所示。

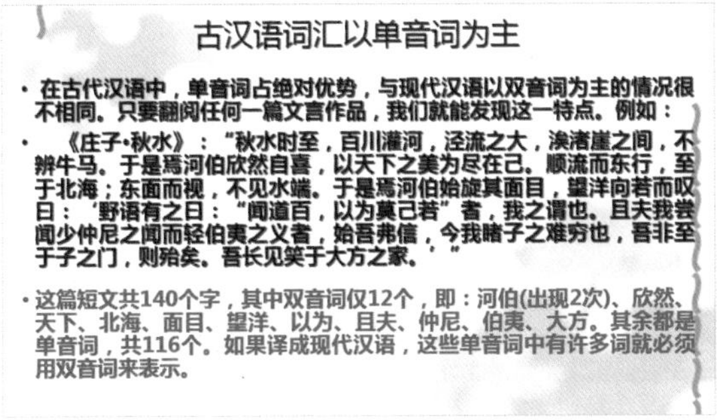

▲图 11-3　摘自某大学语文课件

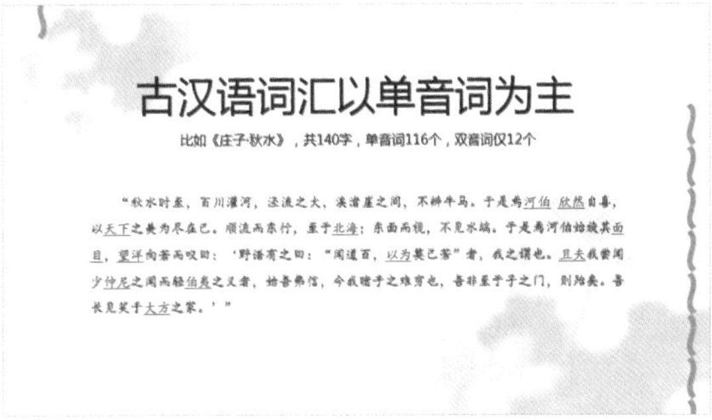

▲图 11-4　简化后的 PPT

又如，图 11-5 所示的物理课件 PPT，也存在同样的问题。删减、合并内容，保留课件中的关键信息，将部分内容转换为 SmartArt 图形……经过简化后的效果如图 11-6 所示。

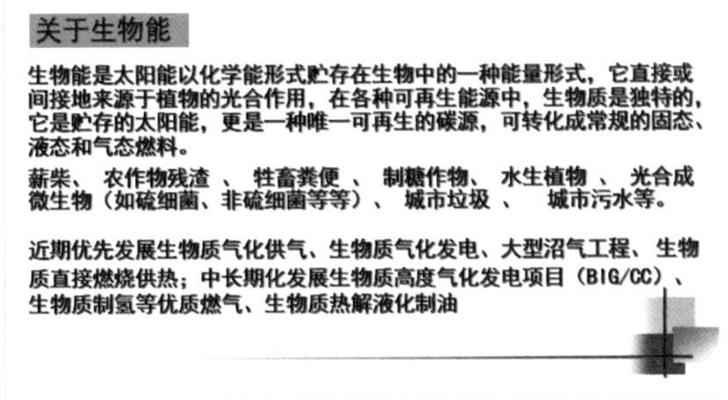

▲图 11-5　摘自某物理课件 PPT

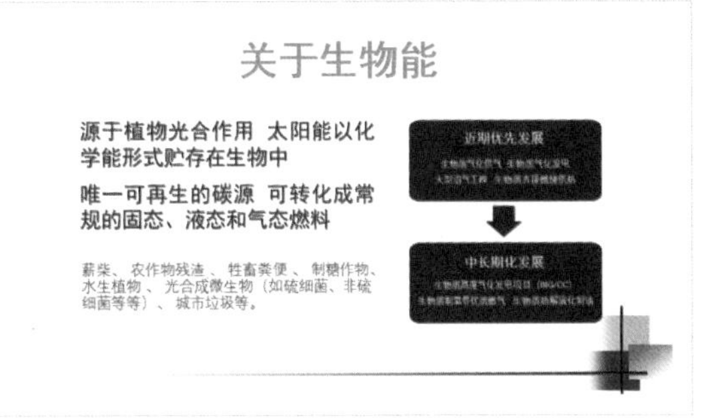

▲图 11-6　简化后的物理课件 PPT

简化内容时，能用图片表达的内容不用文字，能用图表、SmartArt 图形就不用表格、文字……既可以根据文意进行合并、取舍，也可以将内容拆分成多页，还可以将部分内容放在备注中，通过口述进行表达。这些在本书前面的章节中已经详细讲解过，这里不再赘述。别舍不得删内容，想想以前板书教学时代，黑板上书写的也只是重点、关键词，很少有教师会抄写大段文字，这样的经验在课件 PPT 中同样适用。

11.1.2 统一对齐方式和行距

不想删减文字或不得不用段落文字时，至少应对文字的对齐方式和段落间距进行调整。设置统一的对齐方式和行距，可以使页面变得整齐一些。如图 11-7 所示的幻灯片，红色段落跟随标题居中对齐，白色段落左对齐，行距小，文字密，看起来凌乱、拥堵。

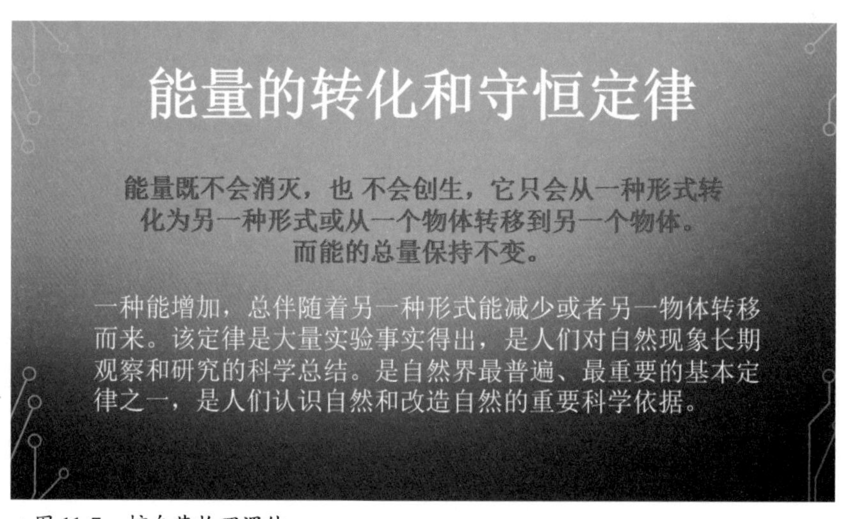

▲图 11-7　摘自某物理课件

将对齐方式统一为左对齐，行距统一设置为 1.4 倍之后，可以明显感觉到修改前后美感上的差别，如图 11-8 所示。

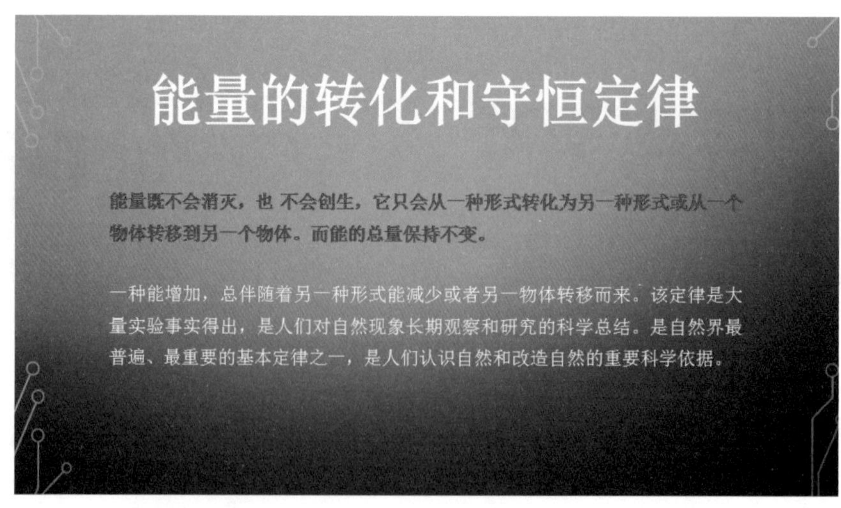

▲图 11-8　调整后的 PPT

11.1.3 不要“艺术字”，不要“效果”，不要剪贴画

有些教师喜欢在课件中直接套用软件预设的“艺术字”“效果”，并且喜欢使用剪贴画。如图 11-9 中的“课外作业”艺术字，“同学们……”加了阴影、问号图片、小猪图片。其实这样不但没有增强页面的设计感，反而拉低了设计档次，让人感觉很劣质。

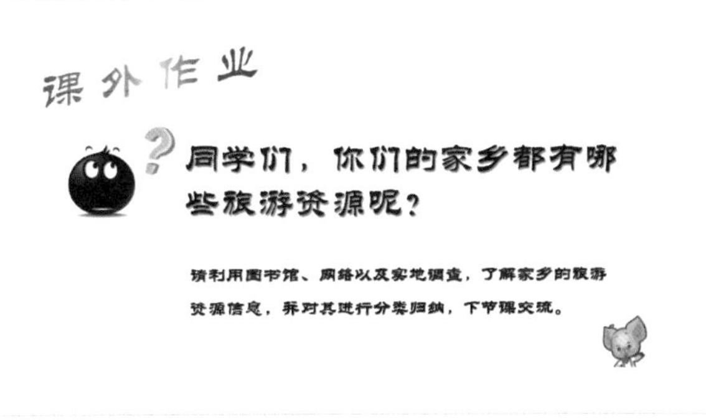

▲图 11-9 摘自某地理课件

对页面中的部分内容进行强调也好，增强页面的设计感也好，方法有很多，并不一定要用过于俗套、风格一般的艺术字、效果、剪贴画。比如，将图 11-9 所示幻灯片中的艺术字、效果、剪贴画删除，简单利用字号、字体对比，形状衬托，增加背景图片重新排版后，效果如图 11-10 所示，既达到了突出的目的，解决了页面空洞的问题，也让页面变得更美观了。

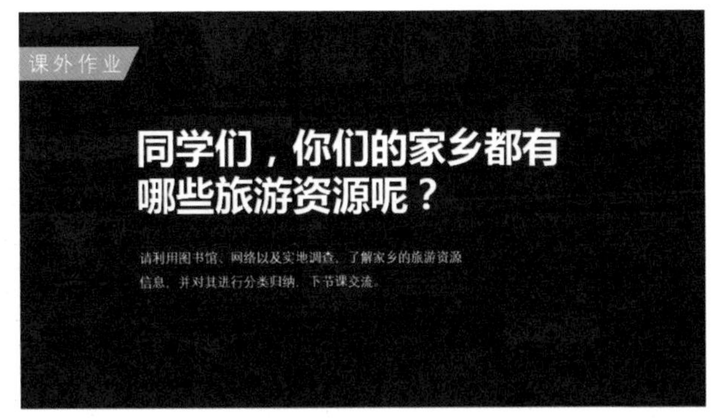

▲图 11-10 修改后的 PPT

11.1.4 选择合适的背景图片

初学者使用 PPT 制作课件时总爱用图片做背景。要么是一些复杂、花哨的图片，以为这类图片能让 PPT 更漂亮，如图 11-11 所示；要么是一些本身设置有版式的图片，想用一张图片解决所有页面的排版问题，如图 11-12 所示。

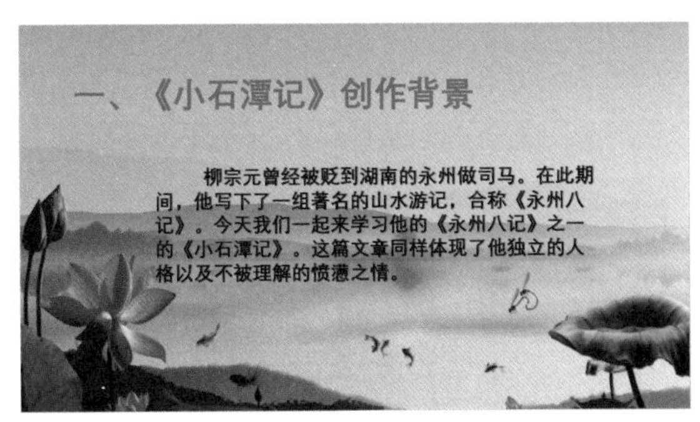

▲图 11-11 摘自某语文课件

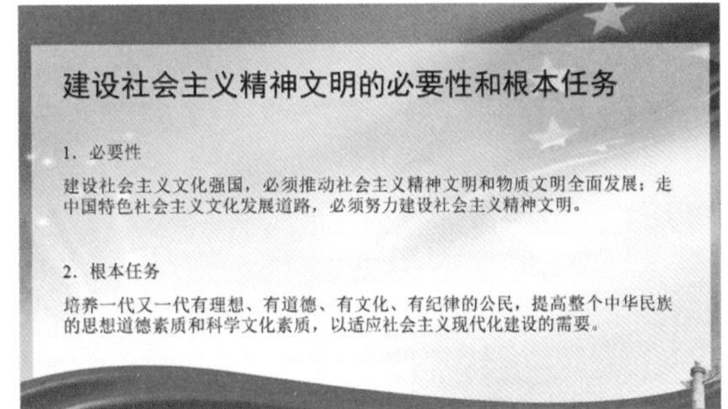

▲图 11-12 摘自某政治课件

实际上，按照现在的大众审美来看，这类背景图片并不美观，用在课件中既不利于内容排版，还会拉低课件的档次。想让课件变得美观一点，背景图片应该选择那些简单、精致的图片，如图 11-13 和图 11-14 所示。

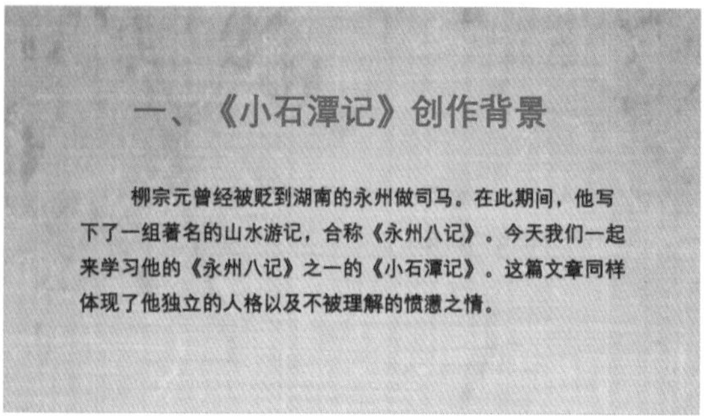

一、《小石潭记》创作背景

柳宗元曾经被贬到湖南的永州做司马。在此期间，他写下了一组著名的山水游记，合称《永州八记》。今天我们一起来学习他的《永州八记》之一的《小石潭记》。这篇文章同样体现了他独立的人格以及不被理解的愤懑之情。

▲图 11-13　图片背景示例 1

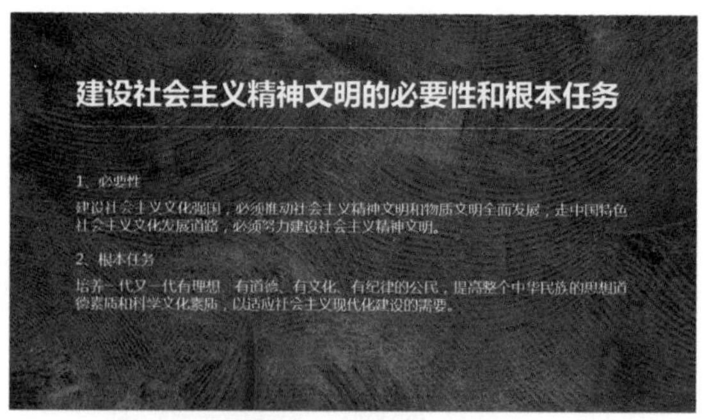

▲图 11-14　图片背景示例 2

想用背景渲染氛围，并把课件的主题体现得更加强烈，可以直接找一些漂亮的实景图片，用全图型方式排版，这样效果更佳，如图 11-15 和图 11-16 所示。

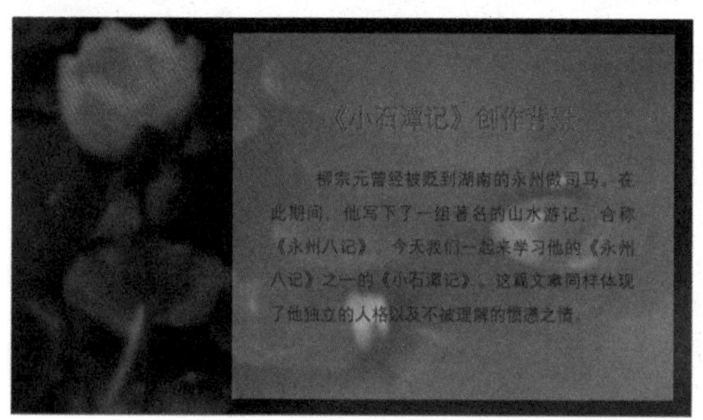

▲图 11-15　摘自某语文课件

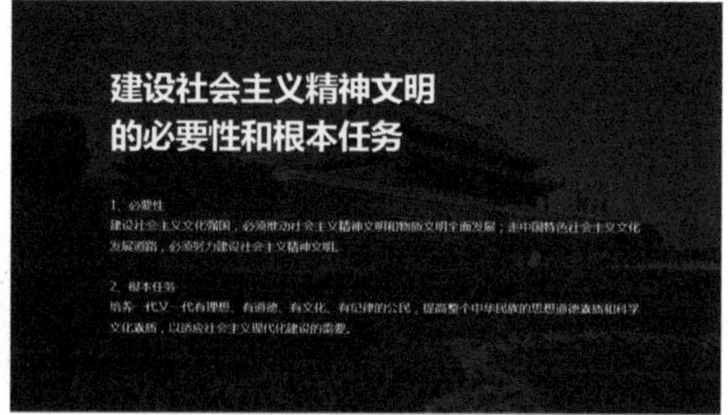

▲图 11-16　摘自某政治课件

而对于那些不想花太多时间进行课件设计的教师，与其浪费大量时间找背景图片，不如直接选择一个纯色图片做背景，效果会更好一些。

11.1.5 通过“变体”组统一配色和字体

七彩齐具，字体页页不同……随意滥用颜色和字体是很多不美观课件的通病，如图 11-17 所示。这页幻灯片中用了 4 种不同的蓝色，2 种不同的红色以及灰色，一共 7 种颜色；用了宋体、黑体、华文隶书、微软雅黑 4 种字体。过多的字体和颜色导致页面看起来脏、乱，美观度当然会差。

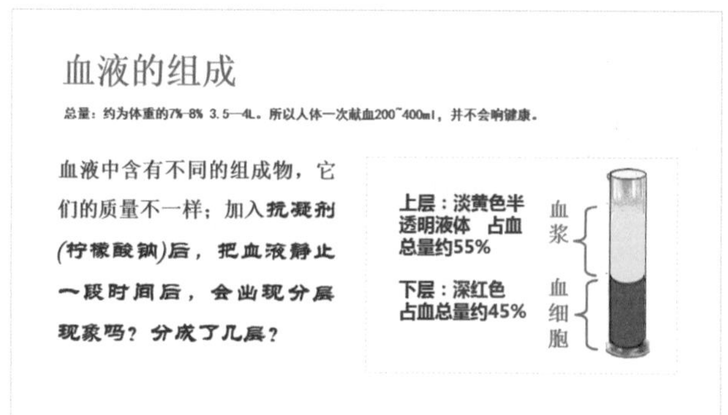

◀图 11-17　摘自某生物课件

从设计的角度考虑，一份课件中的颜色不应超过 6 种（文字色、背景色、主题色、1~3 种辅助色），字体不超过 3 种。对于想省事的教师来说，选择 3 种颜色、2 种字体就足够了。如图 11-17 所示的幻灯片，减少字体和颜色，改成如图 11-18 所示的样式，视觉效果会更好一些。

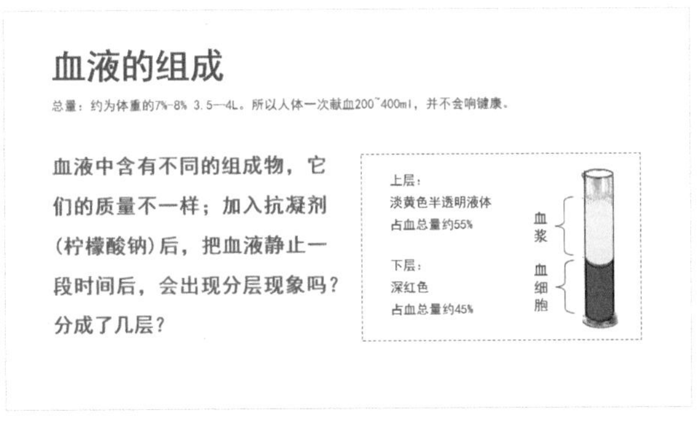

▲图 11-18　修改后的效果

在设置课件的颜色和字体时，最好通过“设计”选项卡中的“变体”组进行设置。图 11-19 所示为由“变体”中的命令打开的“新建主题颜色”对话框和“新建主题字体”对话框。设置的具体方法在色彩和字体章节已经介绍过，这里不再多说。

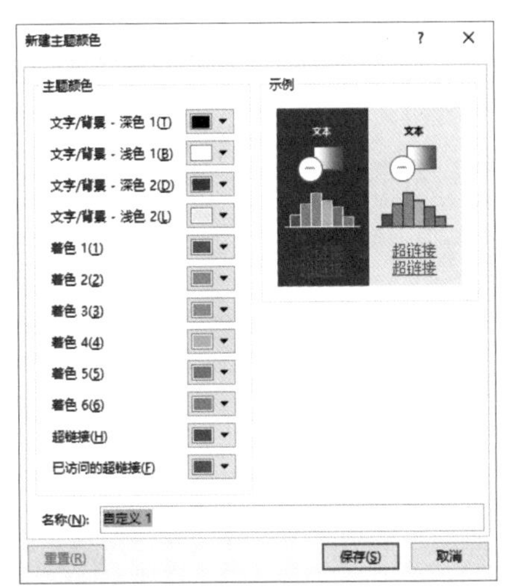

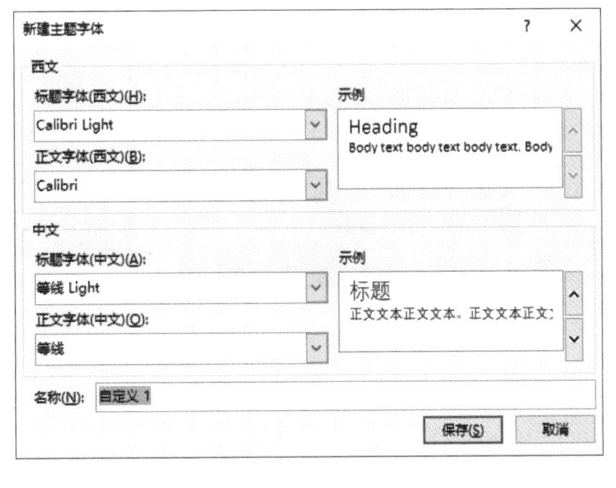

▲图 11-19　定义色彩和字体的对话框

在“变体”中设置配色方案、字体方案，可实现配色和字体的快速统一。编辑课件时，每次插入文本框，其中的文字都将自动应用设定好的字体及颜色，插入形状、图表等也都将自动应用设定好的颜色。而且，设置好的配色方案、字体方案将被保存下来，制作新的课件时即可直接套用这些方案（见图 11-20），对于想省事的教师来说，几乎可以说是一劳永逸。

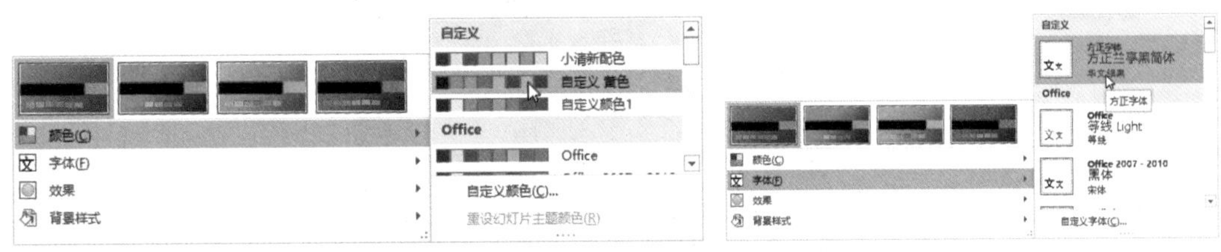

▲图 11-20　在“变体”组中选择自定义的颜色、字体

11.1.6 利用母版统一版式

排版过于随意也是很多视觉效果不好的课件普遍存在的问题。一份 PPT 中采用的版式过多，甚至一页幻灯片自成一种风格，会让整个课件显得非常散乱，不成体系。

图 11-21 所示的 4 页幻灯片，封面页与内容页版式雷同，内容页版式不一，层级结构不明显，学生难以清晰地把握内容的逻辑脉络。整个课件的视觉效果混乱，缺乏设计感。

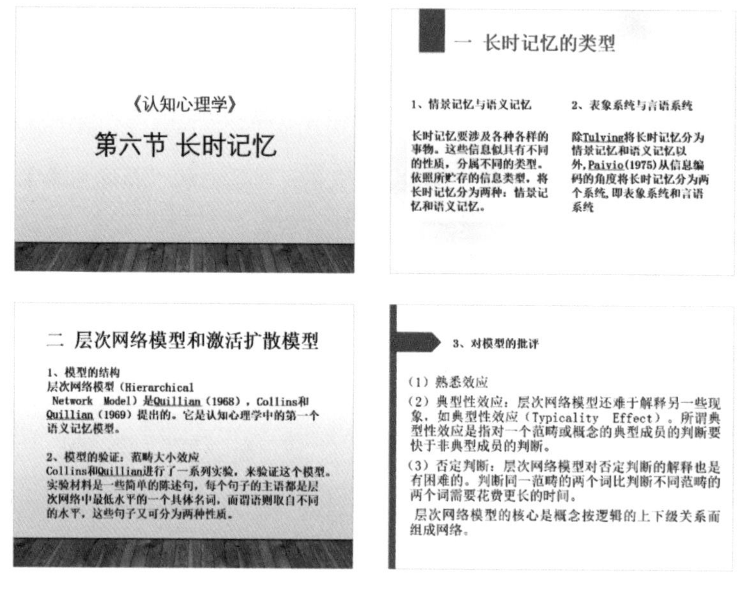

图 11-21 摘自某心理学课件

因而，从内容的有效传递和美感提升上看，统一版式是非常有必要的。

在统一课件版式时，建议通过母版完成，如图 11-22 所示。只需在母版中设计若干个不同类型的版式（至少设计封面页、内容页两种不同版式），各页面即可轻松套用这些版式，方便、快速。这对于想省事的教师来说非常有帮助。

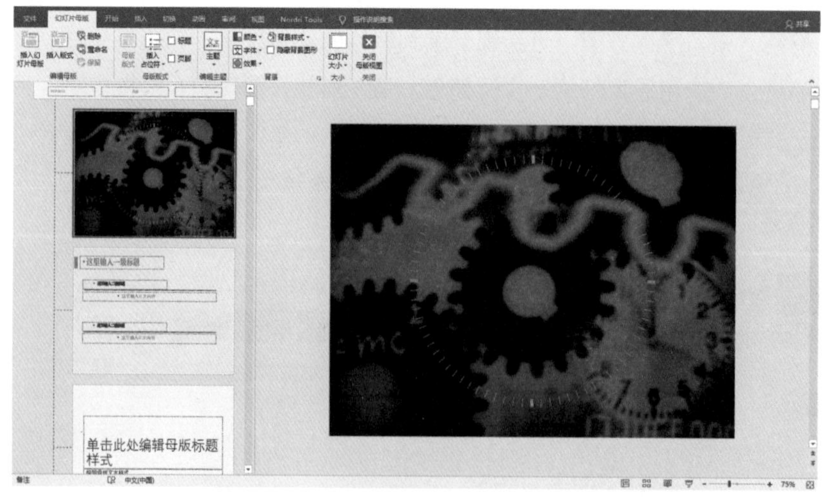

图 11-22 幻灯片母版编辑状态

利用母版统一图 11-21 所示的 4 页幻灯片的版式后，效果如图 11-23 所示。

一 长时记忆的类型

1、情景记忆与语义记忆

长时记忆要涉及各种各样的事物。这些信息似具有不同的性质，分属不同的类型。依照所贮存的信息类型，将长时记忆分为两种：情景记忆和语义记忆。

2、表象系统与言语系统

除Tulving将长时记忆分为情景记忆和语义记忆以外,Paivio(1975)从信息编码的角度将长时记忆分为两个系统,即表象系统和言语系统

二 层次网络模型和激活扩散模型

1、模型的结构

层次网络模型（Hierarchical Network Model）是Quillian（1968）、Collins和Quillian（1969）提出的。它是认知心理学中的第一个语义记忆模型。

2、模型的验证：范畴大小效应

Collins和Quillian进行了一系列实验，来验证这个模型。实验材料是一些简单的陈述句，每个句子的主语都是层次网络中最低水平的一个具体名词，而谓语则取自不同的水平，这些句子又可分为两种性质。

二 层次网络模型和激活扩散模型

3、对模型的批评

熟悉效应

典型性效应　层次网络模型还难于解释另一些现象，如典型性效应（Typicality Effect）。所谓典型性效应是指对一个范畴或概念的典型成员的判断要快于非典型成员的判断。

否定判断　层次网络模型对否定判断的解释也是有困难的。判断同一范畴的两个词比判断不同范畴的两个词需要花费更长的时间。
层次网络模型的核心是概念按逻辑的上下级关系而组成网络。

▲图 11-23　统一版式后的效果

11.2 美化课件的 5 种风格

美化课件，最终应让课件形成某种特定的风格。适当掌握一些经典课件风格的制作方法，才能在不同教学场合应对自如。

11.2.1 简洁风格

简洁风格即没有多余的装饰，没有浮夸的效果，以质朴的方式专注于内容表达的一种设计风格。图 11-24 和图 11-25 所示的课件便属于简洁风格。

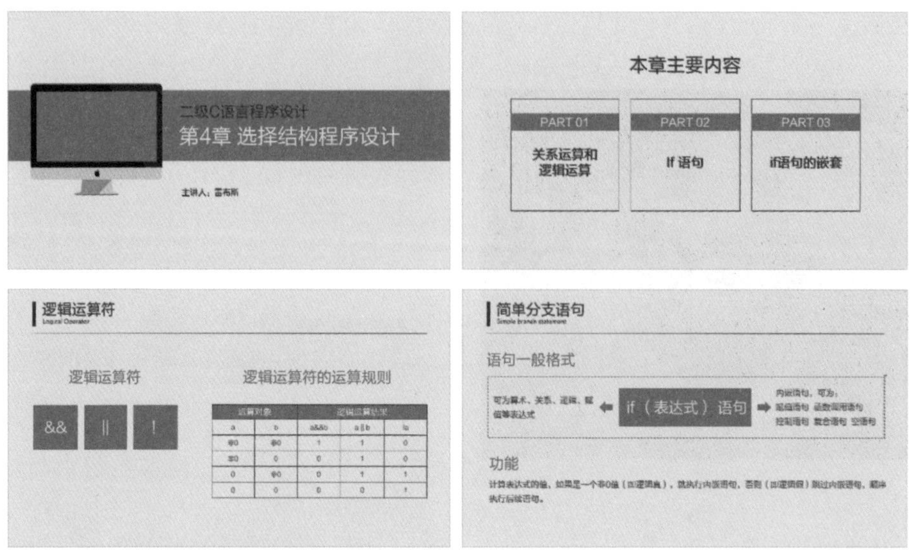

▲图 11-24　摘自某计算机课件（即图 11-2 重新设计版式后）

▲图 11-25　摘自某地理课件

制作简洁风格的课件主要有以下几个要点。

页面背景：用干净有质感的底纹图片，如图 11-26 所示的布纹图片，图 11-27 所示的低多边形图片（可在昵图网、花瓣网上查找）。

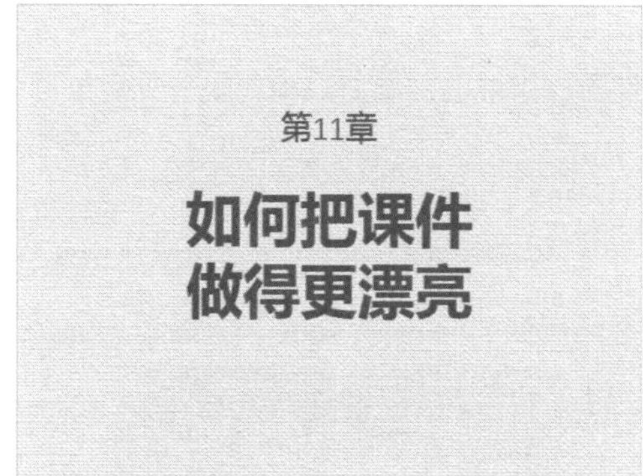

▲图 11-26 布纹图片背景

▲图 11-27 低多边形图片背景

或者用纯色（推荐使用灰色）或渐变色填充背景，如图 11-28 和图 11-29 所示。

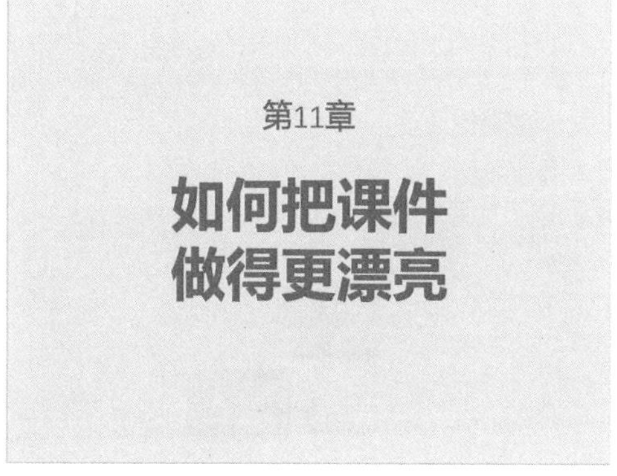

▲图 11-28 纯色背景

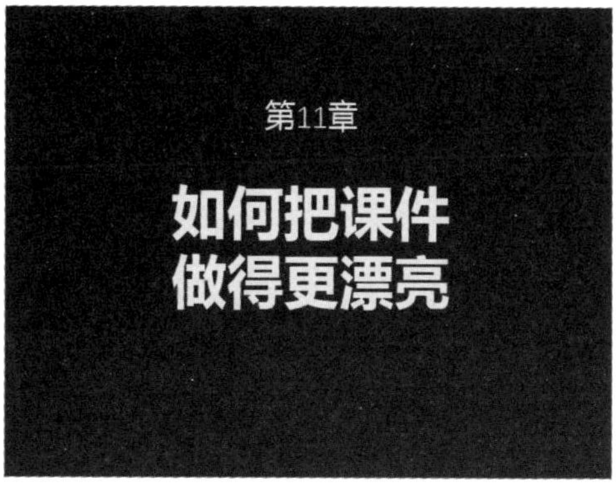

第11章
如何把课件
做得更漂亮

▲图 11-29 渐变色背景

总而言之，页面背景不要过于复杂。

字体：不要超过两种，且最好选用微软雅黑、方正兰亭黑体、迷你简特细等线字体等一些无衬线、简约风格的字体。图 11-30 所示的课件用了方正汉真广标简体和微软雅黑两种字体，图 11-31 所示的课件仅用了微软雅黑一种字体。

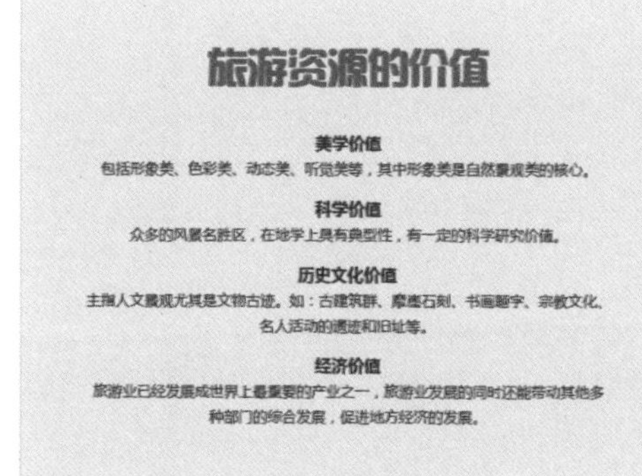

▲图 11-30 摘自某地理课件 1

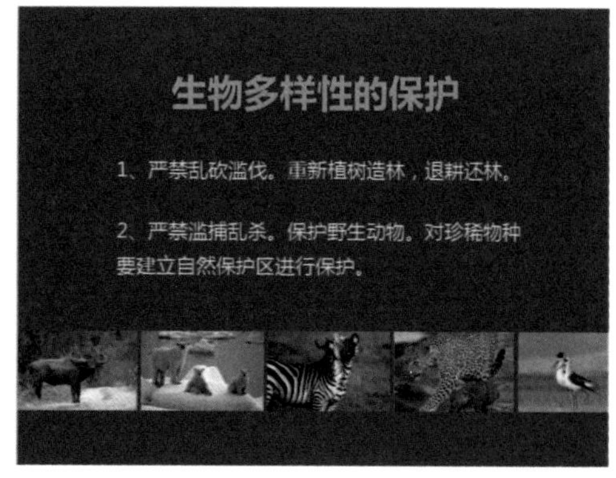

▲图 11-31 摘自某地理课件 2

色彩：选择单色色彩搭配方案最为简洁。如前面提到的图 11-24 所示的课件，采用的便是以天空蓝为主题色的单色配色方案。当然，在色彩驾驭能力比较好的情况下，多色配色方案也可以做出简洁的风格，如图 11-32 所示。

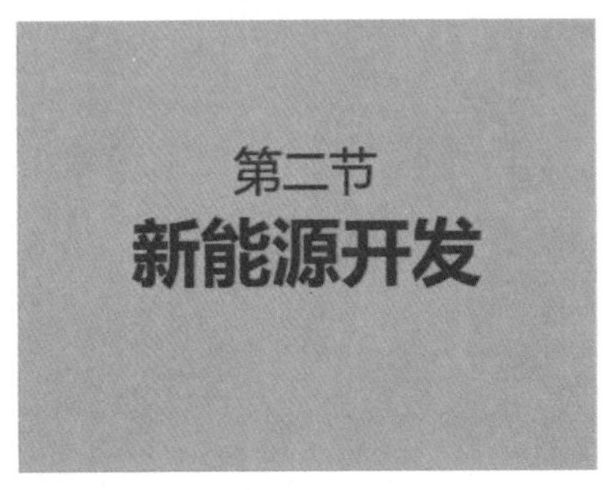

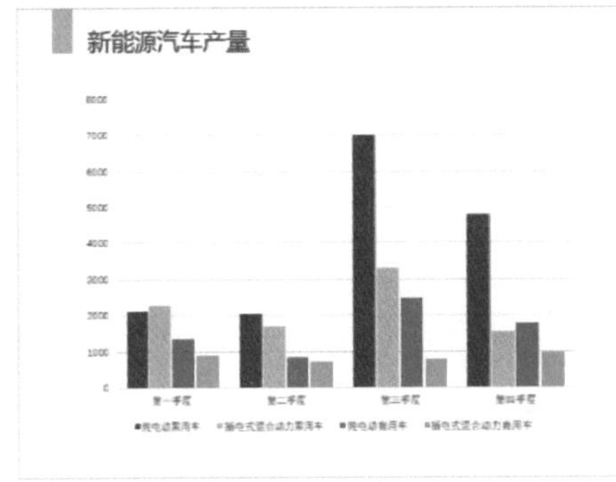

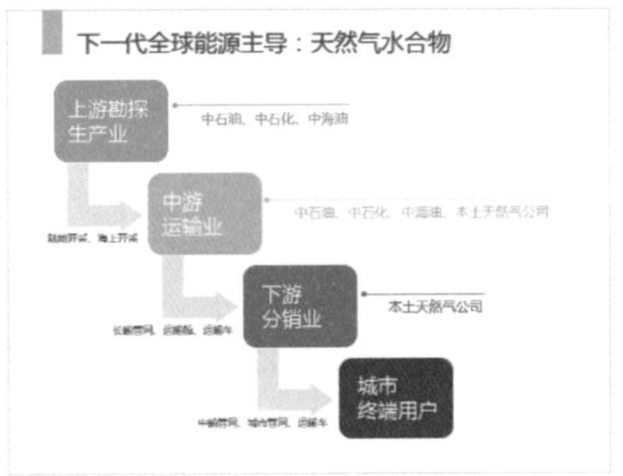

▲图 11-32　摘自某地理课件 3

排版：对齐方式统一，力求整齐；文字行距稍大一些，适当留白，避免过于紧凑，如图 11-33 所示。

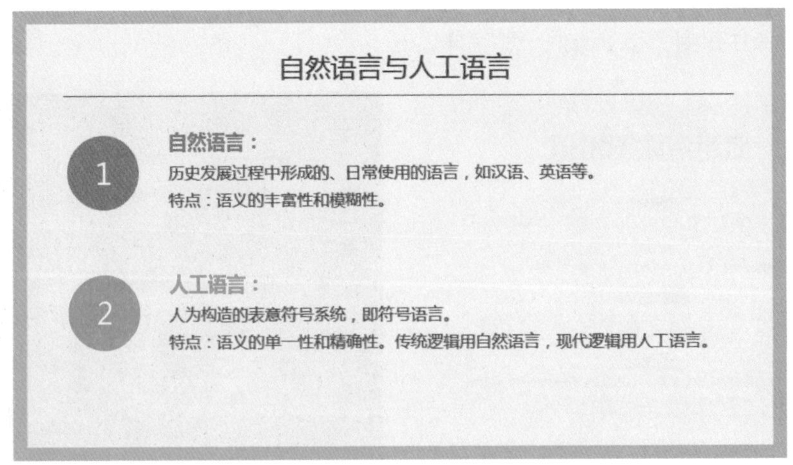

▲图 11-33　摘自某逻辑学课件

简洁风格的设计难度相对较低，适用于各类课件，如果不想在课件设计上花太多时间，那么这种风格是最好的选择。

11.2.2 黑板手写风格

黑板手写风格，即模拟板书教学的一种设计风格，如图 11-34 和图 11-35 所示。黑板、粉笔的既视感能够让学生对课件内容产生一种亲切感。

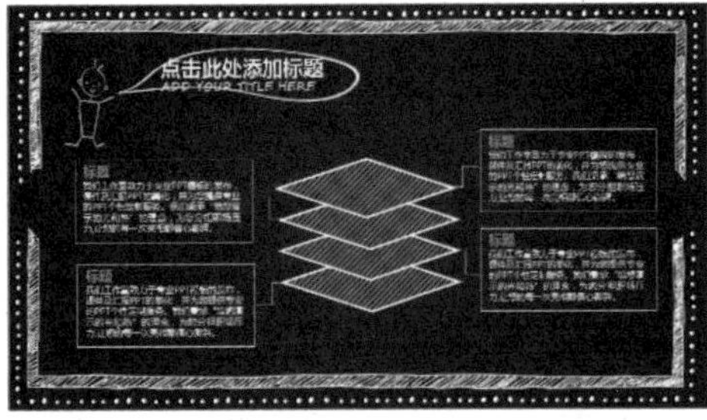

▲图 11-34　摘自优品 PPT 网

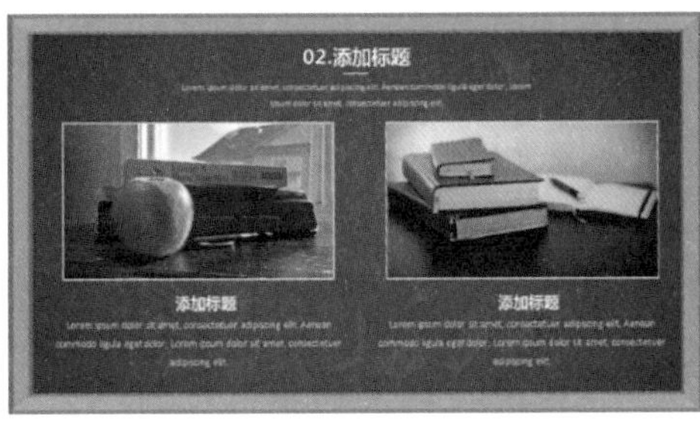

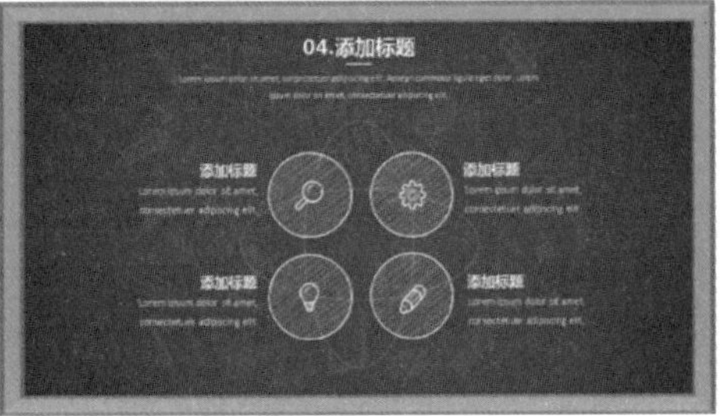

▲图 11-35　摘自稻壳网“熊猫达人”作品

黑板手写风格几乎适用于所有课件，制作关键在于素材。整个课件中的字体、图标、图表等素材最好是相同风格的手写、手绘类型，否则设计出的 PPT 要么风格不明显，要么风格不伦不类。

页面背景：最好直接找黑板（或绿色黑板）素材图，质感比直接在 PPT 中调渐变色更加逼真。图 11-36 所示的课件背景则是一张有质感的黑板素材图片。

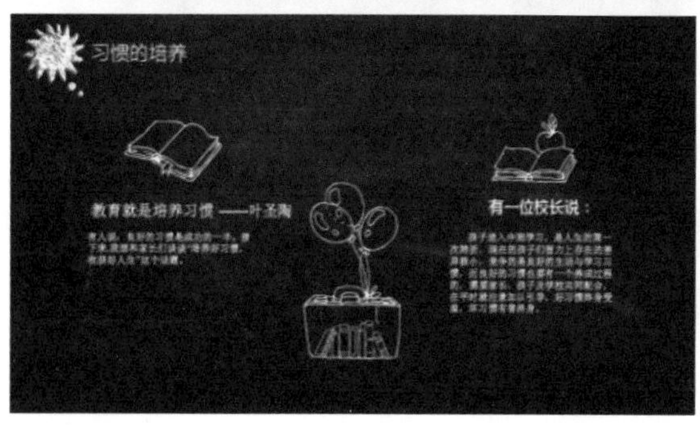

▲图 11-36　摘自百度文库“青芩 123”上传的作品

字体：尽量选择粉笔手写类型的中英文字体，如新蒂字体库中的新蒂黑板报、新蒂黑板报底、新蒂小丸子 3 款中文字体，Segoe Script、SketchRockwell Bold 等英文字体。此外，还可以按照字体章节中所述的方法，自己在 PPT 中制作黑板报字体。

色彩：按照粉笔的颜色选择配色，以白色为主。如果有需要，还可适当应用天蓝、粉红、淡黄等彩色粉笔类色彩。

排版：可以根据图片、图标、图表素材的造型选择更为自由的排版方式。

11.2.3 卡通风格

在幼儿园、小学阶段的教学以及其他针对儿童的培训中，非常适合使用卡通风格的课件，如图 11-37 所示。

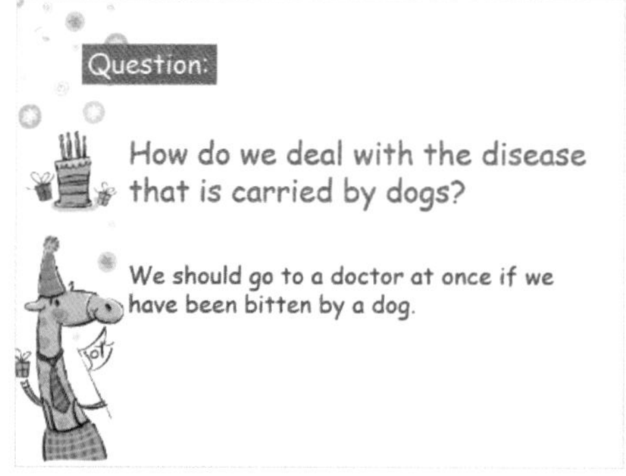

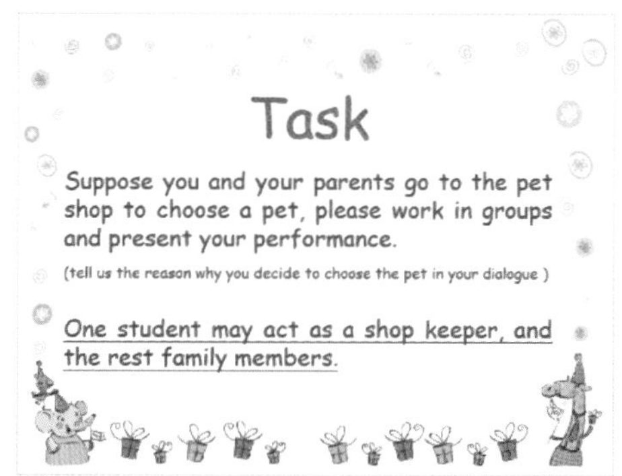

▲图 11-37　摘自某英语课件

制作卡通风格的课件主要有以下几个要点。

页面背景：直接从网上下载卡通图片作为背景，可以淡雅（见图 11-37），也可以鲜艳、丰富（见图 11-38），但最好有一定的质感，图书中的卡通元素一般都比较精致，有质感。这里推荐一个素材网站：千库网（588ku.com），在该网站以关键词“卡通”进行搜索，可以找到很多品质还不错的卡通背景图片，如图 11-39 所示。

▲图 11-38　摘自 51 PPT

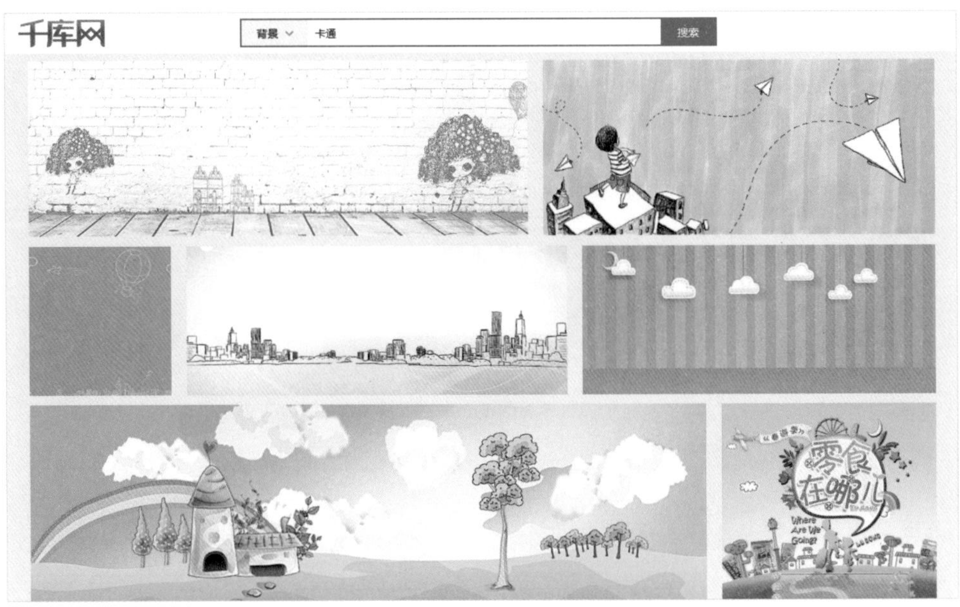

▲图 11-39　千库网

字体：方正少儿简体、造字工房丁丁体、方正胖娃简体、汉仪歪歪体简等中文字体，Childs Play、YoungFolks、vargas、Comic Sans MS 等英文字体，卡通、动漫、可爱、手写类相关字体均可。

色彩：色彩缤纷一些，可以表现出轻松、活泼、欢乐的气氛。

排版：每页的内容稍微少一点，排版可以随意一些。比如，借助云朵、气球、五角星等卡通元素的特点布局内容，如图 11-40 所示。

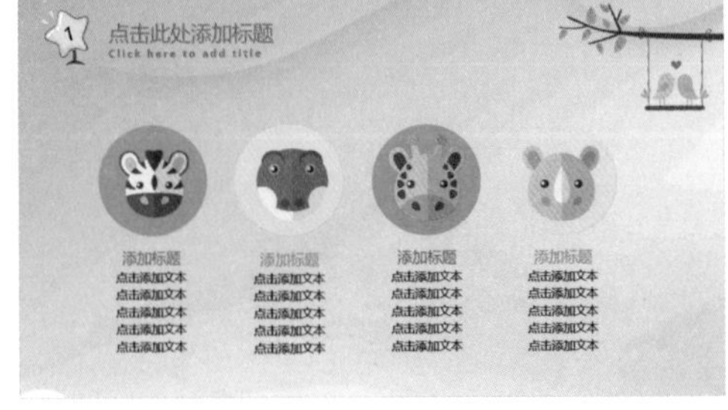

▲图 11-40　摘自演界网“小政 PPT”作品

11.2.4 中国风

展现中国传统的意境，渲染浓厚文化气息的中国风，非常适合语文、历史等国学类课件。中国风主要有清淡素雅的水墨山水类（见图 11-41），精致风韵的青花瓷类（见图 11-42），热情喜庆、灯笼剪纸的中国红类（见图 11-43）三类。

▲图 11-41 摘自优品 PPT

▲图 11-42 摘自 PPTstore 徐少寒的作品

▲图 11-43 摘自演界网“末识 PPT”作品

制作中国风课件主要有以下几个要点。

页面背景：淡雅一些，要与各种中国风元素匹配，也可用中国书法字为底纹，作为页面背景，以展现浓厚的中国风气息，如图 11-44 所示。

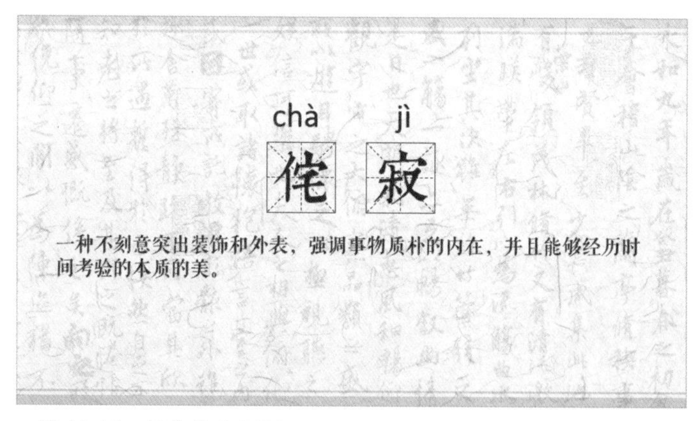

▲图 11-44 摘自优品 PPT

字体：最好选用书法字体，如以禹卫书法行书简体、文鼎习字体、书体坊颜体、康熙字典体等作为标题字体，效果不错；方正清刻本悦宋简体、汉仪颜楷繁、方正隶变简体等可作为小标题字体、正文字体。

图片素材：中国古典文化中的意向皆可运用，如水墨、书法墨迹、梅、兰、竹、菊、青花瓷盘、灯笼、剪纸等。即使是普通图片最好也处理成灰白色调，以匹配整体风格。

色彩：前文所述的 3 种不同类型的中国风，分别以黑、蓝、红为主题色。

排版：中国古代典籍中的文字都采用竖排的方式，且满足古人从右到左的阅读顺序。因此，中国风课件中的文字参照这种方式排版会更有古朴的中国韵味，如图 11-45 所示。古人书画作品崇尚萧疏淡雅，注重留白，忌过满。排版时应注意多留白才更有韵味。

▲图 11-45　摘自优品 PPT

11.2.5 校园文艺风格

文艺风是校园中非常流行、受到学生广泛喜爱的一种设计风格，有人说是小清新，有人说是文艺范，可以很唯美，可以很忧伤……总而言之，文艺风的作品总是透露着一种淡淡的情绪，如图 11-46 所示。

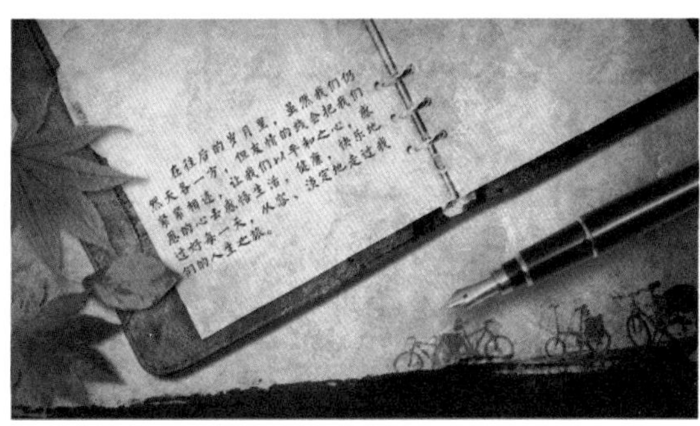

▲图 11-46　校园文艺风格的 PPT 示例

制作校园文艺风课件主要有以下几个要点。

页面背景：选用明度稍低的颜色，清新淡雅或朦胧感的图片，如以信纸、网格、布纹、暖光等底纹作为背景。

字体：标题字体推荐浙江民间书刻体、方正综艺简体、文悦新青年体；正文字体推荐方正新书宋体、方正正纤黑简体，有时候正文用方正静蕾简体这样的手写体，效果也不错。

图片素材：选用细节图片、微距图片，给人焦点清晰，周边模糊的感觉，如图 11-47 所示。

▲图 11-47　校园风格 PPT 的图片素材

简单为图片添加类似相片效果的白色或其他颜色的粗边框，也能提升课件的文艺感，如图 11-48 所示。

▲图 11-48　摘自变色龙网“星空的坡道”的作品

在以全图型方式排版的页面中，可以通过截取图片局部、增加白色边框的方式来提升版式的设计感和文艺范。比如，对于图 11-49 所示的幻灯片，可以把作为图片焦点的电车部分截取出来重新设计排版，具体操作方法如下。

不论你是不用伞漫步在城市中
还是在电车里头 盯着窗户看着窗外
都会有深刻的 印记藏在脑海
只需要一个雨天 就能呼唤起来
——安东尼《尔本》

▲图 11-49 摘自变色龙网“星空的坡道”的作品

步骤01 将图片复制，并将原图和复制的图片叠放在页面中；裁剪位于上层的图片，仅保留电车部分区域；为裁剪后的图片添加白色轮廓色，轮廓磅值设置得稍大一些，连接类型设置为“斜角”，如图 11-50 所示。

▲图 11-50 设置形状的轮廓

步骤02 适当旋转电车图片，让照片的排版更有设计感一些，然后为其添加外部阴影，类型为“偏移：中”。选中未裁剪的底图，为其选择添加一种艺术效果（“虚化”“画图笔画”“粉笔素描”“画图刷”

等均可，根据课件的整体风格需求选择，本例添加的是“粉笔素描”），如图 11-51 所示。

不论你是不用伞漫步在城市中
还是在电车里头 盯着窗户看着窗外
都会有深刻的 印记藏在脑海
只需要一个雨天 就能呼唤起来
——安东尼《尔本》

▲图 11-51　为图片添加艺术效果

经过上述操作后，整个画面如同某个心思细腻的摄影师在一幕实景中抓拍了某处细节一般，文艺感跃然其上。

另外，如果觉得某些图片不够文艺，还可尝试增加图片的饱和度、色温，为图片添加“模糊”的艺术效果，有时也能达到提升其文艺气质的目的。

色彩：可以丰富，但明度不宜太高。配色时采用印象配色的方式，以“青春、活力、文艺”等关键词搜索配色，建立配色方案。

排版：多用大图甚至全图型排版，尽量让图片本身的文艺气息展露出来。通过设置不同的字号、字体、方向和排列位置，让文字错落分布，不要因拘泥于整齐而使版式中规中矩。

Chapter 12

如何把方案做得更专业？

方案，可以是对某事的看法、想法，
也可以是解决某个问题的建议。

以方案探讨问题，
给人严肃、正式的感觉。

PPT 是做方案时最常用的软件之一，
掌握一定的实操方法与技巧，把方案做得更专业，
对于职场人士特别是职场新手非常有帮助。

12.1 为什么要用 PPT 做方案？

在职场中，有人喜欢用 Word 做方案，有人喜欢用 PPT 做方案，软件本无优劣，喜欢与不喜欢只是习惯问题。作为一本介绍 PPT 的书籍，本章主要讲解用 PPT 做方案的优势。

12.1.1 排版自由

方案涉及的内容往往会非常多，一个页面常常包含文字、图片、图表等不同类型的大量内容。在 Word 中混排这些内容，操作起来略有些麻烦。在 PPT 中，页面中的各种内容自动分层，操作相对简便，排版设计的自由度更高，如图 12-1 和图 12-2 所示。

2019 年度营销方案

一、销售回顾

2018 年度公司产品销售情况整体比较良好，相比于 2017 年有所增长，整个年度的增长过程也趋于平稳。

1．各大区域销售情况

销售大区	门店总数	新增门店	销售总额	较 2017 年增长
华北区	50	5	100000000	12%
华东区	50	5	100000000	12%
华中区	50	5	100000000	12%
华南区	50	5	100000000	12%
华西区	50	5	100000000	12%

2．销售情况对比图及热销产品

图 12-1　Word 文档制作的方案

图 12-2　PPT 制作的方案

12.1.2 阅读压力小

用 PPT 制作的方案，一个页面中的内容相对较少，用户还可以通过设置自定义动画，让页面中的各种内容逐次出现。因而，不会像 Word 方案那样，一开始就将大量内容呈现在观众眼前，造成观众的阅读压力，如图 12-3 和图 12-4 所示。

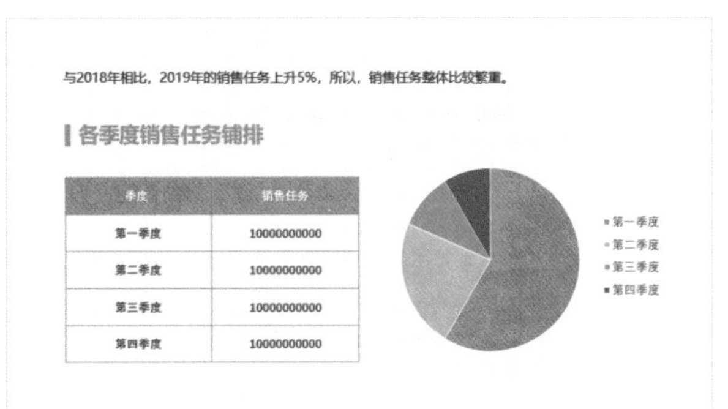

▲图 12-4 一个带动画的 PPT 页面

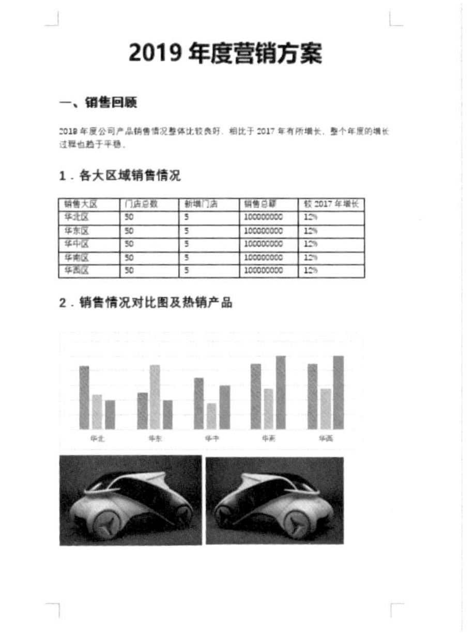

2019 年度营销方案

一、销售回顾

2019 年度公司产品销售情况整体比较良好，相比于 2017 年有所增长，整个年度的增长过程也趋于平稳。

1．各大区域销售情况

销售大区	门店总数	新增门店	销售总额	较 2017 年增长
华北区	50	5	100000000	12%
华东区	50	5	100000000	12%
华中区	50	5	100000000	12%
华南区	50	5	100000000	12%
华西区	50	5	100000000	12%

2．销售情况对比图及热销产品

华北 华东 华中 华南 华西

▲图 12-3 一个 Word 页面

12.1.3 适用性广

方案往往需要大家坐下来讨论，Word 文档主要适用于个人阅读，PPT 文件既可以打印阅读，也可以投影播放，有助于大家一起观看、讨论，如图 12-5 所示。

基于以上 3 个主要优势，建议篇幅较少的方案用 Word 文档撰写、编辑，篇幅较长，涉及内容较多的方案最好用 PPT 制作。

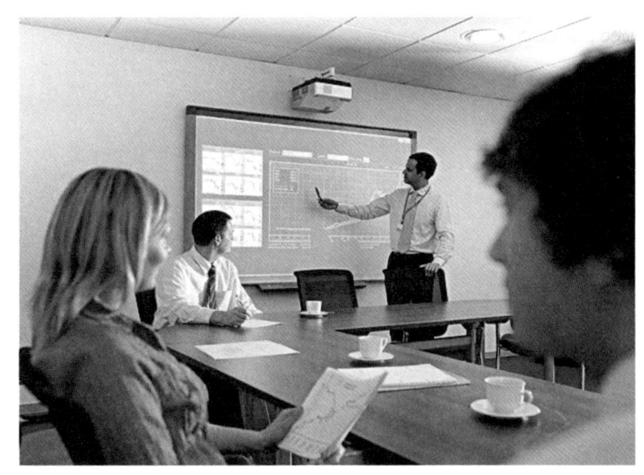

▲图 12-5 方便演示和讨论

12.2 将 Word 方案快速转换为 PPT 方案

将一份 Word 方案转换为 PPT 方案，一般采取逐一复制 Word 中的内容，然后将其粘贴到幻灯片页面的方式。一边复制，一边编辑，更能确保从 Word 到 PPT 页面的内容拆分是合适的。如果觉得这种方式的速度太慢，还可以利用大纲视图实现较为快速的转换，具体操作方法如下。

步骤01 在 Word 文档中将各个标题、小标题、正文等内容的级别设置好。比如，将整个方案的标题设置为“标题 1”，方案各部分的标题设置为“标题 2”，各部分内的各项标题设置为“标题 3”，其他内容设置为“正文”。设置时可切换到“大纲视图”设置，也可直接通过“开始”选项卡中的“样式”下拉列表框进行设置，如图 12-6 所示。

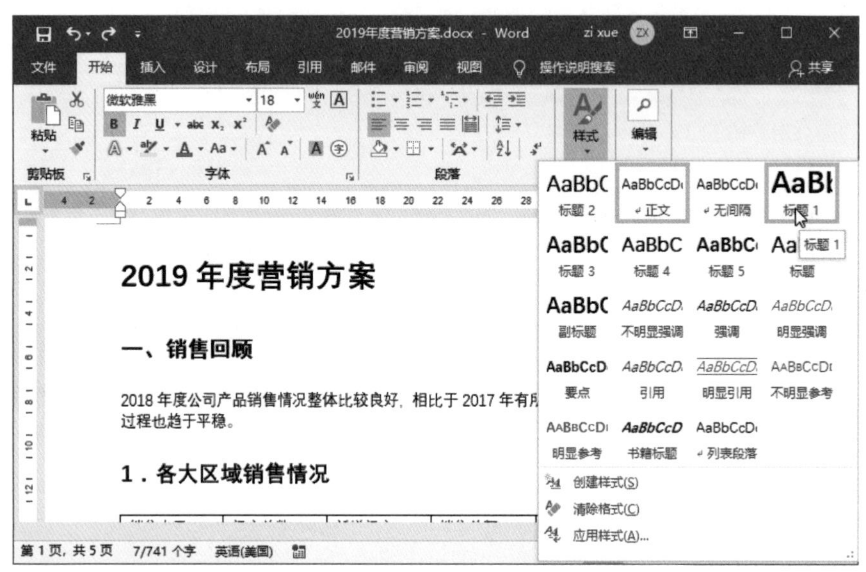

▲图 12-6　设置级别

设置好级别后，切换至“视图”选项卡，单击“大纲”按钮，切换到大纲视图。将光标定位到某个内容，在大纲视图功能区中便可以非常直观地看到这个内容的级别，如“标题 2”为“2 级”，如图 12-7 所示。

完成 Word 方案文档中的级别设置后，保存并关闭文档。

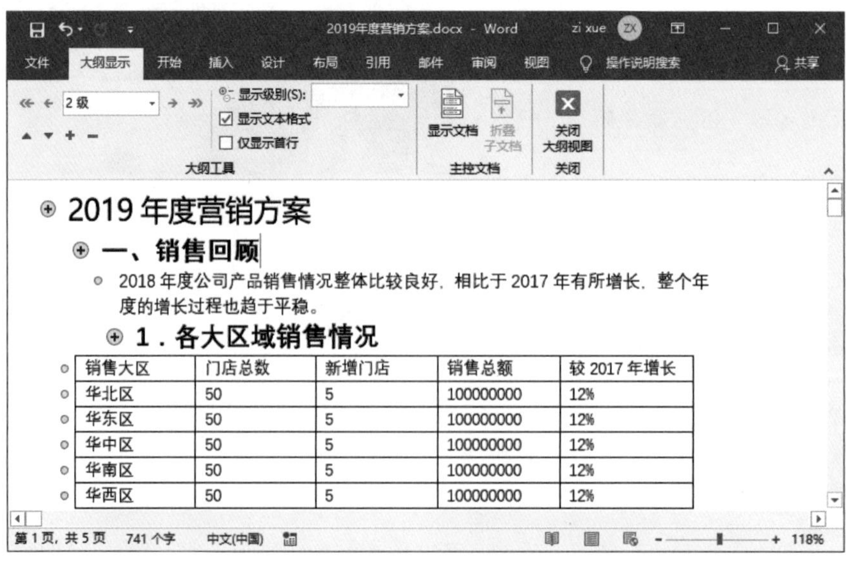

销售大区	门店总数	新增门店	销售总额	较 2017 年增长
华北区	50	5	100000000	12%
华东区	50	5	100000000	12%
华中区	50	5	100000000	12%
华南区	50	5	100000000	12%
华西区	50	5	100000000	12%

▲图 12-7　大纲视图

步骤02 新建一个 PPT 文稿，选择“开始”→“新建幻灯片”→“幻灯片（从大纲）”命令，在打开的“插入大纲”对话框中选择刚刚保存好的 Word 文件后，单击“插入”按钮，如图 12-8 所示。

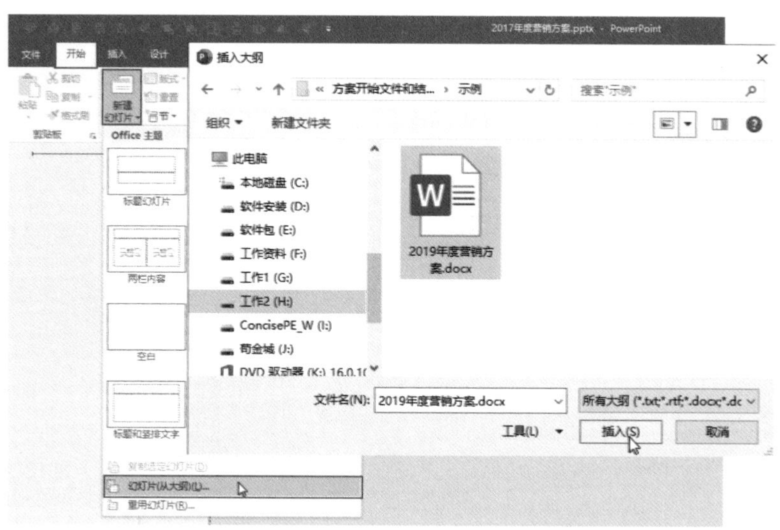

▲图 12-8　插入大纲

步骤03 此时可以看到，Word 方案中所有非“正文”级别的内容都按照级别大小插入了 PPT 中，如图 12-9 所示。若要让这些内容从一个幻灯片页面分配到多个页面，可选择“视图”→“大纲视图”命令，切换到 PPT 的大纲视图。

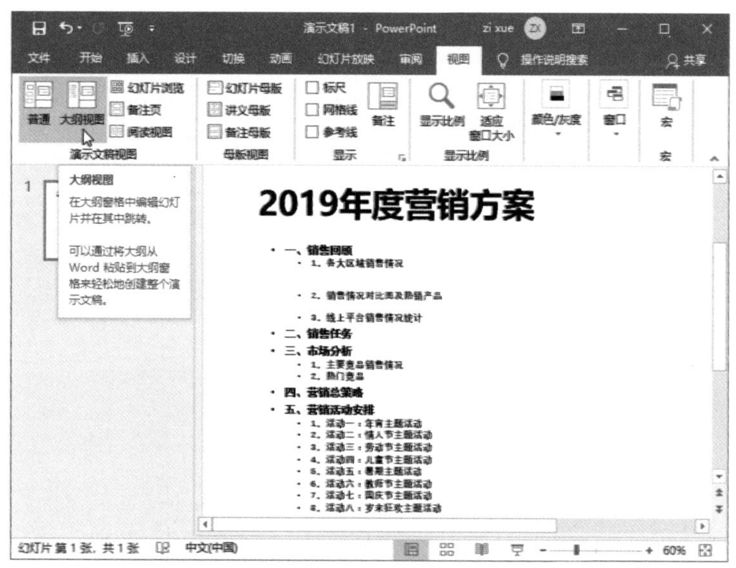

▲图 12-9　插入 Word 方案后的 PPT

步骤04 在大纲视图中，左侧为大纲，右侧为当前定位的大纲项所在的页面。要让某一项内容从上一页面中分离，只需将光标定位到该大纲项，右击，在弹出的快捷菜单中选择“升级”命令，如图 12-10 所示。

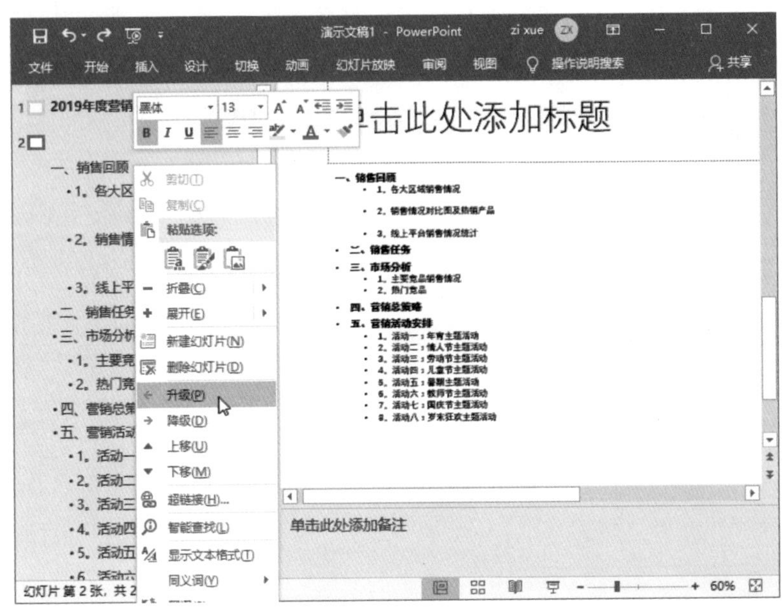

◀图 12-10 “升级”命令

分页完毕后，选择“普通”命令，回到普通视图。我们可以看到，刚刚在一页中的大纲内容，已经被分在了多个页面中，基本上达到将 Word 方案转化为 PPT 方案的目标，如图 12-11 所示。当然，正文内容还是需要单独复制、粘贴的。不过，PPT 毕竟不是 Word，正文内容能精简尽量精简，以免页面中堆砌的内容过多，失去了转换为 PPT 的意义。

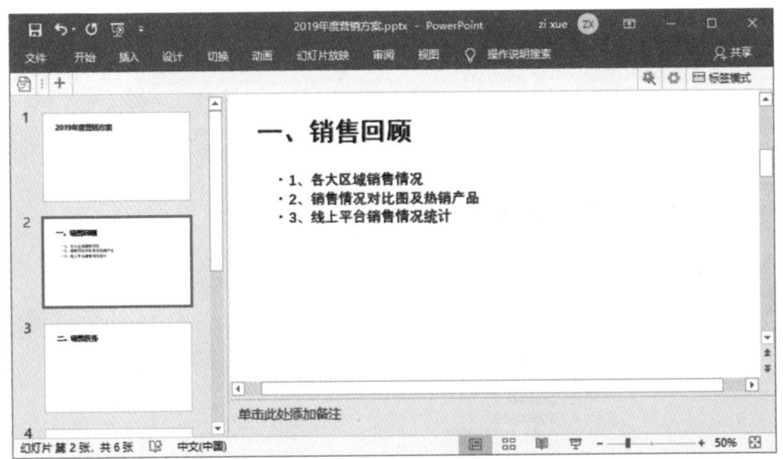

◀图 12-11 完成后的 PPT

12.3 一个专业的方案大致包含哪些内容?

职场新手在做方案时，也许对方案并没有什么概念。一个方案中到底包含哪些内容？做方案应该从哪些方面着手？不同行业、不同类型的方案，具体内容也不同，但按照一般的商业方案来说，专业的方案应该包含以下内容。

12.3.1 本体研究

本体研究即对自身优势、劣势的探究，找核心问题、其他问题，抓主要矛盾、次要矛盾。本体研究重在真实，比如做一份营销方案，对于销售任务、销售任务的难易程度、过去一个阶段的销售情况、销售员工的状态、合作团队的工作配合度等各营销端口的情况都应该尽量做到真实了解，才能真正把本体研究透彻，从一堆数据报表背后找到问题的关键所在，如图 12-12 所示。

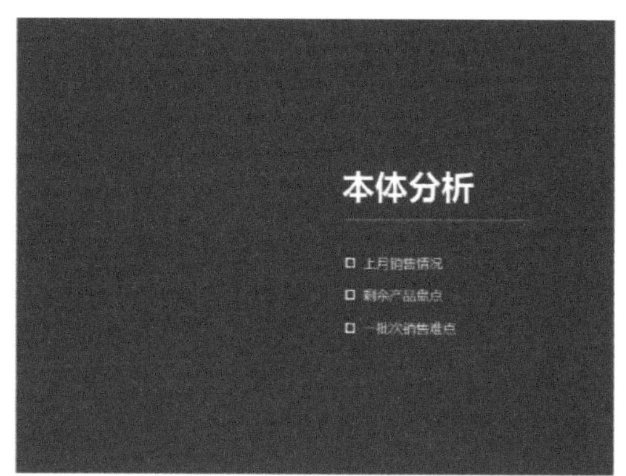

Part01 上月销售情况

10月主要去化A型、B型产品；均价7181元/㎡

套型	面积	已售	销售金额（万元）	已售均价	成交占比
三房两卫（跃层）	145	2	303	10736	3%
三房两卫	108-134	60	5172	7021	95%
套四双卫	123	1	90	7171	2%
合计	-	**63**	**5565**	**7181**	-

▲图 12-12　摘自某房地产项目营销方案中的两页

12.3.2 客体研究

客体研究一方面是对市场情况的研判，了解竞争对手，通过与对手的优劣进行对比分析，进一步看清自身的优势和劣势。比如手机品牌营销方案，必须充分了解其他同类品牌的销售情况、产品性能特点等。另一方面是对人群的分析，比如产品开发定位方案，要从年龄、性别、地区、选择动因等多个维度分析目标用户的情况。客体研究同样讲究真实，一般需要通过实地暗访、调研、科学的问卷调查来获取最真实的情况，如图 12-13 和图 12-14 所示。

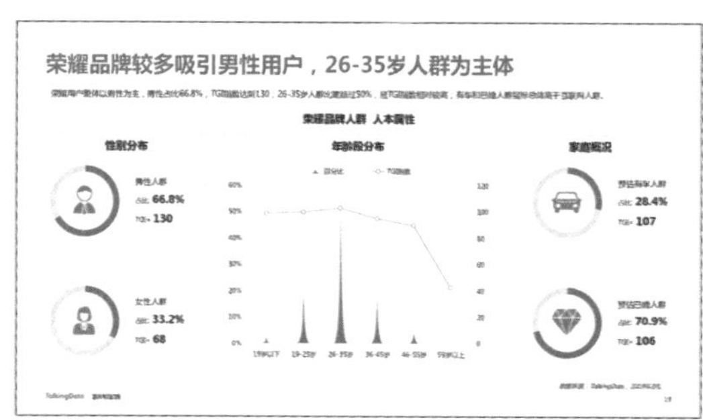

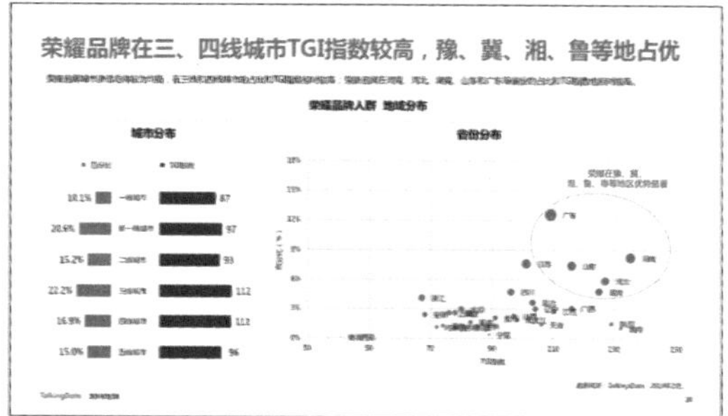

▲图 12-13　摘自 TalkingData 2019 智能移动终端行业洞察报告

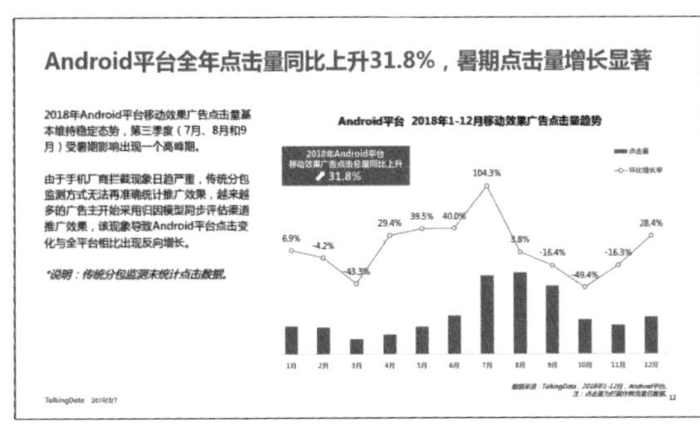

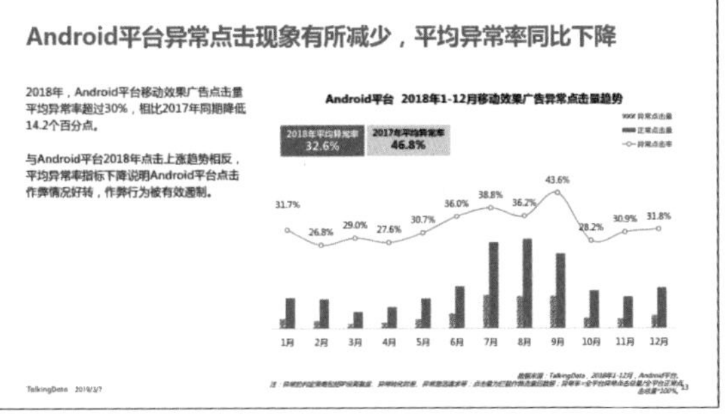

▲图 12-14　摘自 TalkingData 2018 移动广告行业报告

12.3.3 战略思路

战略思路，即经过对问题的仔细研究之后得出的解决问题的核心想法、总体思路，这是方案的关键。战略思路必须针对问题，解决问题，体现独特见解却非大而无当，且最好还能用一句简单的话概括。如图 12-15 所示的幻灯片，“打造产、融、投一体化商业模式”是综合性控股集团发展金融和投资业务的战略思路，随后的页面可以是对该战略下一些具体做法的介绍。

又如图 12-16 所示，基于对市场环境的分析，在该页幻灯片中，“i 阅”提出品牌转型付费阅读的总体思路是“群雄逐鹿，精耕致胜”八字方针。

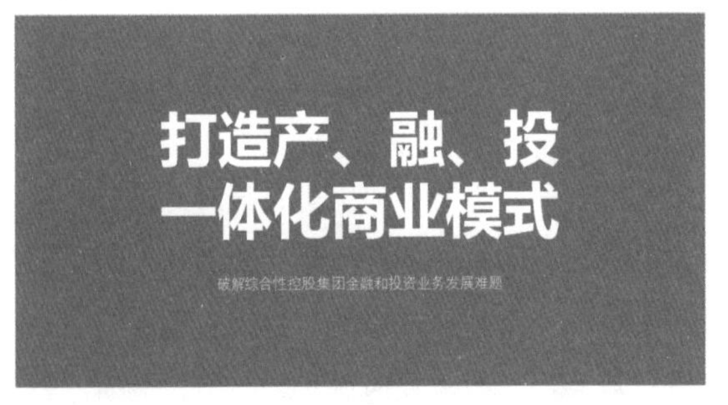

▲图 12-15　内容摘自德勤：打造“产、融、投一体化”商业模式方案

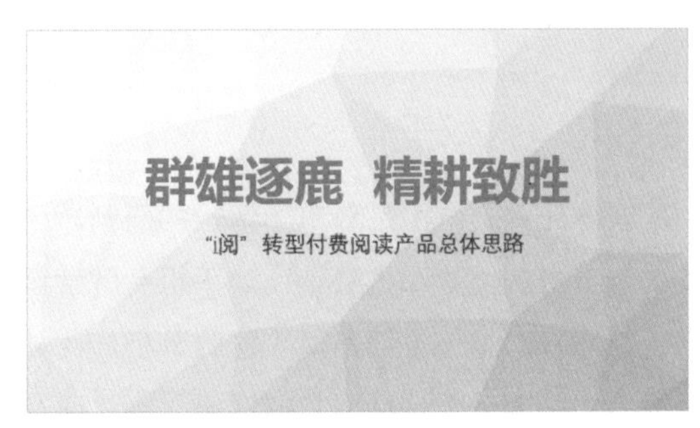

▲图 12-16　“i 阅”战略思路

12.3.4 具体措施

具体措施，即在战略思路指导下一些具体的操作方法。提出的具体措施不在于多，而在于每项都以实际成效为目的，且有可执行性。在一份复杂的方案中，具体措施往往不是散列的项，而是组合性的措施。有的方案需要按照时间节点组织，如图 12-17 所示；有的方案需要按照类型组织，如图 12-18 所示，针对活动策略、推广策略、渠道策略、价格策略 4 个层面提出具体实施措施。

第一阶段：树立形象

推广时间：3~4月

推广目标：实现品牌的高调亮相，在更广的范围建立品牌印象和品牌知名度，同步推出首批产品，赢得第一批忠诚的粉丝。

推广活动：品牌战略发布会，首家门店开业庆典

广告主题：春机 绽放

第二阶段：引爆市场

推广时间：5~8月

推广目标：推出天蓝色款典藏版，通过密集的一系列的推广活动和媒体投放，让品牌引爆市场，带动销售业绩。

推广活动：劳动节促销活动、母亲节促销活动、儿童节活动、父亲节活动、七夕节活动

广告主题：夏天的颜色

第三阶段：国庆派对

推广时间：9~10月

推广目标：通过特色活动，截流国庆消费小高潮，粉丝线上、线下互动活动，维系忠诚度。

推广活动：国庆促销、粉丝节大趴

广告主题：一个真挚的朋友

第四阶段：年终大促

推广时间：11~12月

推广目标：借势双11、双12包装一场盛大的年终活动，强势促销，冲量全年销售目标。

推广活动：年终大促

广告主题：立减500 价保30天

▲图 12-17 按时间节点组织方案

活动策略

1、项目产品面世新闻发布会

活动时间：11月2日
活动地点：外租场地（酒店、商业广场等）
邀约对象：业内知名人士，本地商界名人、市领导、合作商家等
活动内容：1、红毯走秀，引动圈层连锁反应
2、项目产品发布，由项目设计团队讲解项目产品设计理念，城市价值。
3、宣布体验店开放并正式认筹。

推广策略

感恩花都 点亮2018

推广时间：12月
推广主题：感恩花都 点亮2018
推广媒体：主流媒体报广，户外，网络、手机短信、DM派发
执行要点：充分利用整合资源，形成线上号召能力。
项目销售信息释放

渠道策略

全面出击 全民营销

1、进行广泛覆盖的行销派单、扫楼，
在人群较为集中的区域设置展展等

2、组建专门电销团队，
利用各项资源，全民传播项目信息

3、利用一切可利用的人群，实行全民激励政策，
带客成交均有相应返现奖励。

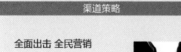

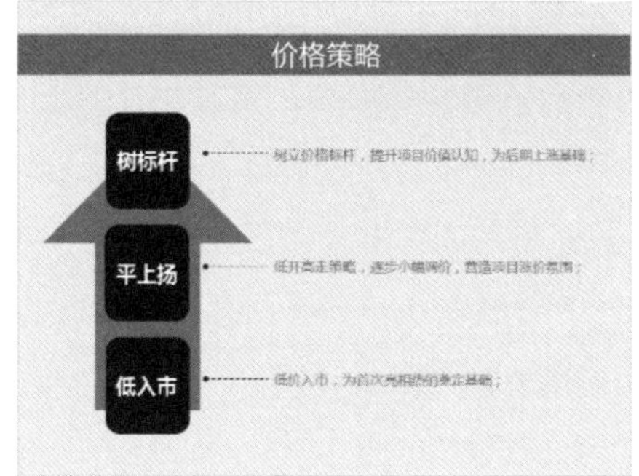

▲图 12-18 按类型组织活动方案

12.3.5 方案支持

在方案的最后提出执行方案需要得到的支持，如方案的费用预算（见图 12-19）、方案所需的人员、合作单位的支持、方案涉及的媒体资源等情况。

6月推广类费用预算

分类	事项	费用合计（元）	占比	
活动	冰淇淋DIY	3600	78530	20%
	粽子、盐蛋DIY	4800		
	体检活动	8000		
	新品发布会	27690		
	健康仪器拍卖+老带新领奖	19440		
	乒乓球比赛	—		
	羽毛球比赛	—		
	粉丝生日宴	15000		
	家装生活月	—		
渠道	竞品截客	170000	317300	80%
	社区灯箱	15000		
	电梯轿厢	30000		
	社区路演	60000		
	社区摆展	5000		
	移动桁架	21300		
	企业拓展	16000		
总计		395830		

▲图 12-19　方案的费用预算

除了以上 5 个主要内容，有些方案还有对方案执行效果的预判和为方案执行没有达到预期效果而准备的预备案等。

12.4 提升方案专业度的设计技巧

在 PPT 设计方面，专业策划人常用下面一些技巧让方案看起来更专业。

12.4.1 完整的一套版式规范

方案内容的逻辑性非常强，只有在设计上形成规范才更易让人理解。因此，做 PPT 方案时一定要设计封面页、目录页、过渡页、内容页、结尾页这样一整套版式。

如图 12-20 所示的方案，在设计上形成了良好的版式规范，内容看起来条分缕析、结构清晰，而如图 12-21 所示的方案，每个页面的设计十分雷同，整个方案在设计版式方面缺乏规范，导致逻辑不清，让人摸不着头绪。

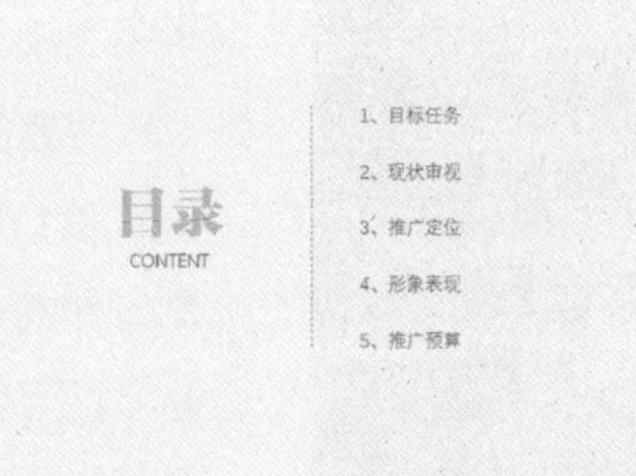

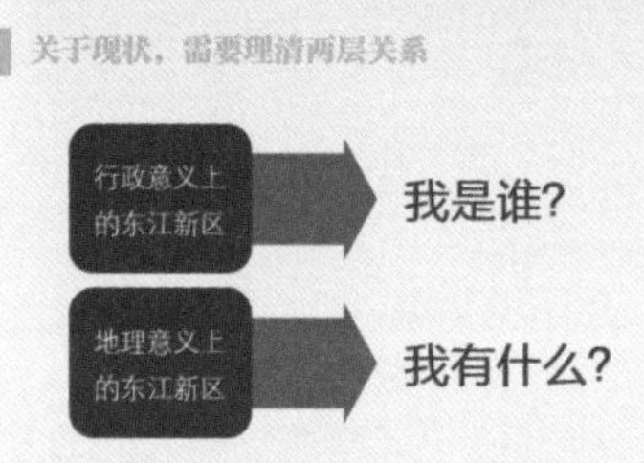

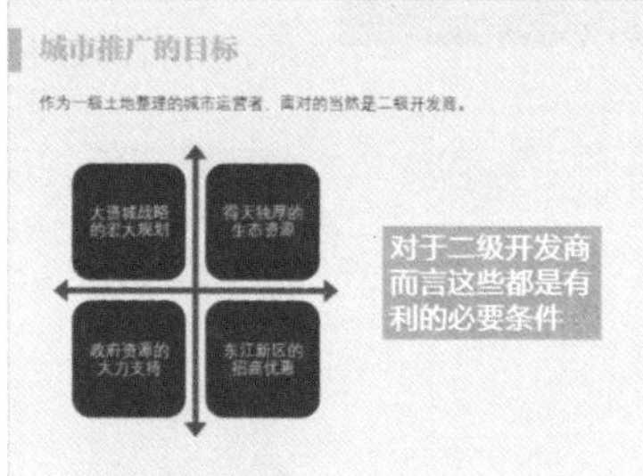

▲图 12-20 PPT 示例 1

NOKIA 回归体验
——2019 新品推荐巡展方案

以为体验新机为背景，复刻3310手机作为活动宣传主题，
引发目标群体关注，从而把宣传扩大至NOKIA所有机型。

1、NOKIA新品展示及用户体验，引发目标客群关注、激发其购买欲望；
2、与目标人群建立情感沟通，提高NOKIA品牌知名度和市场影响力；
3、直接走进产品目标消费群，发现并拓展NOKIA潜在客户；
4、通过一系列活动优惠，有效促进销售并形成口碑传播效应。

产品体验 → 产生兴趣 → 目标人群
品牌展示 → 给予情感 → 潜在客户
活动促销 → 刺激消费 → 提高销量

活动策略

1、以新品体验为由头，以促销政策为吸引，以最直接的方式吸引目标客群关注；

2、巡展以高校校园、写字楼、电影院为主要阵地，多线同时发力；

3、本着多布点，全方位，低成本的原则，以最简单的活动形式赢得最大影响力；

4、我司建议本次活动在四川、重庆、云南、贵州同时展开，先试点，后铺开，效果明显则可长期坚持这一活动模式。

品牌影响力作用方式

经费预算

高校、电影院巡展点建议周末进入，写字楼巡展点建议每周2-3个工作日进驻。

以9-10月平均每个区域20天有效巡展天数计算。

注：此预算待方案确定后再定

▲图 12-21 PPT 示例 2

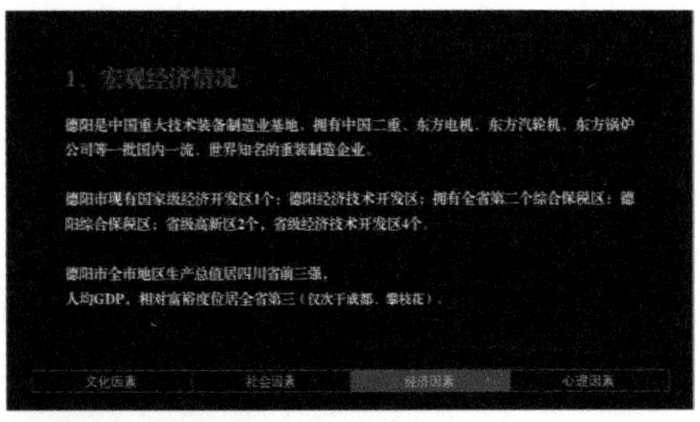

▲图 12-22　底部导航

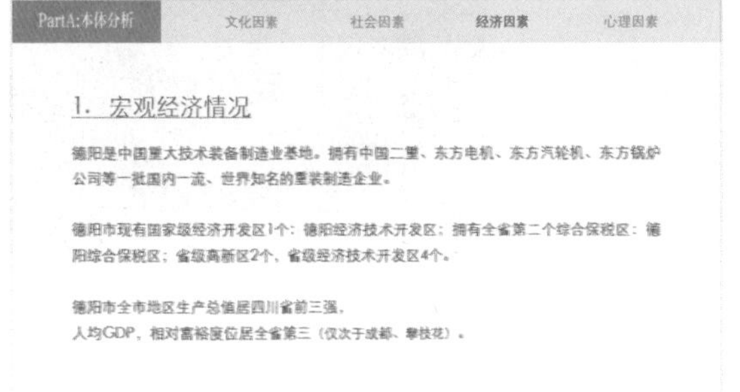

▲图 12-23　顶部导航

12.4.2 设计导航栏

方案的结构层次复杂，为了让读者或观众在看方案时更好地把握逻辑脉络（主要是二级标题下再细分的三级甚至四级标题等），有时还需在页面中添加类似网页导航栏的设计，图 12-22~ 图 12-24 所示为 3 种不同的导航栏设计方式。

1. 宏观经济情况

德阳是中国重大技术装备制造业基地，拥有中国二重、东方电机、东方汽轮机、东方锅炉公司等一批国内一流、世界知名的重装制造企业。

德阳市现有国家级经济开发区1个：德阳经济技术开发区；拥有全省第二个综合保税区：德阳综合保税区；省级高新区2个，省级经济技术开发区4个。

德阳市全市地区生产总值居四川省前三强，
人均GDP，相对富裕度位居全省第三（仅次于成都、攀枝花）。

▲图 12-24　侧边导航

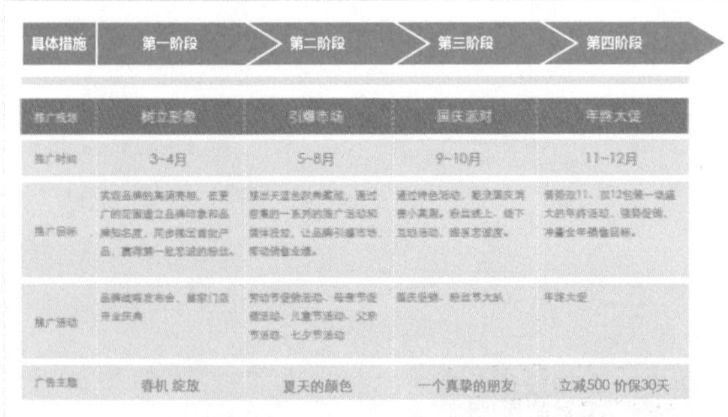

▲图 12-25　概览页面

12.4.3 添加概览页

在逐一介绍方案的具体措施前，最好设计一页总括性的概览页，让观众先建立一个宏观的概念，方能更好地理解具体的项，如图 12-25 所示的页面便是一个概览页面。

设计时为节省时间，可直接从 SmartArt 流程类图形（见图 12-26）中选择一个合适的图进行编辑、改造，以形成概览页。

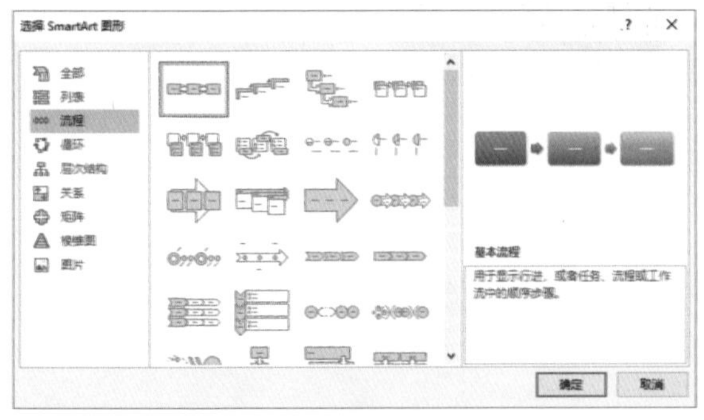

▲图 12-26　Smart Art 流程图

12.4.4 插入附件

有时方案中还会涉及其他相关文件，如 Excel 表格、Word 文档等。为了方便调阅，建议直接将这些文件插入相关页面中。这样这些文件就作为方案的附件和 PPT 文件被保存在一起（不是以链接形式插入）。在放映过程中单击即可查看，查看完毕后关闭即可返回原页面，不必在系统中不断切换，PPT 文稿即可连同这些附件一起被复制。

例如，将一份详细统计活动预算费用的 Excel 表格插入活动方案中，具体方法如下。

步骤01 切换到需要插入 Excel 表格的 PPT 页面，选择“插入”选项卡中的“对象”命令，打开“插入对象”对话框。在“插入对象”对话框中选中“由文件创建”选项，单击“浏览”按钮，在硬盘中找到要插入的 Excel 表格，如图 12-27 所示。

在“插入对象”对话框中，若勾选“链接”选项，则文档将以链接的形式插入页面中，若硬盘中的 Excel 表格被删除或被移动到别的位置存储，则方案中的文件将失效，且无法打开；不选中“显示为图标”复选框，插入 PPT 中的 Excel 表格将直接显示表中内容，而不是以一个文件图标出现（Word、PPT 文档也一样），一般附件只有在需要查看的时候才打开，所以最好选中“显示为图标”复选框。

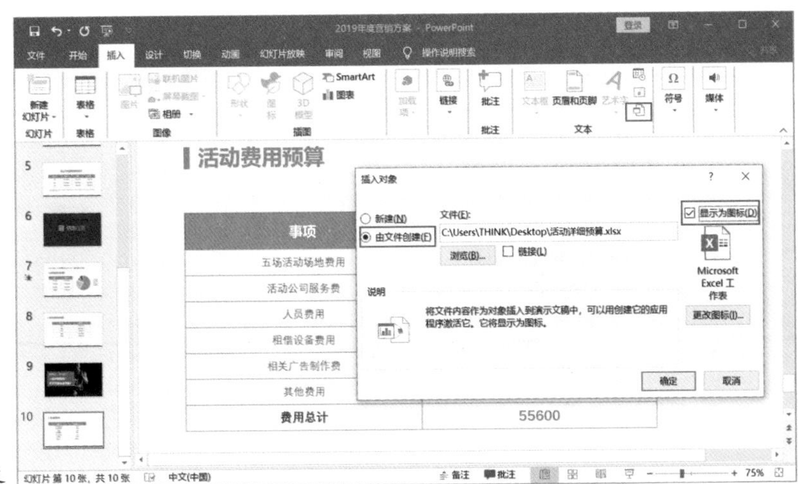

▶图 12-27　插入对象

步骤02 经过上述操作，单击“确定”按钮，即可将 Excel 表格以附件形式插入幻灯片页面中，如图 12-28 所示。

活动费用预算

事项	费用合计（元）
五场活动场地费用	23600
活动公司服务费	10000
人员费用	8000
租借设备费用	8000
相关广告制作费	4000
其他费用	2000
费用总计	55600

Microsoft Excel 工作表

▲图 12-28　附件的显示效果

12.4.5 勿滥用强调色

在 PPT 方案的色彩搭配方面，很多人会准备一个用于强调方案中某些重点内容的强调色。但是在实际制作方案的过程中，制作者会感觉有很多内容都是重点，于是不经意间就会滥用这个强调色。这样就导致原来的色彩方案被打破，影响了美感。当所有内容都成为重点时，也就没有了重点，如图 12-29 所示，过多地使用红色进行强调，也就失去了强调的意义。因此，在设计 PPT 方案时，应该慎重使用强调色。

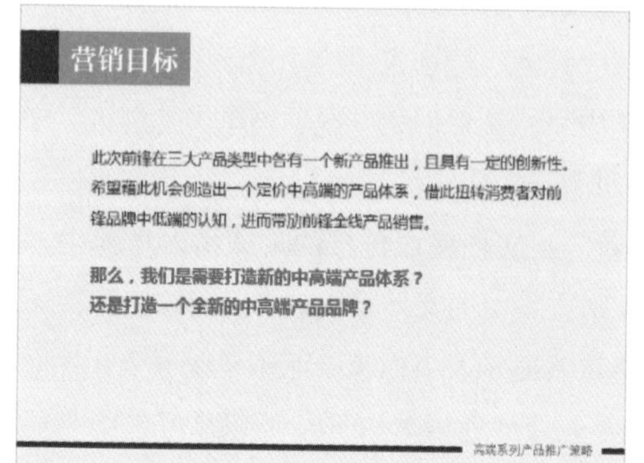

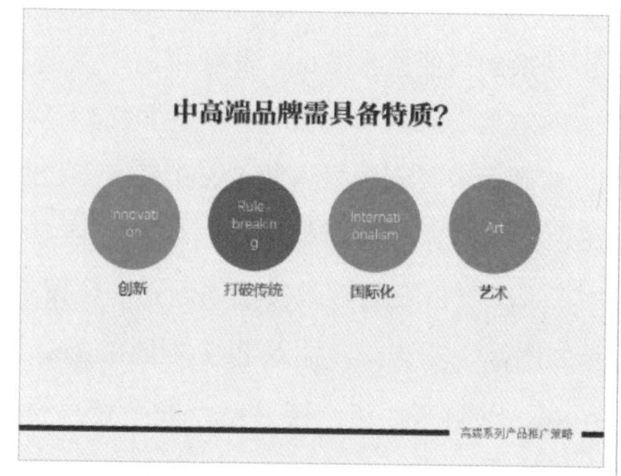

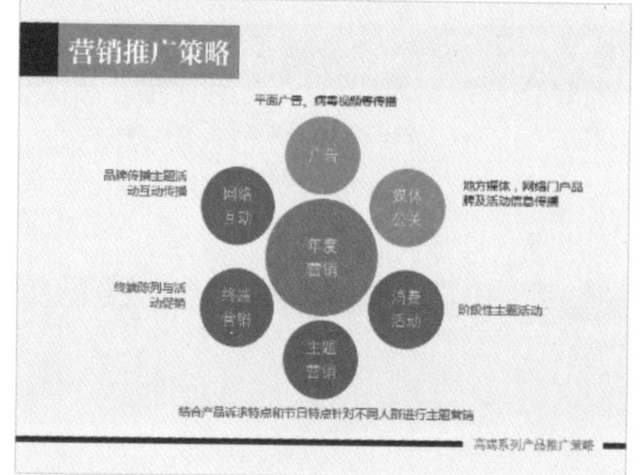

传播渠道	传播目的	形式
EVENT	品牌露出 产品发布	2月品牌露出—开启电器双能时代 3.15品牌发布—3.15产品体验用户征集
WEB	免费体验吸引关注和参与	微博微信平台及网站
PR	创造话题点，传递品牌诉求和产品体验	行业报纸杂志、户外广告、生活类网站论坛 进行新闻报道、软文、社交话题
PROMO	产品露出 消费对产品认知	卖场单品陈列 赠机 灶具 ZPOWER 主要卖场及附近终端推广

▲图 12-29　滥用强调色

12.4.6 添加意境图

在方案的某些特定的页面中添加意境图并以全图型排版，既能达到烘托气氛、调动情绪的作用，又可以避免排版空洞。如图 12-30 所示的页面，添加意境图比纯粹的文字更能渲染“携手努力、冲刺目标”的氛围。又如图 12-31 所示的页面，在提出方案总体思路的部分，用意境图作为背景，比纯粹的文字更能够增强方案中这一核心观点的冲击力、感染力。

▲图 12-30　添加意境图方案示例 1

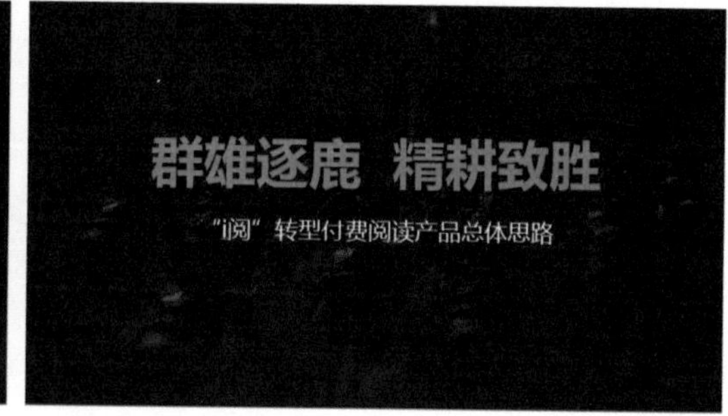

▲图 12-31　添加意境图方案示例 2

13 Chapter

如何做一份 HR 喜欢的简历？

用 PPT 做简历，有必要吗？

必要或不必要，主要看应聘什么公司、什么岗位，

广告设计、影视动画等注重设计能力的公司可能对 PPT 简历更感兴趣。

允许在网上投递简历的公司，且支持添加稍大一些的附件时，

也可提交一份内容相对更为丰富的 PPT 简历，

一般情况下，简单一页 Word 文档就好，PPT 简历反而显得浮夸。

到底是 Word 简历好还是 PPT 简历好？

HR 喜欢就好！

13.1 选择 HR 喜欢的 PPT 简历类型

制作简历，PPT 和 Word 并没有太大的区别。选择用 PPT 做简历，主要有两个优势：首先，从操作便捷性和排版设计能力的角度来看，PPT 比 Word 更好用一些，因而更容易设计出图文并茂、可视化高、漂亮的简历，匹配当前大众的审美需求；其次，PPT 能够添加动画，作为电子简历，其表现力比 Word 更强，更能创造出创意非凡的作品，可以让 HR 眼前一亮。

从动画的角度区分，我们可以简单把 PPT 简历分为不添加动画的平面型简历和添加动画的动画型简历两种。在开始做 PPT 简历前应该考虑清楚，自己面试的这份工作的 HR 会喜欢哪种类型的简历。

13.1.1 展现排版设计能力的平面型简历

如果用习惯了 PPT 软件，即便只做一页 A4 尺寸的简历，也可以用 PPT 设计。图 13-1 所示的便是用 PPT 设计的一页简历。

▲图 13-1　一页 PPT 简历

然而，如果只是做一页 A4 尺寸的简历，在 HR 看来，图 13-1 所示的简历与 Word 简历并不会有太大的区别。因此，平面型 PPT 简历一般是把 Word 简历中的内容拆分为多个幻灯片页面，重新排版设计成一份多页的文稿。幻灯片页面中简洁的内容带来更大的可视化设计空间，可以让你设计出比一页 Word 更丰富、美观的简历，如图 13-2 和图 13-3 所示。

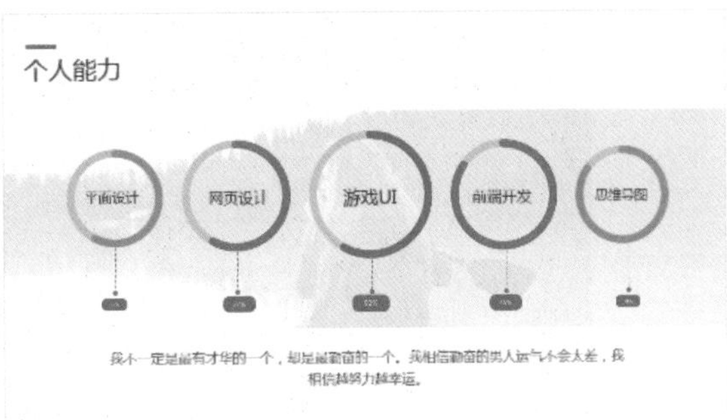

▲图 13-2　多页 PPT 简历 1

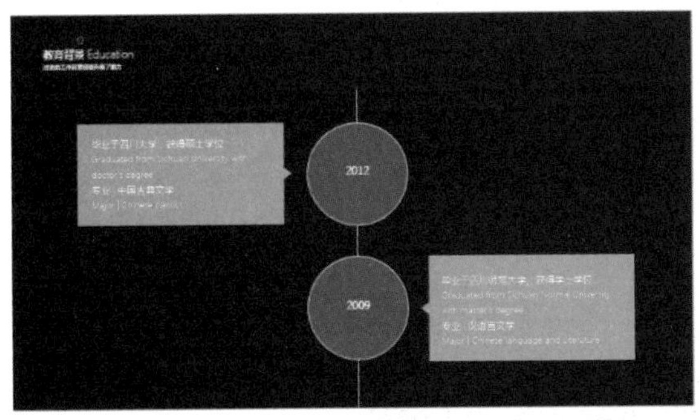

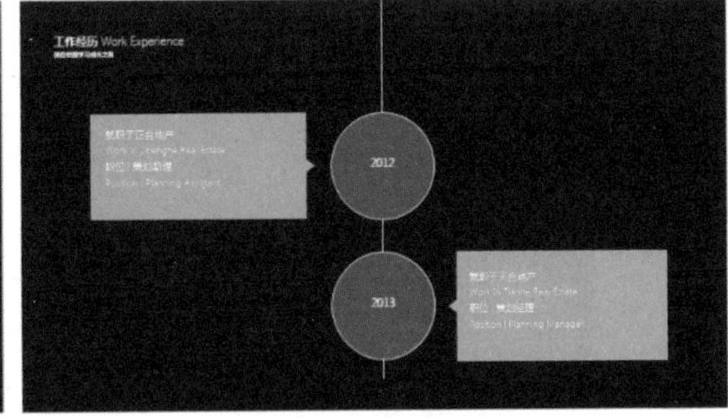

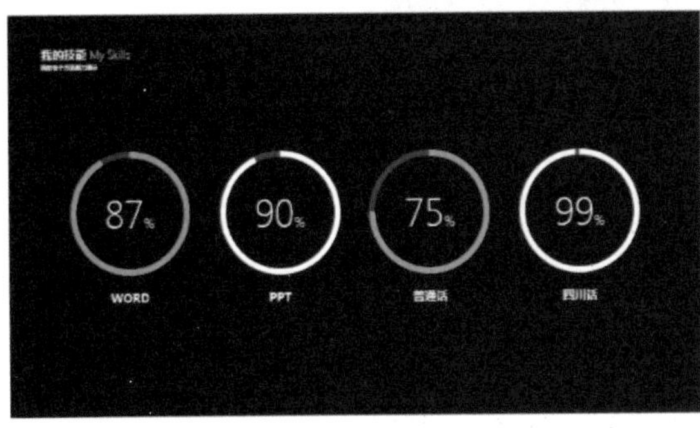

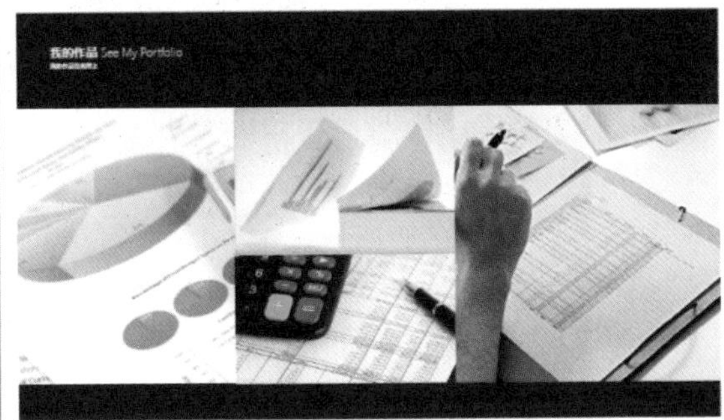

▲图 13-3　多页 PPT 简历 2

当然，如果作为网申电子简历而非打印的简历，也可以先设计多个页面，再将它们拼合成一页长图，把简历做成现在非常流行的瀑布流风格，如图 13-4 所示。

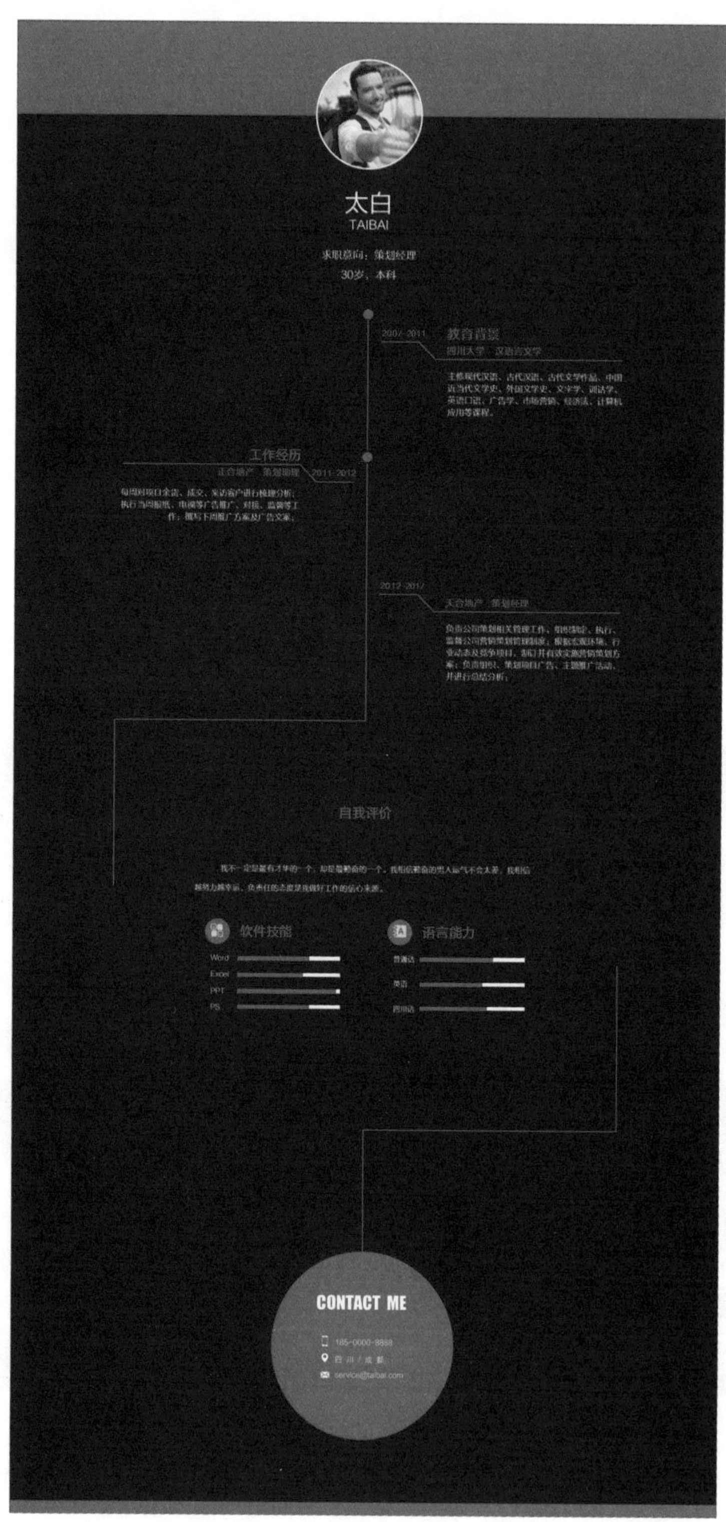

图 13-4　瀑布流风格的简历

制作瀑布流风格的简历，一般都用线来串联页面。线条既可以在页面正中，也可以在两侧。以制作如图 13-4 所示的简历为例，大致的制作步骤如下。

步骤01 新建一个简历 PPT 文档，并根据简历内容添加若干空白页面，页面越多最终生成的页面越长，本例只需插入 4 个页面即可。添加页面后，为这些页面设置相同的背景色，如图 13-5 所示。

一般设置单色背景更简洁且易操作一些。每页设置不同的背景颜色，设计排版难度可能稍大一些。若是渐变色背景，则页面拼合后可能不那么融洽。若用图片背景，则最好也用长图，并将该图片有序切割裁剪后放置在各个页面中，否则拼合后也不会那么融洽。

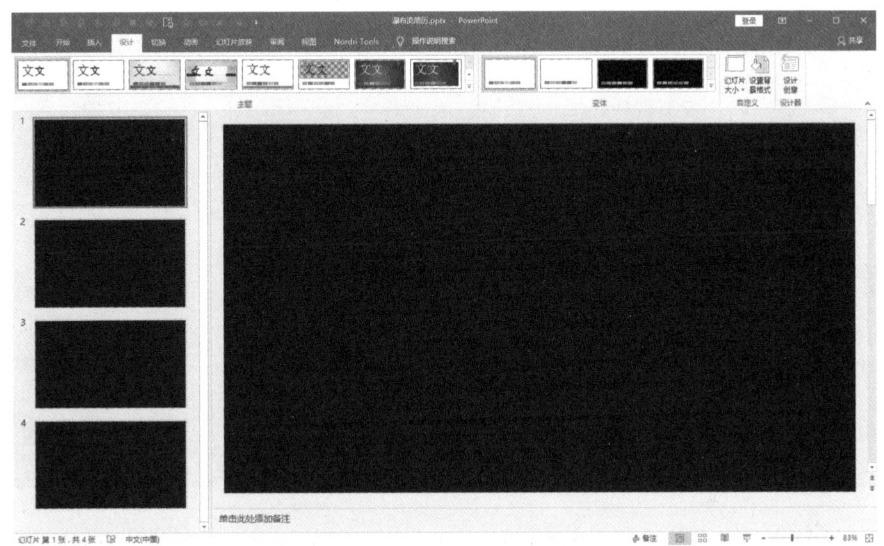

▶图 13-5　设置幻灯片背景

步骤02 绘制和添加瀑布流的主干内容，即位于页面中央的主要内容，如图 13-6 所示。

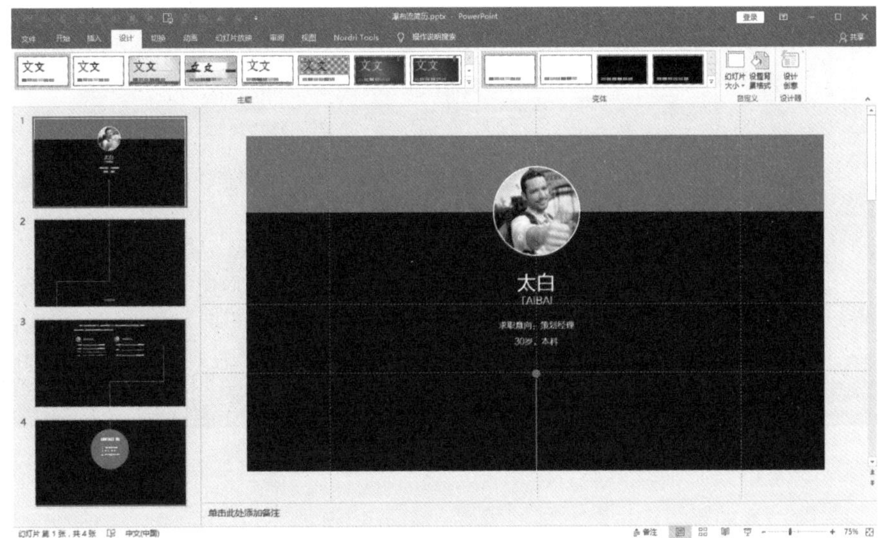

▶图 13-6　添加主干内容

在绘制和添加内容时，特别是一些特殊位置必须借助参考线，甚至需要借助一些参考形状进行辅助设计，才能把瀑布流内容设计得更为规范。图 13-7 和图 13-8 所示的这两个页面的衔接，就用到了一些参考线和形状来辅助。其中，左、右两条 12.1 的辅助线是为了保证两个页面中的两根线段在拼合之后能够沿中轴对称；添加的两个同样大小的辅助形状 A 和辅助形状 B（设计完成后删除），是为了方便分割在两个页面中的标题和正文内容的排版，以确保这些内容在拼合后能够在线条划定的区域内实现大概的纵向居中（不一定非要居于正中，稍微偏上一些可能更好）；线段 C 的高度则必须设置为线段 A 的高度和线段 B 的高度的和，从而使拼合后的左右两条线段高度一致。

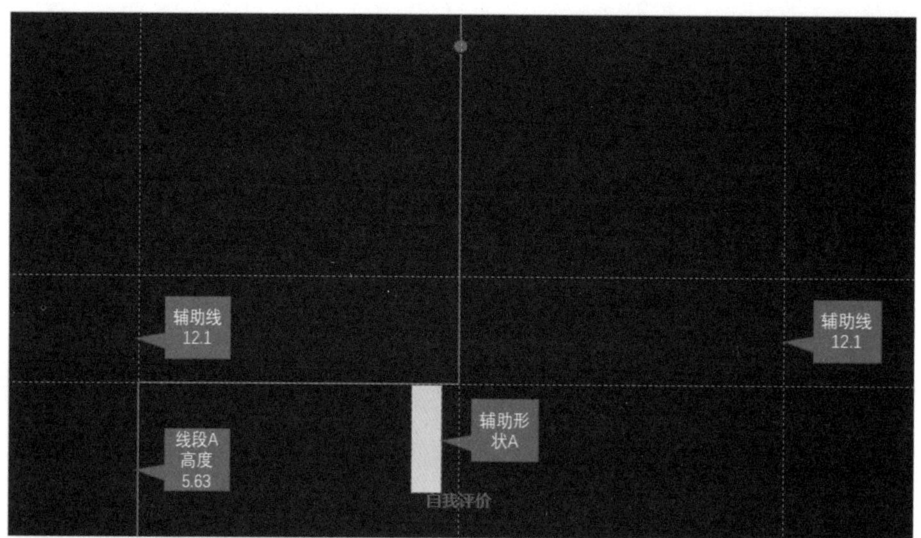

图 13-7　页面 1

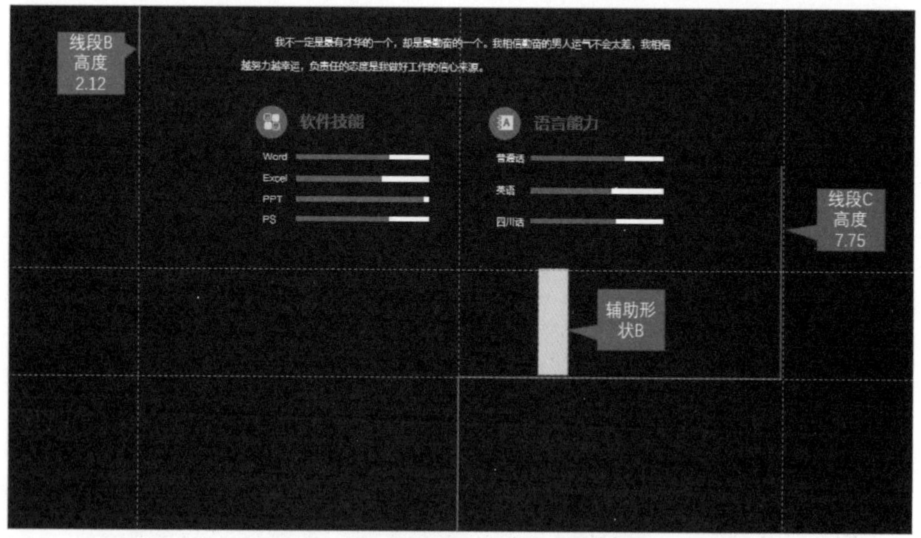

图 13-8　页面 2

步骤 03 主干内容添加完成后，继续添加枝干内容。添加枝干内容时也要注意沿中轴对称，这样拼合出来的长页才会有对称的美感，如图 13-9 所示。

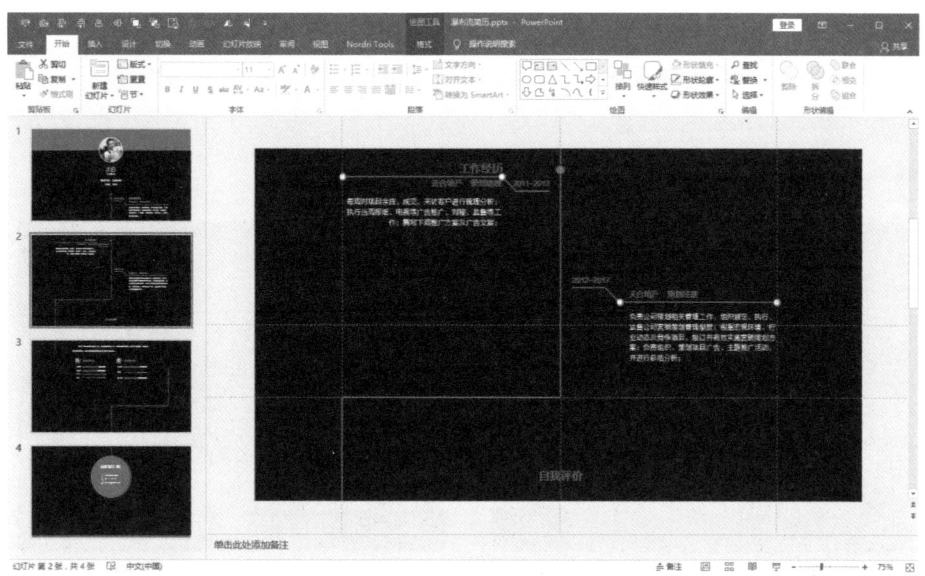

▶ 图 13-9　添加枝干内容

步骤04 所有内容绘制、添加完成后，需要用到本书前文中介绍过的 Nordri Tools 插件完成拼图。选择“Nordri Tools”选项卡中的“PPT 拼图”命令，在打开的“PPT 拼图”对话框中，设置横向数量为 1（即一行一个页面地拼合），内侧间距设为 0（即让页面无缝拼合在一起），外围边距是拼合后整张图片的边距，可设置为 1。设置完成后，单击“下一步”按钮，在预览窗格中预览无误后，单击“另存为”按钮，将拼合的瀑布流长图简历保存至硬盘中即可，如图 13-10 所示。

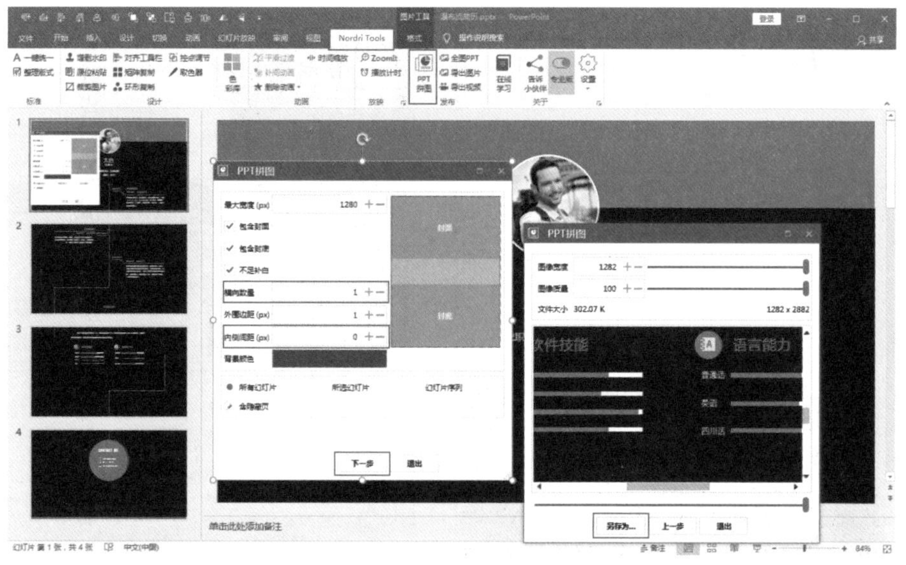

▶ 图 13-10　PPT 拼图

平面型 PPT 简历要做出水平，需要在平面设计上下足功夫。一份设计拙劣的 PPT 简历，不但不会给你加分，还会暴露出更多的缺陷。

另外，好的想法和创意也能让你的简历更出彩。图 13-11 所示为 PPT 达人 Simon 阿文设计的创意简历，这份简历从内容到设计都是仿照三国杀游戏的，让人耳目一新。图 13-12 所示的简历“平胸女文案的不平事”，则是从“平胸”“不平事”这一矛盾点切入，以对话、讲故事式的口吻叙述履历，打破了一般简历的严肃感，在内容编排上独具一格。

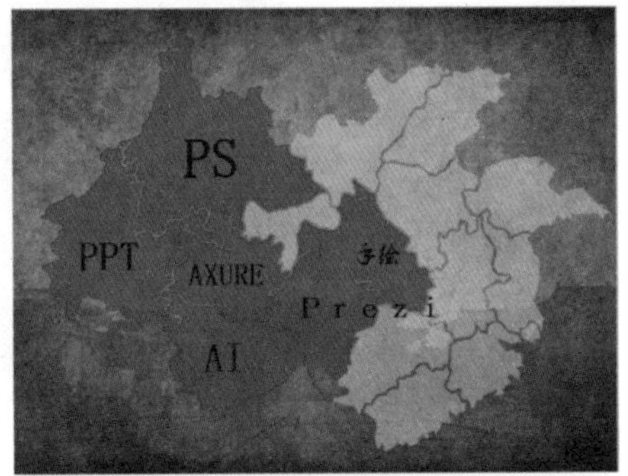

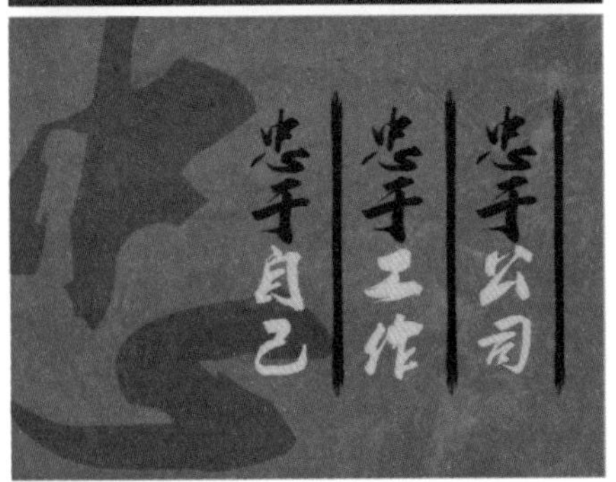

图 13-11　三国杀风格的创意简历

平胸女文案的不平事

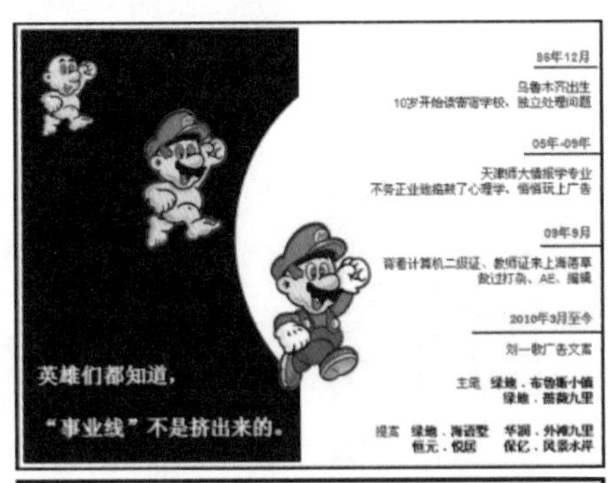

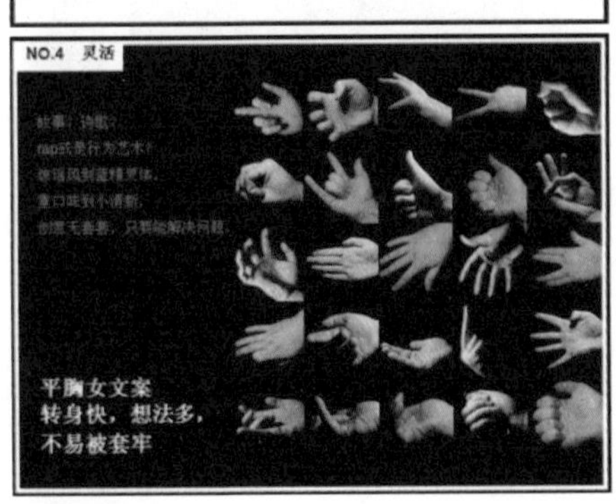

以上 是排挤竞争对手

以下 是凸显个人风格

图 13-12　独具一格的简历

13.1.2 秀出新意的动画型简历

动画型简历可能更适合网申提交。一份带动画的简历确实会显得独特，然而制作这种简历既需要优秀的动画驾驭能力，也需要有独特的创意，才能在阅“历”丰富的 HR 面前脱颖而出。如果对自己的动画技能没信心，又找不到比较合适的创意，则最好不要轻易尝试做这种类型的简历。如图 13-13 和图 13-14 所示为网上流传的两份动画与创意俱佳的动画型简历。

▲图 13-13　PPT 动画简历

扫描二维码观看

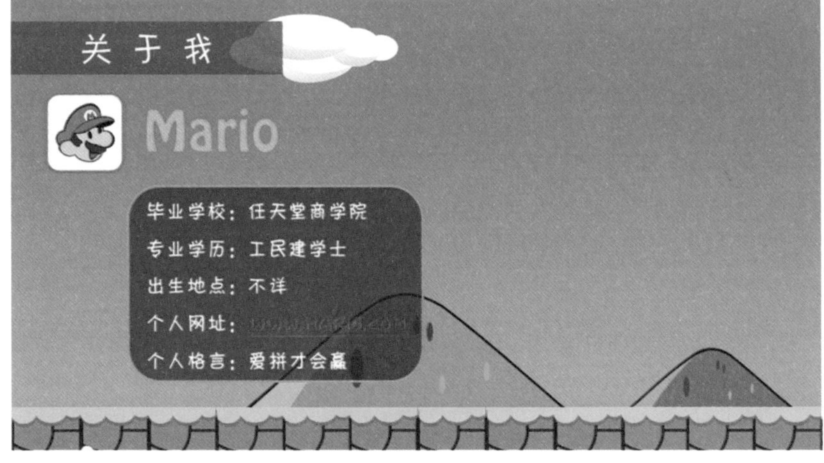

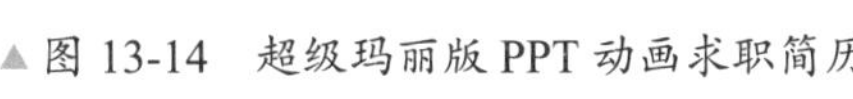

▲图 13-14　超级玛丽版 PPT 动画求职简历

扫描二维码观看

13.2 PPT 简历征服 HR 的 5 点经验

要征服 HR，关键在于让简历中的你看起来和目标岗位十分匹配。而仅仅从设计上来说，根据很多公司招聘、筛选简历的经验，PPT 简历（主要是平面型简历）至少有以下 5 个方面值得注意。

13.2.1 简洁明了

对于求职这件事，还是郑重、严肃一点比较好，毕竟即将开始工作的你已经不是小孩子了，不能在任何事情上都玩心大起。设计太浮夸，反而给人一种过于随意之感。PPT 简历给了我们更多的页面、更大的发挥空间，但是不一定要用更多的内容填充。简历最好能简洁明了，不堆砌内容、不画蛇添足，文字简洁、排版简洁，把该传递的信息传递到位即可。

如图 13-15 节选的这份简历，叙述啰唆，页面文字内容过多；本来没有多少页的简历却非要添加目录页；还有莫名其妙的 3D 小人元素……最终使简历不够简，容易让人丧失阅读的欲望。

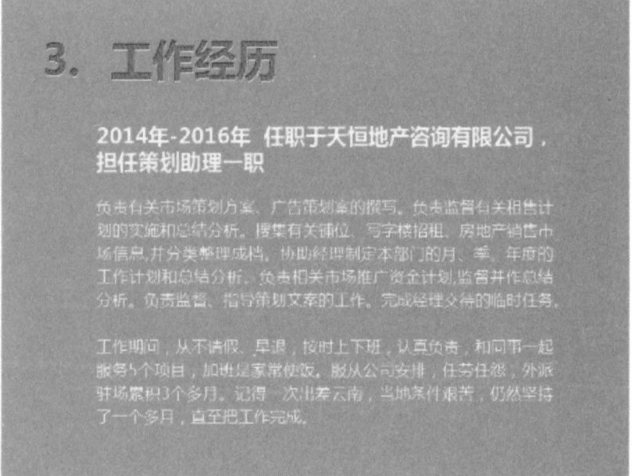

▲图 13-15 啰唆冗杂的 PPT 简历

图 13-16 所示为一份相对比较简洁的 PPT 简历，对比图 13-15 所示的简历，感受是不是要好得多？你认为 HR 会选择哪一份简历呢？我想答案应该是后者。

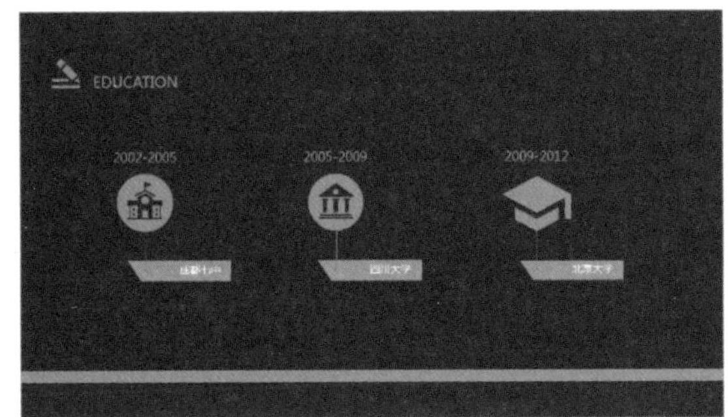

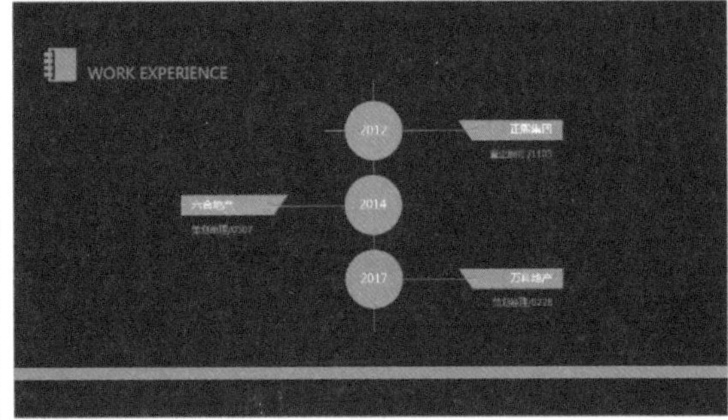

▲图 13-16 相对简洁的 PPT 简历（摘自优品 PPT）

13.2.2 可视化表达

现在的大众阅读已经进入一个读图的时代，大家都爱看图形化的内容。因此，将简历的文字信息尽量转化为图形表达，HR 会对你的简历更有好感一些。如图 13-17 所示，将简历中专业技能的展示转换为了非常形象的图表。

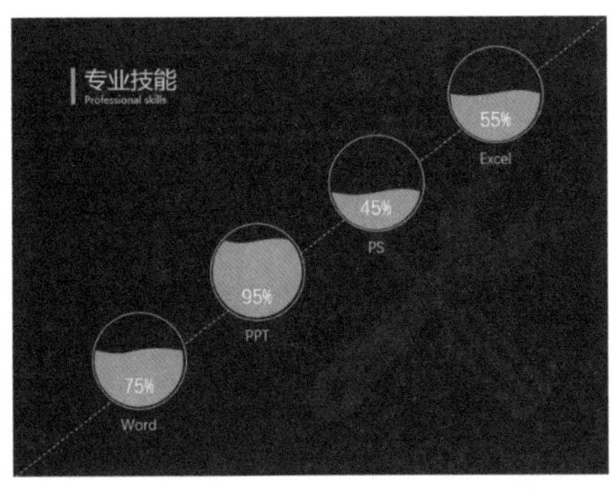

▲图 13-17 用图表展示专业技能

又如图 13-18 所示，将简历中的工作经历部分转换为时间轴图形，各种信息的先后顺序一目了然。

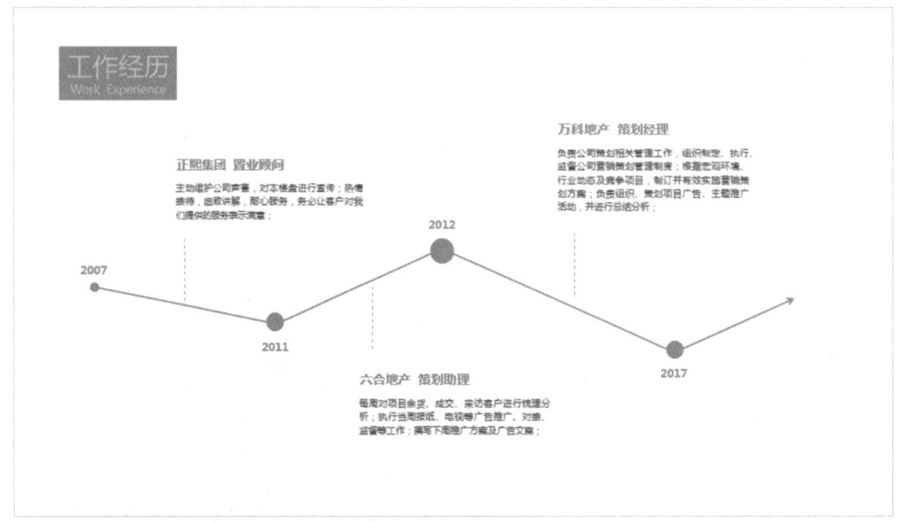

◀图 13-18 用时间轴图形展示工作经历

▲图 13-19 巧用小图标串联关键词

再如图 13-19 所示，改变一般的用长段文字进行自我评价的做法，仅获取评价中的几个核心关键词，并将其转换为图标，让页面变得非常简洁易读。

13.2.3 巧用首页

通常来说，简历的第一页是 HR 首先看到的，关乎 HR 对你的第一印象，必须妥善利用。很多人的简历首页大致都是图 13-20 所示的样式，喜欢把“简历”或“RESUME”这些字样放大。事实上 HR 在一堆简历文档中查看、筛选，必然知道每个文档都是简历，所以根本没有必要把“简历”或“RESUME”放大显示。

在这一页中，最好突出自己的姓名、求职岗位，如图 13-21 所示，以便 HR 在第一时间把你放到所应聘的岗位上，并继续审读简历中的具体内容。否则，当同一时间需要筛选的简历非常多时，没耐心的 HR 可能不再到简历中找你的名字和应聘岗位，就直接把你 PASS 掉了。

▲图 13-20 放大“个人简历”或“RESUME”字样

▲图 13-21 突出姓名、求职岗位

如果你拥有值得突出的技能或能力，也可以将它们放在首页中，以增加这个信息被读到的概率。可以为自己写一句广告语，或者标签式的文字，在这句话或这个标签中表达自己这项突出的技能或能力。如图 13-22 所示，一个应聘文案工作的求职者，在简历首页中用“一个玩 PPT 的文案”这个标签突出自己擅长 PPT，求职者的姓名在 HR 心中先入为主地被赋予了一个定位。这样的首页比直接写上名字、应聘岗位的信息量又丰富了许多。

▶图 13-22 广告语式 PPT 简历首页

13.2.4 选择合适的照片

PPT 简历一般用于网申，相对不是那么严肃。因此，简历中的照片不一定要用半身证件照，可以选择生活化一些的、更有真实感的、阳光一点的照片，让你在 HR 面前变得更亲切一些。如图 13-23 所示的两页简历，即体现了用证件照片和用生活照片的差别，左边的简历给人的感觉是冰冷、严肃的，而右边的简历给人的感觉则是温和、亲近的。

▲图 13-23 用证件照与生活照制作简历的对比

13.2.5 作品展示

PPT 简历有足够的页面任你发挥，因此，在附上作品的同时，还可以对各个作品进行一些简单的描述，点出作品的亮点以及在完成该作品过程中的一些独到的想法，如图 13-24 所示。

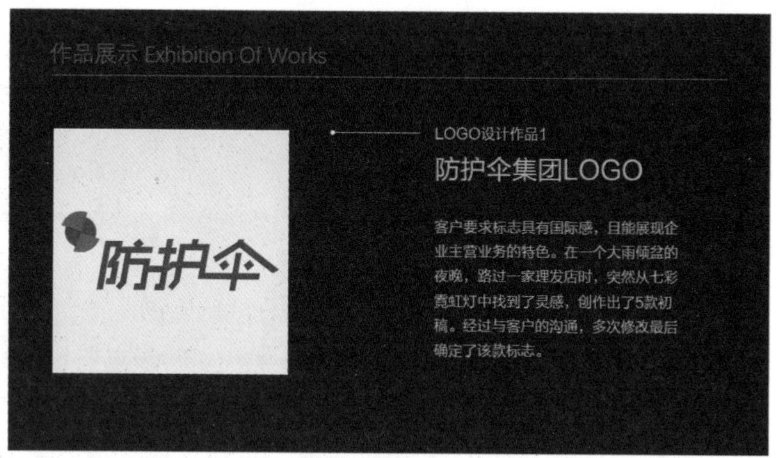

▲图 13-24　PPT 示例

不过在添加展示的作品时，从所有的作品中精选几个与应聘岗位相关的、优秀的作品即可，以免造成 PPT 简历文件过大。因为你的邮箱或许支持超大附件上传，但有些公司的内部招聘管理系统并不支持上传过大的文件附件。

14 Chapter

PPT 的若干另类玩法

PPT 不挑人，大多数人都可以轻松上手操作；

PPT 不挑机器，配置要求低，不卡计算机。

PPT 如同光影魔术手，可以简单修图；

PPT 又如同 CorelDRAW，可以排版设计。

PPT 无法替代专业的设计、动画、视频软件，

却实现了对这些领域近乎完美的补充。

别小看了 PPT，它其实是个多面手。

14.1 如何用 PPT 设计印刷品？

凭借图片编辑、合并形状、形状顶点编辑、参考线等功能，PPT 完全可以用来设计一些简单的印刷品（如果你愿意，复杂的设计也不是不可以做），如设计名片、海报等。

14.1.1 用 PPT 设计名片

常见的名片主要有横式、竖式两种，有时我们也会看到一些异形名片，如图 14-1 所示。

名片的常规设计尺寸如表 14-1 所示。

表 14-1　常见名片的设计尺寸

名片样式	横式	竖式
样式 1	90mm×55mm	55mm×90 mm
样式 2	85mm×54 mm	54mm×85 mm

名片上的信息主要包括姓名、职位、联系方式、企业标志，有的公司名片上会放上二维码，具体的内容根据实际需求决定。不过，建议内容尽量简洁一些，毕竟只是一张小卡片。

用 PPT 设计简单的名片，基本没有太大的难度，和用其他软件设计一样，主要注意排版的美感。下面举例介绍具体的操作方法。

步骤 01 新建一个 PPT，插入一个空白版式的幻灯片页面，并将该页面的背景设置为灰色，作为我们设计名片的设计板，接下来的设计工作就在该页面中完成。背景设为灰色，一方面方便管理页面的元素，因为如果是默认的白色背景，有些白色的元素找起来会比较困难；另一方面，灰色能衬托设计的作品，更加有利于排版设计，如图 14-2 所示。

横式名片

竖式名片

异形名片

▲图 14-1　名片

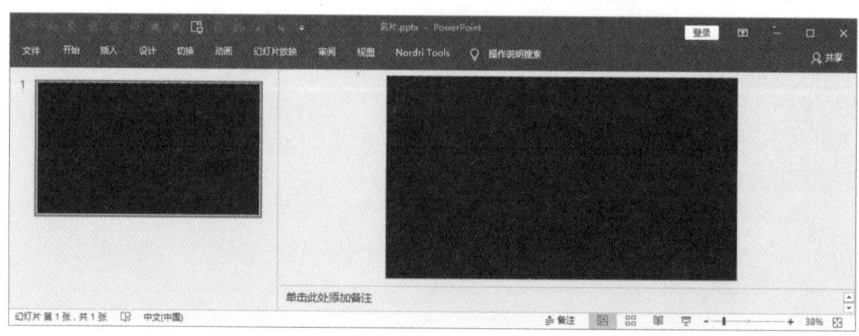

▲图 14-2　设计名片的版面

步骤02 按照名片的尺寸（本例选取的是 90mm×55mm 的横式尺寸），在页面中插入矩形（插入矩形后，在“格式”选项卡中的“大小”组中设置矩形的高度和宽度）并复制一份，分别作为名片的正面、背面，如图 14-3 所示。在继续设计名片内容前，最好先把名片的规格等相关注释标注清楚，这是专业设计师的规范动作。

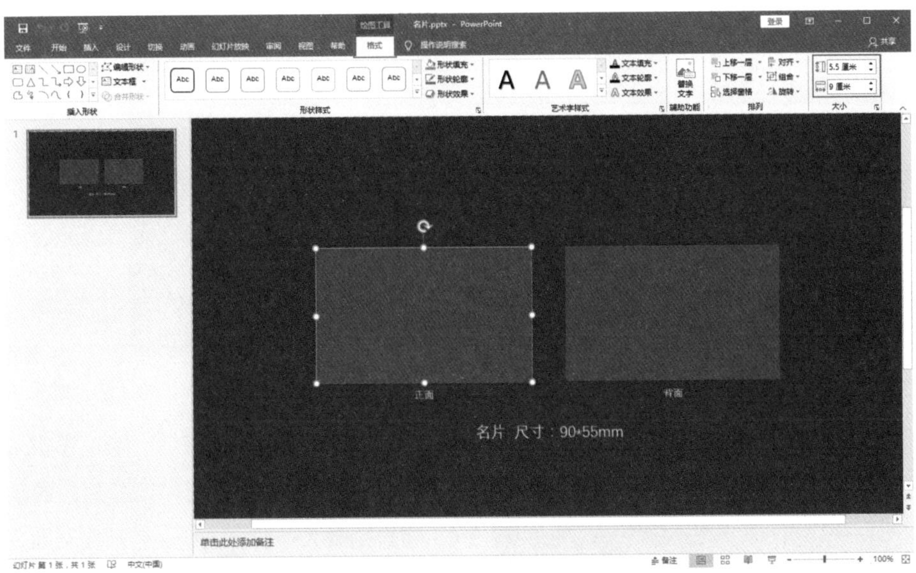

▲图 14-3 设计名片规格

步骤03 插入姓名、电话、邮箱、地址、标志（最好以 EMF、WMF 格式插入，用普通格式的图片制作出来后可能会出现模糊、马赛克问题）等内容，然后在两个矩形中分别进行名片正面、背面的排版、设计，如图 14-4 所示。

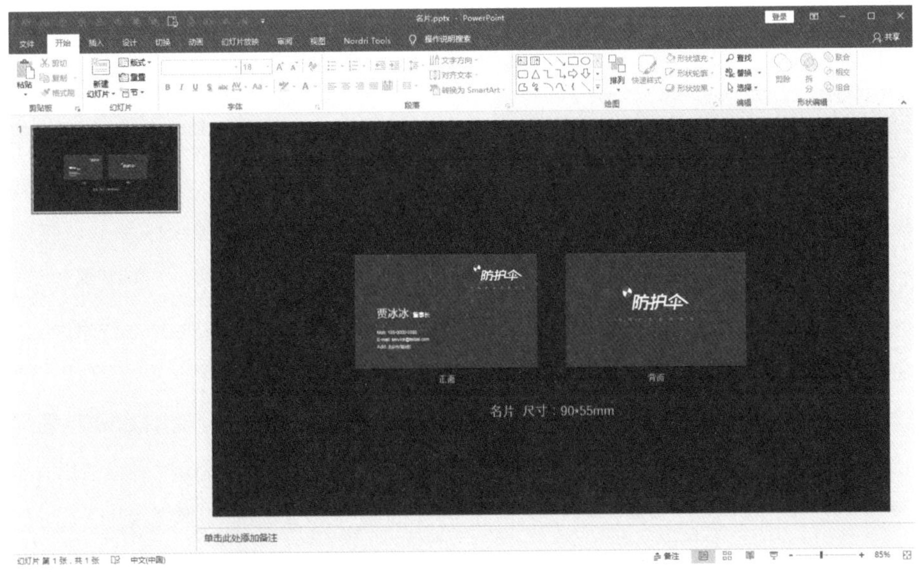

▲图 14-4 添加名片内容

横式名片正面的内容多采用左右结构和对角结构排版，竖式名片则多采用居中结构排版，如图 14-5 所示。背面一般只有标志、广告语等少量内容，居中排版即可。

对角线结构

左右结构　　居中结构

◀图 14-5　名片的排版结构

排版时主要注意亲密原则和对视觉焦点的引导。例如，把姓名与职位靠近一些，手机号、邮箱、地址等信息靠近一些，版面的层次感会更强一些。又如，把姓名的字号设置得比名片中的其他信息的字号稍微大一些，或把姓名放在更靠左的位置，这样可以引导视觉焦点，让别人在看名片时首先看到姓名等关键信息。

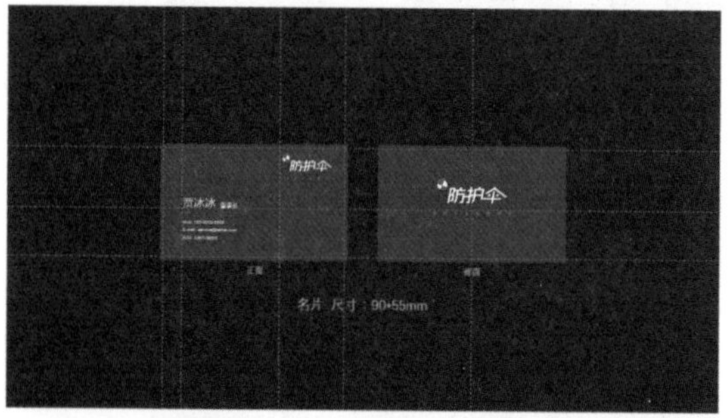

▲图 14-6　参考线

另外，要善用参考线，一方面是确保某些信息对齐，另一方面不让名片信息过于贴近边界，以免在印刷名片时被裁切掉，如图 14-6 所示。

如果对名片品的质要求比较高（普通的名片一般以普通铜版纸印刷即可），那么在设计过程中还可以使用一些特殊材质（如用塑料材质、金属材质、特种纸张等）、特殊工艺（凹凸、烫金、烫银等），这些需要在文件中注释出来，如图 14-7 所示。特殊材质的名片只需排出大概效果即可，不必真找一个塑料、木制、金属等材质的高清图片做背景。

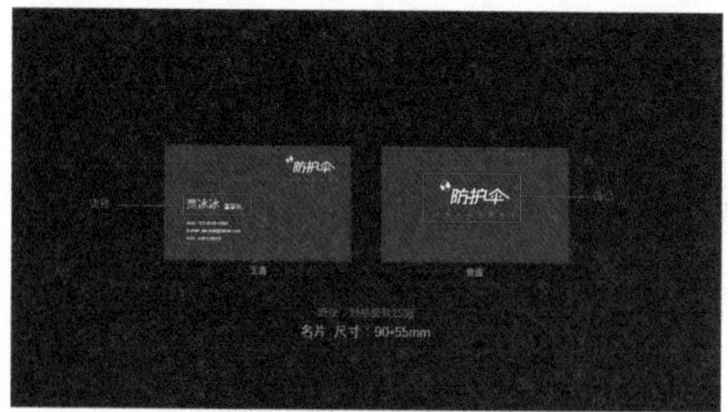

▲图 14-7　注明材质和工艺

步骤04 排版设计完成后，将 PPT 文件导出为 PDF 格式的文件交给印刷公司报价、印刷即可。印刷前最好和印刷公司充分沟通，确认名片上的所有文字信息都能印刷清晰（特别是名片字号较小的文字），相关材料、工艺能够按照预期要求制作。

如果印刷公司不支持以 PDF 文件制作，该怎么办？可将 PPT 页面导成两份高清 JPG 格式的图片（分辨率最好不低于 200dpi，PPT 另存为图片时精度调节的方法本书第 8 章已做过介绍），一份删除相关工艺注释，导出后将正面、背面区域裁剪为两张图片，另一份保留相关注释，以便制作公司查看。然后将 3 张图片打包发给印刷公司制作，如图 14-8 所示。

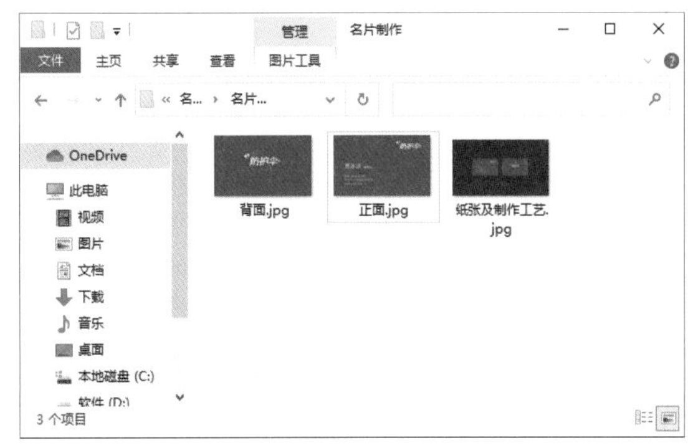

▲图 14-8 将名片导为图片

14.1.2 用 PPT 设计海报

海报一般是指单面印刷，背面为不干胶，用于张贴的宣传品。海报的尺寸规格如表 14-2 所示，其中最为常见的是 420mm×570mm 的竖式海报。

表 14-2 海报的尺寸规格

样式 1	13cm × 18cm	样式 2	19cm × 25cm
样式 3	42cm × 57cm	样式 4	50cm × 70cm
样式 5	60cm × 90cm	样式 6	70cm × 100cm

海报的设计形式不拘一格，既可以是纯文字，也可以是单图或多图，如图 14-9 所示。

纯文字构图海报

场景（单图背景）构图海报

多图构图海报

抽象形状构图海报

物体构图海报

人物构图海报

▶图 14-9 海报示例

到底做什么样的海报，主要取决于需求、素材和创意。海报的排版同样讲究设计4原则、视觉构图等。和CorelDRAW、AI等专业设计软件一样，PPT只是设计工具，海报设计得好不好主要看个人的创意和设计能力高不高。下面以场景构图型海报为例，介绍用PPT设计海报的具体操作方法。

步骤01 新建一个PPT，打开并插入一个空白页面。选择“设计”→“幻灯片大小”→“自定义幻灯片大小”命令，在打开的“幻灯片大小”对话框中，以手动输入的方式设置页面尺寸，如图14-10所示。和设计名片一样，页面只作为设计底板，因此页面尺寸须设置得比海报尺寸稍大一些。比如，做420mm×570mm的竖式海报，页面尺寸可设置为650mm×650mm。

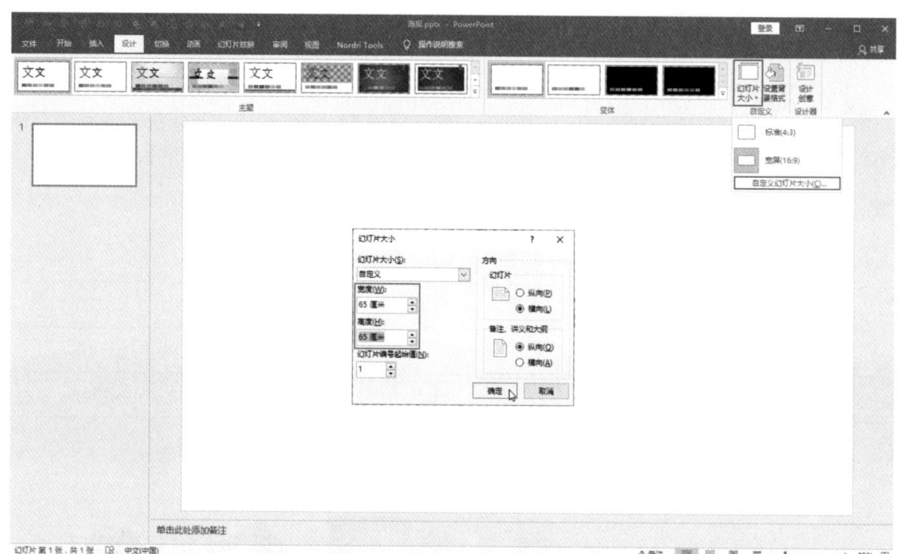

图14-10 设置幻灯片大小

步骤02 将幻灯片背景设置为灰色，插入一个高57厘米，宽42厘米的矩形，并将其放在页面居中靠上的位置，这个矩形就是海报内容的设计范围，同样，在矩形下方注释相关信息，做好设计的规范程序，如图14-11所示。

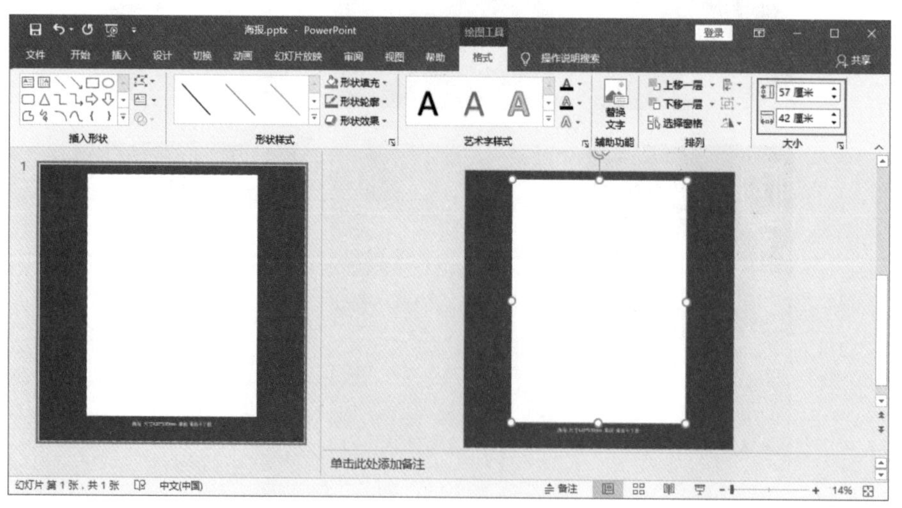

图14-11 确定海报内容的放置范围

步骤03 将海报背景图插入幻灯片（为保证印刷时不出现马赛克，最好用不低于 5MB 的高清大图片），并比照矩形的大小裁剪、调整图片，使图片最终与矩形大小相同（即裁剪为海报尺寸），要确保图片的保留区域比较容易排版，如图 14-12 所示。

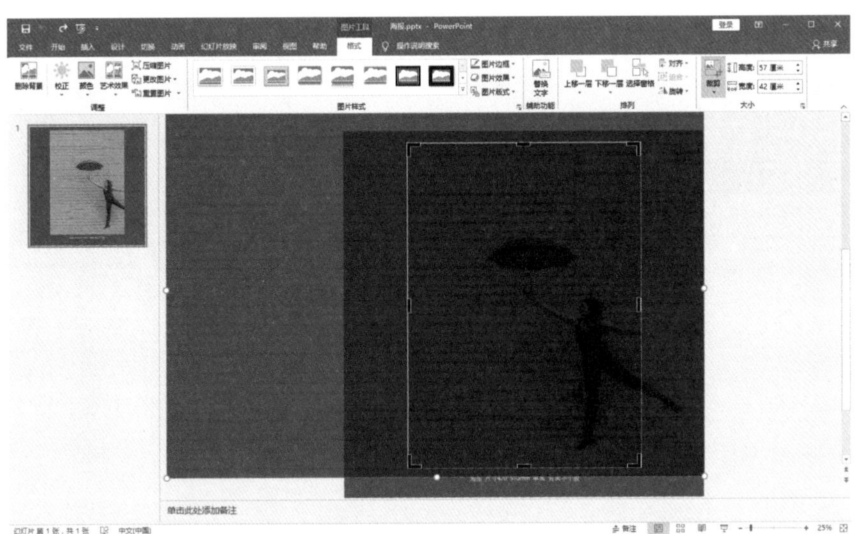

▶图 14-12　裁剪调整图片

步骤04 将图片叠放在矩形上，并删除矩形。根据图片本身的情况，对图片的亮度、对比度、饱和度等进行调整，甚至可以添加艺术效果。本例中的原图色彩过暗，视觉冲击力不够，于是将饱和度提升到了 400%，如图 14-13 所示。

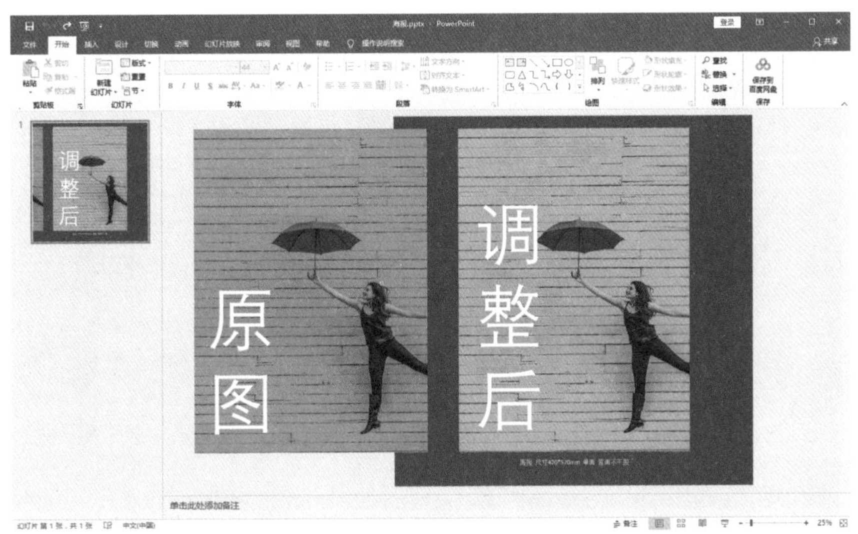

▶图 14-13　调整图片效果

步骤05 在图片上进行排版。在本例中，图片本身属于对角线式的构图，图中人物的视线指向左上方，因此可以在偏左上方添加一个无填充色、轮廓色为白色的开放路径矩形，使版面视觉焦点聚合在左上部分，如图 14-14 所示。在这种排版方式下，观众能够被引导着首先查看在这个区域内排版的文字。开放路径矩形将原来的图片版面划分为内、外两个区域，人物穿插在两个区域中形成互动，增强了海报的设计感。

图 14-14　添加矩形

添加开放路径的矩形时，只需先添加一个正常的无填充色矩形，然后进入顶点编辑状态，在矩形与人物接触的位置添加两个顶点。接着在其中一个顶点上右击，选择“开放路径”命令，删除右下角的顶点。最后借助参考线对两个接触位置的顶点稍加调整，使之与矩形上边、右边线段平行，如图 14-15 所示。

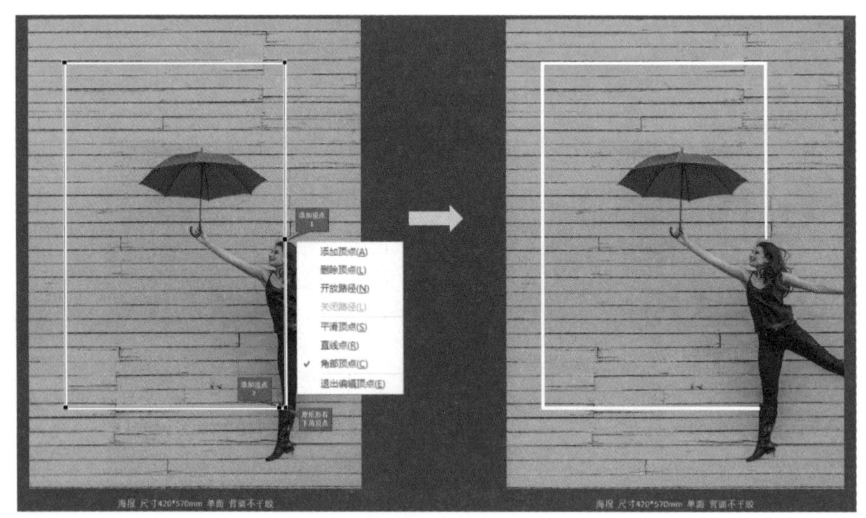

图 14-15　调整形状顶点

步骤06 在矩形框内输入主广告语、广告细文等信息并进行排版。排版时注意设计 4 原则，将海报信息以左对齐方式整齐排列在矩形内，文字亲密成组，通过字体、字号、颜色、效果等突出主广告语和产品名称，如图 14-16 所示。设计海报时，标题的设计非常关键，设计时可适当多花一些时间，把标题做得更有设计感一些。

▶图 14-16　添加文字

步骤 07 商业广告中常常出现产品的图片。根据本例背景图的情况，我们选择以点缀的方式加入产品图片，并将其排版在版面右下的位置，仍然维持对角线的构图方式。在产品上有时还需要点出产品亮点，这时可以添加爆炸形、32 角星形等特殊形状作为设计小元素排版，如图 14-17 所示。

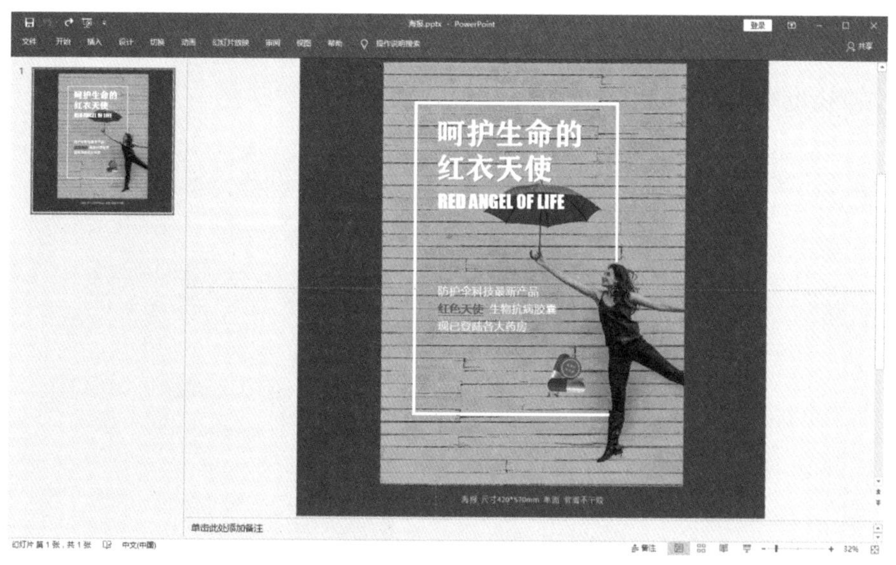

▶图 14-17　添加特殊形状

步骤 08 在页面底部绘制矩形，输入公司名称、联系方式等附加信息并进行排版。排版时注意设计 4 原则，以左对齐方式将内容整齐排列在矩形内，文字亲密成组，字体、字号、颜色的选用上以简洁易辩为主，切勿抢了主要内容的风头。底部还可以根据整体效果添加色块进行区分，如图 14-18 所示。

图 14-18　添加附加信息

经过上述操作后，一款海报基本就设计完成了。和设计名片时一样，仍然将海报导出为 PDF 格式或图片格式文件，交给印刷公司印刷即可。

由于设计时采用的是 RGB 色彩模式，而印刷时采用的是 CMYK 模式，因此印刷成品可能与我们在屏幕上所看到的作品色彩有所偏差。如果想在屏幕上预览印刷成品的色彩情况，需要借助 Photoshop 或 CorelDRAW 等专业软件。比如，借助 Photoshop 软件，首先从 PPT 中导出海报图片，然后在 Photoshop 中打开，接着选择“视图”→“校样设置”→“工作中的 CMYK”命令，即可在 Photoshop 窗口中查看印刷成品的色彩效果，如图 14-19 所示。

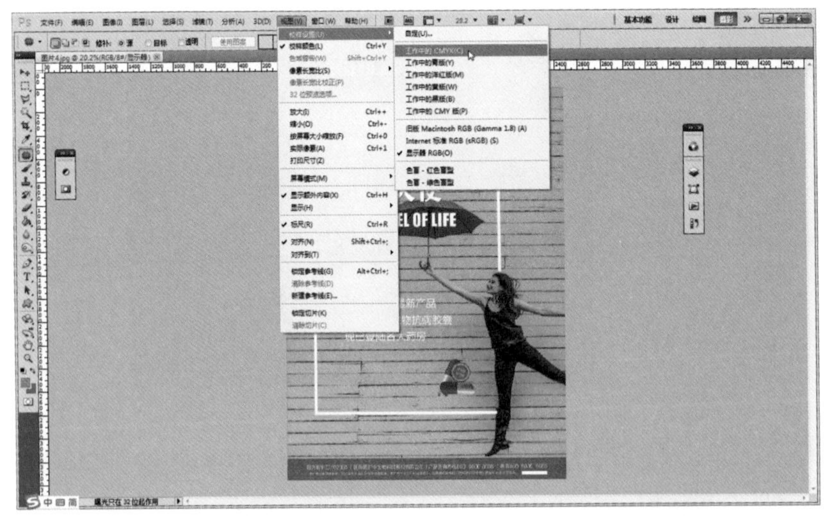

图 14-19　在 Photoshop 中查看印刷成品的效果

此外，海报设计还需要注意“出血”问题。“出血”即在海报四边预留一定的“缓冲区”，避免在制作裁切时裁切到海报上的内容。制作时一般要求各边“出血”2cm，在 PPT 中设计时，可在设置矩形尺寸时，把高、宽的尺寸分别比原尺寸增加 4cm，然后通过参考线划定“出血”区域。如果不想做这一步，也可以在备注中添加类似“未出血，请制作公司出血”的字样，让印刷公司“出血”后制作。

海报的设计方式千千万，创意无止境，同样的方法不一定适用于所有海报的设计。对于用 PPT 做设计的非专业设计师来说，设计海报、名片甚至是画册，最好的方式是根据内容先在网上找一个合适的参照作品（符合自己、领导、客户的要求），然后参照该作品的设计进行修改。等自己有足够的经验和设计能力时，再尝试做原创设计。

14.2 如何用 PPT 做电子版宣传品？

PPT 连简单的印刷品都可以设计，制作一般的电子宣传品，如电子相册、电子请柬、电子杂志等，更是不在话下。

14.2.1 用 PPT 制作电子相册

制作电子相册已经不是什么有难度的事，近乎“傻瓜式”操作的软件、在线制作网站多如牛毛，如爱美刻网（meikevideo.com），如图 14-20 所示。

▶图 14-20　爱美刻网

用 PPT 制作电子相册，主要基于以下一些情况下：①计算机没有安装专门的电子相册制作软件且没有网络；②想完全自主制作，不愿受模板拘束；③要求简单、想省力，不想花太多时间琢磨新的软件、网站。

用 PPT 快速制作电子相册的操作方法大致如下。

步骤 01 在任意一个 PPT 文稿中，选择“插入”→“相册”→“新建相册”命令，打开“相册”对话框。在“相册”对话框中单击“文件 / 磁盘”按钮，在打开的选择照片对话框中，选定要插入电子相册的照片后，返回“相册”对话框，设置相册中图片的版式，即一页幻灯片放几张照片。本例以一页幻灯片放一张照片为例，如图 14-21 所示。设置完成后，单击“创建”按钮，即可快速创建一个 PPT 电子相册。

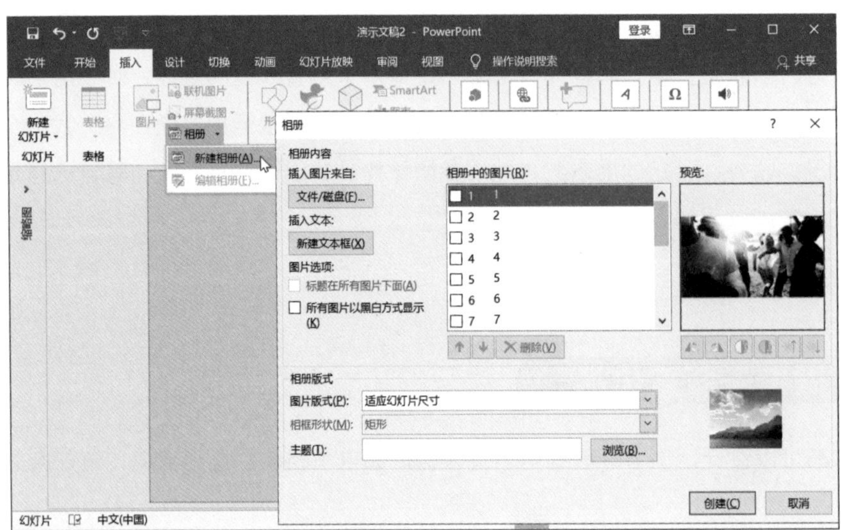

◀图 14-21 新建图片相册

步骤02 运用个人的排版设计能力，对封面、照片页进行设计。既可以多花时间设计得精美一些，也可以简单一些，稍微添加文字即可。动画效果同样如此，如果不想花太多时间，就选择一种切换效果后，选择“应用到全部”即可。愿意多花时间的话，还可以为照片、文字、形状等添加自定义动画，可以让相册的动画效果更为丰富。无论是否愿意多花时间，都应该在相册首页添加一个合适的音频，作为相册的背景音乐跨页播放，以避免相册单调，如图 14-22 所示。

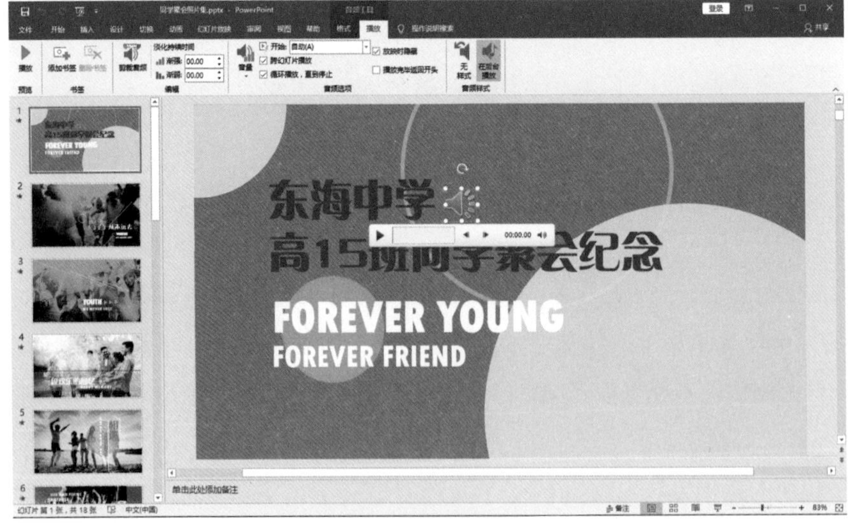

◀图 14-22 添加音频

步骤03 相册内容设计完成后可保存为“PowerPoint 放映”文件格式，发送给他人观看。不过，每次分享都需要给他人发送一个文件，毕竟有些麻烦。因此，我们还可以将相册导出为视频，上传至视频站点，如优酷网（需注册），以视频链接的形式分享给他人观看，如图 14-23 所示。

▶图 14-23　上传视频

14.2.2 用 PPT 制作电子请柬

电子请柬比纸质请柬环保、新颖，如今已被越来越多的人接受、使用。利用 PPT 软件自己设计电子请柬难度不高，效果也不差，对于非专业设计师来说也比较容易。下面以婚礼请柬为例，介绍具体的制作方法。

步骤01 新建一个 PPT 文稿，并新建 3 个幻灯片页面，分别作为请柬的封面、内页、封底所在页面。选中 3 个页面（在左侧页面缩略图区选中第一个页面，然后按住【Shift】键选择最后一个页面，即可将这两个页面及之间的页面全部选中），选择“设计”选项卡下的“设置背景格式”命令，打开“设置背景格式”窗格，在这里把 3 个页面的背景颜色设置为纯黑色，如图 14-24 所示。设置纯黑色是为了突出页面内的请柬，播放时无幻灯片边界，效果更佳。

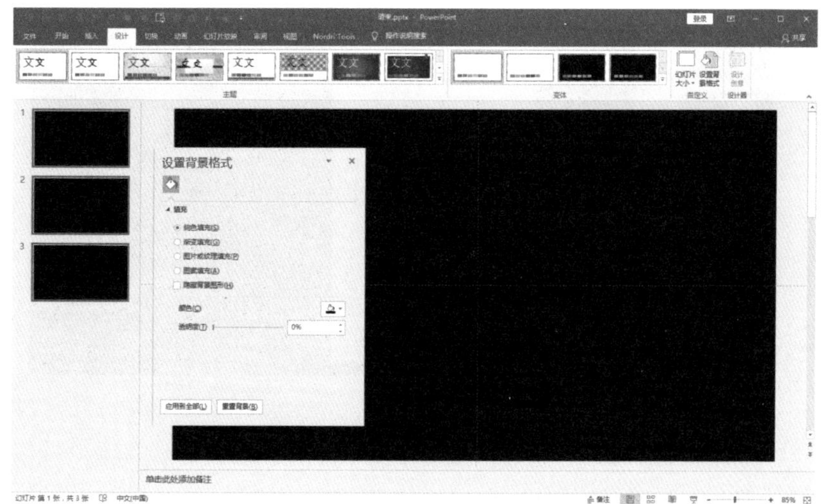

▶图 14-24　设置背景颜色

步骤02 在第二个页面中插入一个无轮廓色、填充色为白色（最后根据请柬整体设计风格调整）的圆角矩形1（也可以是矩形，大小随意，不超过幻灯片页面一半的大小即可），再复制一个圆角矩形2，将两个圆角矩形沿着纵向的中央参考线叠放在该参考线的左侧，圆角矩形2位于上层。再按住【Ctrl】键拖动中央参考线至圆角矩形左边，新增一条与圆角矩形左边界重叠的参考线，并记住该参考线的值，如设置为11.2，再在页面右侧添加一条同样值的参考线，如图14-25所示。

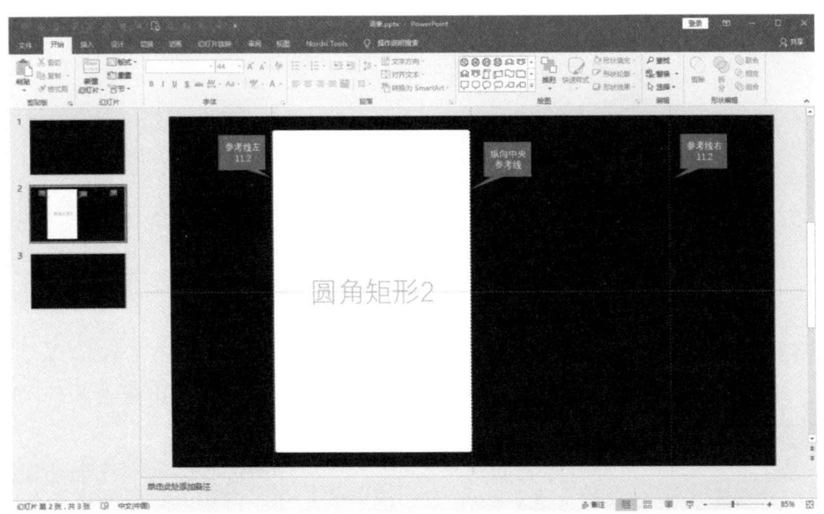

图14-25　添加参考线

步骤03 选中圆角矩形2，将鼠标指针放置在矩形左边界中间的控制点上，按住鼠标左键将其拖动至右边参考线上，如图14-26所示。

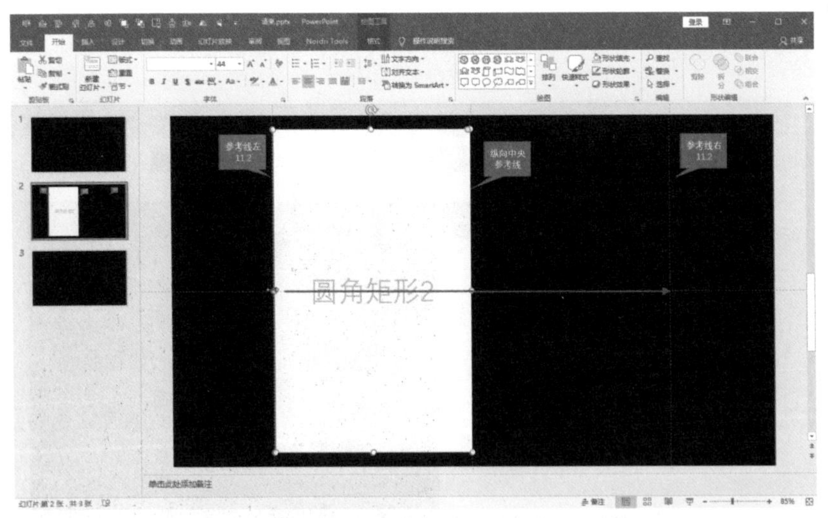

图14-26　拖动形状至右边的参考线

经过上述操作后，可以保证圆角矩形1右边刚好连接圆角矩形2的左边，且两个圆角矩形以页面纵向中央参考线为对称轴呈轴对称，如图14-27所示。

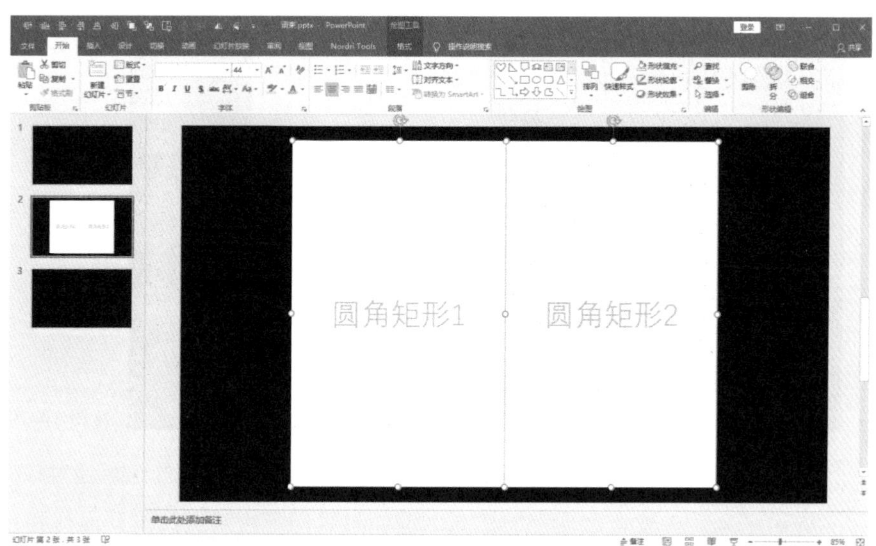

▶图 14-27　两个矩形对称

步骤04 将圆角矩形 2 复制粘贴到第一个页面中，将圆角矩形 1 复制粘贴到第三个页面中，如图 14-28 所示。这样，请柬的封面页（第一页的圆角矩形 2）、展开后的内页（第二页的圆角矩形 1、圆角矩形 2）、封底页（第三页的圆角矩形 1）的轮廓就做好了。

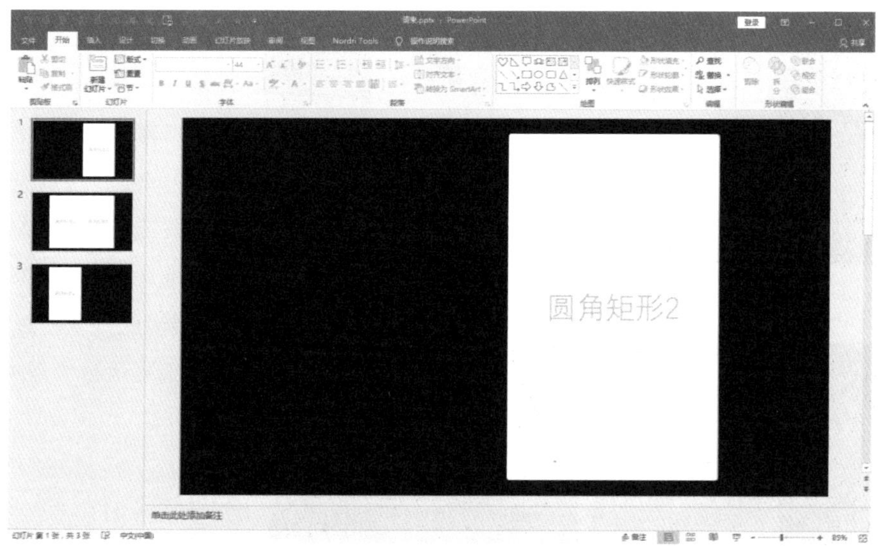

▶图 14-28　复制圆角矩形

步骤05 在第一个页面的圆角矩形上设计封面页。封面页信息最重要的是新郎、新娘姓名，这样别人一打开就知道是谁的请柬，其他基本是装饰性的设计元素。

请柬的设计风格主要有传统喜庆中式风、欧式浪漫风、卡通欢乐风，整个请柬的设计风格在封面页设计中便需要确定好，接下来的内页、封底页统一沿用该风格即可。这里我们采用欧式浪漫风进行设计，采用粉色、淡蓝色、白色的色彩搭配方案，相对简洁的居中排版方式，适当添加花、叶元素装饰（可在懒人图库等素材网站下载），并在封面页插入新郎新娘婚纱照图片，如图 14-29 所示。

◀图 14-29　制作请柬封面

步骤06 在第二个页面的两个圆角矩形中设计请柬内页。请柬内页的信息相对较多，包括时间、地点、被邀请人等，有一套规范的格式。设计时我们沿用封面的设计风格和色彩搭配，首先插入一个轮廓色为粉色、无填充色的缺角矩形，将其作为整个内页的边框，将两个圆角矩形连接在一起，形成一个内部排版区间。然后将内部排版区间的右边部分设计为装饰性的图案，左边部分排列文字信息；右边装饰性的图案部分，依然按照居中对齐的方式，用一些心形、丝带之类温馨、喜庆的设计元素，写一些感性的话语；左边文字信息部分，按照从右到左的传统请柬阅读顺序，规范插入竖排文本框，被邀请人、婚礼时间等一些信息可选用手写类字体（如方正静蕾体），营造纸质版请柬般的真实感，如图 14-30 所示。

▲图 14-30　请柬内页

步骤07 在第三个页面的圆角矩形中设计请柬封底页。请柬封底页可插入婚宴地址的地图，写下诚挚邀请的话语。整个页面的设计风格依然沿用封面的设计风格，主要是装饰性的设计，作为封底可设计得稍微简洁一些，如图 14-31 所示。

▲图 14-31　请柬封底

步骤08 将第一个页面的切换动画设置为“摩天轮”（根据个人喜好也可选择其他效果，为保证效果，建议尽量选择华丽一些的动画），第二、第三个页面的切换动画设置为“页面卷曲”，如图 14-32 所示。这样，这份 PPT 电子请柬便具有了纸质请柬的翻页感。

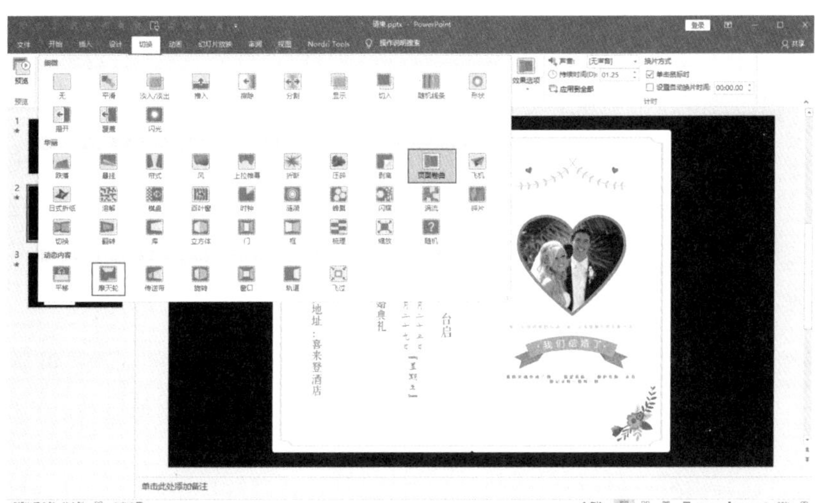

▶图 14-32　添加页面切换效果

步骤 09 和电子相册一样，为避免请柬过于单调、乏味，可在请柬中插入背景音乐，如图 14-33 所示。

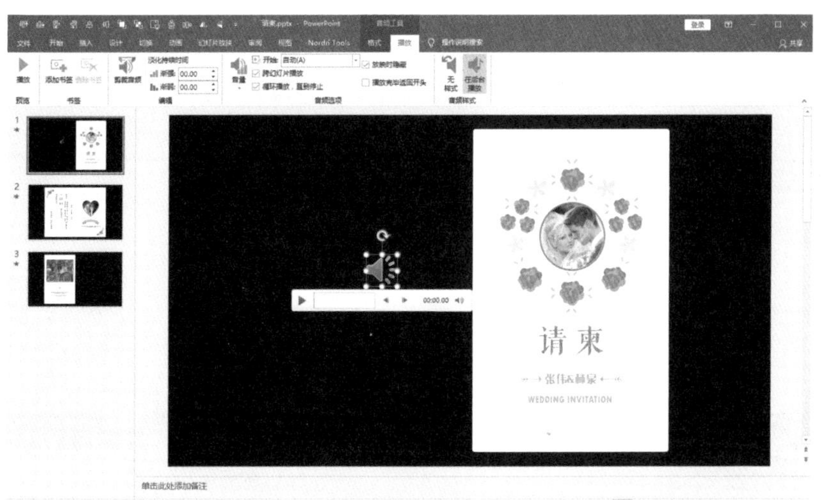

▶图 14-33　插入背景音乐

经过上述操作，一份 PPT 请柬就制作完成了。接下来只需将其保存为“PowerPoint 放映”格式文件并发送给他人即可。本例中请柬的设计风格相对较常规，只是抛砖引玉的参考。作为电子请柬，不费纸张、不考虑工艺、不用花钱，只要你愿意，完全可以打破常规格式限制，添加更多页面、更多照片等，探索更有创意的排版方式进行设计，此处不再赘述。

14.2.3 用 PPT 制作电子杂志

和制作电子相册相似，现在制作杂志、画册、宣传册、书籍等电子版刊物的方法同样非常多，在网上基本都能搜索到专门的设计排版软件。

但对于非专业设计师来说，或许没有必要去学习、掌握各种各样的专业软件。幻灯片页面排版和很多刊物的页面排版设计原理相通，如果精于幻灯片设计排版，那么制作各类电子版的刊物，用 PPT 几乎就应对自如。

下面以用 PPT 制作电子杂志为例，介绍具体的制作方法。

步骤 01 新建 PPT 文稿，并将幻灯片尺寸设置为“A4，纵向”，如图 14-34 所示。纸质杂志的开本规格很多，A4 大小的杂志属于较为常见的一种，这里以 A4 规格为例。

当然，电子杂志毕竟无须印刷，也可不受尺寸限制，如果有必要，可从具体内容排版美感的角度出发，自定义一个特殊尺寸。

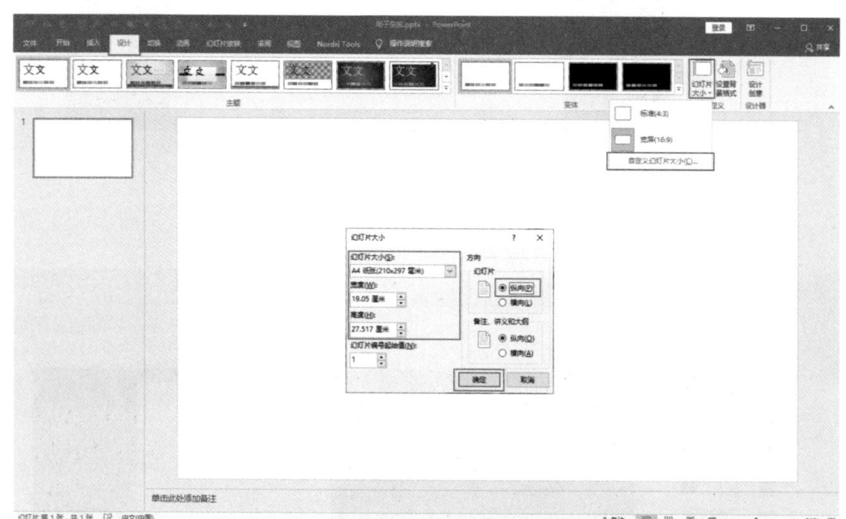

图 14-34 自定义幻灯片大小

步骤 02 像幻灯片页面排版一样，插入页面、文本框、图片、形状等，逐一设计杂志封面、内页、封底页面，如图 14-35 所示。

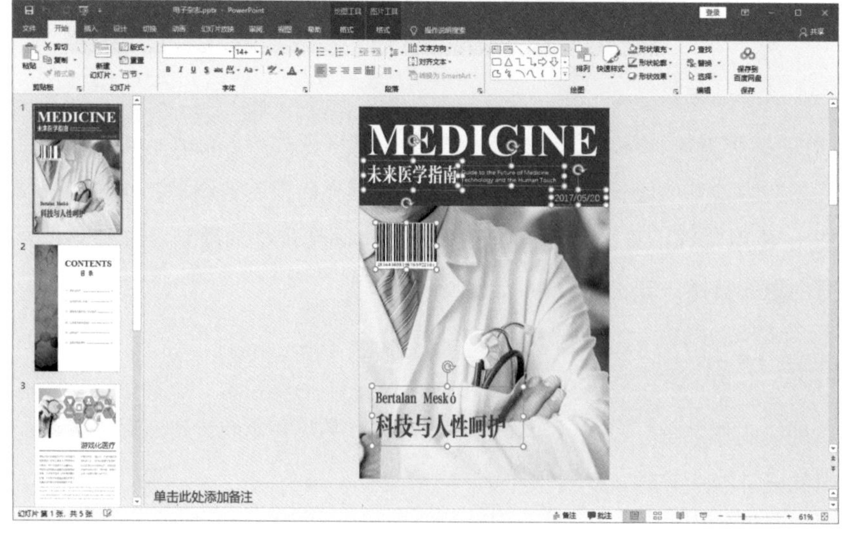

图 14-35 添加杂志内容

新手在设计排版时，若不知该如何入手，可先在网上找一些杂志案例作为参考，参照着进行排版。杂志排版的方式与幻灯片页面排版大体相似，只是杂志中常常会有跨页排版（即将杂志展开后，相邻的两页作为一个整体来排版，如一张图片或标题被分在两个页面中），如图 14-36 所示。

▲图 14-36 杂志中的一个跨页

在一页幻灯片对应杂志中一页内容的情况下，设计这种跨页排版会比较麻烦。要设计跨页排版的杂志，最好在一开始就把幻灯片页面尺寸中的宽度设置为一页杂志宽度的两倍。比如，排 A4 尺寸的杂志，就将幻灯片宽度设置为 19.05cm×2=38.1cm，一页幻灯片对应杂志中的两页，如图 14-37 所示。

步骤 03 页面排版设计完成后，将 PPT 文稿导出为 PDF 格式文件即可发送、分享给他人。同样，如果觉得每次发送文稿太麻烦，也可以将 PPT 文稿上传至电子杂志类网络分享平台，然后以链接或二维码的形式将其发送、分享给他人观看。比如，利用云展网（www.yunzhan365.com）分享给他人，在浏览器中打开该网站并完成注册后，单击“上传我的文档”链接，如图 14-38 所示。

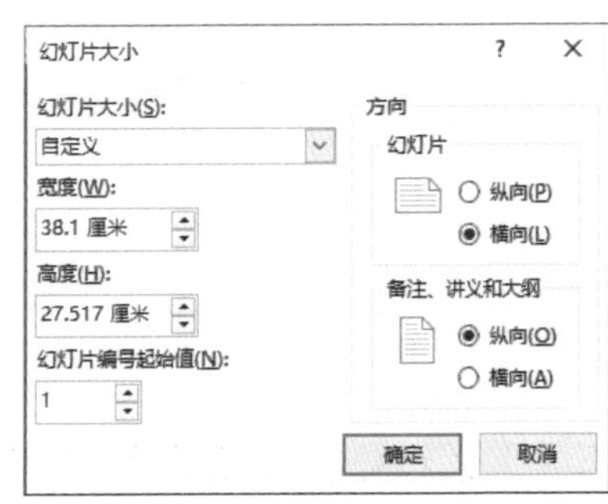

▲图 14-37 自定义幻灯片宽度

▲图 14-38 云展网

步骤 04 选择任意一种阅读模式并确定，这里以 Flash 模式为例。接下来单击“选择上传的 PDF”按钮，选择并上传保存在硬盘中的 PDF 杂志文档，如图 14-39 所示。

步骤 05 文档上传完毕后，还需要通过网站后台审核。通过审核后即可将该文档以链接、二维码的形式分享给他人观看。上传至云展网的 PDF 文档，将自动配上真实感非常强的书刊效果，如图 14-40 所示。

▲图 14-39　上传 PDF 文件

◀图 14-40　书刊效果

14.3　如何借助 PPT 玩转微信？

从前文介绍的那些操作中，或许你已经领略到了 PPT 的强大。没有做不到，只有想不到。无论工作还是生活，遇到难题时都可以考虑用 PPT 解决，如操作微信时遇到的一些常见问题，也能用 PPT 解决。

14.3.1　用 PPT 制作微信九宫格图

第 1 章中提到过的微信九宫格图，到底是怎么做到的呢？其实这不过是将原本完整的图片裁剪为 9 张后，按从上到下、从左到右的顺序依次上传得到的效果。那么，怎样将一张图片裁剪为尺寸相同的 9 张图呢？方法很多，Photoshop、美图秀秀等图片处理软件都可以做到，PPT 也可以做到。用 PPT 裁图的具体方法如下。

步骤01 将需要裁剪的图片插入 PPT，再插入一个与图片大小相同、3 行 3 列、行距列距相同的表格，表格设置为无底纹、无外部框线，且内部框线粗细一致，如图 14-41 所示。

▲图 14-41　插入表格

步骤02 选中表格（必须选中所有单元格）右击，在弹出的快捷菜单中选择“设置形状格式”命令。在打开的“设置形状格式”窗格中设置表格的填充方式为“图片或纹理填充”，并单击下方的“剪贴板”（即将剪贴板的内容填充进去），再选中“将图片平铺为纹理”复选框，如图 14-42 所示。这样，刚刚剪切的图片就成了表格的背景。

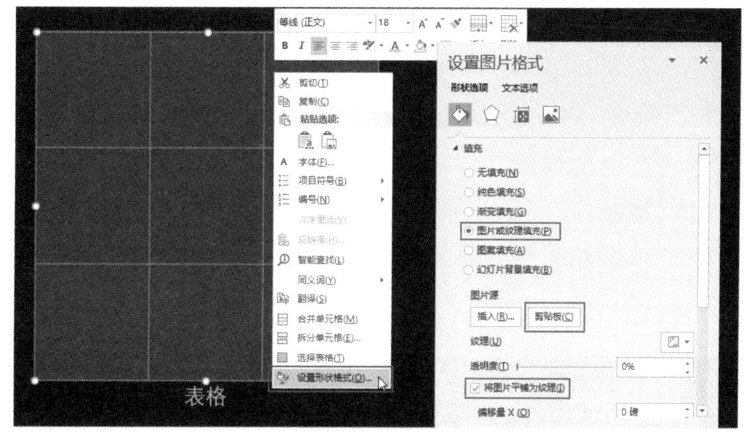

▶图 14-42　使用图片填充表格

步骤03 按下【Ctrl+Alt+V】组合键，打开“选择性粘贴”对话框，在该对话框中将粘贴类型设置为“图片（增强型图元文件）”，单击“确定”按钮，如图 14-43 所示。

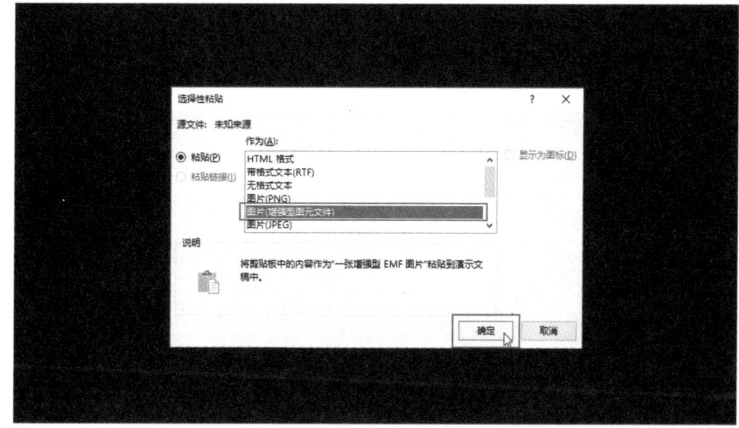

▶图 14-43　选择性粘贴

步骤04 选中已转换为增强型图元文件的表格，按下【Ctrl+Shift+G】组合键取消组合，在打开的提示对话框中单击“是”按钮。再次按【Ctrl+Shift+G】组合键，将所有组合全部取消，如图 14-44 所示。

▲图 14-44　取消组合

步骤05 经过上述操作后，原来的图片就被拆解成了大小相等的 9 块图片，如图 14-45 所示。此时将页面中的表格边框、透明轮廓等不需要的对象删除，将 9 块图片按从左到右、从上到下的顺序另存到硬盘中即可。

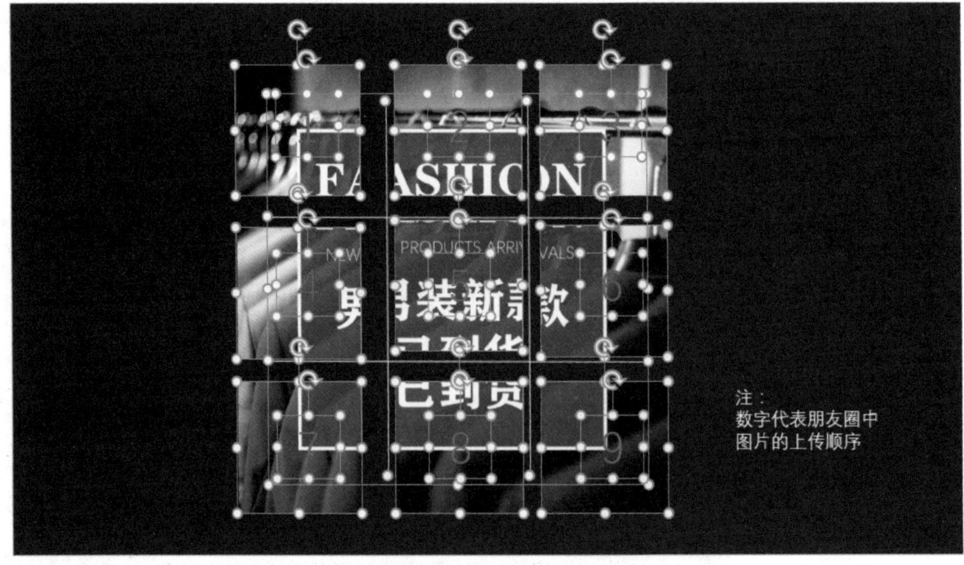

▲图 14-45　等分效果

14.3.2 用 PPT 设计 H5 页面

H5，即 HTML5，它不是一项技术，而是浏览器行业的最新标准。比起过去的页面，H5 页面具有更好的浏览体验，因而受到大众欢迎。各类企业以及个人都在用 H5 页面展示信息。图 14-46 所示为关于朗逸汽车介绍的 H5 页面。

制作 H5 页面的工具网站多如牛毛，如 MAKA（maka.im）、兔展网（www.rabbitpre.com）等。在这些网站中，用户既可选择模板修改套用， 也可用空白页面进行独立设计。如果想更自由地设计排版，又不想花时间研究这些工具网站的操作方法，你可以先在 PPT 中设计好图片，再将图片上传到这些网站生成滑动效果页面并分享给他人。

例如，我们将 14.2.2 中制作的电子请柬设计成 H5 页面上传至 MAKA 分享，具体操作步骤如下。

步骤 01 新建一个 PPT 文稿，首先设置页面尺寸。大多数 H5 页面制作工具网站的尺寸建议是 640 像素 ×1008 像素，MAKA 也是如此。由于 PPT 的页面尺寸采用的单位是厘米，因此需要计算转换一下。我们一般说的像素是指 dpi，即每英寸的像素数，PPT 对应的是 96 像素，而 1 英寸为 2.54 厘米。所以换算过来，页面宽度应设为 $640\div96\times2.54=16.93$（cm），页面高度应设为 $1008\div96\times2.54=26.67$（cm），如图 14-47 所示。

▲图 14-46　H5 页面

扫描二维码观看

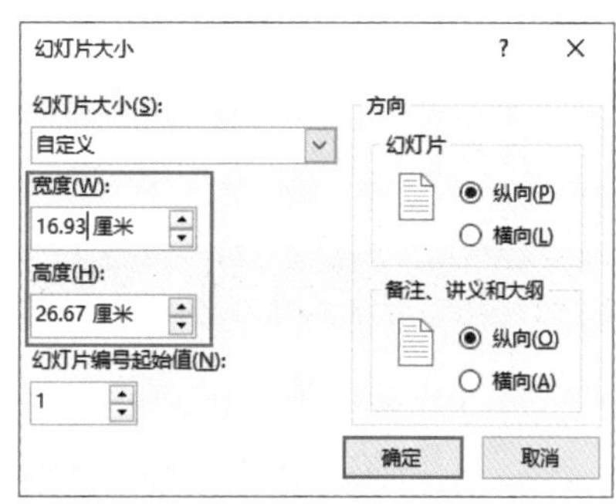

▲图 14-47　设置 H5 页面大小

步骤 02 接下来逐一设计各个页面。由于最终将以整个页面的滑动形式展示，所以设计过程中无须考虑动画效果，只需将页面设计美观或满足需要即可，如图 14-48 所示。

步骤 03 各页面设计完成后，将 PPT 另存为图片保存在硬盘中。打开 MAKA 网站（注册后方可制作），选择网站上方导航中的“模板商城”选项，在模板商城界面中选择“新建空白”模板，如图 14-49 所示。

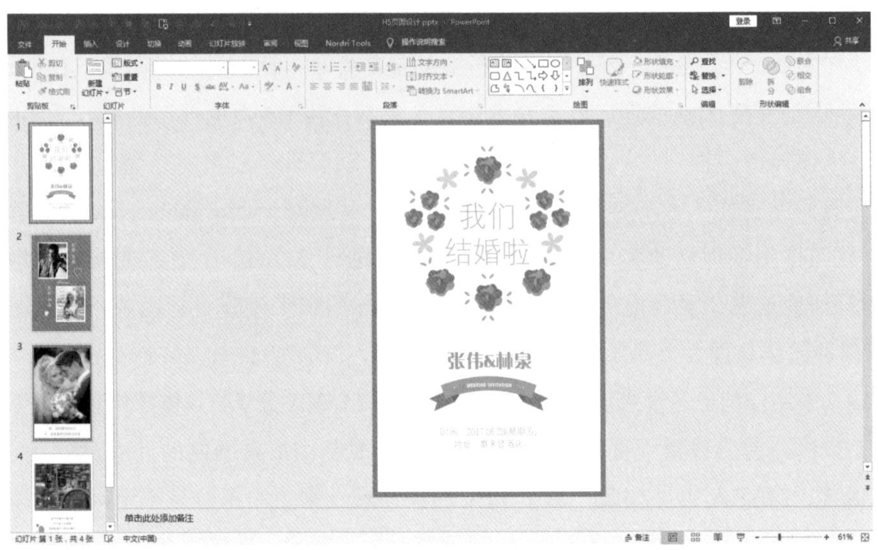

图 14-48　设计 H5 页面效果

图 14-49　新建空白模板

步骤 04 此时页面跳转到 H5 页面的设计界面，在该页面中，单击右侧的“素材”按钮，再选择“上传图片”选项（见图 14-50），将用 PPT 设计好的几个 H5 页面上传至网站。

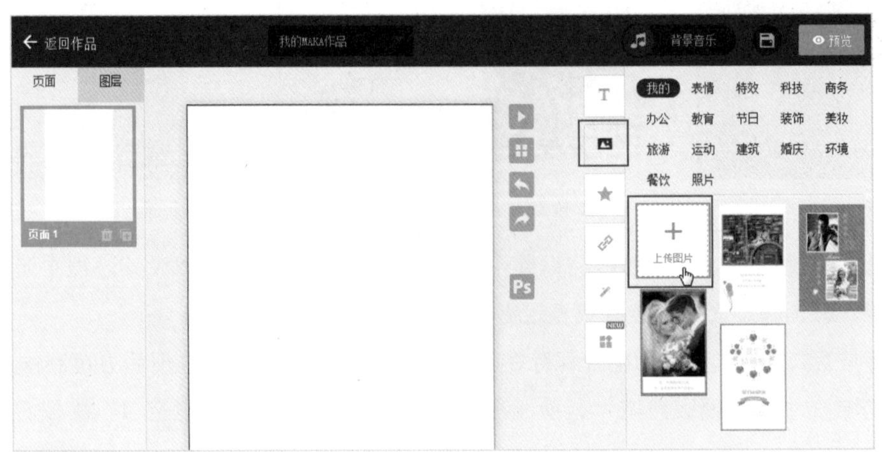

图 14-50　上传图片

步骤05 在页面左侧选择一个页面，然后在右侧选择一张图片，即可将该图片插入当前页面（插入后需对页面上的图片单击一次，单击后可在右侧选择该图片进入的动画效果，如“弹性放大”）。单击左下方的加号，可添加页面。所有页面添加完成后，单击右上方的“保存”按钮，将作品保存下来，然后单击“预览”按钮（见图 14-51），即可获得分享该作品的二维码和链接。

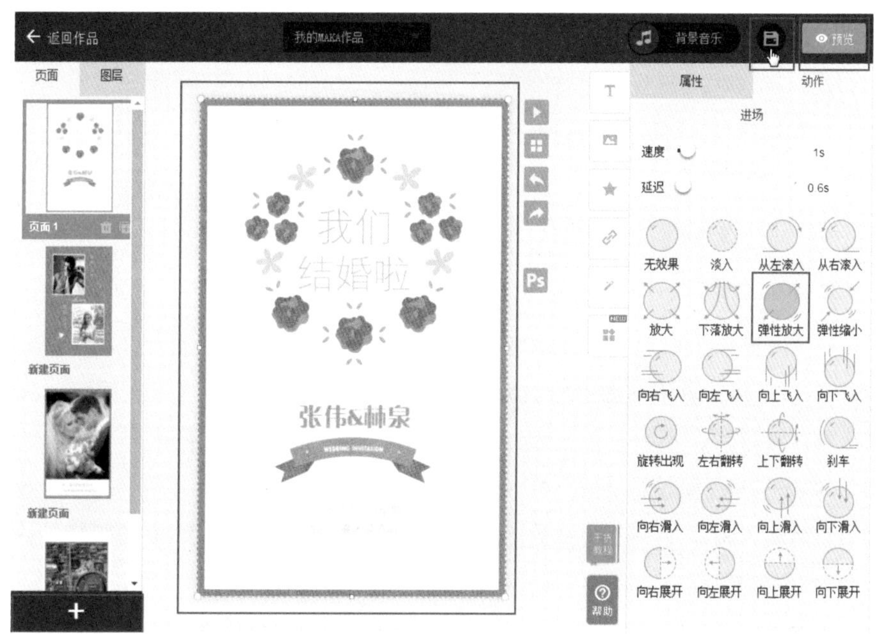

▲图 14-51　添加页面和动画效果

14.3.3 用 PPT 排版微信图文消息

在微信公众号中编辑图文消息，大多数人会采用秀米、i 排版等网络编辑器，这些网络编辑器大多是套用模板设计的。如果需要更加自由的版式，也可以借助 PPT 设计版式。具体操作方法如下。

步骤01 新建一个 PPT 文稿，并插入一页空白页面，再插入一个超过页面尺寸的矩形，矩形填充色从幻灯片页面外围取色（即软件窗口本身的灰色），无轮廓色，用于遮挡幻灯片页面，如图 14-52 所示。这一步主要是先把设计工作区准备好，插入矩形只是为了避免工作区颜色太多，不便于查看图文消息的设计版面。如果觉得保留白色页面不受影响，也可不插入矩形。

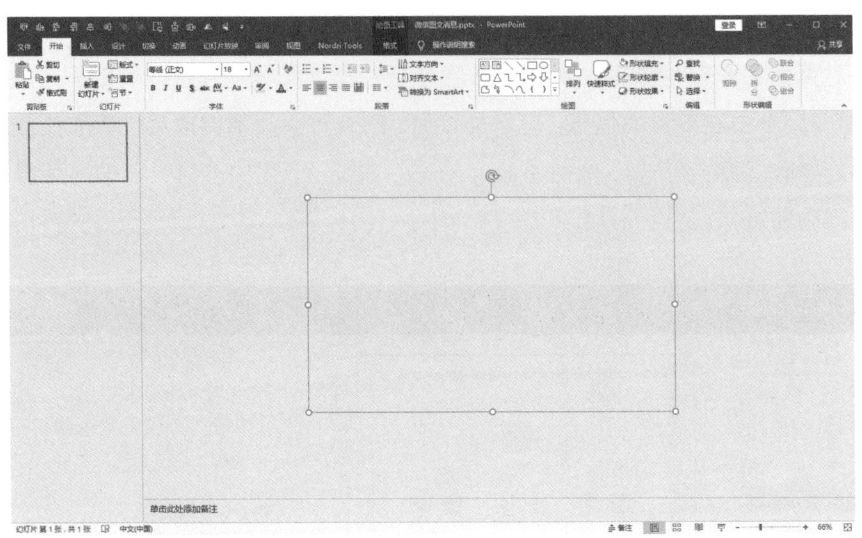

▲图 14-52　插入矩形

步骤02 再插入一个填充色为白色、无轮廓色的矩形 1，作为图文消息中的一屏，将矩形尺寸设置为宽 9 厘米，高 14.2 厘米（微信官方对图文内容中一屏图片的尺寸未做建议，只需方便手机屏幕查看，不过大、不太小，不超过 5MB 即可。根据目前主流的大屏幕手机的屏幕尺寸，在 PPT 中将一屏画面设计为高 14.2 厘米，宽 9 厘米，效果还不错）。这里以做三屏画面的图文消息为例，再添加一个同样的矩形 2，宽度与矩形 1 一致，高度为矩形 1 的 3 倍。将两个矩形均设置为页面垂直居中，如图 14-53 所示。

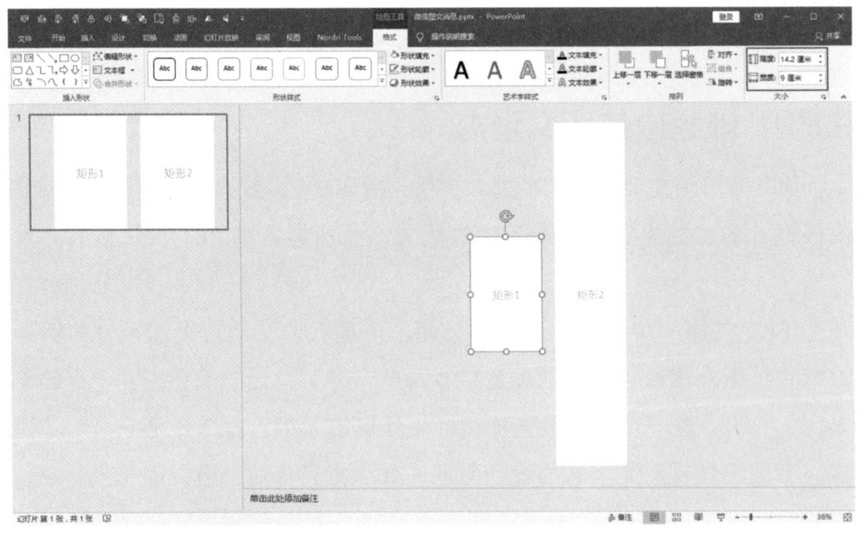

▲图 14-53　设计矩形高度、宽度

步骤03 复制一个矩形 1 为矩形 3，矩形 3 与矩形 2 顶端对齐；再复制一个矩形 1 为矩形 4，矩形 4 与矩形 2 底端对齐；然后将矩形 1、3、4 水平居中对齐。选中矩形 1、3、4，按住【Ctrl】键、

【Shift】键和鼠标左键，将三个矩形水平拖离原位置，分别复制为矩形 5、6、7，并将其填充为不同的颜色，如图 14-54 所示。

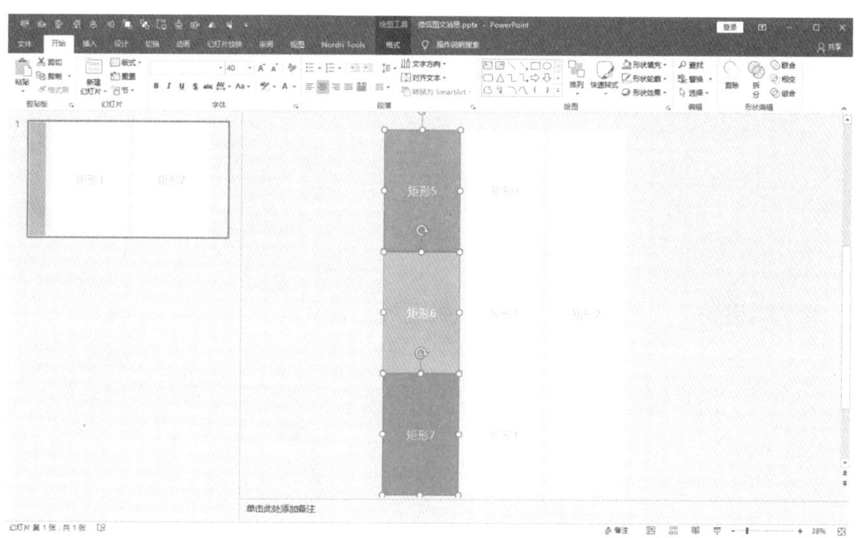

▲图 14-54　填充颜色

经过上述操作后，三屏画面的轮廓便绘制好了，即矩形 1、3、4，图文消息的设计就在这三个矩形中进行。在这里，矩形 2 主要充当让矩形 1、3、4 贴边邻放的工具，步骤 03 之后即可删除。填充颜色的矩形 5、6、7 主要起到设计参考的作用，便于在设计时查看各屏的边界，以便妥善放置某些重要信息，因此，这三个矩形的宽度可缩小，如都设置为 2 厘米。

步骤 04 在矩形 1、3、4 中设计图文消息版面，如图 14-55 所示。

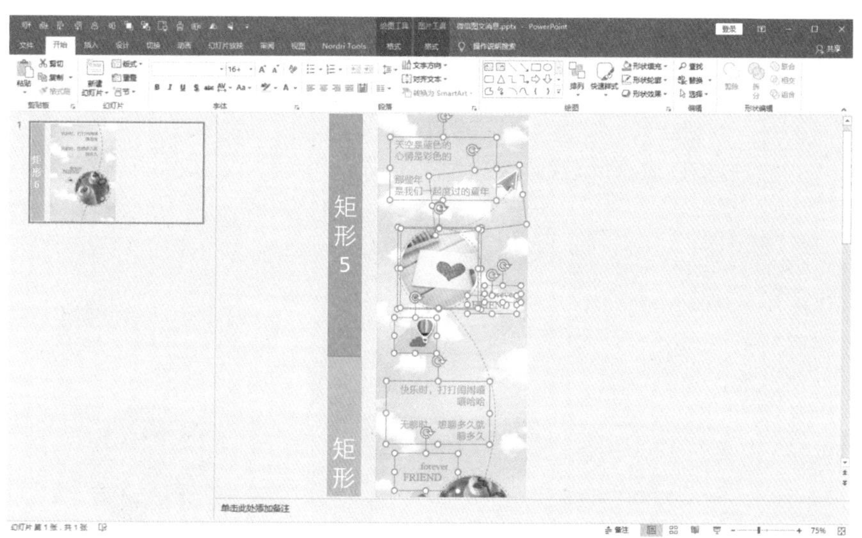

▲图 14-55　添加图文信息

由于已规划好了三屏画面，因此我们可以整体考虑这三屏画面的设计排版（和排版跨页杂志的原理一样）。比如，插入一个整体的背景图，绘制一条从第一屏画面延伸至第三屏画面的线条，将第一屏的形状与第二屏的形状连接起来等。这些操作在排版工具网站中或许会有难度，用PPT做就比较简单了。

步骤05 设计完成后，选中设计好的长图，将其另存到硬盘中，再将其上传至微信公众号图文信息编辑框即可，如图14-56所示。

▲图 14-56　上传图片

如果另存的长图超过5MB，可先将设计好的版式组合在一起，复制并选择性粘贴为一张图片，然后复制三份分别与矩形1、3、4执行"相交"操作，将长图拆成三份（见图14-57）再另存于硬盘，最后上传至公众号。当然，分成三张图上传后，图与图之间难免会有缝隙，连贯性自然没有整图好。

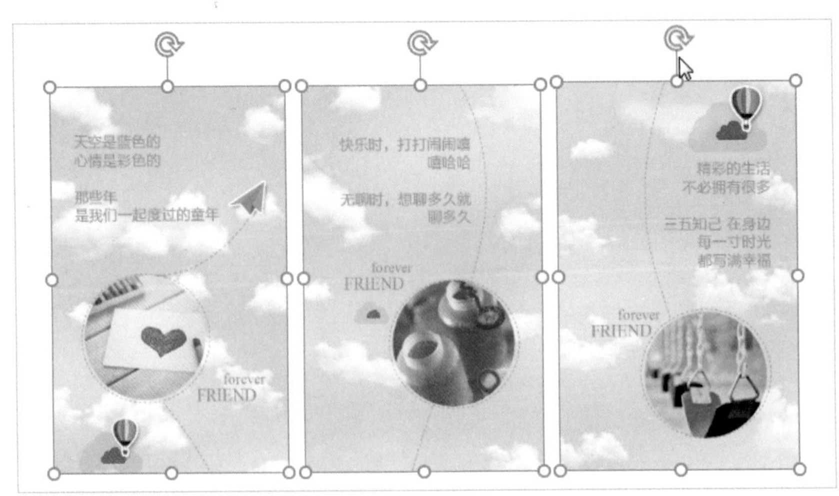

▲图 14-57　拆分长图